国家社科基金重大专项"人与自然和谐共生关系的生态哲学阐释与生态文明发展道路研究"（18VSJ013）结项成果

REN YU ZIRAN HEXIE GONGSHENG GUANXI DE SHENGTAI ZHEXUE CHANSHI YU
ZHONGGUO SHENGTAI WENMING FAZHAN DAOLU YANJIU

人与自然和谐共生关系的生态哲学阐释与中国生态文明发展道路研究

王雨辰 等 著

人民出版社

目　录

第四编　空间治理与空间正义问题研究

导　　论

围绕着如何实现国家富强、民族振兴和人民幸福的"中国梦"的战略这一问题，党的十八大以来，习近平总书记始终强调应当通过转换生产方式，把生态文明建设贯穿于中国特色社会主义的经济建设、政治建设、文化建设、社会建设过程的始终，通过走生态文明的发展道路来实现"中国梦"。如何科学理解和阐释作为我国生态文明发展道路科学指导的习近平生态文明思想的理论渊源、理论内容、理论的价值归宿和理论特质，不仅是我们理论工作者面临的一项重要的理论任务，而且对于推进我国的生态文明理论研究和建设实践具有重要的价值和意义。

习近平生态文明思想是在继承和发展中外生态哲学思想、马克思主义生态文明理论的基础上，根据当前中国发展的现实提出的，其核心是要回答"为什么建设生态文明、建设什么样的生态文明、怎样建设生态文明的重大理论和实践问题"，并在此基础上提出了社会主义生态文明建设应当坚持"人与自然和谐共生的原则"、"绿水青山就是金山银山的原则"、"良好生态环境是最普惠的民生福祉的原则"、"山水林田湖草是生命共同体的原则"、"用最严格制度最严密法治保护生态环境的原则"以及"共谋全球生态文明建设的原则"。① 科学阐释习近平生态文明思想的内涵、价值取向与理论特质，以习近平生态文明思想为指导，形成与生态文明建设相适应的生产方式、生活方式，对于实现我国经济社会的高质量发展和永续发展具有重要的价值，这也是本书力图解决的问题和目的所在。

生态文明理论的形成与发展具有其现实基础、科学基础和哲学基础。从

---

① 《习近平谈治国理政》第 3 卷，外文出版社 2020 年版，第 359—364 页。

现实基础看，主要是生态危机呈现出日益全球化的发展趋势严重危及人类的生存与发展，探讨生态危机的根源与解决途径成为生态文明理论产生和发展的现实动力。从科学基础看，生态科学、生物进化论、系统论、协同学以及现代物理学的发展，日益突破了建立在牛顿力学基础上的近代机械论的哲学世界观与自然观，为形成生态系统诸构成要素之间的相互依赖、相互影响、相互作用为基础的有机论的生态世界观和自然观奠定了自然科学基础。从哲学基础看，现代哲学虽然流派众多，但其共同点都反对近代哲学的机械论的哲学世界观和自然观，以及与之相联系的唯科学主义。如果说近代哲学的发展在人与自然的关系问题上相对于古代哲学是一个祛魅过程，确立现代性价值体系的话，现代哲学相对于近代哲学则是一个返魅过程和反思批判现代性价值体系的过程，其核心目的是要求维系人类与自然的和谐共生关系，并导致了西方哲学的现代转向和诸如生态哲学等部门哲学的兴起，为生态文明理论的产生和发展奠定了哲学基础。

一般认为，美国生态学家奥尔多·利奥波德的《沙乡年鉴》在 1949 年的出版，标志着生态思潮和生态文明理论的产生。利奥波德在《沙乡年鉴》一书中依据生态整体性规律，要求把伦理关系从人类之间进一步拓展到人类与大地之间，强调人类应当放弃基于个人的经济利益而滥用自然的行为，并热爱、尊重和赞美大地，尊重和高度评价其内在价值，并提出他所主张的"大地伦理"。"大地伦理"的核心目的在于维护大地共同体的整体与和谐。在他看来，"当一个事物有助于保护生物共同体的和谐、稳定和美丽的时候，它就是正确的，当它走向反面时，就是错误的"①。他进一步要求根据上述道德原则，制定法律和道德规范来抑制人们对私利的过分追求，开启了以维护生态整体利益为目的的非人类中心主义的生态思潮。在他之后，罗尔斯顿、阿伦·奈斯等人进一步提出了以生态中心论为理论基础的"深绿"生态思潮，其核心是把人类中心主义价值观以及建立其上的科学技术运用和经济发展看作是生态危机的根源，主张通过树立以"自然价值论"和"自然权利论"为主要内容的生态中心主义价值观，以否定科学技术运用和主

---

① ［美］奥尔多·利奥波德：《沙乡年鉴》，侯文蕙译，吉林人民出版社 2000 年版，第213 页。

张以经济零增长的方式解决生态危机；以人类中心主义为理论基础的"浅绿"生态思潮面对"深绿"生态思潮的质疑和批评，提出了基于人类整体利益和长远利益，保护生态环境责任和义务的现代人类中心主义价值观，强调只要以现代人类中心主义价值观为基础，通过技术革新和制定包含奖惩机制的严格的环境政策，就能在避免生态危机的基础上实现经济的可持续发展；有机马克思主义把怀特海的后现代过程哲学与马克思主义结合起来，把资本主义制度和现代性价值体系看作是生态危机的根源，但他们的理论重点是批判现代性价值体系所秉承的人类中心主义价值观、个人主义价值观和对经济增长的无限追求，主张承认自然的内在价值，并以共同体价值观为主要内容的有机教育代替个人主义价值观，建立以人类共同福祉为目的的市场社会主义社会解决生态危机，使穷人免受生态危机的伤害。但是，由于怀特海过程哲学的后现代性质，有机马克思主义又把人类文明与自然对立起来，认为文明史本质上是对自然的疏离史，进而反对科学技术的运用，把生态文明归结为拒斥现代科学技术运用的农庄经济；生态学马克思主义则是以历史唯物主义为理论基础的生态文明理论，他们坚持历史唯物主义的阶级分析法和历史分析法，探寻生态危机的根源与解决途径，指认资本主义制度和生产方式是生态危机的根源，服从于资本追求利润的消费主义生存方式和消费主义价值观，既造成科学技术的异化使用，同时又进一步强化生态危机。他们由此主张把生态运动引向激进的阶级运动，实现生态运动与有组织的工人运动的联盟，变革资本主义制度和生产方式，建立使生产目的满足人民群众基本生活需要的生态社会主义社会。在生态价值观上，生态学马克思主义秉承人类中心主义价值观的理论家在反对生态中心主义价值观，为人类中心主义价值观辩护的同时，又阐发了不同于"浅绿"生态思潮基于资本利益和古典经济学的人类中心主义价值观，提出了基于人类整体利益、长远利益和满足人民群众，特别是穷人基本生活需要的新型人类中心主义价值观；秉承生态中心主义价值观的生态学马克思主义理论家既具有与"深绿"生态思潮将生态中心主义价值观归结为事物的内在属性的含义，又具有"深绿"生态思潮所不具备的批判资本主义社会颠倒使用价值和交换价值，批判资本主义制度的内容。在生态学马克思主义看来，只有建立以生态理性为基础的生态社会主义社会，技术的创新和运用、经济增长不仅不会带来生态危机，而且能够实现人与自然的和谐共同发展。

上述生态思潮和生态文明理论围绕着生态本体论、生态价值论和生态治理论等问题展开了激烈的争论，不仅促进了生态文明理论的发展，而且对我国的生态文明理论产生了极大的影响。[①] 习近平总书记以马克思主义生态文明理论为基础，批判地吸收了世界生态文明理论的积极成果，并对中国传统生态智慧展开了创造性的转换，通过反思西方发展的历史和立足于当代中国发展的现实，提出了以"生命共同体"概念为生态本体论的生态文明思想。

"生命共同体"概念是习近平生态文明思想的生态本体论。在习近平总书记看来，"山水林田湖是一个生命共同体，人的命脉在田，田的命脉在水，水的命脉在山，山的命脉在土，土的命脉在树。用途管制和生态修复必须遵循自然规律，如果种树的只管种树、治水的只管治水、护田的单纯护田，很容易顾此失彼，最终造成生态的系统性破坏"[②]。"生命共同体"概念表达的既是生态哲学所强调的人类与自然之间相互联系、相互作用的有机论的生态世界和生态自然观的生态哲学理念，又是对马克思主义生态哲学所强调的人类与自然在实践基础上的辩证统一关系思想的继承和发展。马克思主义生态哲学强调人类史与自然史在实践基础上的具体的历史的统一关系，并要求人类必须在尊重自然规律的基础上利用和改造自然，否则就会遭受自然的惩罚。恩格斯对此曾经指出："我们不要过分陶醉于我们人类对自然界的胜利。对于每一次这样的胜利，自然界都对我们进行报复。每一次胜利，起初确实取得了我们预期的结果，但是往后和再往后却发生完全不同的、出乎预料的影响，常常把最初的结果又消除了。"[③] 习近平总书记继承和发展了恩格斯的上述观点，进一步用"生命共同体"概念来描述人与自然的共生关系。这种共生关系一方面决定了人类的生存和发展离不开对自然的依赖，另一方面也决定了人类为了实现追求生存和发展，也必须尊重自然、顺应自然和保护自然，否则必然会受到自然的报复。"人因自然而生，人与自然是一种共生关系，对自然的伤害最终会伤及人类自身。只有尊重自然规

① 参见王雨辰：《论构建中国生态文明理论话语体系的价值立场与基本原则》，《求是学刊》2019 年第 5 期。
② 《习近平谈治国理政》第 1 卷，外文出版社 2018 年版，第 85 页。
③ 《马克思恩格斯选集》第 4 卷，人民出版社 1995 年版，第 383 页。

律，才能有效防止在开发利用自然上走弯路。"① 由于人与自然的这种共生关系，习近平总书记强调生态治理必须坚持整体性和系统性的思维方式和方法。在他看来，"如果种树的只管种树、治水的只管治水、护田的单纯护田，很容易顾此失彼，最终造成生态的系统性破坏。由一个部门行使所有国土空间用途管制职责，对山水林田湖进行统一保护、统一修复是十分必要的"②。立足于上述整体性和系统性思维，习近平总书记进一步提出了"德法兼治"的社会主义生态治理观。

所谓"德法兼治"的社会主义生态治理观，就是既要通过制定生态治理的严格制度，保持生态治理的底线规则，同时又要加强生态文化和生态价值观的建设，提升人们保护生态资源的道德自觉。习近平总书记认为，我国现代化建设实践中之所以出现严峻的生态问题，既与长期奉行粗放型发展模式有关，也与生态资源使用和管理体制不健全存在着密切的关系。因此，习近平总书记强调，"保护生态环境必须依靠制度、依靠法治。只有实行最严格的制度、最严密的法治，才能为生态文明建设提供可靠保障"③。这里所说的最严格的制度主要包括基于环境正义的自然资源的使用权、补偿制度、考评体制以及自然资源管理体制的变革。具体说：第一，习近平总书记强调建立公平正义的合理协调人们在生态资源占有、使用和分配上的矛盾利益关系的制度，实现"环境正义"，是实现社会公平正义和从根本上解决生态问题的重要保证；第二，必须建立科学的生态补偿制度，其目的是"用计划、立法、市场等手段来解决下游地区对上游地区、开发地区对保护地区、受益地区对受损地区、末端产业对于源头产业的利益补偿"④，从而切实保障生态受损地区的权利；第三，习近平总书记强调完善经济社会发展考核评价体系和环境责任追责制度，"把资源消耗、环境损害、生态效益等体现生态文明建设状况的指标纳入经济社会发展评价体系，使之成为推进生态文明建设的重要导向和约束。要建立责任追究制度，对那些不顾生态环境盲

① 《习近平关于社会主义生态文明建设论述摘编》，中央文献出版社 2017 年版，第 11 页。
② 《习近平谈治国理政》第 1 卷，外文出版社 2018 年版，第 85—86 页。
③ 《习近平关于全面建成小康社会论述摘编》，中央文献出版社 2016 年版，第 168—169 页。
④ 习近平：《干在实处　走在前列——推进浙江新发展的思考与实践》，中共中央党校出版社 2006 年版，第 194 页。

目决策、造成严重后果的人，必须追究其责任，而且应该终身追究"①；第四，习近平总书记提出了进一步健全自然资源及资产管理制度和监管制度，通过实行最严格的环境保护制度，来划定生态保护的底线。如果说生态法律法规和生态文明制度建设是从外部强制性地规范人们的实践行为，来保障人与自然的和谐共生关系的话，习近平总书记也强调生态文化和生态价值观的建设，从而提升人们保护生态资源，维系人与自然和谐共生关系的道德自觉，从而最终形成了"德法兼治"的生态治理观。习近平总书记不仅把文化看作是民族的灵魂和民族生命力、创造力和凝聚力的集中体现，而且强调文化影响和引领着人们的生存与发展，为社会进步发挥基础作用，并促进或制约经济乃至整个社会的发展，并由此把能否在全社会确立起追求人与自然和谐相处的生态文化和生态价值观看作是生态文明建设的关键，强调"生态文化的核心应该是一种行为准则、一种价值理念。我们衡量生态文化是否在全社会扎根，就是要看这种行为准则和价值理念是否自觉体现在社会生产生活的方方面面"②。习近平总书记由此强调树立人与自然和谐共生关系的生态文明价值观念和展开生态文明和生态文化价值观的宣传教育的重要性，指出强化公民环境意识，推动形成节约适度、绿色低碳、文明健康的生活方式和消费模式对于生态文明建设的重要性。

习近平总书记进一步提出了"绿水青山就是金山银山"的"两山论"，阐明了应当如何处理生态文明与经济发展的关系。他既不同意离开经济发展抽象谈论生态文明建设的做法，认为脱离经济建设谈论和理解生态文明建设的做法无异于缘木求鱼，只能陷入空谈；又反对现代化理论所秉承的以劳动要素投入和以环境污染为代价的粗放型发展方式。他用"两座山"的比喻形象地描绘了生态文明建设与经济发展的关系，指出二者之间既存在着矛盾，又是可以达到辩证统一关系的。"这'两座山'之间是有矛盾的，但又可以辩证统一。可以说，在实践中对这'两座山'之间关系的认识经过了三个阶段：第一个阶段是用绿水青山去换金山银山，不考虑或者很少考虑环境的承载能力，一味索取资源。第二个阶段是既要金山银山，但是也要保住

① 《习近平谈治国理政》第 1 卷，外文出版社 2018 年版，第 210 页。

② 习近平：《之江新语》，浙江人民出版社 2007 年版，第 48 页。

绿水青山，这时候经济发展与资源匮乏、环境恶化之间的矛盾开始凸显出来，人们意识到环境是我们生存发展的根本，要留得青山在，才能有柴烧。第三个阶段是认识到绿水青山可以源源不断地带来金山银山，绿水青山本身就是金山银山"①。这里所讲的第一个阶段的认识实际上就是为了追求 GDP 的增长，不惜牺牲环境和资源，结果造成生态资源的严重破坏和经济发展的不可持续；第二个阶段则是生态资源恶化和匮乏的制约性，开始认识到经济发展必须以保护环境为基础和前提；第三个阶段的认识本质上体现了发展循环经济、建设资源节约型和环境友好型社会的理念，即生态文明的理念，破解二者矛盾的途径就是坚持"生态生产力发展观"。

所谓"生态生产力发展观"，就是要树立"保护环境就是保护生产力，改善环境就是发展生产力"② 的生态文明发展理念。在习近平总书记看来，生态文明是人类社会进步的重大成果，是工业文明发展到一定阶段的产物，其核心就是要实现人与自然的和谐发展。从人类历史发展的进程看，生态兴则文明兴，生态衰则文明衰，生态文明的兴衰决定了人类文明的兴衰。当前在我国经济社会发展过程中，环境承载能力已经达到或接近上限，粗放型发展方式已经遭遇到了生态瓶颈，而人民群众对于生态产品的需求却越来越急迫，这也决定了我国的经济社会发展必须顺应人民群众对良好生态环境的期待，转换粗放型发展方式，代之以维护人与自然和谐共生的绿色低碳发展方式，把经济发展与生态保护有机结合起来。

对于生态文明的价值归宿和如何判断生态文明建设的成败，习近平总书记提出了"环境民生论"。在他看来，"良好生态环境是最普惠的民生福祉。民之所好好之，民之所恶恶之。环境就是民生，青山就是美丽，蓝天也是幸福。发展经济是为了民生，保护生态环境同样也是为了民生"③。"环境民生论"的价值归宿要求我国的生态治理和生态文明建设始终应当重点解决人民群众关注的生态环境问题。而在当前，"生态环境特别是大气、水、土壤污染严重，已成为全面建成小康社会的突出短板。扭转环境恶化、提高环境

---

① 习近平：《之江新语》，浙江人民出版社 2007 年版，第 186 页。
② 《习近平谈治国理政》第 2 卷，外文出版社 2017 年版，第 209 页。
③ 《习近平谈治国理政》第 3 卷，外文出版社 2020 年版，第 362 页。

质量是广大人民群众的热切期盼"①。这就要求我国的生态文明建设应当始终坚持维系人与自然和谐共生关系的生态文明理念，通过转化发展方式和加强生产空间、生活空间和生态空间的科学布局，使良好的生态环境成为人民群众生活质量的增长点，从而切实在保障人民群众生态收益的同时，向人民群众提供良好的生态公共产品。

可以看出，习近平生态文明思想是以"生命共同体"概念为生态本体论，坚持系统论和整体论的"德法兼治"的社会主义生态治理观，以"两山论"来阐明生态文明建设与经济发展之间的辩证关系，提出"生态生产力发展观"来转换发展方式，强调通过走生态文明的发展道路，并由此把生态文明发展道路具体归结为"创新、协调、绿色、开放、共享"的新发展理念，来满足人民群众对良好生态产品和美好生活的向往和追求，强调"以人民为中心"是发展的目标，实现"环境民生论"的价值归宿。

习近平生态文明思想不仅是中国生态文明发展道路和生态文明建设的科学指南，而且强调应当把促进民族国家的可持续发展与全球环境治理有机结合起来。他由此提出了应当以"人类命运共同体"理念为指导思想，按照造成生态危机的历史责任和民族国家发展的程度，遵循"共同但有差别"的"环境正义"原则，把实现民族国家消除贫困和经济发展、全球环境治理和共同繁荣有机结合起来。并要求我们要积极参与全球环境治理，与世界各国同舟共济，做生态文明建设的主要参与者、贡献者和引领者，加快建构尊崇自然、绿色发展的生态体系，共同致力于全球生态治理和建设清洁美丽的世界。

习近平生态文明思想是中国化马克思主义生态文明理论的最新成果，无论是在生态本体论、生态发展观、生态价值论还是生态文明建设的目的论上与西方生态文明理论都存在着本质的区别，对于推进中国生态文明发展道路、生态文明建设和当代全球治理都具有重要的价值和意义。

---

① 《习近平关于全面建成小康社会论述摘编》，中央文献出版社 2016 年版，第 178 页。

第一编

人与自然和谐共生关系的生态哲学
与习近平生态文明思想

第一章　生态哲学与生态哲学范式的
生成基础与理论特点

　　生态哲学兴起于 20 世纪末期，这是由于人类历史迈入 20 世纪以来，人类与自然界之间的关系所发生的广泛、复杂和深刻的变化促成的。生态哲学是新的世界观和方法论，为人们在认识社会、个体、自然以及它们彼此之间的关系等方面提供了新的观念和方法；这些新观念和新方法能够深入地揭示当前社会、个体与自然之间不协调关系背后的现实原因和历史原因，更能为我们实现人与自然和谐共生、建设生态文明提供观念指导和方法指导。作为观念和方法，哲学和科学为生态哲学的产生和发展提供了思想基础和理论源泉。作为世界观，生态哲学具有自身的问题域，体现出独有的理论特征，并形成了生态哲学范式和人与自然的关系的新的图景。

一、生态哲学与生态哲学范式的
哲学基础和自然科学基础

　　一般意义上说，生态哲学研究的核心问题是事物之间的联系和事物内部的关系。古今中外的哲学史上，研究事物之间或事物内部的联系/关系的人物和流派不绝如缕，例如古希腊的赫拉克利特和古代中国的《周易》等关于事物之间相互联系、相互转化的辩证法；进入近代以来，世界范围内的哲学和科学研究把关联或联系作为最重要的主题或范畴之一，这已成为一种研究倾向。在当前人类社会与自然界的现实关系愈来愈难以协调这个大背景下，结合当前人类社会的生存现状和发展困境，20 世纪末期，生态哲学自觉地把社会、个体与自然彼此之间的关系作为其研究的最主要问题。生态哲学吸收现代的哲学和科学中的积极的思想，为探讨事物之间和事物内部的联系/关系问题注入活力，为人们认识社会、个体和自然之间的关系提供新范式。

（一）生态哲学与生态哲学范式的哲学基础

我们首先需要明确生态概念的内涵。伴随着 19 世纪 60、70 年代生态学的产生和发展，德国恩斯特·海克尔（Ernst Hackel，1834—1919 年）在 1866 年创造了新名词 oecologie。在 1893 年的国际植物学大会之后，oecologie 演变成 ecology，并被翻译成中文"生态学"，成为生物学中的一个研究分支。20 世纪 60、70 年代，生态学逐渐发展成熟。20 世纪 60 年代和 70 年代生态学的逐步成熟、20 世纪中叶西方发达国家生态环境问题的凸现以及生态环境保护意识的崛起，生态概念的内涵不断发展和衍化。20 世纪下半叶，生态概念的使用范围迅速扩大，由生物学扩展到社会人文科学、社会领域和日常生活。到目前为止，生态概念至少包含以下五种基本含义：第一，指自然界，即为人类生存和生活提供物质基础和物质原料的自然环境；第二，指科学，即研究自然界的生物之间以及生物与环境之间相互关系的生物学科；第三，指一种观念，即根据对自然环境的认识形成的关于人类生存和发展的、科学的、有效用的观点和看法；第四，指一种运动，即一种试图把现有社会改造成与生态观念相符合的社会、经济、政治、文化活动；第五，指一种日常的观念或常识，即与"关系""关联""联系"等词近义或通用，成为日常生活中的词汇。通常有着生态学、生态观念和生态运动的意蕴或以之作为类比。

生态概念的五种内涵既有区别，又有联系。生态学是以生物个体、生物种群、生物群落与其自然生态环境的关系为研究对象的自然科学。没有生态学的建立、发展和成熟，人们对自然界的认识就会止步于近代机械论自然观甚至古代朴素的、神秘的自然观，生态运动会失去现代科学根基和理论指导，当前广泛传播的现代生态观念可能因为缺乏科学的理论内核而陷入思辨或空想，常识层面的生态意识就会流于空洞而徒耗大众保护生态的激情。在本书中，我们主要在第二、第三种意义上使用"生态"，但不排除其他意义。

　　基于上述生态概念内涵的简要分析，生态哲学是指以人与自然关系为理论出发点，以现代生态学为科学依据，关于社会、个人与自然及其彼此关系的总的观念和根本方法。生态哲学的核心主题是关系，不过，有着现代相关哲学思想和科学理论为其基础，因而，生态哲学区别于哲学史上的一切关于关系问题的哲学流派。生态哲学既能揭示和解释当前生态问题的历史根源和现实原因，也能为我们建设生态文明提供理论指导和方法启示。根据美国科学哲学家库恩的范式概念，生态哲学范式指的是以社会、个人与自然的关系为核心问题，以相应的方法即辩证唯物主义为指导，以相关的范畴如社会、自然、关系、系统、过程、非线性和突现等为基础概念的观念系统或理论体系。依据上述生态哲学界定，我们主要从辩证唯物主义和现代哲学自然观这两个方面展开对生态哲学和生态哲学范式的哲学基础的论述，兼及某些现代哲学家的一般性观念。

　　1. 马克思主义哲学为生态哲学提供哲学基础

　　马克思和恩格斯创立的辩证唯物主义可以为当代生态哲学及其范式的建立提供方法论支撑和理论支持。

　　首先，马克思和恩格斯认为自然界内部是普遍联系的，自然界有其自身的运动，自然界是辩证发展的。例如，在《反杜林论》中，恩格斯说："自然界的一切归根到底是辩证地而不是形而上学地发生的。"[①] 马克思和恩格斯不仅运用辩证法和现代自然科学研究成果确立他们的自然观，而且对于辩证法是自然界的本性，还是人类强加给自然界的这一问题作出了回答。恩格斯指出："对我来说，事情不在于把辩证法规律硬塞进自然界，而在于从自然界中找出这些规律并从自然界出发加以阐发。"[②] 恩格斯还特别指出："自然界是检验辩证法的试金石，而且我们必须说，现代自然科学为这种检验提供了极其丰富的、与日俱增的材料"[③]。可见，在马克思和恩格斯看来，自然界本身是辩证发展的，他们的自然观是辩证自然观。马克思和恩格斯的自然观与现代生态学强调"关系""联系""变化"的最一般观念

---

① 《马克思恩格斯文集》第 9 卷，人民出版社 2009 年版，第 25 页。
② 《马克思恩格斯文集》第 9 卷，人民出版社 2009 年版，第 15 页。
③ 《马克思恩格斯文集》第 9 卷，人民出版社 2009 年版，第 25 页。

是一致的。

其次，对于如何认识唯物主义在人们认识自然界的过程中的作用以及辩证法、唯物主义、自然科学和自然界的关系，马克思和恩格斯有着充分的认识和理论研究。恩格斯指出："马克思和我，可以说是唯一把自觉的辩证法从德国唯心主义哲学中拯救出来并运用于唯物主义的自然观和历史观的人。可是要确立辩证的同时又是唯物主义的自然观，需要具备数学和自然科学的知识。马克思是精通数学的，可是对于自然科学，我们只能作零星的、时停时续的、片断的研究。因此，当我退出商界并移居伦敦，从而有时间进行研究的时候，我尽可能地使自己在数学和自然科学方面来一次彻底的——像李比希所说的——'脱毛'"①。结合马克思和恩格斯的著作和书信，我们至少可以列举出如下马克思和恩格斯熟悉或研究过的关于自然的自然科学和哲学思想：康德的星云说、黑格尔的自然哲学和逻辑学、费尔巴哈的人本学的唯物主义、达尔文的进化论、能量守恒和转化定律、海克尔的生理学、斯莱登和斯旺的细胞学说，以及马克思同时代的德国化学家尤·李比希的《化学在农业和生理学上的应用》著作等。毫无疑问，这些理论和思想都经过了马克思、恩格斯立足于辩证唯物主义的批判性分析；这些思想都被批判地吸纳到马克思和恩格斯的辩证唯物主义自然观中，成为马克思主义理论体系中的有机组成部分。

最后，社会、人与自然之间的关系是马克思和恩格斯探讨的核心问题之一，这是由马克思和恩格斯的世界观和根本方法决定的：研究人的解放和人的发展问题需要研究人类社会及人类个体与其自然环境之间的关系。对马克思和恩格斯而言，他们认识社会、人与自然之间关系的范式通过《资本论》第 1 卷的一般劳动定义能够得到最彻底、最科学、最具体的体现。马克思把一般劳动定义为："首先是人和自然之间的过程，是人以自身的活动来中介、调整和控制人和自然之间的物质变换的过程。"② 进一步地，马克思指出劳动过程是"人和自然之间的物质变换的一般条件，是人类生活的永恒的自然条件"③。结合马克思在《资本论》和其他文献中的思想，一般劳动

---

① 《马克思恩格斯文集》第 9 卷，人民出版社 2009 年版，第 13 页。
② 《马克思恩格斯文集》第 5 卷，人民出版社 2009 年版，第 207—208 页。
③ 《马克思恩格斯文集》第 5 卷，人民出版社 2009 年版，第 215 页。

定义蕴含着如下三个命题。

（1）社会、个人和自然之间的关系通过劳动得以实现和体现。马克思的一般劳动概念科学地揭示并综合了自然、个人和社会的关系。劳动是人与人、人与社会、人类与自然界之间的关系得以产生和发展的基础，人与人、人与社会、人类与自然界之间的相互作用是通过劳动过程实现和展开的，不仅如此，人类社会、人类个体的生存和发展甚至自然界的发展也都是通过劳动过程实现和展开的。

（2）社会、个人和自然之间的关系是辩证发展的，这种辩证发展要求唯物主义立场和方法。作为劳动者的个人通过自身的运动作用于他身外的自然并改变自然时，也在改变着他自身的身体和自然力。因此，劳动过程即人与自然之间的相互作用过程本身就是辩证的。劳动既需要社会和个人作为它的要素，也需要自然界为它提供要素，社会、个人和自然共同构成并创造出劳动；与此同时，在劳动过程中，作为劳动要素的社会、个人和自然也被持续地创造出来，获得新形式，进入新阶段，形成新形态。这就是劳动辩证法，也即社会、个人和自然之间关系的辩证法。另外，劳动首先是物质变换过程，这种物质变换过程是可以运用科学和技术做出精确的测量和规划的，是要求遵守自然规律的，这正是唯物主义立场和方法的运用和体现。

（3）社会、个人和自然之间的物质变换关系与社会中人与人之间的关系统一于劳动实践中，是劳动实践中内在关联的两个方面，也即是说，我们通常所说的人与自然的关系与人与人的关系是密切联系的，是同一个整体中的两个方面。马克思的劳动概念不只是揭示社会、人与自然之间关系的纽带，更是马克思揭示现代资本主义社会经济秘密的核心概念。在《资本论》中，以劳动概念为理论基石，马克思发现了劳动的二重性，揭示了商品的二重性秘密，创立了剩余价值理论，发现了资本主义的经济运行规律和资本家剥削的秘密，揭露了资本主义社会中人与人之间关系的秘密。马克思在《评阿·瓦格纳的〈政治经济学教科书〉》一书中指出："在分析商品的时候……进一步验证了商品的这种二重存在体现着生产商品的劳动的二重性：有用劳动，即创造使用价值的劳动的具体形式，和抽象劳动，作为劳动力消耗的劳动……论证了剩余价值本身是从劳动力特有的'特殊的'使用价值中产生的，如此等等"①。劳动范畴是马克思主义认识社会、个人和自然之间关系的核心和根本概念，是我们理解人与自然关系以及人与人关系这二者之间的关系的中介。

以上论述体现了马克思和恩格斯创立的辩证唯物主义作为哲学理论和哲学方法所具有的伟大理论力量。正是因为马克思、恩格斯自觉运用他们创立的辩证唯物主义，他们对自然的理解以及对社会、人与自然及其关系的认识是非常深刻的，在今天仍然具有重大理论指导意义和启发意义，足以成为当代生态哲学及其范式的哲学基础。

2. 现代哲学自然观为生态哲学提供哲学基础

如果说辩证唯物主义为生态哲学及其范式提供方法论支撑、一般概念和一般性观念的支持，那么，现代哲学自然观为生态哲学提供的基础则更侧重于更具体的自然观念。现代哲学自然观不是一个流派或思想传统，更不是某一个人物的思想，而是与古代希腊自然观和文艺复兴的自然观（以机械论自然观为代表）有着根本区别的关于自然的观念。现代哲学自然观以近、现代某些哲学思潮和现代自然科学为基础，呈现出观察自然和认识自然的新方式、新趋势，最一般的观念已经被认识和概括出来，不过，还没有达到系统阐述的地步。

总的来看，西方哲学史各种哲学传统和流派对待自然的态度是怎样的呢？当代德国学者汉斯·约阿西姆·施杜里希在其《世界哲学史》中借用汉斯·约纳斯的话，指出："在回顾二十世纪的哲学并展望未来哲学的过程中，汉斯·约纳斯指出了一个几乎贯穿于整个西方哲学史的缺陷：'由于有一种精神上的优越感，人在某种程度上轻视了自然。'"② 具体地说，从柏拉图和基督教哲学到 20 世纪哲学，都强调灵魂和精神要高于肉体和物质，自然被置于次要、从属的理论位置，甚至置之不理；在 20 世纪，"胡塞尔的现象学也带有这种片面性，它只研究'纯粹的意识'。……马丁·海德格尔，他也全然不顾生物进化论关于人究竟说了些什么，而把'一种高度精

---

① 《马克思恩格斯全集》第 19 卷，人民出版社 1963 年版，第 414 页。
② ［德］汉斯·约阿西姆·施杜里希：《世界哲学史》，吕叔君译，广西师范大学出版社 2017 年版，第 701 页。

神性的范围，或曰存在（Seyn）'作为自己的思想的重要基础"①。这些倾向不可避免地导致理论上无法深入地、客观地研究自然，实践上无法科学地改造自然。不过，在对待自然及其与人的关系问题方面，19、20 世纪的西方思想界开始形成另外一种倾向，这种倾向把自然看成是精神的基础，把肉体和心灵、自然与精神纳入一个整体当中来考察。这种倾向构成现代哲学自然观的基调，也成为生态哲学的哲学基础。

在简介现代哲学自然观的相关范畴和一般观点之前，我们先论述近代机械论的世界观和自然观的内涵与特点。机械论世界观和自然观的产生和发展是与哥白尼、布鲁诺、培根、伽利略、牛顿、笛卡尔、霍布斯和康德等这些属于 17 世纪和 18 世纪的科学家和哲学家们联系在一起的。机械论世界观和自然观的创立和传播是产生工业革命的必要条件之一，更是继之而起的工业文明的观念基础和观念体现。总的来说，机械论世界观和自然观以机器形象来比照和理解宇宙、社会、自然和人本身，正如恩格斯所总结的那样："正如在笛卡尔看来动物是机器一样，在 18 世纪的唯物主义者看来，人是机器。"② 机器作为近代技术发明和科学研究的成果，代表着力量和秩序，并且是一种可分解、可控制和可计算的力量和秩序。当自然和人被理解为可以被拆解和组装的而且是可以利用和控制的存在物时，这有助于近代西方世界的人们冲破中世纪时期以来笼罩在宇宙、自然和人身上的以神秘性为其特征的思想藩篱，为人们征服自然和创造人类世界提供了思想准备、信心和理论支持。

与机械论自然观不同，现代哲学自然观在 18 世纪末 19 世纪初就开始萌发，经过 19 世纪的发展，在 20 世纪得到传播，并成为 20 世纪下半叶世界范围内的环境生态运动的思想渊源之一。马克思、恩格斯创立的辩证唯物主义自然观是现代哲学自然观的重要代表之一，并且与其他思想传统的现代哲学自然观是相融相通的，具有共同的最一般立场和观念。除马克思、恩格斯创立的自然观以外，借鉴柯林伍德的研究成果，现代自然观是可以以黑格尔

---

① ［德］汉斯·约阿西姆·施杜里希:《世界哲学史》，吕叔君译，广西师范大学出版社 2017 年版，第 702 页。
② 《马克思恩格斯选集》第 4 卷，人民出版社 1995 年版，第 228 页。

的自然概念和历史研究、达尔文的进化论、柏格森的进化生物学、爱因斯坦和普朗克为之奠基的现代物理学、现代生态学，以及亚历山大的哲学和怀特海的哲学为代表勾画出概貌的。这里，我们限于简介现代哲学自然观的几个基本范畴和一般性原理。

在现代自然观里，"生命"和"物质"概念获得新的含义；"关联"、"进化"、"过程"、"突现"、"适应"等概念替代"力量"、"秩序"、"控制"、"计算"，成为新自然观的核心范畴；"关系"、"过程"、"创造"是现代哲学自然观的核心范畴。

在现代自然观里，生命是冲动（power）或过程，而"生命冲动没有针对性，没有目的，没有外在的指向灯，也没有内在的指导原则。它是纯粹的力，它唯一的固有性质是流动，无限地冲向一切方向。物质的东西不是这种宇宙运动的载体或先决条件，而是它的产物。自然律不是指导它的进程的定律，而仅仅是它暂时采用的外形"①。法国的亨利·柏格森对此指出，"生命也像意识活动那样是创新、永不停息的创造吗？"② "我们越是将注意力固定在生命的……连续性上，我们就越是看到：有机体的进化类似于意识的进化，其中，过去挤压着当前，因而导致一种意识新形式的突然迸发，它与先前的形式不能同日而语。……预见这个形式则全无可能。"③ 生命是一个过程，生命的本质是创造。

借鉴现代物理学的研究成果，现代自然观视野中的"物质"可以作如下理解：物质是发生在空间且需要时间的一种活动。物质是一种活动，而不仅仅是一种可观察的实体。现代的"生命"和"物质"概念强调的是相关事物的过程、流动性、整体性、不可重复性、不可分割性和功能，不再突出生命和物质的可分割性和机械性。

在现代自然观里，自然被看成是一个单一的宇宙过程，一个创造性的推进过程。在这个过程中，它的每一部分不断获得并产生新形式；在这个过程中，较高级的事物随着过程的发展而出现。较高级的事物是"突然发生"的，它不是过去的、在它之前的较低级的东西的修正和复杂化，而是某种真

---

① ［英］罗宾·柯林伍德：《自然的观念》，吴国盛等译，华夏出版社1999年版，第154页。
② ［法］亨利·柏格森：《创造进化论》，肖聿译，北京联合出版公司2013年版，第22页。
③ ［法］亨利·柏格森：《创造进化论》，肖聿译，北京联合出版公司2013年版，第24页。

正的在质上是新的东西。它也不能用它所出自的较低级的东西的质去解释它，它有它自身特有的原则。在现代自然观里，生命突生于物质，心灵突生于生命。但生命不只是物质，生物学不能被还原为物理学；心灵不只是生命，研究心灵的科学也不能归结于生物学。物质、生命和心灵在质上是完全不同的，而事物的质是依赖于事物自身的特定结构的。

关于现代自然观，我们还需要提及柯林伍德所提及的最小空间原理和最小时间原理。所谓最小空间原理，就是指任何自然实体只有在适当数量的空间中才能存在，并具有一个最小的可分量，如果这个可分量再分下去，其部分便不是这个实体的质素了，这个自然实体将不存在，这就意味着任何自然实体都必然具有各自特定的适当时间量和特定时间间隔。因为当我们说存在着某特定的实体，那就是说产生了某特定的功能或过程，而它在太短的时间内是不能发生的。英国哲学家怀特海对此指出："从现代观点看，过程、活动以及变化都是事实。在一瞬间是什么都没有的。每一瞬间都仅仅是一种组成事实的途径，这样，既然没有被设想为简单的基本实有的瞬间，所以就没有某一瞬间的自然界。"①

最小时间原理引申出一个结论：自然界如何呈现在我们眼前，相当程度上依赖于我们观察它的时间尺度有多长；这是因为当我们以一个适当的时间长度观察时，我们就会看到正需要这个时间长度才会发生的过程。作为动物，我们人类受到身体的有限尺寸和生活的有限范围的制约，即便有现代科学仪器的帮助，我们的观察在时间尺度和空间尺度上也都有上限和下限，人类只能获得与人类相称的自然图景。另外，由于几个世纪以来，人类已经获得了巨大的认识世界和改造世界的能力，人类已经有能力按诸多不同的时间长度和空间尺度类型从事生产和观察。因此，最小空间原理和最小时间原理启示我们需要严肃地思考如下问题：一般意义上说，人类按哪一种时间长度和空间尺度类型从事生产才最符合人类和自然共同发展这个价值目标。

显然地，现代自然观中的自然图景与机械论自然观所赋予自然的机器形象是不相容的，近代意义上的机器是不可能自身创造出新质的东西的，机器本身是一件完成了的东西。如果需要新的象征来表达人们对世界和自然的新

① ［英］怀特海：《思维方式》，刘放桐译，商务印书馆 2013 年版，第 135 页。

理解的话，我们可以说自然是生命共同体。自然界中不但有生命物体，而且自然界整体自身就像一个生命体。其实，也许这不只是一个象征；如果运用最小时间原理，运用一种适当的时间长度和空间尺度来观察自然的话，自然极有可能就是一个生命体。当然，在此处，我们仍止于象征的描述，这应该是没有问题的。这个象征蕴含着到目前为止人类所能达到的关于自然的真理性认识，这是我们应该牢记并遵循的。

需要注意的是，现代哲学自然观正在形成和发展中，没有成熟的观念系统，目前也没有在现实的实践领域取得主导地位，相反，取得了基础地位和主导作用的仍然是机械论的世界观和自然观。不过，在现有的社会与自然的现实关系出现严重不协调的状况下，辩证唯物主义和现代哲学自然观必将成为生态文明的方法论基础和观念核心，正如机械论世界观和自然观成为工业文明的观念核心一样。

（二）生态哲学与生态哲学范式的自然科学基础

现代自然科学为生态哲学和生态哲学范式的形成和发展提供了理论支撑，这些支撑与现代哲学所给予的支撑不同，自然科学的支撑体现在更为具体的基础概念和相关理论方面。

1. 现代生态学对生态哲学和生态哲学范式的理论支持

Ecology（生态学或生态）一词由德国人恩斯特·海克尔在 1866 年创立，几乎近 100 年后，即 20 世纪 60、70 年代，生态学作为一门科学才得以确立。不过，生态学的某些观念始于 18 世纪，从 18 世纪开始直到 20 世纪，生态学思想的产生、变化和发展与吉尔伯特·怀特、卡罗勒斯·林奈、亨利·戴维·梭罗、查尔斯·达尔文、弗雷德里克·克莱门茨、弗雷德·诺思·怀特海、奥尔多·利奥波德、雷切尔·卡逊、巴里·康芒纳、尤金·奥德姆、保尔·埃利希等有着密切关联。① 在此，我们主要简介生态系统概念与相关思想对生态哲学及其范式所具有的理论意义，以及康芒纳概括的生态学四条原理对生态哲学基本观念的揭示。

---

① 参见［美］唐纳德·沃斯特：《自然的经济体系：生态思想史》，侯文蕙译，商务印书馆1999 年版，第 13—17 页。

　　"生态系统"一词由阿瑟·坦斯利在 1935 年创立，其含义是包含有机体非有机体的存在，并肯定有机体与其环境之间的不可分割的联系。由此，生态系统就是由有机体和环境以及它们之间的不可缺少的关系共同构成的一种有其自身功能特性的组织或单元，而这些组织或单元的类型和尺寸是不可胜数的。它们才是把自然世界联为一体的真正纽带。

　　在此，我们还需要注意的是，坦斯利强调应该立足于物理学意义来界定生态系统。坦斯利创立生态系统概念的目的是希望清除掉生态学中所有不易量化和分析的东西，清除掉至少是自浪漫主义时期以来就已成为生态学的一部分包袱的那些模糊难懂的东西。强调生态系统的物理学基础，就可以把"有机体之间的所有联系都能够描述成一种纯粹的物质交换，即作为'食物'组成部分的诸如水、磷、氮和其他营养成分的化学物质和能量的交换"①。坦斯利的生态系统概念为生态学家们研究自然界打开了广阔的研究空间：运用物理方法和化学方法，遵循物理化学运动规律研究生物有机体与其环境以及二者之间的机制。生态系统概念尤其为从能量角度如热力学第一定律和鲁道夫·克劳修斯在 1850 年首次提出的热力学第二定律探讨生态关系提供理论途径，例如，按照热力学第一定律，生态系统只是在能量耗尽前进行转化和再转化；而热力学第二定律则肯定所有能量都倾向于耗散或变得毫无组织和无法利用。生态系统概念为生态学朝向自然科学方向的发展奠定了科学基础，而现代生态学正是沿着生态系统概念所展示的方向发展的。②

　　毫无疑问，作为一门自然科学，现代生态学有着极为丰富的理论和复杂而多样的研究分支，并且仍然在发展进程之中。然而，作为其基础概念的生态系统已经有较充分的理由让我们相信，生态学能够为生态哲学及其范式提供科学依据。这些科学支撑体现在：生态学已经从能量转换和物质交换方面探讨和揭示地球生物圈内生物有机体与其环境之间、生物有机体之间和生物有机体自身内部是彼此相互关联的，是相互作用、相互影响的。

　　当代著名生态学家巴里·康芒纳高度概括的生态学四条基本法则能够帮

① ［美］唐纳德·沃斯特：《自然的经济体系：生态思想史》，侯文蕙译，商务印书馆 1999 年版，第 354 页。
② 参见 ［美］唐纳德·沃斯特：《自然的经济体系：生态思想史》，侯文蕙译，商务印书馆 1999 年版，第 547 页。

助我们更深入地理解生态学的核心思想及对生态哲学的科学支持。第一条法则：每一种事物都与别的事物相互关联。这条生态法则最主要的含义在于指出：不同的生物组织的构成要素形成相互联系的网络，这些网络能够自我补偿，表现出一种周期性的动态平衡。这些网络所能承受的负荷大小以及时间的长短由生物联系网络的复杂性和它自身的周转率决定，超过负荷，生态系统可能发生急剧的崩溃。第二条法则：一切事物都必然有其去向。在生态学上，这个法则强调的是在自然界中是没有所谓"废物"存在的。在自然中，一种有机体的排泄物会成为另一种有机体的食物或派上其他用途，如动物排出的二氧化碳将成为植物进行光合作用所需的原料。第三条法则：自然界所懂得的是最好的。我们可以这样来理解这条法则：一个现存的生物结构或者已知的自然生态系统的结构由于尽可能排除了对它不利的成分，自然界现存的生物结构都是经过了无数次试错和选择后留下来的与生存环境相适应的种类，因而现在的生物结构是最好的。第四条法则：没有免费的午餐。在生态学中，这条法则强调的是生态系统是一个相互联系的整体，没有东西是可以取得或者失掉的。

综上所述，现代生态学不仅为当代生态哲学提供科学依据，更为重要的是，现代生态学及其发展还能够为生态哲学及其范式提供理论启发和借鉴。

2. 相对论的时间—空间观对生态哲学和生态哲学范式的理论支持

"时间"、"空间"和"物质"是古往今来的人们日常思维中常用的语词或概念，也是古今哲学史和科学史上重要的基础范畴，尤其是 17 世纪以来起源于西方的近现代物理学的核心范畴。其中，爱因斯坦在广义相对论中所主张的时空观为我们建立和运用生态哲学及其范式提供科学理论支持和启示所具有的意义可见一斑。

与主导了西方物理学近两个多世纪的牛顿创立的物理学中的时空观不同，爱因斯坦的狭义相对论反对古典物理学把时间和空间设定为相互独立的绝对存在物，强调时间和空间不再是相互独立的，而是客观上不可分割的，时间和空间的意义只能在它们彼此之间的关系中才能获得理解，关系成为理解时间和空间不能缺少的角度和范畴。爱因斯坦的狭义相对论的时间—空间观改变了"现在"、"发生"、"变化"、"实在"这些词的内涵，并由此导致了一种新的物质观和自然观的出现。而爱因斯坦的广义相对论进一步强调了时间、空间和场的辩证联系，并论证了空间—时间、物质、运动和引力之间的统一性，并在宇宙学和引力与电磁的统一场论方面进行了探索。需要特别指出的是，爱因斯坦开创性地第一个提出了命名为"有限无边"的相对论宇宙模型。在这个模型中，宇宙的空间体积是有限的，而边界却是无限的。这个宇宙模型奠定了现代宇宙学研究的理论基础。在此基础上，美国物理学家 G. 伽莫夫等人把核物理学与宇宙膨胀现象结合起来创立了"大爆炸宇宙模型"。目前，大爆炸宇宙模型被尊称为"标准模型"。大爆炸宇宙模型能将化学元素的起源，各种基本的物理学定律、化学定律、生物演化等都统一在一个历史过程当中。

爱因斯坦相对论的时间—空间观对生态哲学和生态哲学范式具有的意义体现为如下三点：第一，具体地、科学地证实了物质、运动、时间和空间彼此之间的不可分割、相互作用的关系，进而从现代物理学方面证实了辩证唯物主义作为世界观具有科学性和可检验性，也增强了如下信念：辩证唯物主义为当代生态哲学及其范式提供了哲学观念和哲学方法的支持。第二，自然观是生态哲学中的基础理论和核心观念，相对论的时间—空间观为其提供了来自物理学的理论依据，为科学自然观提供了更具体、更丰富的理论内容和深刻的洞见。第三，证实了生态哲学的核心范畴即关系的普遍性和深刻性。"关系"是我们把握和认识自然界和世界的核心范畴，这个范畴在生态思想史和现代生态学中的理论地位是不言而喻的。在生态学中，我们需要做的是如何获得自然界中多样的、具体的生物与其环境的关系。然而，在物理学史上，关系范畴的理论地位却不是不言自明的，爱因斯坦的狭义相对论和广义相对论科学地、深入地论证了关系是我们理解空间、时间、场、物质和运动等物理学最重要研究对象的客观属性，这本身就是一场科学革命。

（三）系统论和协同学对生态哲学和生态哲学范式的理论支持

20 世纪以来，物理学、化学和生物学取得了长足进展。随着自然科学家对自然界物理现象、化学现象和生物现象研究的深入以及科学理论和科学方法的推陈出新，研究人员揭示出了一些在物理现象、化学现象和生物现象中共有的新问题，围绕这些新问题展开研究，产生了一系列跨学科或交叉学科的研究成果，例如系统论、耗散结构理论、协同学、超循环理论和混沌学等。这些研究的对象及成果影响超出自然科学研究范围，扩展到广泛的人文社会科学领域，为人们在认识自然界、人类社会和个体的过程中创立新思维、建立新理论提供强大助力和启示。"横看成岭侧成峰"，自然界及其与人类社会关系的复杂程度远远大于庐山的多面性，这些交叉学科在揭示自然界及其与人类社会关系的规律方面，有着与物理学和生物学不一样的角度、层面和抽象程度，为人们认识世界提供了丰富的思想资源，深化和具体化了对世界的新理解。在根本立场和基本观念方面，与自然辩证法和现代哲学自然观有着较高的一致性，为生态哲学范式的形成提供理论资源和启发。

1. 系统论对生态哲学和生态哲学范式的理论支持

在跨学科或交叉学科中，系统论是 20 世纪 30 年代以来在科学技术领域和人文社会科学领域影响范围最广泛、影响程度最深入的学科之一。在本书中，我们限于从系统概念、系统论产生的深刻背景和研究的问题以及系统论的最一般原理等方面论证系统论与生态哲学在核心范畴方面的一致性及相关思想支撑和启示。

一般认为，美籍奥地利理论生物学家路德维希·冯·贝塔朗菲（1910—1971 年）是系统论创始人。1937 年，贝塔朗菲第一次提出"一般系统论"概念。时隔三十多年，在《一般系统论：基础　发展　应用》（1973 年，修订版）中，贝塔朗菲指出，一般系统论大致涵括三个主要方面：系统科学、系统技术和系统哲学。其核心是反对建立在古典科学的分析、机械和单向因果关系基础上的世界观，主张以"系统"的相互影响、相互作用和相互联系为基础的新世界观。按照国内学术界的某种看法，20世纪 40 年代出现的运筹学、控制论、信息论可以看成是早期的系统科学理论，而同时期出现的系统工程、系统分析和管理科学可以看成是系统论的工程应用；70 年代和 80 年代出现的耗散结构理论和超循环理论可以看成是以"系统"为其基础概念的系统自组织理论；80 年代以后，以复杂性研究和非线性科学为代表的科学研究则积极推动了系统论的发展。① 由此可见，系统概念及系统理论在 20 世纪后半叶的科学、技术和相关学科领域具有相当的基础性作用。下面，我们主要借助贝塔朗菲的相关论述简要讨论上述三个方

① 许国志主编：《系统科学》，上海科技教育出版社 2000 年版，第 5—10 页。

面即系统概念、系统论产生的深刻背景和系统论的最一般原理等与生态哲学及其范式的关系及其助力。

贝塔朗菲将"系统"定义为"相互关联的元素的集"①，并把"相互关联"规定为"元素 P 在关系集 R 中，因此 R 中的一个元素 P 的行为不同于它在别的关系 R^1 中的行为。如果在 R 和 R^1 中的行为没有差别，就没有相互作用，元素行为就独立于关系 R 和 R^1"②。在这个"不顾及数学的严密和一般性"的低标准定义中，贯穿着贝塔朗菲的一个基本原则：表示系统特性和原理的命题可以从"系统"的概念和一个适当的公理集演绎出来。这即是说，系统概念内蕴着系统论的一般原理，对系统概念的分析能够揭示系统论的一般理论取向和性质。

显然，在系统概念的定义中，贝塔朗菲的关注重心在"关系"和"集"这两个范畴，"集"即集合也意味着整体。不可忽视的是，关系和整体也是生态哲学的核心范畴。贝塔朗菲关注关系问题和整体问题的原因来自实际的工程技术领域和科学领域。一方面，20 世纪以来，工程领域如从动力工程到控制工程的发展，要求人们不能只按单个机器来思维，而是需要考虑机器与机器之间的关系、人与机器之间的关系和人与人之间的关系；另一方面，为了能够合理地安排和解决技术和工程问题，技术和工程与金融、经济、社会和政治的关系也成为不可回避的问题。由此，如何计划和安排这些关系并构成一个系统就催生了"系统方法"，即是说，专家们提出一个目标，专家组在极复杂的相互关系网中按最大效益和最小费用的标准考虑不同解决方法，并选出可能的最优方案。在此背景下，贝塔朗菲敏锐地指出，现代技术的复杂性要求把"系统方法"当成是基本思想范畴的变革，要求科学思维的重新定向，而不只是技术变革本身中的一个方面；以此立场为指导，贝塔朗菲指出，在现实政治领域、现代物理学、分子生物学、精神病学、社会学、心理学和历史学等领域都出现了采用"系统方法"的要求，以利于整体上考察和解决相互作用过程中的关系，进一步地，他逐一详细分析各具体

---

① ［奥］L. 贝塔兰菲：《一般系统论：基础　发展　应用》，秋同等译，社会科学文献出版社 1987 年版，第 46 页。

② ［奥］L. 贝塔兰菲：《一般系统论：基础　发展　应用》，秋同等译，社会科学文献出版社 1987 年版，第 46 页。

学科领域中系统方法的具体内容和特征。系统概念中的核心范畴"关系"，不仅揭示出自然界（物理学和生物学的研究对象）中事物之间的关系具有根本地位，而且在人类活动、人类社会及其历史中亦是如此。这也正是贝塔朗菲在系统论前面冠以"一般"的原因，旨在强调"处处是系统"。在贝塔朗菲看来，系统概念有很长的历史，最早可追溯到莱布尼茨、马克思和黑格尔的辩证法，在系统论创始人那里，现代哲学自然观、生态学和马克思的辩证法中的最核心范畴都得到了呼应和重视。

对于系统论中的"自然"与生态哲学视野中的自然观之间的联系这一问题，贝塔朗菲指出，古典物理学将自然现象分解为由"盲目的"自然规律控制的基本单位的作用；与这种机械论观点相反，现代物理学各分支学科中出现了整体性、动态相互作用和有关组织的问题。机械论观点是将生命现象分解为原子实体和部分过程，生物被分解为细胞，生物活动被分解为生理学过程并最终分解为物理化学过程，行为被分解为非条件反射和条件反射；而现代生物学则强调过程、整体和有机联系的观念，不仅把整体、相互作用、动态和组织等看成其理论关注的核心问题，而且也把它们看作是构成新思维和新观念的重要范式，由此显示了生物学、生态学与系统论在理论方面的内在关联。系统论从现代生物学吸收基础概念和一般观念，系统论对包括生物学在内的自然科学中的概念、观念和方法进行更一般的抽象和综合，形成系统论自身的一般性原理，而这些原理将为人们认识自然、个体和人类社会及其关系提供思维指导。"整体大于部分之和"就是这样的一般原理和/或方法的通俗表述。

作为方法或原理，"整体大于部分之和"是针对分析方法本身的局限性的。在贝塔朗菲看来，分析方法是指"被研究的实体分解为结合在一起的各个部分，因此这个实体可以由在一起的部分组成或重新组成"[①]；而分析方法的应用取决于不考虑部分之间的相互作用和可以通过把部分简单相加构成整体这两个前提条件，这样的分析方法导致的结果就是，所有科学被简化为物理学，一切现象最终分解为物理事件，并把部分的行为相加就能构成整

① ［奥］L. 贝塔兰菲：《一般系统论：基础 发展 应用》，秋同等译，社会科学文献出版社 1987 年版，第 15 页。

体的机械论和还原论的结论，但事实上，整体层面上涌现出来的诸多特征决定了整体不可能是各部分之和，而只能是大于部分之和。

毫无疑问，在自然界，"整体大于部分之和"不仅可以作为方法论原则和原理帮助人们更好地解释自然现象，而且本身就是贝塔朗菲意义上的系统论本体论，也即细胞、生物体、星系、原子等都是实际系统，不依赖观察者而存在，可以被观察感知或推断；而这与马克思、恩格斯的自然辩证法对自然的一般看法是一致的，与现代哲学自然观也是互洽的。不同的是，系统论在更具体层面上的诸多理论与自然辩证法和哲学自然观有所不同，这里不作比较。不过，应该强调的是，从系统论角度和层面形成的自然观，如对自然系统的整体性和秩序、自然系统的适应性自稳、适应性自组织和自然系统系统内与系统间的等级体系等的考察①，对马克思、恩格斯的自然辩证法能够起到补充和深化作用，对现代哲学自然观也是一种有益的深化和补充。另外还需要提示的是，系统论对由社会、个体和自然及其关系共同构成的大系统的理论研究也是有益于生态哲学的发展的；社会与自然的关系是生态哲学的核心问题，对社会、个人与自然的关系的关注亦是系统论和生态哲学的共同关注点。

2. 协同学对生态哲学和生态哲学范式的理论支持

作为交叉学科或横断科学，系统论的理论特征体现为以系统为研究的基本单元，从关系和整体角度即以系统方法考察自然界的生物现象和物理现象以及社会中的技术工程问题，揭示各层次、各类型系统的有机结构，以全新的方式把握和认识自然界和人造的技术体系，倡导和尝试建立一种全新的世界观；并且运用系统论来考察人类社会的其他领域。那么，系统的结构从何而来？结构是如何从无到有的？结构是永恒的还是变迁的？这些问题则是协同学的问题域，是协同学一贯深入考察的问题；系统论却没有专注这些。正如协同学创始人德国理论物理学家哈肯②（Hermenn Haken），在指出人们在

---

① 参见［美］欧文·拉兹洛：《系统哲学引论——一种当代思想的新范式》，钱兆华等译，商务印书馆 1998 年版，第 48—68 页。

② 哈肯和他的学生格洛汉姆（R. Graham）在 1971 年合作发表《协同学：一门协作的科学》，阐述了协同学的主要概念和思想，此后出版了《协同学导论》（1977）和《高等协同学》（1983）等著作，创立了协同学理论框架。哈肯用协同学概念和理论考察和研究了物理学、化学、生物学、混沌学、经济学和计算机科学等学科领域中的相关问题及社会领域中的现象和问题。哈肯是从他早期的激光研究经历中受到启发创立协同学的。

无生命界、生命界和精神界不断遇到各种结构后，我们必须进一步揭示结构是如何形成以及结构中的各部分是如何协同发生作用的，而这正是协同学的目的和任务。由于协同学的理论问题是以构成整体的各组成部分之间的关系为其理论研究出发点的，也即以"关系"、"整体"、"结构"为其理论研究的前提和基本范畴，这意味着它是与现代生物学，尤其是生态学，也与自然辩证法和生态哲学是一致的，也与系统论是一致的。

协同学对生态哲学的支持，除了它与生态哲学共有基本立场以及较一致的基本范畴和研究前提外，还体现在协同学探讨了有助于生态哲学深入发展的一些具体问题，例如对有生命界及其与无生命界之间关系的探讨。再如，关于有生命界，哈肯分别用协同学考察了物种进化主题中的适者生存问题、生物有机体的起源和生物运动模式等。在此，我们简要介绍哈肯关于适者生存及其普遍适用性的讨论。哈肯首先认为，依据由激光动力学为基础和类比对象而建构起来的物理模型，以实验和数学方法为手段，可以更深入、更确切地理解适者生存，并证实达尔文主义关于突变、选择和适者生存方面的结论。借助艾根的超循环理论，在生物分子层面上开展进化论研究后，哈肯认为，达尔文主义关于突变、选择和适者生存的理论可以把无生命自然界与有生命自然界联系起来，在一定程度上显示出由"无生命"到"有生命"的过渡。哈肯强调，"适者"生存理论在无机界如激光物理学中可以使用，不只如此，他还指出，适者生存这个达尔文规律还可以用来帮助解释职业竞争和经济竞争等社会学问题，适者生存规律的广泛适用性，体现了达尔文思想的意义，更是大自然自身意义的体现，"大自然……为我们指明了……出路"①；大自然自身在"说话"，达尔文主义是中肯的代言人。

在协同学理论视角下，在适者生存问题的研究中，哈肯还专门讨论了"不是最适者也能生存"的问题，因为即便不是最适者的个体、种群也能够借助专门化并创造自己的生态小环境而避免相互之间的激烈竞争，从而在生态小环境中成为最适者，而一般化的共生现象也为非最适者提供生存的机会。协同学对适者生存的再阐释不只是认可和深化了达尔文的思想，更是较

---

① ［德］赫尔曼·哈肯：《大自然成功的奥秘：协同学》，凌复华译，上海译文出版社 2018 年版，第 66 页。

充分地揭示出包括人类在内的、由有机界和无机界共同构成的自然界的复杂性。

哈肯根据协同学进一步讨论了生态平衡问题，他指出，大自然中的各种过程环环相扣，大自然是一个高度复杂的协同系统，大自然的平衡绝不是一成不变的，静态生态平衡思想是幼稚的；"我们必须记住，如果确实建立了一种平衡，那么这种平衡将会特别敏感，这里我们又回到了协同学的一个基本要点上"①。这个基本要点也即是协同学的一个基本原理：在某个不稳定点（如某些临界点）上，即使是很小的环境变化，也可能造成整个系统的极大变化。这个协同学原理揭示了系统结构的脆弱性和新结构产生的偶然性与初始条件的敏感性。哈肯运用这个原理简要考察了地球大气层中的臭氧层空洞和气候灾变问题，尤其提醒人们甚至微不足道的气候变化也可能产生实质上是崭新的选择过程，从而"促进"发展。但"促进发展"并不意味着新发展出来的物种必然在客观上优于被取代的物种，而这种新的物种也可能被人们认为是退化的变化。

这些关于自然界具体问题的探讨与协同学中基本范畴"序参数"和支配原理密切相关，也即与结构的形成和演化理论密切相关。哈肯明确指出是序参数支配各部分，并举例来帮助人们理解这种关系，"序参数好像木偶的牵线人，它使木偶们翩翩起舞，而木偶们反过来也对它起影响，制约它"②。这个比喻能够帮助人们理解序参数对各个部分的主导作用及它们之间的相互影响，但是，木偶的牵线人即序参数到底如何产生的呢？这个比喻却无法帮助我们。系统论能够帮助我们深入地回答序参数如何产生的问题。在系统论看来，正如前述，在各部分之间形成有机联系而构成一个有机整体以后，整体层面上涌现出一些属于整体的特征，而这个仅在整体形成后只在整体层面上才出现的特征就成为各个部分的主导。序参数形成后，哈肯进一步指出，序参数对部分的决定作用就是支配原理，支配原理在协同学中起核心作用。从序参数和支配原理出发，结构到底如何形成和演化的呢？哈肯还断言，序

① ［德］赫尔曼·哈肯：《大自然成功的奥秘：协同学》，凌复华译，上海译文出版社 2018 年版，第 71 页。

② ［德］赫尔曼·哈肯：《大自然成功的奥秘：协同学》，凌复华译，上海译文出版社 2018 年版，第 8 页。

参数广泛存在于生物界和人类世界中，新结构形成和结构变化的必然性不仅存在于激光的性态、云雾的形成、细胞的聚合等现象中，还存在于非物质领域如社会风尚、文化思潮、艺术风格中。

综上所述，我们可以得出如下结论，协同学的理论立场和一般范畴与自然辩证法、现代哲学自然观、系统论具有一致性和同质性，这些思想传统和理论研究都在共同宣告一个新的自然观和世界观——生态哲学。虽然这些思想传统的具体概念和观点表述有不小的差异，却也可以相互支撑、相互补充，而在更一般层面上，它们殊途同归。

二、生态哲学的问题域和生态哲学 范式的基本特征

我们可以把生态哲学界定为以人与自然关系为理论出发点，以现代生态学为科学依据，关于社会、个人与自然及其彼此关系的总的观念和根本方法。把人与自然之间的关系作为理论出发点，以人与自然和谐共生为生态文明建设的目标，这决定了生态哲学需要反思作为工业文明之思想基础和观念核心的西方近现代哲学世界观和自然观，需要批判以获取最大物质为其目标的经济主义行为和观念以及个人主义价值观。正是这些反思和批判构成了生态哲学的问题域，同时也确立了生态哲学范式的基本特征，而生态哲学的问题域和范式必然与其他的哲学思潮或流派的问题域和范式有所不同。下面，我们适当展开对生态哲学的问题域和生态哲学范式的基本特征的研究。

（一）生态哲学的问题域

1. 批判现代性哲学世界观和自然观

我们先要对现代性哲学世界观和自然观的一般特性作一适当的解析。在现当代哲学研究中，不同的流派和思潮对"现代性"的规定是有所不同的。在此，我们借用两位北欧哲学家奎纳尔·希尔贝克和尼尔斯·吉列尔在他们撰写的《西方哲学史》中把"现代性"和现代性哲学世界观与"认知"、"主体"、"行动"、"启蒙"、"个人"、"理性"、"合理性"、"科学"、"市场"、"物质"、"自然"、"进步"等概念联系起来，并强调这些概念中的大

部分是文艺复兴及以后才出现并成为哲学和其他社会科学等学科中常用术语的，在西方的中世纪或前现代是难以设想这些概念的。相应地，如下的理念成为现代性哲学世界观的基本观念：第一，人而不是自然，成为认识世界的切入点和参照系；第二，个人而不是群体成为社会性活动的主体，并承担责任；第三，增长就是进步，改造自然能力的增长成为其他方面增长的基础和体现。19世纪末20世纪以来，现代性观念受到来自哲学自身的越来越多的反思和批判，产生了丰富的文献，形成了多股思潮。在本书中，我们主要从生态哲学角度批判现代性哲学世界观和自然观，不作旁涉。

以美、英生态马克思主义为代表的生态马克思主义①的一个一般理论特征能够为生态哲学批判现代性哲学世界观和自然观提供切入点。生态马克思主义并不具有统一的理论研究范式，毋宁说是一股在马克思主义思想传统之内或者仅以马克思主义概念和观念为工具分析当代生态环境问题的思潮。然而，生态马克思主义却具有一个共同的理论特征，那就是：对自然界采取了真正历史的态度，对社会与自然之间的关系采取了批判的态度，并使之作为核心理论问题纳入生态马克思主义研究之中；自然范畴或生态范畴第一次在马克思主义研究中或以马克思主义方式成为理论研究中最根本的范畴之一，真正地与马克思主义的其他基础范畴如劳动、生产、资本、技术、发展和社会等有机地、内在地结合在一起，实现揭示生态危机机制的理论任务。这种对待社会与自然之间关系的理论态度避免了以"自然"来统摄"社会"和以"社会"来统摄"自然"的缺陷。生态马克思主义强调如下理论立场和研究途径：人类社会与自然界是相互影响、相互作用的辩证统一关系；人类

① 美、英生态马克思主义主要开始于20世纪90年代中后期，具有如下特征：1.形成了学术共同体，并有期刊支撑，如美国的詹姆斯·奥康纳成立并主持 *Capitalism Nature Socialism*（成立于1989年，简称CNS）杂志，并且以他的生态马克思主义为核心形成了一个学术共同体；再如美国的约翰·贝拉米·福斯特主持 *Monthly Review*［由保罗·斯威齐（Paul Sweezy，1910—2004年）等于1949年创立，简称MR］期刊，同样地，以福斯特发展出的生态马克思主义理论为核心形成了另一个学术共同体；还有期刊 *Organization & Environment*（创刊于1987年，简称O&E）等。2.学术共同体的核心人物有具体的、系统化的开创性理论，如奥康纳和福斯特的生态马克思主义。3.美、英生态马克思主义影响了社会运动，如奥康纳共同体中的乔·柯维尔和米切尔·罗瑞公开发表了《生态社会主义宣言》（*An Ecosocialist Manifesto*，2002）。生态马克思主义为生态哲学研究提供了丰富的理论启发。

社会与自然的关系虽然以人与人之间的关系为中介，但二者是不可替代和具有不同的性质的关系。生态马克思主义对待社会与自然之间关系的理论立场和研究方式，不仅在马克思主义研究传统中独树一帜，具有理论开创性，在西方非马克思主义思想传统中，亦具有同样的理论意义。西方生态马克思主义的这个理论特征为我们检讨现代性哲学世界观和自然观提供了一个视角和参照。

正如我们在第一节里讨论生态哲学的哲学基础时指出的那样：整个西方哲学史几乎完全轻视了自然。毋庸置疑，现代性哲学世界观和自然观也是没有真正地探讨过社会与自然之间的关系的。参照辩证唯物主义、现代生态学和物理学，对照生态马克思主义，现代性哲学世界观和自然观之轻视自然，与西方哲学史上其他时期的哲学轻视自然有着不同的原因。

近现代哲学的心物二分、主客二分的哲学思维方式是现代性哲学世界观轻视自然、割裂社会与自然之间的有机联系的主要认识论根源，也是自然观以机械论为其主要表现形式的哲学原因。在此，我们借鉴怀特海的某些论述管窥心物二分、主客二分的实质及其消极影响。怀特海在讨论"有生命的自然界"这个话题时，指出运用近代的实证主义哲学方法研究自然界存在着严重不足，实证主义只承认自然界中除了可以用物理学公式和化学公式描述的常规外，别无所有。怀特海指出，实证主义方法是孤立片面的，它的思想根源则是近代欧洲思想中的精神和自然界的二元论。怀特海把笛卡尔的二元论看作近代西方哲学心物二分思维方式的重要源头，并确立了它的根本特征。因为笛卡尔的心物二元论凸显了人的主体性和独立性，也为人们观察自然和了解自然进而利用自然提供了思想基础，这是有其巨大历史意义的，但怀特海又强调这种"心物二元论"不仅忽略了较低级的生命形式，而且并没有真正解决好自然和生命之间的关系。因为他们或者把自然界看作是纯粹外在，精神是唯一的实在；或者把物质自然界看作是唯一实在，精神是一种派生现象。怀特海由此主张，需要把自然界和包括人又不限于人的生命融合在一起，把自然界和生命当作宇宙的结构中的根本要素，自然界和生命必须被纳入它们自身构成的关系或联系才能获得科学的理解，才能避免心物二分的认识局限。

怀特海由此把"主—客"这一专门术语看作是亚里士多德"主词—宾

词"的遗物。它已经事先假定了各种主词受到自身宾词限制的形而上学理论，这就是认为主体具有其自身的经验世界的理论，因为这一术语无法逃脱唯我主义，因而是一个很糟糕的术语。基于以上认识，怀特海引入了"关系""过程"等范畴来扬弃近现代西方哲学对"主体""客体"及其关系的规定，怀特海从"关系"和"过程"出发对心物二分和主客二分的批判有助于我们理解现代性哲学世界观和自然观的实质，并且能够深化我们对生态哲学的认识。

可见，肇始于 16、17 世纪的心物二分、主客二分的哲学思维方式有三个主要特征：第一，强调了人和自然的独立性，并且强调人或人的精神优于自然；第二，人和自然都被抽象、被简化；第三，人与自然之间的复杂的有机联系被忽视或轻视。在过去四个多世纪的工业文明进程中，这种认识人和自然的哲学思维方式能够有效地、科学地实现最初仅是哲学家、科学家们，随后是整个西方社会的愿望：操纵自然，为人的利益服务。这种认识论和思维方式促成了现代性哲学世界观和自然观的核心理念，几乎四个世纪以来一直未变，这些核心理念就是：自然界是机器，自然界中的生物是机器，人是有设计能力的机器；人通过重新设计自然和生命来为自身服务。这也即是近现代西方的机械论世界观和自然观。

然而，现代性哲学世界观和自然观在 19 世纪中叶遭到来自两个方面的批判，这两个方面的批判分别由马克思和达尔文发起。达尔文用他终生的科学研究证明了，地球上的生命是漫长的时间长河中不断地从低级到高级进化的结果，人类就是这种进化的产物，人的祖先就是从动物进化而来的。立足观察和实验，用充足的证据、大胆的假说和严密的论证，达尔文在看起来不相关的各种生命形式之间建立了关联，打破了物种不变、物种之间毫无关联的旧生命观和旧自然观，给予机械论自然观以致命性的打击；并且，把人类置于地球生命进化阶梯之中，赋予人类在生命物种谱系中以位置，尤其是强调人类与地球上其他物种之间的生物学、遗传学上的联系；马克思则认为人的本质是劳动的动物，正是通过劳动，他才创造了自己的世界，并最终创造了自身。在马克思那里，"劳动"是我们认识人与自然关系的基本范畴，人的生存和成长，人与自然的有机联系，自然对人的意义等这些问题的答案都在马克思和恩格斯意义上的劳动活动之中。

马克思和达尔文关于人和自然的基本观念为人们批判现代性哲学世界观和自然观奠定了基础。在他们之后，分别形成了马克思主义和达尔文主义，马克思和达尔文以及他们之后的思想传统一直在发展之中，一直有着巨大的思想生命力，正是在这些思想传统上，我们能够获得理论资源建立生态哲学。

2. 批判以获取最大物质利益为其目标的经济主义

以生态哲学为理论参照，一般意义上说，经济主义是一种人类行为模式，是贯穿于某一种社会形态或某一较长的历史时期中的人类行为方式。经济主义的主体是以群体如统治阶层或阶级、民族、国家甚至整个社会等面貌出现的，不能把经济主义的主体归结为某些个体，尽管上述群体性组织是由一个个的个体构成的。经济主义以获取最大物质利益为其经济目标和社会目标，而忽视或不管不顾人类发展过程中的其他方面如政治、文化及社会对自然的影响等。经济主义主要通过社会的经济生产活动得以实现，经济主义的产生既有其物质性的又有其观念性的历史条件和原因。

从历史上看，经济主义行为模式萌发于文艺复兴时期的意大利。在 15 世纪的意大利，城镇发展、贸易兴盛、银行业成熟起来、技术新发明和使用及人口增长共同促成和推动了资本主义、人文主义和个人主义的萌发和迅速发展，这一切新兴的事物和观念标志着世俗生活的兴起，这种世俗生活渴望拥有和掌握物质财富。起源于欧洲的资本主义的经济生产活动本质上就是这种经济主义，这种经济生产活动本身虽然一直处在变化、发展之中，但是获取最大物质利益（以获取最大利润为其主要表现形式）却始终是其最重要的目标；这种经济主义贯穿于整个资本主义社会形态；这种经济主义对社会的其他方面如政治、文化和自然的影响就导致了各个方面的异化，这些异化最终表现为人的异化、自然的异化以及人与自然之间关系的不协调。从生态哲学角度看，以机械论世界观为其观念基础，以近现代科学技术为手段，以资本主义的私有制为制度保障，经济主义割裂和违背了人与劳动之间、人与人之间、人与自然之间的客观的有机联系；虽然经济主义实现了它本身的物质利益目标，却导致社会、个体、自然和整个地球生物圈被碎片化、原子化，使得社会、个体和自然的发展陷入片面化、停滞甚至退化，极大地增加了人类生存和发展的不确定性，使得人类的生存陷入巨大风险之中，遑论促进社会、个体和自然的全面自由发展。下面，我们适当地论证经济主义对自然的巨大破坏以及这种破坏背后的一般机制。

人类社会对自然界的切实的、直接的影响只能是通过物质生产活动也即马克思意义上的劳动才能得以展开和实现，人类社会的所有观念最终只能通过物质生产活动来影响自然。任何个人和任何人类社会形态若想生存和发展都必须从事于物质生产活动，然而，具体的物质生产活动方式和水平却由于技术水平、社会组织形式以及人们的愿望和意志各不相同。资本主义生产方式下的物质生产活动在资本主义社会演化进程中甚至近 5 个世纪的世界历史进程中占据了几乎绝对的主导地位，在人类文明史上，这种经济主义绝无仅有，在人类历史上，这种经济主义对自然的改造和破坏也是空前的。下面，我们列举几个论据，以管窥这种空前影响。

马克思和恩格斯在《共产党宣言》中指出，18、19 世纪经济主义改造自然的力量使得资产阶级在它的不到一百年的阶级统治中所创造的生产力，比过去一切世代创造的全部生产力还要多，还要大。在这里，我们只需注意资产阶级创造出来的工业生产方式所囊括的各种生产因素：自然力（如人的劳动力、植物的生长能力和动物的繁衍能力等）、近代技术（如机器、轮船、铁路、电报等）、近代科学（如化学等）、大陆上的土地、河流以及大量人口等。这些生产要素或者是在"操纵自然，为人的利益服务"理念和原则即机械论世界观和自然观下被创造出来的，或者是运用被创造出来的近现代科学技术从自然中"挖掘"出来的，但最终都服务于资本主义的经济主义即尽可能地创造物质财富。资本主义的经济主义本质即获取最大的物质利益或最大的利润这种行为模式在 20 世纪并没有变化，在这种行为模式下，经济主义改造自然的力量达到新的高度。1987 年，世界环境与发展委员会出版研究报告《我们共同的未来》，这份报告显示：第一，近一百年来（这一个百年创造出来的物质财富远超过马克思所惊叹的那一个百年），我们人类对地球的改造是巨大而前所未有的，这些改造急剧地改变了地球生物圈；第二，改造地球所带来的影响超出人类现有的认识能力，人类在环境安全方面的不确定性增加，人类的发展将不得不承受更大的风险；第三，这种不确定的风险使人类深陷忧虑之中。

几个世纪以来，除了机械论世界观和自然观这些一般观念外，真正维持和推动经济主义行为模式的是资本和资本逻辑的产生及其对西方社会经济生产领域的主导和控制。在 19 世纪中期时，马克思、恩格斯已经深刻揭示出，"在资产阶级社会里，资本具有独立性和个性，而活动着的个人却没有独立性和个性"①。马克思、恩格斯发现，资本发展到一定阶段后开始形成资本自身的逻辑，这种逻辑不以任何人的意志为转移，不仅工人在它面前丧失了独立性和个性，资本家个体这个资本的名义上的主人也丧失了独立性和个性，资本家个体只不过是资本的人格化身。资本的逻辑在于通过资本扩张，追求资本利润最大化；利润最大化则以物质商品生产和商品交换普遍化及最大化为其实现手段；物质商品生产又是以消耗自然界的物质和能量为其必要条件的。这就是经济主义长盛不衰并且越来越依赖和消耗自然资源的秘密。

正是在机械论世界观和自然观与资本的综合作用下，经济主义逐渐形成其核心机制：资本→社会→自然，即资本通过控制社会来改造自然，资本是最高的设计者，资本增殖是最终目标，推动这个关系链条的是资本自身的逻辑。在这个链条中，自然处在被控制的最末端，自然成为为物质生产源源不断提供有机机器（即机械论自然观中的生命个体）、无机机器以及机器部件的聚宝盆，同时还是接纳源源不断、越来越多的各种人造废品的垃圾场。由于资本不断追求扩张，自然界也就必然不断地在现代科技和现代经济制度的协助下被资本逻辑推动着发生越来越广泛的、深刻的数量上和性质上的改变。

经济主义的机制主导了近几个世纪以来的社会、个体和自然以及它们之间的关系，这种机制打破了经济主义产生之前的人类历史时期中的社会、个体与自然的具体关系，赋予社会、个体和自然不一样的特性，重塑了社会、个体与自然之间的关系。如果说经济主义产生之前的社会、个体和自然及其关系还保留有更多的自然界赋予的自发性，那么，经济主义行为模式中的社会、个体与自然及其关系更多地体现出人类自身的创造性。然而，也正是这些人类的创造能力导致了社会异化、人的异化、自然异化以及三者之间关系的异化。20 世纪 60、70 年代，在人类学领域中，有一种新的尝试来理解人类社会与自然环境之间的复杂关系：以能量学的观点和方法来研究人类的适

———————

① 《共产党宣言》，人民出版社 1997 年版，第 43 页。

应问题，解释文化的起源和变化。在生态系统中，能量的流通受两条热力学定律支配，其一是能量守恒和转化定律即热力学第一定律。这条定律指出，所有的物质和能量都是守恒的，既不能被创造也不能被消灭，只能被转化；其二是热力学第二定律。热力学第二定律引入熵概念来描述这种物质—能量的单向运动，有用能量被用来作功的过程，同时就是熵增的过程，而耗散了的能量就是污染。热力学第二定律启示我们应该强调某处发生的熵的逆转，都必须以周围环境的总熵的增加为代价。例如，一个人、一副茶杯、一栋摩天大楼、一架飞机、一只昆虫、一片树叶或一个细菌，都代表着某种秩序，都不是从来就是如此存在着的，都体现了从一种形式成为另一种形式的能量，这些事物的产生或形成都耗费了在其他地方聚集起来的能量，都是以环境的更加无序或更加混乱为代价的，都必然产生污染。

热力学第一定律告诉我们，经济主义的行为模式既不可能创造物质和能量，也不可能消灭物质和能量，它只是在转化物质和能量。关于经济主义，热力学第二定律则可以告诉我们更多。经济主义行为模式追求尽可能多的物质财富，这需要不断的生产和扩大再生产。然而，从物理学、化学或从物质转化和能量变换角度看，生产过程本身和生产出来的产品都是人们创造出来的，都属于对自然界的物质和能量的改造，都体现为特定的秩序，正是这些秩序的建立要求耗费其他地方聚集起来的能量，因此，必然也造成其环境更加混乱和无序，必然造成污染。经济主义行为模式建立起来的越来越大的物质财富秩序必然带来更大混乱的环境，结合热力学第二定律，我们可以推断，经济主义行为模式将很快迎来它的熵的分界线，也即经济主义很快地将终结于它自身制造出来的总环境的混乱。新的能源技术和新的能源来源必须被创造出来，而新的社会形态和新的文明将可能很快到来；否则，人类现有的文明和现有的社会结构将难以为继，人类文明可能面临崩溃。这既是现代科学告诉我们的经济主义的客观后果，也是生态哲学告诉我们的；另外，现代科学例如热力学第二定律将为我们的行为划出界限，生态哲学则将为我们走出经济主义制造的困境指明道路。

3. 批判个人主义价值观

《简明不列颠百科全书》把个人主义界定为一种政治和社会哲学，这种哲学高度重视个人自由，广泛强调自我支配、自我控制，不受外来约束。作为一种哲学，个人主义包含一种价值体系，一种人性理论，一种对于某些政治、经济、社会和宗教行为的总的态度。百科全书对个人主义的这种界定是高度概括的，它能够帮助我们把握个人主义价值观的核心理念：个人自由为出发点，个体的自我发展和实现至上。不过，我们需要注意的是，个人主义是在近代西方兴起的，自它产生以后，一直与西方的社会、经济、文化和哲学相辅相成，共同变化和发展。个人主义本身有其产生和发展的历史轨迹。19、20世纪以来，随着国际贸易和国际市场在全球范围内的扩展，个人主义作为价值观念体系也在不同文化之间的交流、碰撞和融合中展开它的积极作用和消极影响。

按照英国哲学家和数学家罗素的说法，从古希腊亚历山大时代以来，随着希腊丧失政治自由，个人主义就发展起来了，犬儒派和斯多葛派是其中的代表。这个时期的个人主义主张，一个人在不管什么样的社会状况下都可以过善的生活。西方中古时期，基督教获得国家的控制权后，个人主义主张受到抑制。近代西方，随着教会威信的衰落和科学威信的逐步上升，个人主义得到了发展，甚至发展到无政府状态的地步。近代哲学特别是笛卡尔的哲学继承和发展了个人主义。在17世纪到19世纪期间，个人主义与哲学自由主义结合，还与经济上的自由主义结合。18世纪的亚当·斯密创立的古典经济学集中地体现了这一结合。

亚当·斯密的经济学以人性是自私为前提，把追求自利看作是经济生活的动机，原则上每一个人重视追求他们自己的经济利益，他们严格地合理行动以达到这个目标。并且，亚当·斯密相信，经济活动中的自由个人主义最终将导致社会和谐，导致尽可能大的物质繁荣。如同在社会与自然之间的现实关系中，机械论的世界观和自然观自它产生并渗透到近代工业文明实践中一样，个人主义观念自近代在哲学和经济学发展以来，也一直渗透在工业生产和人们的日常生活中，并且持续到20世纪和21世纪的当下，个人主义仍然影响、支配着现当代的时代精神，例如美国哲学家、教育家杜威倡导以新个人主义来革新旧个人主义。他主张，在认识现当代科学的潜在意义基础上，充分利用科学，建立与当代现实和谐一致的新个人主义。

个人主义价值观在西方近现代历史上发挥了巨大的积极作用，例如促进了社会的物质生产能力快速提升，极大地改善了大多数人口的物质生活条件和水平，推动了社会整体的教育、文化的发展和文明的进步；立足于现当代的科学和哲学，从人与人之间的关系角度来看，个人主义的弊端是非常明显的，例如罗素曾指出："人不是孤独不群的动物，只要社会生活一天还在，自我实现就不能算伦理的最高原则。"① 马克思则深刻地揭露了亚当·斯密的自由个人主义的本质只不过是为资产阶级建立属于它自己的经济体系，并保证资产阶级获得更多物质财富。说到底，个人主义仍然是为经济主义行为模式提供理论支持。个人主义价值观直接或间接地加剧社会与自然之间的冲突，因为个人主义价值观要求尽可能多的物质生产来满足对物质财富的渴求。个人主义也会加剧社会内部的不平等，导致阶级或阶层的异化和整个社会的物化，例如马克思揭示的劳动异化和作为西方马克思主义创始人之一的卢卡奇揭示的 19 世纪和 20 世纪初的物化现象等。

马克思主义视野中的个体迥异于个人主义视野中的个体。在马克思看来，个体是由个体之间的联系决定的，而个体与其他个体之间的联系是客观的、必然的和历史的。马克思的个体观表明，个人自由和自我实现至上等个人主义价值观核心理念不可能成为伦理的最高原则（如上述罗素所指出的那样），也不可能成为现实社会中个体与个体之间现实关系的客观写照。

首先，马克思指出个体和种族的生存要求个体之间必然要发生联系，例如人类的繁衍、劳动分工和物品交换等这些客观现实必然促成人与人发生联系。其次，个体及其他个体之间的联系是历史性的，既继承了前一代，又将被后一代继承，从而使历史的发展呈现出单个人的历史不仅不能脱离他以前的或同时代的个人的历史，而且是由这种历史决定的特点。最后，个人的自由和创造能力是由个体之间的联系决定的，个体之间的物质关系形成他们的一切关系的基础，而这些物质关系是他们的物质的和个体的活动所借以实现的必然形式。生态哲学反对个人主义价值观，继承马克思主义个体观，如前所述，马克思的劳动概念是把个体劳动者置于社会、个体和自然的有机联系之中来考察的。这里不再赘述。

（二）生态哲学范式的基本特征

我们在当代美国科学史家和科学哲学家托马斯·库恩所赋予的意义上使

① ［英］伯特兰·罗素：《西方哲学史》下卷，马元德译，商务印书馆 1997 年版，第 225 页。

用"范式"一词。库恩把具有如下两个特征的理论（体系）称为范式，"它们的成就空前地吸引一批坚定的拥护者，使他们脱离科学活动的其他竞争模式。同时，这些成就又足以无限制地为重新组成的一批实践者留下有待解决的种种问题"①。毫无疑问，现代性哲学世界观和自然观以及个人主义价值观等可以被看成范式。不过，在生态哲学的视野中，这些范式正迎来库恩意义上的反常，也即这些范式越来越难以解释和解决当前人类社会面临的生态环境问题和社会内部的问题，因而，这些范式即将迎来理论革命，最终将被抛弃掉或被扬弃到新范式中，而生态哲学就是这些新范式中的一种。同样可以确定的是，作为正在迅速发展的观念系统和方法论，一方面生态哲学空前地吸引了一批坚定的拥护者，这些拥护者分布在哲学、经济学、政治学、社会学、文学和一些自然科学等学科领域，以及在政府、企业、公共服务、商业和科研院所等行业和部门；另一方面，生态哲学为坚定地研究、使用和相信它的实践者留下了种种有待解决的问题。结合前面两节的讨论和论证，我们把生态哲学范式的基本特征简要概括如下。②

1. 社会与自然的关系是生态哲学的核心问题

社会与自然的关系是生态哲学的核心问题，并由此形成问题域。这是生态哲学区别于历史上其他已有的哲学思潮或派别的最关键之处。正如前述已讨论过的那样，在哲学史上，自然是被轻视或忽略的，自然问题只是从属于精神问题或社会问题，因此，自然与社会之间的关系问题从来没有得到过哲学和科学严肃认真的对待。尽管近现代科学对自然的研究和认识相比古代而言有了巨大的进步，以观察和实验为研究方法，科学获取了关于自然自身相当广泛而深刻的知识和洞察；然而，这些研究是在把自然一般地理解成机器这种机械论世界观背景下实现的，在社会面前，自然是完全被动的和完成了的，社会与自然的关系几乎没有什么可说的。不过，当人类对自然界已有形态的物质和已有形式的能量的改造由浅入深、由简单到复杂、由少到多时，

---

① ［美］托马斯·库恩：《科学革命的结构》，金吾伦等译，北京大学出版社 2012 年版，第 8 页。

② 生态哲学范式的基本特征当然不可能只有随后概括的三点，不同的人概括的角度和层面不同，得出的结论自会不同。本书主要从问题、方法和案例三个方面概括生态哲学范式的特征，这既是库恩的范式内涵之一，也是学术界对库恩的"范式"所作的常见的理解。

自然界对人类的改造活动所作出的反应也越来越出乎人们的预料，越来越让人们感到"意外"。机械论自然观范式越来越难以帮助人们解释这些"意外"。另外，近一两个世纪以来，在机械论世界观范式之外看起来是"零星"发展起来的"另类"思想和理论渐渐展现出它们的理论魅力和力量，这些思想和理论启示人们甚至直接告诉人们，自然不再是被动的，而是变化和发展的，自然有其自身的创造能力；自然与社会的关系不再是线性的施予与获取的关系，而是有着看不见却又实实在在的有机联系，自然与社会之间是反馈式的，社会与自然之间的关系本身也是变化和发展的，不可能是一成不变的。在社会与自然现实关系的逼迫下，在现当代的某些哲学和科学的指引和启发下，社会与自然的关系问题不再是可有可无的问题，而是与人类生存和发展密切相关的问题，社会与个体的生存和发展必须放到社会、个体和自然的有机联系中去考察才能得到合理的理解。

强调社会与自然的关系是生态哲学的核心问题，并不是说这个问题是最重要的问题，而是想指出，社会与自然的关系问题是生态哲学范式研究社会、个体与自然及其关系的理论出发点和理论基础。从社会与自然的关系出发，我们对社会、个体和自然的认识必须做出调整，对人与人的关系的认识也必然具有与经济主义和个人主义视野中不一样的理解，相应地，人们对社会制度、生产方式、技术和文化等都将获得不一样的认识。正是在这些方面，生态哲学范式为它的拥护者和实践者开启了种种问题，这些问题需要在理论上进行研究，在实践上进行探索和改变。

2. 辩证唯物主义是生态哲学范式的方法论

从发生学上看，已有的现代各门科学，尤其是地质学、考古学和达尔文奠定其理论基础的进化论，告诉我们，地球自身具有 46 亿年的历史，地球上的生命具有 35 亿年的历史，人类作为物种出现在地球上则大约是 700 万年前到 400 万年前的事件。人类物种在地球上形成后，并没有停止变化和发展，只是因为人类的大脑具有从事复杂思维活动的功能，因而人类个体构成的社会能够一方面按照自然界的物理、化学和生物规律从事活动；另一方面还按照人类社会自身独有的社会规律如经济规律或美的规律从事活动。在这些活动中，个体的大脑及其功能以及由个体构成的社会本身始终处在变化和运动之中。由劳动联结起来的自然、个体和社会始终处于联系和运动的进程中。社会和个人开展劳动，依赖劳动产品而生存和发展，在劳动中实现个体和社会的发展，劳动本身又因为社会和个体的发展而发展；作为劳动的场所和改造对象，自然界也因为人类的劳动而按照自然规律和社会规律而发生变化和运动，同时，自然界的变化和运动反过来又促成和影响社会和个体的变化。这即是辩证法，而我们运用自己头脑发现的辩证法只是自然界和人类社会中进行的，并服从于辩证形式的现实发展的反映。以辩证唯物主义中的唯物主义为立场和方法研究生态哲学问题时，需要做到如下三点：第一，在回答什么是本原的，是精神，还是自然界时，必须承认自然是本原的；第二，在回答我们的思维能不能认识现实世界时，必须承认我们能够认识和把握现在；第三，认识到社会生活在本质上是实践的，也即本质上是人的感性活动及其结果。因此，在社会、个体和自然之间发生的一切现象和问题都可以，也应该在人的实践中以及对这种实践的理解中得到合理的解释和解决。

3. 中国生态文明发展道路为全球生态环境治理提供范例

总的来说，中国生态文明发展道路是这样的一条道路：以环境正义为价值诉求，秉承德法兼治的生态治理观，实现生态文明建设与技术创新、经济增长的有机结合，服务于中国现代化建设实践。

进入 21 世纪以后，生态文明发展道路被确立为国家的发展战略。2007 年以来，在解决中国当前面临的现实生态环境问题方面，党中央采取了一系列重大举措。2007 年党的十七大报告首次正式提出生态文明概念；2012 年党的十八大报告首次将生态文明建设纳入中国特色社会主义"五位一体"总体布局；2017 年党的十九大进一步提出，加强对生态文明建设的总体设计和组织领导；2018 年通过《中华人民共和国宪法修正案》，"生态文明"被写入宪法，并最终形成集中地体现了党的十八大以来中国生态文明发展道路的新理念、新思想和新战略，以及新时代指导中国生态文明建设的习近平生态文明思想。

习近平生态文明思想是中国形态和中国话语的生态文明理论，既继承和发展了马克思主义生态思想，又吸收了中国传统生态智慧，更体现了以习近平同志为核心的党中央丰富的理论创造力和强烈的时代责任担当。2017 年 10 月 5 日，新华社的一篇报道《美丽中国新篇章——五年来生态文明建设成就综述》指出，五年来生态文明建设取得了令人瞩目的成效。具体说：

第一，全面补齐生态文明短板。在治理森林砍伐、陆生生态修复、大气污染治理、水生生态修复、防治水土流失和保护野生动物方面取得了大的进步；第二，完善生态文明建设体系。生态文明建设顶层设计性质的"四梁八柱"日益完善；第三，实行最严格生态保护制度。生态环保执法监管力度空前，完善经济社会发展考核评价体系，环保问责风暴在各地掀起，开始建立环保督察工作机制，建立健全生态环境损害评估和赔偿制度。中国生态文明发展道路正在成为全球生态环境治理和全球生态文明建设范例。一方面是因为中国解决社会与自然之间现实冲突的成就，为国际社会解决各国和全球生态环境问题提供了系统的、深刻的理论参考和广泛的实践经验；另一方面的原因是，中国积极参与和促成全球生态环境治理进程，共建世界生态文明。例如，在中国的推动下形成了"一带一路"防治荒漠化合作机制，在这一机制下中国将为沿线国家提供学习基地，搭建交流平台。

三、生态哲学和生态哲学范式对
人与自然关系的理解

生态哲学视域下，对人与自然关系的理解大致由三个方面决定：第一，生态哲学的方法和基本理论；第二，当前人类社会对自身及社会与自然关系所持的价值目标；第三，当前人类社会与自然界之间关系的实际状况。依照本章的主旨，下面我们仅从生态哲学的方法和基本理论出发考察人与自然的关系。

生态哲学建基于现代哲学和现代科学，现代哲学和现代科学又是在扬弃近代哲学和近代科学的基础上借助哲学和科学革命或范式转换实现的，这一切主要发生在 19 世纪中叶到 20 世纪后半期。对人与自然关系的理解随着哲学和科学的发展而变化，相较于哲学对自然的理解以及科学对人的理解而言，其中科学对自然的认识上的变化更是起到了主要作用。在前面的两节中，我们已经就现代哲学、现代科学对生态哲学及其范式的支持做了适当的论证和讨论；在此，我们再简要地引述现代的科学家和哲学家对近代哲学和科学发展的一般性评价，这将对我们展开生态哲学视野下人与自然关系的新理解不无启发。

以现代物理学中的量子论和现代生物学中的分子生物学较充分发展为背景，20世纪50年代，在"科学与人文主义：我们时代的物理学"这个题目下，讨论到当前人类认识自然的特点和趋势时，以薛定谔和石里克为代表的物理学家和哲学家认为：我们不能把近代科学中用于理解宏观经验的理论模型和方法照搬到微观世界，因为微观世界、宏观世界和宇观世界这三种尺度不同的世界具有质上不同的现象和变化过程；在理解这些不同尺度的现象时，需要不一样的理论模型、不一样的理论建构。近代及近代以前，基于人类感官直接获取的宏观经验建立起来的自然图景和世界图景不能理所当然地外推到微观世界和宇观世界，不能把微观世界和宇观世界看成是宏观世界仅仅向微观和宇观的简单延续。这种外推和延续的想法实质上是隐蔽的还原论。现代科学在微观世界的科学发现激发了科学家对近代哲学认识论的质疑。由此我们可以得出下列结论：第一，现代物理学产生之前，科学领域中无意或有意秉承的还原论，在微观世界的科学活动研究得以较充分的展开以来，遭遇到挑战，还原论的局限和弊端较充分地暴露出来。不只是物理学质疑还原论，这种还原论在现代生物学研究中更是遭到严重的批判。以"人类基因组计划"为例，尽管我们已经得到人类基因组的详细排列，但是，哪怕些微触及有关生命特征的全面把握还远在天边。扬弃还原论的是整体论，生态哲学在不否认还原论积极作用的同时，坚持整体论为其根本原则和方法。第二，20世纪以来，在哲学领域和科学领域，认识过程中的主体与客体的决然区分和对立逐步受到来自科学家和哲学家的严重批判。例如薛定谔指出，人们的感觉、知觉和观察，作为获取科学研究活动资料来源的必经环节，同时依赖主体和客体，观察、主体和客体"无法摆脱地纠缠在一起"；在微观领域的研究中，主体与客体之间有着直接的、物理的相互的影响。在认识自然界的过程中，近代哲学和科学以之为基本假定的主客二分在现代科学和现代哲学自然观面前站不住脚，解决的关键在于扬弃主客二分、心物二分的依然是强调要素或部分之间关系的整体论。具体而言，不妨重复一下前面已经较详细论述过的怀特海的主张，即需要把自然界和包括人又不限于人的生命融合在一起，把自然界和生命当作宇宙的结构中的根本要素，自然界和生命必须被纳入它们自身构成的关系或联系才能获得科学的理解，才能避免心物二分的认识局限。

　　下面，我们尝试从整体与关系出发，以辩证唯物主义为方法，对生态哲学范式视野中的人与自然关系做出新的理解。

　　第一，以唯物主义和辩证法为指导，我们需要整体地认识人与自然之间的关系，认识到关系本身是变化、发展的，而人的变化、自然的变化以及人与自然的相互作用、相互影响是人与自然关系本身产生变化的原因。

　　人类社会起源于自然界，人类社会与自然界的其他部分既有质上的区别，又相互作用，共同构成地球生物圈。我们需要自觉地认识到地球生物圈、地球生物圈中的人和其他一切自然界的事物都是处在运动、联系、变化和发展之中，事物之间的联系和事物内部的关系，以及这些联系和关系的规律也都是处在变化、发展之中的。在一切皆变的地球生物圈中，人和自然在地球生物圈中的地位、作用和意义必须分别被纳入整个地球生物圈这个有机整体中才可能获得合理的、较全面的和深刻的认识，人与自然的关系也必须被纳入由二者共同构成的有机整体中才可能得到科学的认识。这是运用辩证唯物主义和整体论得到的必然结论；这是我们认识和改造人与自然及其关系时必须牢记的生态哲学总原则。

　　人与自然的关系是历史的，也是具体的。考察几千年来的人类历史，我们发现，人与自然的关系迈入人类历史的 19 世纪末 20 世纪初时发生了根本性变化。20 世纪以来的人和自然之间的关系与 20 世纪之前的漫长历史时期中的关系有着质的不同。总的来看，20 世纪以来的关系与之前的关系的最大不同在于：人类社会成为关系中的主导方面。这种根本变化主要是由自 18 世纪开始的大工业生产方式普遍扩张导致的，起初在欧洲和美洲确立起来，而后在世界范围内发展。17 世纪在西欧萌发的控制自然的梦想在 19 世纪和 20 世纪成为现实，至今，人类真正成了自然的主人，不过，是一位不怎么称职的主人。在人与自然之间的关系中，主导力量的变更引起的人和自然双方面的变化是广泛而深远、意味深长的，我们必须尽可能地揭示这种影响和意味，重塑社会和自然及其关系。生态哲学将给予我们以方法指导和理论指引，人与自然和谐共生则是旨归。

　　第二，我们需要辩证地、唯物主义地和整体地认识自然。总的来说，自然是整体的、历史的，又是具体的。正如前述的那样，生态学中的生态系统概念实质上就具有整体观。自然界有着几十亿年的历史。在这几十亿年的历史中，自然界从纯粹的无机界状态缓慢地发展到生命的诞生；生命在地球上诞生后，在生命史上，生命形式越来越复杂，越来越多样，地球生物圈的结构和特征也越来越复杂和多样，按照协同学，新的序参数不断产生、形成，直至人类这个新的序参数出现。人类物种在地球上的历史是 700 万年左右，人类的出现不可能是自然界历史的终点。在人类这个序参数的作用下，自然界依然会发生变迁，只是因为产生人类，自然界的结构将发生重构，形成新结构。

自然界又是具体的、多样的。自然界是能量的、物质的、生命的自然界，自然界是微观的、宏观的和宇观的自然界，具体的自然界有着各种各样的特殊规律。例如，从能量角度考察地球上的生命现象，现代生态学揭示出了十分之一定律。十分之一定律是指生物量从绿色植物向食草动物、食肉动物等按食物链的顺序在不同营养级上转移时，有稳定的数量级比例关系，通常后一级生物量只等于或者小于前一级生物量的十分之一。按照十分之一定律，在地球生物圈中，处于最高生态位的人类，通过食物链，只能从生态系统的生产者即绿色植物固定下来的能量中获取少部分的能量。十分之一定律和前面介绍过的两条热力学定律规定，我们人类只有维护好与植物和动物世界的共生关系，同它们合作，模仿它们，遵循它们的规律，才是人类在地球上可持续繁衍生息的长久之计。整体的、历史的和具体的自然界的存在不以人类的意志为转移，当人类改造自然界以获取人类所需时，这样的自然界要求人类充分地认识自然界的整体特性和多角度、多层次的规律，否则，人类必将遭到自然界客观规律的"报复"。自然界的整体性、历史性和具体性决定了人与自然的关系也是历史的、具体的和多样的。

第三，我们需要以辩证唯物主义和历史唯物主义为指导认识人类自身。对人类自身而言，无论是人类个体、以某种方式组合在一起的群体，还是特定时期的整个人类社会，都可以以整体观之，且都是历史的、具体的；除了这些一般特性外，人类还具有自然界其他物种和事物不具备的一种属性——能动性。正是由于人类具有这种能动性，在过去短短几个世纪的时期内，人类与自然的关系发生了根本性变化，人类在地球生物圈中成为一种全新的序参数，人类开始逐步主导人与自然之间的关系。在生态哲学视野中，如何看待人类自身及其与自然的关系？这个话题非常复杂而庞大。在此，我们仅仅就个体发展问题提纲挈领地提示几点。

人类个体是在人类物种及其与自然界的相互作用过程中发展着的，个体发展本身是历史的、具体的、能动的，更是整体的。依据达尔文的进化论，我们有理由相信，现在的人类个体与一万年前农业生产方式诞生之前的人类个体有着不同的体质人类学特征；依据马克思的关于人的本质的思想，人类个体的根本特性是随着社会关系的变化而变迁的，社会主义社会形态下的个体与资本主义和封建主义社会形态下的个体有着不同的本质属性，工业文明形态下的个体有着农业文明形态下的个体所不具备的各种特质。就整体发展而言，不妨借鉴马克思的一个论述。在阐述唯物主义历史观时，马克思把人们的生活区分为物质生活、社会生活、政治生活和精神生活。据此，我们可以把个体的发展理解为每个人在物质生活、社会生活、政治生活和精神生活方面的发展；所谓整体地理解人的发展，就是认识到每一个个体在这四个方面都需要发展，四个方面彼此之间的关系需要协同发展，而不是限于其中某一个或某些生活类型，比如资本主义条件下绝大多数无产者就只能基本满足物质生活需要，社会生活、政治生活和精神生活是得不到基本保证的或者是需要斗争才能争取到一丝机会。另外，整体地认识个体发展还需要考虑如下视角：每一个个体都必定生活于一定的生态环境中，每一个个体都必定是物质产品/商品的消费者，然而，不是每一个个体都有能力/有机会/有意愿从事现实的物质生产活动或社会管理。个体身处怎样的生态环境中、个体消费什么、个体怎样消费和个体在多大程度上参与到人类生产活动中等状态和行为与个体的生理机能、感官发育、情感、认知、行为方式、生活方式、创造力、审美能力、获取幸福的方式是相互作用的，共同构成个体独特的、具体的生存方式和发展方式。这里提及的问题都是我们在研究生态哲学，建设生态文明的过程中不可回避的问题。

第四，生态哲学范式下对人与自然关系的理解与近代哲学世界观范式下对人与自然关系的理解有着根本区别。前者以辩证的、唯物主义的和整体的眼光理解人与自然的关系，理解人和自然界自身；后者以机械论的方式分析人、自然及二者的关系。在近代哲学世界观和自然观看来，自然被片面地利用，文明本身成为一台机器，自然由此被改造得千篇一律。与机械论哲学世界观秉承的分析研究范式不同，生态哲学范式要求人类对自然的使用是因时制宜、因地制宜的,是根据自然自身的特点和人的需要合理地、既合乎自然规律又合乎人的需要来使用的。在生态哲学范式下,我们把人与自然和谐共生作为我们唯一的选择,重构工业生产方式中的各种因素及其关系,扬弃工业生产方式,创建生态生产方式,实现社会、个体与自然的协调发展,最终实现由新社会、新个体和新自然共同构成的生命共同体。

第二章 中国传统生态哲学的内在逻辑与根本精神

"究天人之际"是中国传统哲学共同的思想特质和理论基础。尽管"天"在传统哲学中具有多重含义，但是这些含义在根本上都是基于自然及其内在规律来理解和生发的。因此涉及天人之际的思考就不可能脱离自然与人的关系问题。事实上，中国传统哲学也正是通过对自然与人的关系的界定得以展开的。在中国传统哲学中，自然是人类一切价值的根据和源泉，而人类的长久生存与发展则必须通过与自然的因应互动来实现。这种对自然与人关系的基本定位既源于中国古代先民生活实践的直接感悟和觉察，也反映了古代先哲对宇宙生态变化及其创生机制的深刻理解和抽象把握。中国传统哲学对自然与人的关系问题的思考具有自身独特的文化印记，正是这一特有的思维模式、内在逻辑与根本精神造就了独特的传统生态哲学理论。

一、中国传统生态哲学的思维模式与前置观念

从认识论的角度来看，思维模式是人类观念形成的内在机制。所谓思维模式，简单地说就是"只要思维一展开，人们就会自觉并自然地使用"的一个成形的框架。"这样一种思维范型的出现或运用是非常重要的，因为……它必然会对以后的思维产生某种示范的作用"①。也就是说，思维模式像一个观念的加工厂，在它的作用下，人的大脑会对接收到的外来信息进

---

① 参见吾淳:《中国哲学的起源——前诸子时期观念、概念、思想发生发展与成型的历史》，上海人民出版社 2015 年版，第 62—66 页。

行自动的习惯性的加工处理，并输出为相应的意识和观念。不同的民族有着不同的思维模式，从而也就产生了不同的文化与观念。中华民族特殊的思维模式决定了其文化与观念的特殊性。中国传统生态哲学是中华文化的重要组成部分，是中国传统思维模式下形成的前置观念在生态领域的实际运用和展开。因此认识传统思维模式与前置观念是理解传统生态哲学的前提和基础。

（一）有机思维与系统观念

所谓"有机"就是指事物构成的各部分互相关联协调，而具有不可分的统一性，就像一个生物体那样。其突出特征是强调任何事物都是一种关联性、协调性、统一性、生命性的存在。有机思维模式是中华民族认知事物或现象的一种典型思维模式，它表现为对事物的产生、运动变化的发展以及消亡等现象与过程及其内在机制等作关联性分析，赋予各关联要素之间的协调统一以价值意义，并使之与生命的存在根据、存在方式、存在状态、存在质量等相联系。在有机思维中，世界上不存在任何绝对独立的事物或现象。从宏观视角看，任何事物或现象都与其他事物或现象紧密相关，共同构成一个有机协调的统一体；从微观视角看，任何事物或现象都是由一系列有机关联的要素构成的统一体。同时，在有机思维中，世界上只存在两类事物或现象，一类是有生命的，另一类是使生命得以存在和发展的。它们的存在都是有价值的、不可或缺的。

远古时期，中华民族就已经具有这种有机思维的认知模式。在迄今为止最早的文献《易经》的卦象与卦爻辞中鲜明地体现了有机思维的运用。《易经》的卦象有两种观看方式，一种是宏观的方式，即任何一个卦象都是由八卦中的任两种元素相叠而成，所谓"天地定位，山泽通气，雷风相薄，水火不相射。八卦相错。数往者顺，知来者逆。是故《易》逆数也"（《说卦传》）。相叠的方式不同则形成不同卦象，而由相同两种元素构成的不同卦象之间存在明显的内在关联性。比如泰卦与否卦，"否极泰来"的卦辞就明显将二者内在地关联起来。另一种是微观的方式，即任何一个卦象都是由阴阳两种符号通过六个爻位的变化得到的。由于构成元素相同，从卦象就能够直接感受到各卦之间的关联性，而构成元素数量上的规律变化以及八个一组的变化特征，使得整个六十四卦表现出递进的周期性与内在的协调统一性。卦爻辞也展现了这种有机思维。卦辞是对卦象的人文化解说，目的是服务于占筮的需要。在卦辞中，一方面揭示出天时或地利在每一爻位的变化；另一方面又加入了人及其活动作为影响因子，由此形成了天地人三者互动所构成的现实形势或条件，然后基于这种形势或条件得出事态发展及吉或凶的推断。这说明古代先民已经认识到天地人之间是紧密相关的，天地规定了人类活动的可能空间和条件，而人类则在天地所规定的格局内通过自身的能动作用，使事态发生或有利或不利的变化。

尽管从技术上讲《易经》只是一部上古占筮的集成，但是经过后人的哲理化发明与阐释，先民的思维特质及其相应的世界观便得以深刻地再现出来。《易传》就是《易经》哲学化的重要成果。《易传》想象并追溯了八卦产生的过程："古者包牺氏之王天下也，仰则观象于天，俯则观法于地，观鸟兽之文与地之宜，近取诸身，远取诸物，于是始作八卦，以通神明之德，以类万物之情。"（《系辞下》）由此描述可见，八卦的产生经历了一个综合性的思维过程，是古代先哲将天地万物及其运动变化纳入人的认知范围，通过思维的抽象提取出天地万物纷繁复杂的现象背后内在的运动规律及其产生机制，从而创造出来的能够表现天地万物存在与发展之共同本质的观念形态。《易传》通过文字清晰地揭示了六十四卦所演绎的宇宙生成和因变的过程，展现出整个世界以阴阳及其运动为基础所形成的、万物在本质上同源、在形态上异质、在功能上互补、在互动中发展的基本格局："一阴一阳之谓道。""天尊地卑，乾坤定矣。卑高以陈，贵贱位矣。动静有常，刚柔断矣。方以类聚，物以群分，吉凶生矣。在天成象，在地成形，变化见矣。是故刚柔相摩，八卦相荡。鼓之以雷霆，润之以风雨，日月运行，一寒一暑。乾道成男，坤道成女。乾知大始，坤作成物。乾以易知，坤以简能。易则易知，简则易从。易知则有亲，易从则有功。有亲则可久，有功则可大。可久则贤人之德，可大则贤人之业。易简而天下之理得矣。天下之理得，而成位乎其中矣。""阖户谓之坤，辟户谓之乾。一阖一辟谓之变。往来不穷谓之通。见乃谓之象，形乃谓之器。制而用之谓之法。利用出入，民咸用之谓之神。是故《易》有太极，是生两仪，两仪生四象，四象生八卦，八卦定吉凶，吉凶生大业。"（《系辞上》）很明显，由阴阳到天地万物的产生，再到人类社会活动的开展，相互之间是密切关联的。所以《易传》对《易经》的这种阐释角度和逻辑同样是有机思维的体现。

由于有机思维模式是将事物或现象理解为有机关联的共同体或构成要素，因此与之相应必然形成系统观念。所谓系统，现代汉语词典解释为"同类事物按一定关系组成的整体"①。这个解释给出了系统的三个基本特征：一个是关系性，一个是构成性，一个是整体性。从上文对《易经》的分析可见，在有机思维模式下，人们对于世界的认知是整体性的，表现为任何事物都首先被理解为整体的一部分，而不是某种绝对独立可以孤立存在的个体；对整体的认知是构成性的，表现为将任何事物理解为由各构成要素按照一定的结构秩序排列或关联的共同体，在有机思维模式下，绝对不可分的单子是不可想象的；对整体的存在机制的认知是关系性的，表现为从关系的角度分析事物存在和发展的条件，认为任何事物都不可能自己生成、不可能自己实现运动变化发展，而一定是以与其他事物或构成要素之间的互动关系为基础实现存在和发展的。由此在有机思维模式下，任何事物都是一个有机联系的共同体，即系统。整个世界就是由无数的小系统有机联系构成的大系统。而每一个构成要素都会对大大小小乃至整个系统产生直接或间接的影响，正所谓牵一发而动全身。《易经》就是由六十四卦构成的有机大系统，其内部还可以分解为每八卦构成的一个中系统和六爻构成的小系统。而阴阳爻作为基本元素并不具有独立的意义，它贯穿于整个系统，其任何变化都会导致整个大小系统的变化。各卦也是如此。"在卦象和六十四卦的编排上，就体现出它的系统整体观：六十四卦是一个整体，每卦又自成一个整体，组成一卦的六爻之间存在着相互制约的关系，变动其中的任意一爻就会引起一系列相关的变化，不仅会造成内部诸关系的改变，而且还可能影响与其密切相关的外部关系。"②

总结起来，中国传统生态哲学有机思维下形成的系统观念强调每一事物都从属于一个更大的关系体或系统，对于关系体或系统的存在和发展都具有不可替代的价值；每一事物的存在及其价值实现都以关系体或系统的存在为前提，关系体或系统赋予各构成要素以现实存在性，一旦关系体破裂或崩

---

① 这一解释并不准确，因为"同类"这一限定词不准确。构成系统的完全可以是不同类事物，比如生态系统在物质层面至少就包括有机物与无机物两种不同类型的事物。

② 魏宏森、曾国屏：《系统论》，清华大学出版社 1995 年版，第 6—7 页。

溃，各要素就会失去其存在性质；各构成要素之间是共在互动的关系，良性协调的关系能够维护关系体或系统的存在与发展，反之则起解构作用。从这种有机系统的观念立场理解生态问题，那么，不仅自然界是一个有机系统，而且人类社会也是有机系统。所谓生态就是由包括人类社会在内的大小不同的有机系统构成的生命系统，人既属于人类社会有机系统，也属于自然界有机系统，属于宇宙有机系统。同时，人的身体也是由一个个小的有机系统构成的。大大小小的有机系统之间是紧密相关内在贯通的，其生命节律是一致的。任何一个有机系统内的某种变化，都可以引发连锁性的系统变化。中国的中医学、堪舆学就是建立在这样一种系统观的基础上的。

（二）和生思维与和合观念

如果说有机思维与系统观念是从科学立场描述中华民族的思维与观念特征，那么和生思维与和合观念则是从价值立场对中华民族的思维与观念特征的总结。二者之间的关系可以理解为一体两面，即二者在本质上是相同的，但是却不可相互替代。二者结合起来，才能把握中华民族思维与观念的整体特征，这意味着中华民族对整个世界的认知从一开始就同时具有科学与价值两种立场。

"和生"① 与 "和合"② 的概念及内涵均源自《国语·郑语》中史伯 "和实生物，同则不继"的论断。史伯解释说："以他平他谓之和，故能丰长而物归之；若以同裨同，尽乃弃矣。"在日常生活中，人们可以通过观察和总结获得关于事物的产生、发展、消亡过程的直观认识，但是这个过程背后的主宰力量是什么呢？中华民族没有发展出真正意义上的宗教思维，将这种主宰万物产生、运动、变化的力量归于某种人格神，而是从自然万物本身的关系中寻求解释。"以他平他"所揭示的就是不同的"他"之间相互作用的关系。《左传·昭公二十年》曾记载晏子论"和"与"同"的思想，晏子说："和如羹焉，水火醯醢盐梅以烹鱼肉，燀之以薪。宰夫和之，齐之以味，济其不及，以泄其过。君子食之，以平其心。君臣亦然。君所谓可而有

---

① 当代学者钱耕森先生提出了"大道和生学"，对"和生"进行了比较详细的界说。
② 当代学者张立文先生是"和合学"的立说者，他对"和合"进行了比较系统的界说。

否焉，臣献其否以成其可。君所谓否而有可焉，臣献其可以去其否。是以政平而不干，民无争心。故《诗》曰：'亦有和羹，既戒既平。鬷嘏无言，时靡有争。'先王之济五味，和五声也，以平其心，成其政也。声亦如味，一气，二体，三类，四物，五声，六律，七音，八风，九歌，以相成也。清浊，小大，短长，疾徐，哀乐，刚柔，迟速，高下，出入，周疏，以相济也。君子听之，以平其心。心平德和。故《诗》曰：'德音不瑕。'……若以水济水，谁能食之？若琴瑟之专一，谁能听之？同之不可也如是。"晏子的阐发可谓是对史伯和生思维的精妙诠释。由晏子的诠释可见，所谓"平"不是相互替代或取消，而是差异万物通过互动而实现的以共存共荣为基础的"相济"，即互补互益。《周易·说卦传》中所说的"水火相逮，雷风不相悖，山泽通气，然后能变化，既成万物也"，也是对这种互补互益关系及其作用效果的描述。结合有机思维与系统观念来看，差异万物之间的这种互补互益不仅说明了万物各自的存在价值，而且揭示了它们在新事物生成过程中相互作用的方式。此外，在"平"的含义中还包含着"戒"的意思，所谓"戒"就是一种克制。互补互益只是从相生的面向来理解"平"，而从相克的一面来看，差异万物之间也存在通过相互克制而实现"泄其过"、维持各方在共同体中的力量平衡的关系。这种力量平衡是维持差异万物所构成的共同体存在的基础。一旦这种平衡被打破，共同体的性质就发生了改变，从而原来的共同体不复存在，新的共同体得以重新发育。所以相生相克是"平"的完整内涵。万物在相生相克的"平"的机制作用下不断达到"和"而产生万物，又不断突破"和"而推动发展，循环往复，生生不息。这种认知事物生成与发展机制的方式就是和生思维模式的具体表现。由史伯的解释可见，和生思维完全否定了机械地相加，即"以同裨同"的作用方式和关系模式。

以和生思维作为认知模式，对自然界、人类社会的各种现象的生发过程进行抽象的把握，所形成的观念就是和合观念。和合观念认为，事物的产生及运动变化的内在机制是差异性的统一。"和"所揭示的是差异事物之间关系的协调性，"合"则揭示了差异事物之间结构的统一性。"和"是"合"的前提和机制，"合"是"和"的目的与结果。也就是说，任何事物或现象都是以差异要素之"合"的形态存在的，而这种存在又是通过"和"来实现的。和合观念肯定并尊重事物或现象的多样性，承认每一要素之于共同体的存在价值，既崇尚和谐的关系模式和统一的结构模式，又不排斥差异和矛盾，认同各要素之间相生相克的合理性，主张以良性互动实现协调统一。以这种和生思维与和合观念来考察生态问题，就会承认自然界万事万物包括人类存在的合理性，将自然界看成是一个由各构成要素互济互戒、相生相克而形成的和谐统一体。在和合观念下，自然万物之间的差异恰恰赋予了整个世界丰富性和生动性，而差异性的共存与相互之间的价值释放则为万物的生成与发展提供了动力。人类不仅是自然生态和生过程的产物，而且是这一过程的参与者。人类活动必须以和合为原则，实现与其他自然事物之间的良性互动，以维护整个生态的存在与发展，并最终确保自身的可持续发展。和生思维与和合观念贯彻了《周易》传递的人文精神，体现为《中庸》所谓参赞天地、成己成物的理想追求。

（三）主体思维与人本观念

"主体"概念虽然出自西方，但是主体精神却早在中华民族祖先的观念中绽放，这种主体精神具体表现为在客观条件一定的情况下，将人的需要及其满足需要的活动作为影响人事发展趋势的决定性因素，强调人的选择对事态发展所产生的深刻影响。我们称这种分析和解决问题的思维模式为主体思维，即在分析和解决问题的过程中将人的需要及其自觉活动作为核心的和决定性的要素加以考量的思维模式。这种思维在《易经》卦爻辞中也得到了明确的展现。例如，《乾卦》九三"君子终日乾乾，夕惕若，厉无咎"，《需卦》上六"入于穴，有不速之客三人来，敬之，终吉"，《比卦》九五"显比，王用三驱，失前禽。邑人不诫，吉"，等等。可以说在《易经》的卦爻辞当中，几乎所有的吉凶悔吝的断辞都是将人的某种处境下的行动作为判断的最明显的条件——其他的客观条件则主要是通过分析卦象来获得关于人的处境的规定，这种占断逻辑本身已经体现出将人与社会的发展归结为主体自觉自为的结果的思维模式。荀子进一步把上述思想发展成为自然对于万物包括人虽然有生育之功，且万物之间存在互养共生、相须相资之质，但只有人才能真正使自然万物的存在价值得到体现和实现，从而确立起了人在与自然的关系中的主体地位与责任根据。

　　总之，人是一切社会活动的决定性因素，这一点早已为中华先祖认识并肯定。一方面是圣人仰观俯察创制八卦以寻求依天道立人道，规范和引导社会活动的基本方向，有自觉追求者会根据圣人的人道规训自觉修身养性以实现个体的社会发展；而另一方面则是普通民众日用而不知地随性选择，其结果造成各种不确定的存在状态。通过这种比较实际上宣示了人在社会活动中其主体意识参与越多，其人生价值越能彰显，其个人前途也越可观。《易经》作为占断人事活动发展趋势的经典范式，包含着鲜明的价值取向。它鼓励了两种行为，一种是人的主体性的修养，比如《乾卦》的"君子终日乾乾"所展现的自强不息的精神；另一种是人与天地所代表的生存环境和以人群为代表的社会环境的自觉的良性的互动。比如《需卦》的"需于郊，利用恒，无咎"，《讼卦》的"食旧德，贞厉，终吉"，《谦卦》的"不富以其邻，利用侵伐，无不利"，等等。前者能够使主体力量得以强大，后者能够为主体活动营造有利的环境条件。二者相结合才能从根本上推动人事的积极发展。

　　如果说《易经》展现了主体思维，那么《易传》所传达的就是人本观念。所谓人本观念，在这里就是指以"人为"与"为人"作为人类活动的基本价值取向的观念。《易传》是对《易经》人文精神与思想内涵的阐发，它不仅深刻地揭示了人与万物在本源上的同一性，更耸立了人的地位和价值，认为人最为天下贵，原因就在于人具有"感通"的能力。"感通"之"感"就是直观认识能力，"通"则包括了抽象认识能力与实践两个方面，指贯通形上与形下的能力。这种能力向上能够摆脱现象特殊性的干扰而认识到现象背后的普遍本质与规律，向下能够将这种普遍的本质与规律加以贯彻和运用，使自然事物发生合理的变化，从而满足人的需要。① 在《周易·系辞下》中专门论述了古代圣王如何从卦象中领悟事理，再将这种领悟落实到实践中，并教化万民，创造出古代文明的事迹："古者包牺氏之王天下也，仰则观象于天，俯则观法于地，观鸟兽之文与地之宜，近取诸身，远取诸物，于是始作八卦，以通神明之德，以类万物之情。作结绳而为网罟，以佃以渔……斫木为耜，揉木为耒，耒耨之利，以教天下……日中为市，致天

---

① 感通的概念在《周易·系辞传》中得到充分的表达。此处不再展开。

下之民，聚天下之货，交易而退，各得其所……刳木为舟，剡木为楫，舟楫之利，以济不通，致远以利天下……服牛乘马，引重致远……重门击柝，以待暴客……断木为杵，掘地为臼，臼杵之利，万民以济……弦木为弧，剡木为矢，弧矢之利，以威天下……上古穴居而野处。后世圣人易之以宫室，上栋下宇，以待风雨……古之葬者，厚衣之以薪，葬之中野，不封不树，丧期无数。后世圣人易之以棺椁……上古结绳而治。后世圣人易之以书契，百官以治，万民以察……"

以主体思维与人本观念考察生态问题，必然重视人的价值及其人在与自然关系中的主导地位和作用。在传统观念中，自然是自然而然的，它按照某种既有的规律运动变化和发展，表现为不可抗力。比如四季的周期变化、昼夜的更替、生命的生老病死等等。同时自然万物也各具特性，不会为迎合人的需要而主动改变。因此，人类要实现更好的生存和更长久的发展，只能依靠自己的力量。那么人的真正力量是什么呢？在科学技术不发达的古代，在先哲眼中，人与自然万物相比唯一的优势就是人的灵性。《尚书·泰誓上》说，"惟天地万物父母，惟人万物之灵"。这种包含智慧与精神的灵性恰恰能够弥补人在生理上的生存弱势，而使人成为超越万物与天地并立的三才之一。正如《中庸》所指出的："惟天下至诚，为能尽其性；能尽其性，则能尽人之性；能尽人之性，则能尽物之性；能尽物之性，则可以赞天地之化育；可以赞天地之化育，则可以与天地参矣。"这就是说，人首先要通过深入透彻的反思才能确立自身全面的主体性，一旦主体性确立起来，以这种主体性参与社会活动，处理与自然的关系，就能够成己成物，与天地同功齐德。所谓赞天地之化育，所谓成物，都涉及人与自然的关系，体现着人在这一关系中的主体地位与主导作用：一方面人有意识地认识自然、利用和改造自然，使之服务于自己的需要；另一方面，人类将自己的价值与道义立场作为衡量人与自然关系的基本维度之一，彰显了人与自然关系中的人文意义。

需要指出的是，在有机思维与系统观念、和生思维与和合观念的框范下，中国传统中的主体思维与人本观念与西方的主体思维与人本观念是有区别的。它虽然强调人在与自然关系当中的主体地位和主导作用，但是并不会将这种主体性与主导性发展到极致，因为这种思维与观念是受到更基础性的思维与观念的限定的。在中国传统文化当中，不推崇甚至反对任何极端的行为，崇尚的是中庸之道、自然而然，遵循事物之间的相生相克的原理，维持各方的力量平衡。因此既不可能任由自然压制人，也不可能放任人类欲望和力量的无限扩张以致主宰自然、为所欲为。尽管在实践中存在这种恶劣现象，但是从思想文化上一直是批判这种倾向，倡导人与自然和谐相处、共存共荣的。

（四）防范思维与保守观念

《礼记·中庸》有言：凡事预则立，不预则废。"预"是事之先的意思，强调的是在事情未发生或趋势未显现之前提前做好准备。从积极的角度讲可以理解为未雨绸缪，从消极的角度看可以理解为防微杜渐。但是不论是从哪种意义上讲，这种预备性都反映出中国传统文化具有强烈的忧患意识与防范心理。从《周易·豫卦》对"豫（预）"的解说来看，它提示人们如何才能趋利避害，达成目标，所以尽管预备有准备有利条件的意思，但是其重点是提前考虑到可能出现的各种风险、消极倾向或不利因素，并相应地做好规划和安排，以确保底线不失。如果只是瞻前不顾后，那么一旦后院起火将防不胜防，甚至前功尽弃；而如果底线不失，即使出现暂时的曲折，也能有回旋余地，可以稍作休整，然后卷土重来。很明显，从长期效度上讲，防范思维是具有优势的。

防范思维基于三种更为基础的思维：一种是因果思维，即将任何事物或现象都看作是因果链条上的一个节点，该事物或现象既是因也是果，因果之间存在某种必然的相关性；另一种是过程思维，即将任何事物或现象的发展都看作是一个过程，在过程中有不同的阶段，而防范存在于最终结果出现之前的各个阶段中；还有一种是辩证思维，即将任何事物或现象的发展看作是一个对立统一的矛盾运动，用中国哲学的话语方式来说就是一体两面性。因此任何时候都要同时关注来自不同面向的可能性。这三种思维均是《易经》中已经包含的科学思维。而从人文意义上讲，防范思维更体现主体性。中医以"治未病"作为基本原则和精神，正是这种防范思维的鲜明表现。儒家讲义不讲利，其背后的动机同样也是对人们追名逐利的无限欲望的防范；儒家的慎独甚至对个体私意的消极性也充满防范。此外，古人强调社会治理应当充分考虑自然生态可能出现的不规律异动——天灾，提前做好准备，均衡丰年与灾年的收成，主张在丰年保障基本用度的前提下尽可能节俭积累，以备对灾年基本用度进行补充，从而有效保障人们的生存质量和社会活动不受自然灾害的过多影响。可见，防范思维所体现的是主体自觉自为地与自然保持合理互动，及时避免灾祸，实现更优生存的目的性。

由于更多的是从防范干扰、构筑底线来思考问题，因此防范思维容易产生保守观念。"保守"作为形容词，通常被从一种贬义的视角加以理解，多指思想上不思进取，不求改进，跟不上形势等，但是作为动词，它强调的是"保持使不失去"，在这里我们取其动名词的含义，即强调由防范思维而形成的一种谨慎的处事态度、方法和原则。一般来说，保守观念成为行为的主导意识往往基于客观与主观两方面的问题，客观方面主要存在实践处境的困难、行动条件的变化以及行动结果的不可预测等问题。如《周易·乾卦》初九的"潜龙勿用"，就是指在一种"潜"的状态下，你对外面的情势缺乏足够的了解，且外界同样也不了解你是否具有"龙"之才德的情况下，盲目行动是容易失败的，因此占到此爻，则给出"勿用"的建议，这"勿用"建议的背后就是一种保守观念在起作用。孔子所赞赏的季文子"三思而后行"（《论语·公冶长》）的行为原则也是强调要对客观条件进行全面审慎的把握后再行动，这同样是为了防范风险的保守观念的表现。主观方面主要存在人性不确定的问题。人与动植物不同，动植物的存在方式和状态是被道规定的，任何的改变都可能会导致动植物本质的变化，所谓"橘生淮南则为橘，生于淮北则为枳"就是这个意思。凡与道性不合的人为干预，都会造成动植物的生理或"心理"变异。现代科学同样也证明动物在人为干扰下，会产生各种变异或者夭折。但是人不同，人本质上是不确定的，具有这样或那样的潜在倾向性。从积极意义上看，这使其能够广泛适应环境，而且可以通过认识和实践改造自然，化不利为有利，使自己得以生息繁衍；从消极意义上看，这使其容易像脱缰的野马，缺乏本性的自我控制，甚至无视道之必然性规定而侵害万物以达成自我满足。而这正是造成人与自然矛盾的根源。仍以《乾卦》为例，上九"亢龙有悔"，讲的就是人自身的问题。所谓"亢"在此形容人志得意满，对与行动相关的自身条件和环境条件等的评价开始失去客观性，从而表现出主观上的骄傲、任意的状态。这种心理状态下展开行动，即使是有"龙"的才德，也会得到"有悔"的结果。所以其意也在诫止，但是这还只是保守自己的利益，"使不失去"的一种方式，还有一种方式，就是防止他者对自己的侵犯，或者说防止他者的主观泛滥对自己形成侵害。这在道家老庄讨论得非常多，其基本策略是不争与无用。不争，则我不与人为敌；无用，则人不起利用（加害）我之心。从利害纷争中脱身而出，是在乱世中保全自我的一种无奈但是保守性的选择。除此之外，保守观念在防止主观泛滥方面的另一个表现是防止自己侵犯他者。如上所述，在生态意义上，这种保守观念强调必须控制两种根源于人性不确定性的危险倾向：一种是欲望的无止性，另一种是盲目的自信。传统哲学认为这两种危险倾向会刺激人类的狂妄自大和极端自私，表现在生态领域就是以主宰者的身份、心理和行为对自然生存环境及其资源进行恣意掠夺和侵犯，以满足自己当下的欲求。保守观念并非要阻碍人类文明的进步，只是更注重防范消极面，强调对这两种消极倾向的自觉克制，以保守底线不失。所以作为反例，《周易·谦卦》之"谦"体现的就是一种退让性的保守。在《谦卦》下六爻断辞皆为"吉"或"无不利"，整卦断辞则为"亨，君子有终"。由此可见，传统哲学中对适得其宜的保守观念是持赞美态度的。

（五）理性思维与适度观念

通常，人们用"理性"表达一种与"感性"相对的思维形态。如果说感性的表征是冲动与混乱，那么理性的表征则是冷静与条理。因为理性思维是人对于接收到的各种信息进行有明确方向性的整理、加工和输出的复杂思维能力，它不是一种应激性的心理反应，而往往有一个对对象进行观察、比较、分析、归纳、抽象、概括和表达的思维过程。中国人的理性思维是从各个方面表现出来的。比如中国文字的创造就是一个理性思维的结果。与西方的拼音文字不同，中国文字是对事物各种存在性质的模拟表达，其不仅有形象材质的模拟，比如日、月、格等；也有功能或关系的体现，比如厅、仁、林等；甚至有道德的含义，比如孝等。而这些模拟都是在认知基础上的高度抽象。再比如八卦或六十四卦，虽然看起来只是符号，却不是简单直观的描绘性的符号，而是一种指代性的符号。阴阳爻可以代表一切表现为相反相成的事物的性质。而每一卦则都是对自然或社会现象的一种想象性表达。如《履卦·象辞》说："上天下泽，履。"《大有·象辞》说："火在天上，大有。"诸如此类，都是让人借助八卦所代表的事物想象并领悟该卦的基本义。不仅如此，对于事态发展的判断，那些吉凶悔吝的断辞，都是建立在对爻辞当中所设定的情境或条件进行合理类推的基础上的。比如《困卦》六三"困于石，据于蒺藜。入于其宫，不见其妻，凶"，等等。这些都反映了理性思维在《周易》的六十四卦演绎中的运用。

中国人的理性思维不仅是认知思维，而且更是实践思维。虽然在中国哲学中确实存在纯粹思辨性的学术，比如白马非马之类，但是大多数情况下，思维的运用主要是为了更好地行动，或者说获得更好的行动结果。也是从这个意义上看，中国人的理性思维主要是一种实践理性。这种实践理性关注于实践的合理性，强调实践的指导依据的合理性、实践方式的合理性、实践过程的合理性、实践结果的合理性。以实践的指导依据的合理性为例，中国传统哲学选择的是以自然为参照对象。自然是人的客观实在的生活空间，正如道家庄子所描述的，在万物都按照自然而然的方式存在的情况下，人的生存与万物的生存一样是几乎有绝对的保障的，并且会维持在一个自然合理的限度内。不会有过量的人口，也不会有无穷的消费欲望。一切都基于自然而然的生存机制而进行着生命的自在运动。所以认识和师法自然而然就成了最重要的认识和实践活动。老子说"人法地，地法天，天法道，道法自然"，就是通过一个层次一个层次地、一个阶段一个阶段地认知和实践，最终到达自然而然的存在状态，也即天长地久的、与天地参（天佑人人助天）的存在状态。实践的指导依据的合理性是合理的实践方式的选择、合理的实践过程的开展，以及合理的实践结果的达成的前提。

对实践合理性的追求，表现在中国传统哲学中就是强调适度观念。合理一定适度，适度才合理。"度"作动词用，有衡量的意思；作名词用既可以表达用以衡量事物的分寸尺丈，也可以表达衡量的结果，后引申为法制、规则、标准、限制、界限等等。事物具有可度性意味着该事物具有有限性，就是说凡是可度的事物都具有某种边界，实在的或抽象的，绝对的或相对的。这种边界使该事物与其他事物相互区别，体现为使该事物保持是其所是的即此、应然。而所谓适度体现的就是主体通过理性思维去把握事物不同层面的"度"，并使实践活动合乎于这些"度"。如果说保守观念强调的是"使不失去"，那么适度观念强调的就是"使不转化"。取自《周易·否卦》与《周易·泰卦》的一个成语"否极泰来"常常用来说明事物发展到一定程度，就会转化到它的对立面，或者说产生逆转现象。这种现象就是过"度"了的表现。"否极泰来"是从积极角度说明事态由好向坏的趋势转化，而"乐极生悲"则是从消极的角度说明这种现象。所以对于"极"，中国传统哲学是非常谨慎的，只有在精神追求方面的"极"致才是被肯定的，比如"止于至善""极高明而道中庸"，等等。所谓"道中庸"就是从实践层面讲的，"中庸"就是实践层面的一个描述适度的典型范畴。孔子称"中庸"为至德，说自己认知事物的方法是"叩其两端而竭焉"，"两端"也是"极"。中庸就是"执其两端用其中"。所谓"中"，正也，不偏不倚，恰到好处。所以适度观念强调的就是无论待人处事接物都能恰到好处地把握分寸，做到中中正正，既不过也无不及。孔子说"过犹不及"，意思就是过与不及本质上都是不适"度"的，也就是不合理的。

以适度观念考察人与自然的关系，则要求人类活动首先需要符合道的总体规定，其次符合物的具体规定。就道的总体规定而言，自然生态是一个有机系统，人类是这个有机系统的部分或环节。人类活动不仅与自然万物的生命活动息息相关，而且共同构成了整个自然生态系统，并共同维持其内在的微妙平衡。任何一个物种（部分或环节）的过度发展，实际上都会干扰到其他生物正常的生命活动，从而产生牵一发而动全身的效应，甚至产生不可逆的质性改变。因此，人类活动需要保持在适度的范围内，一是要尽量减少甚至不对其他生物正常生命活动形成干扰。坚持"不夭其生，不绝其长"的基本原则，道家"无为"的思想在这个意义上就是强调尽量减少或不施行人的干预，即使自认为是善意的，对于道来说可能也是偏离的。二是适度的资源消耗。人类活动必须消耗自然资源，但是传统的适度观念强调尽量将这种消耗控制在必要的范围内，并将这种必须消耗之外的物质性欲求视为不合理的过度的，强调应克制甚至摒除这种不合理的过度的物质性欲求。在这个问题上，各主要学派的意见基本上是统一的，只是宽严的差异。三是适度的社会发展。人类社会的发展也是以资源消耗为支撑的。一般意义上，人类不是单个个体自由生存的无政府状态，而是以群居的社会统一管理的方式存在的，所以社会的公共机构需要消耗必要的资源以提供公共服务，包括经济的、政治的、文化的、社会的、生态的等等。但是人类的社会生活只能是自然生态的一部分，而不能是全部。社会生活的过度消耗必然会以侵占其他生命形态的生存空间为代价，其结果人类的生存空间最终也会崩坏。因为人类与自然万物是同呼吸共命运的，正如庄子所说的"生物之息相吹也"（《庄子·逍遥游》）。传统生态哲学不仅将自然的先在性理解为人类存在的客观条件和现实前提，而且将自然万物与人之间的存在关系归于一源，都是为了提醒人类社会的发展只能在属于自己的规定空间内适度发展，超出道所规定的空间，必将产生恶劣后果。

当然，中国传统思维模式及其所锻造的基本观念肯定不止包括以上五类，只是这五类从生态视角来看，具有更为典型的意义。这些思维模式与基本观念规定了中国传统生态哲学观察、认识人与自然关系的可能视域，形成了对人与自然关系的特殊理解。在中国传统生态哲学看来，自然虽然是一种客观的前提性的存在，但是在现实的生存关系结构中，在人类产生之后，自然界是以一种人的存在和发展的条件被纳入人类生活当中的。人类要想获得更好和长久的存在与发展，必须将天（自然）与人紧密地结合起来，并使自己的活动始终保持与自然生命律动相和谐，自觉成为维护整个生态系统的秩序、平衡与持续发展的积极力量。

二、中国传统生态哲学的内在逻辑与基本观点

对于中国传统社会来说，人与自然的关系是不言而喻的。自然生态是人类生存的空间和资源，也是人类价值的根据和精神的家园。而从哲学的视角来看，自然生态是真善美的终极标准，具有客观性与因变性。其客观性表现为不以人的意志为转移，而其因变性则表现为整个自然生态的存在状态是由万物包括人类之间互动反应的合力所形成的变化结果。在这些影响整个生态存在状态的合力当中，人的存在及其作用是决定性的。就生态本身来说并不存在所谓的危机问题，自然万物在没有来自外力或人的干扰的情况下总是按照自然而然的方式存在和发展着的，因此它们与整个生态之间是相协调的。也就是说，所谓的生态危机及其解决在根本上是人的危机及其解决。正因为如此，传统生态哲学与传统哲学一样，关注人本身存在的问题，从人的存在与发展的意义上思考人与自然的关系，强调人在二者关系中的主导作用和自

为目的。明确了这一立场，才能够更好地梳理传统生态哲学的内在逻辑，也能够更好地理解其基本观点。

（一）中国传统生态哲学的内在逻辑

每一种成熟的思想体系都具有一定的内在逻辑。内在逻辑不仅是思想者用以对其所关注的问题展开论证的思路和条理，而且作为一条主线贯穿于各个具体部分，使之相互呼应，连接成一个整体。中国传统生态哲学也具有自身的内在逻辑，即围绕人的存在与发展这一中心问题，对人的存在本质、存在方式、存在状态等与自然之间的关系进行分析和论证，对人的更好更长久的存在与发展所需要的自然与人文条件进行分析与论证，在此基础上建构人与自然的合理关系模式。从这一内在逻辑可以看到，"人"才是传统生态哲学的出发点与归宿。

首先，对人的生命本源进行思考。人的存在首先是作为生命有机体的实在。这种实在是真切可感的，不只是人，有情众生的生老病死无一不成为早期人类思考生命现象的参照。几乎每个民族的早期文化都涉及人对自身生命本源的追问，原因就在于此。中国传统生态哲学也是从生命的意义上考察人的本源问题的。人的生命是如何产生的呢？《易传》给出的解释是天地万物都是通过阴阳之道的运动而产生的，人当然也不例外。《系辞上》说："一阴一阳之谓道，继之者善也，成之者性也。""乾道成男，坤道成女。"《系辞下》说："天地氤氲，万物化醇。男女构精，万物化生。"《乾·象传》说："大哉乾元，万物资始，乃统天。云行雨施，品物流形。""乾道变化，各正性命，保合太和，乃利贞。"《坤·象传》说："至哉坤元，万物资生，乃顺承天。坤厚载物，德合无疆，含弘光大，品物咸亨。"《序卦传》说："有天地，然后万物生焉。""有万物，然后有男女；有男女，然后有夫妇；有夫妇，然后有父子；有父子，然后有君臣；有君臣，然后有上下；有上下，然后礼义有所措。"综合起来也就是说，万物包括人的生命都是阴阳之道化育的结果。当阴阳交互作用到达生命这个阶段，最初形成的就是以阳性为主的男（雄）与以阴性为主的女（雌），对于人而言，这最初的男女继续遵循阴阳之道交互作用而成为夫妇，夫妇之间的交互作用孕育新人的生命，然后人这一物类遵循阴阳之道不断如此繁衍下去，并衍生了整个人类的社会生活，而贯穿其中的是天道的社会形态：人道。从整个自然生态来说，凡有生命者皆依此原理机制生生不息，从而构成了丰富的生命现象。与此同时，由于任何事物都是阴阳交互作用的产物，因此它们的本源为"一"，这既是万物具有共性的根据，也是万物能够同气相求、相生相长的根据。中国传统生态哲学对生命本源的这一理解不仅明确了人与自然（万物）关系本源为一的事实，而且明确了人的生存与发展相对于万物及整个生态系统的依存关系。

其次，对人的存在方式进行思考。解决了人的生命本源的问题，必然会进一步思考有生命的人的存在方式问题。传统哲学对人的存在方式的理解有两个层面，其一是自然而然的层面，这主要由道家哲学所提出和论证；其二是自觉自为的层面，这主要由儒家哲学所提出和论证。就第一个层面来说，道家将人视为本质上与万物完全平等的存在者，甚至在一定意义上对人的有"知"这一点持消极看法，认为有"知"恰恰使得人类容易自以为是，偏离自然而然的天道的客观规定，甚至以人为价值中心，从人的私己立场干扰和破坏自然而然的公平、秩序与和谐。所以庄子强调要"以道观物"，反对"以人观物"（《庄子·秋水》）。而老庄都强调的无为，实际上就是对自然而然的生态机制的顺应，对万物各行其道、各得其所的存在方式的尊重。对道家来说，人也是万物之一，因此人的合理的存在方式就是自然而然，就是泯灭人与物的差别心，追求万物之共性——道性的实现，达到物我在道的意义上的平等、统一，即"天地与我并生，而万物与我为一"（《齐物论》）的境界。所以道家的天人合一实际上是人复归于天。就第二个层面来说，儒家所关注的是人的现实生存境况，因此恰恰重视万物之间的差别。在儒家看来，尽管"人之所以异于禽兽者几希"（《孟子·离娄下》），但也正是这几希的差异使人成其为万物当中唯一能够与天地并立为"三才"的高贵的存在者。当然儒家强调差异并不是要将人与自然对立起来，儒家同样讲天人合一，只是儒家的天人合一不仅承认天道作为客观标准或价值根据，而且以天人相异为前提。儒家所追求的是人的存在方式与天道的运行方式相符合，类似同频共振。所以，儒家对人的存在方式的理解是人文性的，强调涵养、充实和发挥人的自觉自为的精神力量——人之所贵于万物之灵性，认识并仿效天道（即所谓法天则地）的运行方式合理地展开人类利用、改造自然以为我所用的实践活动，实现自身更好的存在与发展。《中庸》"赞天地之化育"的观念非常清晰地体现出儒家与道家对于人的存在方式问题上的生态立场的差别。"赞"是助的意思，说明儒家肯定人的主体能动性应当且能够转化为天地化生万物的助力，当然所谓助力就不是主力，实际上承认了人为的有限性。这既是在一种更切合实际的意义上对人类能够接近天道的自然而然的肯定，也是在天人相分的意义上限制人对自然生态的妄自尊大、恣意作为。

再次，对人（类）的存在价值进行思考。事实上不论是人复归于自然而然，还是人不断接近自然而然，人类的存在方式在根本上都是人文的。所谓人文，形象地说，就是在自然界打上人类精神与实践活动的烙印。而对这一烙印的审美就构成了对人类存在价值的思考。道家是反对人为的价值界定的，在道家看来，人所谓的美丑、贵贱、尊卑、仁义、善恶等相对待的价值都是从人的一己之私的立场、视角来界定的，并不具有客观必然性。真正的价值根据来源于道。凡是按照道自然而然地存在着的都是有价值的，都是正当合理的，所以老子认为"上善若水"。这种善不因人之喜恶而改变，完全基于道的理所当然而成其为善。也可以说与万物一样，人的存在的全部意义就是存在本身：从积极方面说，就在于基于道之于人的天性真诚朴实地生活，使自己处于无所用心的状态，达到无为而无不为；从消极方面说，则在于关闭那些与人为价值之间的形式化的"联系"，即成为无用之才，从而全身保性。所以道家的人文正如同天文与地文一样，只是道的呈现而已。儒家也承认天道是价值的终极根据，但是又认为只有人才能把握天道呈现的价值，而这恰恰也是人的存在价值。荀子盛赞说："大天而思之，孰与物畜而制之？从天而颂之，孰与制天命而用之？望时而待之，孰与应时而使之？因物而多之，孰与骋能而化之？思物而物之，孰与理物而勿失之也？原于物之所以生，孰与有物之所以成？故错人而思天，则失万物之情。"（《荀子·天论》）在儒家看来，人之可贵还在于能够反思，这种反思能力恰好防范人的"非特定化"带来的行为风险。孔子曾反问道："于止，知其所止，可以人而不如鸟乎！"（《大学》）意思是在认识自己的行为之所当"止"① 方面，难道人还不如鸟吗？事实上从道性的意义上，人确实不具有动物天然"知

---

① 这个"止"可以就低指行为的底线或就高指追求的目标。

其所止"的先天规定性。正因为如此，要耸立人的存在价值就必然需要说明人能够凭借自身的智慧或灵性——这一道之于人的特殊规定，通过反身而诚自我规定——自我立法，并使这种自我规定与道的终极价值相吻合。此可谓人的超越性价值，即突破自身的局限（缺陷）而实现与天道至善的统一。此外，在现实意义上，儒家认为价值只存在于关系中，是相对于他者而言的，孤立的个体无所谓价值。所以从整个生态意义上对人的存在价值的思考必然转化为对人与自然关系问题的思考。也就是说，天人关系在儒家这里是被置于人类实现自身价值的框架内去考量的。

最后，对人类的可持续发展进行思考。如上所述，传统哲学认为道是人类一切价值的终极根据，而生生是道的本质和精神。《系辞上》指出："生生之谓易"，"夫乾……大生焉；夫坤……广生焉"。《系辞下》说："天地之大德曰生。"而由于道的运动是无终无始、循环往复的，因此天地自然是永恒存在的。老子还从哲学意义上指出了天长地久的内因："天地之所以能长且久者，以其不自生也，故能长生。"（《道德经·7章》）既然天地自然的存在是长久的，那么置身其间并且本源于道的万物包括人也应该是可以长久生息的。但是从生命在个体上的生与灭来说，这似乎又是可疑的。在这个问题上，道家的思路是个体的路子，劝诫人们要认识并按照天长地久的生生机制，摒除刻意追求的生欲及其行为，即摒除私己性的存在意念，超越于己身的局限，而复归于与他者共有的生命之源——道的贯注状态，由道赋予生命长久不失的力量。道家的世俗态道教中关于修仙之道实际上也就是基于这样一种思路形成的。而儒家走的是相反的现实的路子。儒家视死如视生，对祖先逝去的生命采取纪念的方式，人为地建立起与活着的后代之间的生生线索，从而超越了个体生命的短暂周期的局限而得以实现在族类的意义上的生命流转、生生不息。所以儒家的生生，更接近我们现在所谓的可持续发展。同时，由于人类是万物之一员，因此人的生生是与万物的生生紧密相关的。一方面，万物既是人类的生存伙伴，又是人类的生存资源；另一方面，自然生态——现实的天地是人类与万物共有的生存场域和共建的有机系统。所以人类的可持续发展的实现是以与自然生态及其中的万物共在共赢为前提的。传统生态哲学正是通过将"道"这一客观必然的存在置于人类存在的前提、基础和价值根据的地位，使得中国文化的人本主义是一种基于人的立场的有限行为主义，这就与西方文化的人类中心主义成为两种本质上不同的观念体系。

（二）中国传统生态哲学的基本观点

如前所述，中国传统生态哲学的立足点是实现人类的可持续发展，人与自然的关系也是基于这一目的加以考察和理解的。所以传统生态哲学展开的逻辑与人的存在历史相吻合。人类对于人与自然关系的认知一般有"自然与人相亲"和"自然与人对抗"两种观念。中国传统文化虽然也存在这两种不同的认知倾向，但是总体上，崇尚人与自然和谐相处是中国传统文化的思维传统和核心理念，其全部哲学都是在司马迁所谓的"究天人之际"的思考中建立起来的，正因为如此，传统哲学在人与自然关系问题上能够形成深刻洞见。其基本观点可总结如下：

第一，"道"具有相对于一切实在的先在性，人与自然万物万象之"形"都是"道"运动的产物或表象，其"性"或"质"或"神"则是"道"在万物万象包括人中的"分身"。中国传统生态哲学虽然存在不同流派的观点差别，但都是"道"文化的贯彻者。道家对"道"的论述以老子《道德经》最为玄妙。老子认为，"道"虽然无法正常地用语言加以描绘和界定，却是一切可描述可界定者的源头，它"先天地生"（《道德经·25章》），是"天地之始"、"万物之母"（《道德经·1章》），"象帝之先"（《道德经·4章》），在它"混成"之后，才由它产生了万物，即所谓"道生一，一生二，二生三，三生万物"（《道德经·42章》）。老子还对万物由道而逐步化生的过程进一步细致化的表述："道生之，德畜之，物形之，势成之。是以万物莫不尊道贵德。"（《道德经·51章》）儒家创始人孔子对形而上的"道"谈得并不多，以至于其弟子子贡说："夫子之言性与天道，不可得而闻也。"（《论语·公冶长》）孔子所关注的是切合于人事的人道，包括"合理的生活方式与合理的治国方式"[1]。但可以肯定的是，孔子的人道来源于（天）道，并且与（天）道相呼应。或者说，孔子所言的道实际上

---

[1] 李祥俊：《先秦儒家道论与汉代经学的兴起》，载《北京师范大学学报》（社会科学版）2004年第6期。

是道在人事中的"分身"①。证据之一，孔子虽少言天道，但是却有言天和天命。《述而》中孔子讲"天生德于予"，这天赋予的德其实就是指老子《道德经》中的德，即道在人中的"分身"。而说自己"五十知天命"，则是在透彻人事（不惑）之后认识到了包含于人事当中的道，由此才能在六十岁的时候摒除人与人的差别对立，听什么都"耳顺"，做什么都"从心所欲不逾矩"（《为政》）。证据之二，《周易·系辞传》中孔子对《周易》的解释。"天下何思何虑？天下同归而殊途，一致而百虑。天下何思何虑？日往则月来，月往则日来，日月相推而明生焉。寒往则暑来，暑往则寒来，寒暑相推而岁成焉。往者，屈也；来者，信也；屈信相感而利生焉。尺蠖之屈，以求信也。龙蛇之蛰，以存身也。精义入神，以致用也。利用安身，以崇德也。过此以往，未之或知也。穷神知化，德之盛也。"在此孔子由自然现象反推于道之"精义"，再指明道贯彻于人事致用，就是人道。证据之三，孔子推崇中庸之为至德，而中庸实质上就是"道"之用，所以《中庸》首章开宗明义："天命之谓性，率性之谓道。"这里的性是万物包括人之性，天命就是道在万物中的"分身"，而率性就是万物各行其道。所以以"道"为万物之源，人与自然均由道化育而成，也均遵循道而生生不息，由此就将万物与人摆在了平等的存在者的位格上。

第二，相生相克是阴阳、五行之道在自然万物与人的关系中的体现。相生原理决定二者之间是相互支撑、相辅相成的；相克原理决定二者之间是相互对待、相反相成的。相生相克是中国传统生态哲学对自然万物之间相互作用关系的抽象把握。正是在相生相克原理作用下，自然生态才能够保持恰到好处的平衡。在传统哲学中，阴阳、五行是从不同层面对道的生成机制进行描述的介质概念。阴阳学说是从道的内部运动来言说道的生成机制的，阴阳规定的是万物之本性；而五行学说则是用来描述道所生成的基本物质要素及其相互之间的作用机制的，五行规定的是万物之本质。相对于"形"来说，性与质都是万物存在的根本，但是二者又有层次上的区别。可以这样来比附，即阴阳之性属天道，而五行之质属地道。而不论是天道还是地道，都遵从相生相克的作用原理。相生相克之"相"，体现了生与克是在不同性质的

---

① 比如水德就是道在水中的分身。

事物之间发生的；"生"代表的是一种促发性的作用，而"克"代表的则是一种抑制性的作用。无论是阴阳之间的此消彼长，还是五行之间的"比相生而间相胜"（《春秋繁露·五行相生》），都是促发与抑制作用的表征。需要注意的是，中国传统生态哲学所讲的万物之间的相克相生关系不能简单地等同于西方哲学中的对立统一关系。如前所述，有机、和生是中国传统哲学的基本思维模式，因此这种哲学不是从一种当下的平面的视角，而是从一种更为立体的全局的视角去看待事物之间的矛盾的；它是不崇尚对立、冲突的，其所推崇的是"仇必和而解"的柔性化解方式；其所要达到的是整个系统的动态平衡，而不是一个个局部或具体矛盾的解决。从这种全局立场去看人与自然之间的矛盾关系，它允许局部矛盾的合理存在，并将这种合理矛盾视为一种道的相克即抑制作用的正常表现。具体来说，人与自然之间的相克关系表现为：一方面，整个自然界对于人类来说是一种强大的克制力量，人类的活动必须遵从自然必然性的规定，违反这种规定就会带来恶果。而这种恶果属于自招，属于"获罪于天无所祷"的范围。为了避免自然对人的反制，中国古代提倡以尊重自然生态资源的生命周期为前提开展实践活动，坚持"不夭其生，不绝其长"的基本原则，比如强调在生产活动中要以时禁发，适度作为。另一方面，人对自然施加改造之力，使自然一部分地丧失了自然而然的本性，成为人化自然。比如人类对于牲畜的驯养和保护，对于无法驯养的或者会伤害人类、造成人类生命财产损失的生物进行猎杀等等，都会逐步地改变甚至破坏自然生态的微妙平衡。所以中国古代哲学强调克制人的过度欲望，提倡朴素节俭的生活方式，反对无端猎杀生命，过分干扰自然，这些都是为了尽可能减少人类活动对自然生态的不利影响，给自然以必要的时间空间来修复人类活动造成的干扰和破坏，恢复平衡态。相生关系表现为：一方面，自然为人类生产生活提供必要的资源条件，同时和谐生态也为人类提供了美的生存感受和价值根据。与西方文化对自然力量的恐惧或压迫性理解不同，中国传统生态哲学对自然更多表达的是欣赏和喜爱，将自然视为人类的母亲，视为人间福祉的守护者，所以《系辞上》说"自天佑之，吉无不利"。另一方面，人通过自己的认识能力和实践能力可以"财成辅相天地之宜"，只要人类发展自身知行道义的精神品质，就能够成全保护万物之本性。所以传统生态哲学强调为仁由己、反求诸己的精神，从人自身找到化解人与自然矛盾的钥匙。

第三，除人之外，万物与道是天然地形神合一的，即自然而然的。因此本质上无矛盾。如上所言，中国传统生态哲学对自然的认识总体上是美好、祥和的，并且认为这种美好祥和是由遵从道而获得的，是自然万物能够与道形神合一的结果。老子说："万物负阴而抱阳，冲气以为和。"（《道德经·42 章》）阴阳是道中两股相反相成的力量（气），道的存在方式就是阴阳之气的相"冲"（《道德经·4 章》），即通过"冲气"而"混成"。所以这种"冲气为和"是万物与道共同的存在机制。不仅如此，老子认为万物由道化生，因此只有遵从道而行才能长久地守护生命。他说："天下有始，以为天下母。既得其母，以知其子；既知其子，复守其母，没身不殆。"（《道德经·52 章》）也就是说，道是万物的源头，赋予万物生命和力量，因此要实现永恒的存在就必须遵道而行，使道的永恒能量能够源源不断地提供万物存在所需要的动力和支撑。遵从道的唯一方式就是与道为一，就是自然而然。在道家看来，万物能够天然地达到这种同步状态，因而从本质上看，万物与道是一体的、无矛盾的，所以自然万物才是和谐美好、能天长地久的。也正因为自然与道是同一的，所以人才能够通过认识自然现象认识道，并利用自然万物各自的道性来满足自身的需要。

第四，"道"与人的关系由于人"欲"的存在而呈现复杂的表现。在本质上人与万物一样，是道的产物，因此与道应当是可以形神合一的；但在现实中，由于人"欲"的存在，人与"道"的无间性被破坏了。人与自然万物本应当在道的作用下，各就其位、各行其道、各尽其能、各得其所，但是由于人"欲"的遮蔽，人丧失了道所规定的"止"或"度"的边界感，为了自己非道的欲求的满足而不断侵犯万物的存在空间，甚至它们的存在本身，由此造成了道之于万物的生命秩序与平衡的紊乱。此为生态危机产生的根源。也就是说，人与自然的矛盾本质上是人与自身的矛盾，是人受到欲望的干扰而对之于自身的"道"不自明的结果。整体上，中国传统哲学都是反对纵欲的。道家认为凡是超越自然而然范围的都是刻意人为，而刻意人为必然起源于某种非自然的欲求，因此老庄是强调摒弃这种刻意人为及其背后的欲求的。但是杨朱派似乎是个例外，他们朝为我的路子上走得更远一些。据学者考证，杨朱的思想是推崇尽可能满足自我的一切生理欲求的，以利己、快乐为人生追求。儒家始终坚持中庸立场，既认为合理的欲求是应当被满足的，又反对超出合理限度的欲求，认为正是这种过度欲求带来了自然与社会秩序的混乱。所以传统生态哲学强调清心寡欲、节欲，强调通过节制不合理的欲求，建立人类行为的底线，从而缓解人与自然的资源性矛盾。

第五，作为"道"的呈现载体之一，人的存在包含物质性生命与精神性生命两种存在形式，即形与神。人既需要实现作为"道"的物质性载体的类生命的可持续发展，又渴望实现个体精神与"道"为一的永恒价值。人类存在的双重性决定了人与自然之间的关系格局。一方面，人的物质性类生命的存在及其延续要求人类与万物之间建立和谐的共存共赢关系。在这个意义上，人类在与自然的相生相克的实践活动中都需要有"止"或"度"。人类既不能为了满足自己的需要而过度地向自然万物索取，侵犯自然万物的存在，也同样不能自以为是地对自然行拔苗助长之事，贪天之功。所以人类自我立法以节制不合理的生理欲求与价值欲求是解决人类与自然矛盾的关键。另一方面，人的精神性的个体生命价值的实现需要人类向内反求诸己，反身而诚，摒除非道的不合理欲求的干扰，认清内在于己的道性——真正的需要，充盈并保护它，使其完全充实于内在，只有这样才能达到或回复到与道为一的状态。也就是说，传统生态哲学认为，在根本上，只有当人与道之间重新建立起形神合一的关系，人与自然的关系才能顺理成章、自然而然地恢复到和谐状态，才能解除生态危机。正因为如此，天人合一的观念才被视为传统生态哲学最根本和一贯的理念。

三、中国传统生态哲学的根本精神与价值取向

中国传统生态哲学是中华文化传统在生态领域的贯彻与开显。一个民族的文化传统是有其独特的气质和精神的。中华民族的文化传统在本质上是人文主义的，但这种人文主义的合法性却根源于对自然之道的理性把握。也就是说，中华民族的人文主义从一开始就是一种自觉接受自然之道规定的人文主义，是一种以尊重自然的先在性为前提，以建构人与自然相和谐的关系作为实现人类自身更好更长久的存在与发展的基础的人文主义，而不是孤立地片面地将人的利益绝对化、一切从人的立场算计的人类中心主义。正是这种

人文主义的特质决定了中国传统生态哲学的根本精神和价值取向。

（一）根本精神：天地人合

众所周知，"究天人之际"是中国传统哲学展开的基本线索。邵雍直言："学不际天人，不足以谓之学。"（《皇极经世·观物外篇》）从先秦到近代，但凡讨论社会问题无不需要回到天人关系这一根源处找根据。在中国传统哲学中，天人关系所涉及的不是某个具体层面的问题，而是一个宏观的基准，或者说是讨论问题的维度、框架。所以从某种意义上，中国传统哲学就是以天人关系为基点发散出去而产生的不同角度、不同层面的认知及其所导出的丰富的思想观念的集合。在天人关系问题上不论是持天人相合或者天人相分或者天人本一等哪一类观念，在根本上都会导向一致的结果，即天地人合。正如孔子所言："天下何思何虑？天下同归而殊途，一致而百虑。"（《周易·系辞下》）对于中国传统哲学来说，这同归与一致就是对天地人合的追求。所以我们认为，天地人合是中国传统哲学乃至传统生态哲学的根本精神。

天地人合至少包括四个层次的内涵，第一个是天地合，第二个是天人合，第三个是地人合，第四个是天地人合。

天地合是指自然世界生态和谐的状态。传统生态哲学是从阴阳与气的角度去界定天地的。在《幼学琼林》这本古代儿童知识启蒙的书中开篇就讲："混沌初开，乾坤始奠。气之轻清上浮者为天，气之重浊下凝者为地。"按照《易传》的规定，乾为阳为天，坤为阴为地。乾统天，万物资其生；坤顺承天，万物资其长，"阴阳合德而刚柔有体，以体天地之撰，以通神明之德"（《系辞下》）。也就是说，开天辟地是阴阳由混沌状态发展为相分状态的结果。天地各有其质，各司其职，两相配合而生化万物。《坤卦·文言》说："坤道其顺乎，承天而时行。"这说明坤（地）与乾（天）的配合是根据天时变化而相应地变化的。比如昼夜生物的变化，四季植物的变化。而且不同地域天时的变化也不一样，南北半球、热带与寒带，时间的变化是极具差异的，而万物的生机表象也各不相同。甚至地势高低也会带来天时的差异。所以才有"人间四月芳菲尽，山寺桃花始盛开"的景致。可见天地是在全面的意义上相配合的。对人类而言天地合具有客观必然性，由天地合而形成的生态状态不仅是人类生息繁衍的先在条件，也是人类价值之所由、福祉之所在。

天人合有两种意思，一个是从时的角度，讲人的行为合乎天时；另一个是从道的角度，讲人的精神与行为合乎道。就前者来说，《乾卦》的精神是"适时而动"，所谓"大明终始，六位时成，时乘六龙以御天"（《乾卦·象传》）。从物质世界来说，斗转星移、日月交替，都是人们界定"时"的依据，所以天与时是联系在一起的。从抽象的哲学意义上理解《乾卦》六爻，也都是讲君子当适时而动。从生态意义上讲，万物都是以时生息的，其生命周期是有"时"的，因此人类活动必须遵从"时"的规定，在合"时"的时候去做合适的事情。任何违"时"而主观任意的行动都会导致对万物生息及整个生态的侵害，最终也会给人类自身带来灾难。就后者来说，将道与天相关联，体现的是传统哲学对形上之道的推崇。如前文所述，道被认为是生命的起源，道之动是生生不息的内在机制，所以人类若要生生不息地长久存在，就必须使自身合乎道。与道相合，不仅要求人类的现实活动，包括生命活动与社会活动遵循道的规定性，而且在精神上能够超越形质变化之局限，体察道在万物中的贯通，即庄子所谓"与天地精神相往来"，从而达到"天地与我并生，而万物与我为一"（《齐物论》）的境界。由此，在生命的存在性这一基点上，自然万物与人类获得了平等性。

地人合是从物质层面的形而下的意义上讲的人与自然万物相辅相成。准确地说，地代表的是以地球为核心的自然生态。与天时相对，地与利相联系。所谓利，是从人的角度来讲的，是指自然生态可以提供的有利于人类生存的全部资源。正如《周易·说卦传》所说："《坤》也者，地也，万物皆致养焉。"地球上的万事万物构成了大大小小各个层次的生机勃勃的生态系统，一方面万物各以其道而生息繁衍，另一方面又以自身的存在与他者之间建立起或强或弱，或远或近的有机联系。不仅如此，地理条件也是生态系统的一部分，不同地理条件的气候不同，生物的多样性就不同，地下资源也不同。总之，地所代表的是地球生态系统丰富多样的物质世界。而人类对于这些丰富多样的物质资源皆可通过认知实现利用，使之转化为能够满足人类生存与发展的有利条件。而地人合既是强调人能够因地制宜、因势利导，使地尽其利、物尽其用，同时也是强调人在开发利用资源的过程中必须合理善用，即适度地利用，要遵从各种资源由天道所规定的客观具体的存在之道，因为只有维护资源的存在之道，才能确保人类的长久利用。如果违背资源的存在之道极尽索求，就会导致资源的消亡，使资源链的生态断裂，进而触发全面的生态危机。

天地人合是将天地作为一个整体，不仅从形而上的精神层面，而且从形而下的物质层面，强调人类活动要与天地全面地良性地互动、息息相通。前面区分天人与地人之合，其目的是分别突出重点，实际上天地是不可分割的整体，共同构成了人类生息繁衍的时空场、生态圈。人类在这个时空场与生态圈中，与场中圈中的万物万象都有着千丝万缕的联系，中国传统生态哲学的突出特点就是将天地人紧密联系起来，并从不同的角度揭示了人类社会活动与天地之间微妙而密切的关联性。

（二）中国传统生态哲学的价值取向

理论的创造归根结底是为了指导人们更好地开展实践活动。中国早期文明属于农业文明。人类早期农业文明的特征就是依赖自然，顺应自然，改造自然。需要注意的是，这种依赖、顺应与改造三者是一而三的，缺一不可。依赖是客观事实，顺应是价值判断，而改造则必须基于前两者，否则就会导致失败或灾难。当三者很好地统一起来时，人类的生存就是相对有保障的，发展就是可持续的；反之，当三者无法统一时，人类的生存就是危机重重，不可持续的。这种认知与逻辑使得中国早期文明对于人在地球生态系统中的存在性质和存在境遇给予了深刻的认识，并形成了崇尚人与天地合的自觉精神。这一精神对于整个中国文化观念的形成产生了极其深远的影响，并且贯穿于中国传统社会的生产生活实践的全部过程，使传统生态哲学呈现出鲜明的价值取向。

第一，生生不息、永续发展的目标价值取向。从生物的生命本能来说，维系族类的可持续生存是地球上每一物种生命活动的功利"目标"。现代我们可称之为生物科学事实，而在古代中国视之为道之自然。如前所述，在中国传统生态哲学的宇宙生成观念中，道是万物包括人产生的根源，万物各自分有道性（德），按照自己的道性（德）存在。如水有水德，即就下、至柔、善利万物（老子语）等等；而有生命的事物则遵从自身的道性（德）

生息繁衍，比如植物有不同的授粉繁育方式、不同的生长规律、不同的生存地域等等；动物有不同的活动时间、生命特征、生活习性、食物链、繁育方式等等，有白天活动的有夜晚出来的，有变温变色的，有独处群居的，有食草食肉还有食菌的，有雌雄一体的，等等之属，千奇百怪。对万物包括人的这种对道性的分有而成其追求"生生"之自性，朱熹对此指出："天地以生物为心者也，而人物之生，又各得夫天地之心以为心者也。"① 朱熹在这里强调的是包括人类在内的世界万物都是由天理的造物，从而也是涵容天地之"生理"与"生欲"的载体，即具有"生"性。这种"生"性表现为万物对各自实现存在与发展的自性之本能的维护。总之，道不仅赋予了一切有生命的事物维持其生存与发展的必要能力（自性），而且以其自身的永动性赋予了一切生物源源不断的动力支撑。一般来说，生物只要因循自性，自然而然地"发挥"这些能力，其物类就能够永续存在并发展下去。正是基于这样一种基本观念，传统生态哲学认为，生生是道赋予生物最根本的道性（德），《系辞下》说"天地之大德曰生"。此生非为万物产生之一刹那，而是指"常生""恒生"，体现了自然万物在阴阳转易、屈伸往复中实现经久不息的生命延续，所以《系辞上》又说生生就是道的本质，即"生生之谓易"。

人作为万物之中最有灵性的族类，不仅以"生生"作为自身生命活动的目标价值取向，即成己；而且在与自然万物相处的过程中，也要求能够成全万物之本性，即成物。就前者来说，在中国古代"生生"的价值取向渗透到社会生活的方方面面。如孟子指出："不孝有三，无后为大。"（《孟子·离娄上》）这"无后"说到底就是类的繁衍问题。在古代民间，寓意"生生"的事物往往会在男女婚嫁时赠送给新人，比如大枣、花生、桂圆、莲子等代表的"早生贵子"。就后者来说，古代生态观念认为，人类对万物有参赞天地化生万物之功的道德义务，因此干扰和破坏万物的生长周期，比如不能捕杀处于生育周期的雌性动物，也不能在树木幼小的成长阶段去砍伐。这种推爱之心使传统生态哲学具有了鲜明的伦理特质。儒家的仁道就取

---

① 《杂著·仁说》，《晦庵先生朱文公文集（四）》卷 67，《朱子全书》第 23 册，上海古籍出版社、安徽教育出版社 2002 年版，第 3279 页。

源于天道，它就是与生生联系在一起的，所谓"仁者，生生之德也"（《孟子字义疏证》卷下）。宋明学者更直接对仁作实体性理解，将仁与植物的果核、种子联系起来，认为儒家的仁包含着生意，这就要求人类向大自然的合理索取，应当是按照大自然也能够索取的阶段去进行的，比如果实成熟，不收获就浪费了，这时人类是可以取用的；再如树木在成熟之后，通过适当的砍伐枝丫，甚至可以使其长得更好，这时的砍伐行为就是可取的。所以孟子说："不违农时，谷不可胜食也；数罟不入洿池，鱼鳖不可胜食也；斧斤以时入山林，材木不可胜用也。"（《孟子·梁惠王上》）相反，那种为了人类自己的膨胀利益过度开发利用自然资源，以至于其生命周期或循环周期难以完成和延续的人类行为都是受到传统生态哲学批评和禁止的，这类观点在古代各学派的思想家处俯拾即是。如北宋程颢就曾对当时由于国家治理不利造成的生态危机有措辞严厉的批评："圣人奉天理物之道，在乎六府；六府之任，治于五官；山虞泽衡，各有常禁，故万物阜丰，而财用不乏。今五官不修，六府不治，用之无节，取之不时。岂惟物失其性，林木所资，天下皆已童赭，斧斤焚荡，尚且侵寻不禁，而川泽渔猎之繁，暴殄天物，亦已耗竭，则将若之何！此乃穷弊之极矣。惟修虞衡之职，使将养之，则有变通长久之势，此亦非有古今之异者也。"（《河南程氏文集》卷一，《论十事劄子》）甚至于一些从人类的审美立场对植物进行的人为扭曲，也遭到学者的批判，比如龚自珍在其著名的《病梅馆记》中对那种以满足文人画士们的审美需要："梅以曲为美，直则无姿；以欹为美，正则无景；以疏为美，密则无态"进行谋利，而对梅树强行"斫其正，养其旁条；删其密，夭其稚枝；锄其直，遏其生气"的做法进行了深刻的批判。

第二，共生共荣、相得益彰的关系价值取向。传统生态哲学对人与自然之间的关系，既可以说是从同与异两个方面来把握的，也可以说是从形上与形下两个层面来把握的。道家是形上的，主要强调二者之同，认为"自其同者视之，万物皆一也"（《庄子·德充符》），即人类与万物本源为一，这个"一"就是"道"；儒家也承认人类是自然之子，但总体上偏向人与万物相异，如孟子直言"人之所以异于禽兽者几希"（《孟子·离娄下》），荀子则认为天人相分，天有天职，人有人功，各行其道。因此要达到人事的发展，应当制天命而用之（《荀子·天论》）。可以看到，孟子与荀子主要都是从形下的层面去理解的。孟子所谓的差异是从人有道德伦理本质与禽兽无道德伦理本质上讲的，也就是说除此之外，人类与禽兽在生命机理上基本上是相同的。而荀子的"天"指的就是外在于人的自然界，其道为自然规律，也不是道家所谓的万物本源之"道"。由形上的同出发，人类与万物均出于一源，因此可以比附为民胞物与的关系，应当共生共荣，而不能手足相残、互相侵扰；由形下的异出发，强调人类的生存活动必须依赖自然，但人类又能够自觉地利用和改造自然，使其为我所用。人与自然之间存在的这种特殊关系使人与自然之间必定有一个"化"的过程，人因对自然的依赖而自然化，比如人对自然的适应；自然则因人的改造而人化，比如人的自然生理过程的道德化。而矛盾也正是产生于这两个方面的"化"的过程中。

因此，传统生态哲学坚持人与自然共生共荣、相得益彰的关系价值取向，既强调顺应自然规律，又强调将人类"为我"的利用与改造活动限制在合理的范围内。所谓合理的范围，简言之就是道所规定的范围。传统生态哲学坚信道规定了自然生态的微妙平衡，这种平衡是通过生态中的各个事物包括人的关联互动产生的。因此只有当万物都在各自道性规定的范围内存在与发展时，这种平衡才不会被打破，生态及其中的万物才能够得以保持长久存在。这就将人与自然万物维持道所规定的合理关系置于万物包括人实现存在与发展的前提的地位。尽管由于科技水平的限制，传统生态哲学无法精确解释自然生态的微妙平衡的内在机理①，正如《系辞传》所言"知变化之道者，其知神之所为乎"，但是认为人类可以通过精神的力量"极深而研几"，然后"感而遂通天下之故"，"极天下之赜"，"鼓天下之动"，"化而裁之"，"推而行之"，"神而明之"，"默而成之"。也就是说，人类精神活动能够深入万物所蕴含的道的本质层面，通过对道的认识和把握反过来指导人类实践活动的合理开展，从而实现人与自然的共生共荣、相得益彰。

第三，因任自然、物尽其用的实践价值取向。传统生态哲学认为自然界已经为人类提供了维持其生存的必要条件，人类只需要发挥"道"所赋予自己的独特才能，按照自然所提供的这些条件加以合理地利用就能够满足自身的生存需要。所以在远古时期，顺应和适应自然是人类主要的生存方式，

① 当然即使是今天我们也绝不敢说人类可以或者已经完全地认识自然生态的微妙平衡机理。

创造性的人类活动均是基于对自然现象及其内在机理的认知和理解，也是属于顺应和适应的一种方式。中国传统建筑就是中华民族基于对自然的顺应适应而因地制宜、因材致用地进行创造性的人文活动的典型。我国面积广大，各民族民居分布在广泛的复杂的地理环境条件下，因此建筑风格各不一样，比如西北的窑洞冬暖夏凉，其所利用的就是当地最丰厚的黄土资源；而两广、云贵等地少数民族的民居则往往是干栏式的竹楼，这种竹楼在底层架空，用来饲养牲畜或存放东西，上层则用来住人，由此既可以较好地隔离潮湿，还能够起到防虫蛇、野兽侵扰的作用。这种因任自然，充分利用地形、适应气候、就地取材而达到的天人相合的效果，不仅能够提高人类生存的质量，而且也不会对自然造成侵害，相反还构成了一道自然而然的人文风景。

当然，人类与其他生物的不同即在于人不仅能够顺应适应自然，而且能够并且主要是能够利用和改造自然，创造出新的人文事物来满足自身的需要。比如前文讲的唐代的"自雨亭"，还有 1978 年湖北随县出土的战国时期的青铜冰鉴等，就是这样在顺应和适应基础上的创造发明。由于自觉接受自然先在性的制约，传统生态哲学强调人对自然的利用和改造必须维持在一个适度的范围内，也即意味着需要对人类活动进行合理的限制、规范。另外，人类的非特定化又致使其发展需要可以被不断刺激或创造出来。那么这个"度"或"理"如何把握呢？如何在有限的空间实现人类追求无限发展的需要呢？传统生态哲学认为，无限存在者只有道，道是无始无终的，因此人类要解决有限存在与无限需要之间的矛盾，就只能打通有限与无限之间的界限，即物尽其用。所谓物尽其用，就是充分利用事物的可用之处，从生态角度来说，就是不浪费资源。物之用是物性在具体面向上的表现，而物性就是道性，道无限因而从某种意义上讲物性也是无限的，只不过是单个方向上的无限。无限的物性决定了物用之无限。所以人类对物用的认识及其发展也是无限的。只要坚持在对自然的利用和改造中不断发现并遵从万物自身的道性就能够获得满足人类需要的源源不断的资源。也就是说，人类对自然的利用与改造要"变而通之以尽利"（《系辞上》），要善于打破事物表象的局限，超越当下的功利需要，以一种立体的全局的视角，或者说"以道观之"（《庄子·秋水》）去审视自然万物，"引而伸之，触类而长之"（《系辞上》），认识到万物存在的丰富面向，"以通神明之德，以类万物之情"

(《系辞下》)，使物尽其用、用得其宜，通过充分利用已有资源来减少对自然资源的无谓损耗。当代生物医学等已经不断证明，很多我们过去一直用来治疗某一种疾病的药物却发现可以治疗与该疾病看起来完全无关的另一种疾病，甚至转而成为另一种疾病的靶向治疗药物。由此可以想象，随着人类认识的不断发展，不断接近事物的全面效用，通过循环利用或再利用的方式，人类发展与资源紧缺之间的矛盾或者能够得到缓解。

总之，中国传统生态哲学将自然的先在性作为一种不可抗拒的客观条件和必然前提，纳入人类及其社会存在与发展的规划当中，致力于建构一种人类活动与自然生态良性互动的和谐关系，以实现人类的长治久安。

第三章　习近平生态文明思想的主要内容与理论特质*

习近平生态文明思想是对马克思主义生态文明理论的继承和发展，是中国化马克思主义生态文明理论的最新成果。其理论体系是以"生命共同体"概念作为其生态文明思想的生态本体论和生态方法论，并提出"生态生产力观"和发展观、"环境正义"的价值诉求、"德法兼备"的社会主义生态治理观和以满足人民群众对美好生活需要和追求为价值归宿，是中国走生态文明发展道路的科学指导。

一、习近平生态文明思想是对马克思主义生态文明理论的继承和发展

马克思、恩格斯所实现的哲学革命的本质是通过对近代主体形而上学的超越，创立实践唯物主义哲学和生态哲学思维方式。他们之所以能够实现这种超越，是因为他们克服了近代哲学直观认识论的立场，并把"实践原则"和"历史原则"贯彻到底。

（一）近代哲学的主题与困境

认识论问题是近代哲学的主题，围绕着认识的来源、认识的方法、检验认识在真理性的标准等问题的争论，形成了经验论和唯理论哲学。他们虽然

---

* 本章部分内容曾发表于《中山大学学报》2018 年第 2 期；《武汉科技大学学报》2018 年第 1 期；《福建师范大学学报》2019 年第 6 期。

在如何认识世界的问题上存在着争论和分歧，但是他们在哲学本体论问题上却都是把世界划分为现象世界和本体世界，强调哲学的功能和目的就是运用哲学理性，透过现象世界，去把握世界的普遍规律和绝对本质，只不过经验论哲学强调的哲学理性是经验理性，唯理论哲学强调的哲学理性是先验理性。但由于近代哲学拘泥于直观认识论的立场，无法真正解决物质向精神过渡的问题，因而始终无法真正解决主体与客体、自然与历史的辩证统一关系，并导致了近代哲学不断走向唯心主义和不可知论。休谟以怀疑论的方式对"科学知识如何可能"和"哲学如何可能"的问题，从根本上动摇了近代哲学的根基，也迫使康德及康德以后的德国古典哲学解决近代哲学的矛盾。为了解决近代哲学的问题，康德把整个世界划分为"现象世界"和"物自体"世界，认为在"现象世界"是能够获得科学知识的，但是这种科学知识与"物自体"世界没有任何关系。"物自体"世界的本质就超出了人类认识的能力，要认识"物自体"世界，就只能陷入"二律背反"的矛盾中，并把"物自体"世界留给了人们的实践和信仰领域。可以看出，康德虽然肯定科学必然性和科学知识是可能的，但是仅仅只能拘泥于"现象世界"，而与"物自体"世界没有本质的联系，这就意味着他所讲的科学知识仅仅是主观世界中的主体与客体的统一，主体和客体事实上依然处于对立的状态。康德之后的费希特、谢林分别提出了从"自我"和"客观精神"两个角度解决近代哲学和康德哲学的矛盾，其中费希特提出通过"主体的行动"来设定"自我与非我"的统一，尽管他所讲的"主体的行动"本质上是人的理论行动，但是却为人们从主体实践的角度解决近代哲学和康德哲学提供了新思路。黑格尔正是沿着费希特指出的道路，以"历史原则"为基础，提出了"主体辩证法"，黑格尔把"主体"理解为能动的主体，把人类历史看作是主体能动作用不断生成的历史过程。但在黑格尔那里，"主体"并不是现实的人，而是世界精神或世界精神外化的个别国民精神。同时，他一方面肯定历史是一个随着主体的创造作用不断生成和发展的过程，但是另一方面又认为当时的普鲁士王国是历史发展的顶点。这就意味着黑格尔并没有把"实践原则"和"历史原则"贯彻到底。费尔巴哈通过对黑格尔思辨哲学的批判，提出了以"感性"为核心的人本学唯物主义哲学，为马克思、恩格斯最终提出"感性实践"的概念奠定了基础。

马克思正是把德国古典哲学所倡导的"实践原则"和"历史原则"贯彻到底，从而实现了对近代主体形而上学的超越。马克思、恩格斯在赞扬黑格尔的辩证法和把劳动作为人的本质的同时，又批评黑格尔仅仅把人归结为自我意识，把劳动看作是自我意识的外化，并明确肯定人是一个对象性、感性存在物，强调人既是一种受自然物质条件制约的受动性存在物，又是一种以现实感性活动为基础能动地改造对象的能动性存在物。人的本质的上述特点使得整个人类历史发展过程就是人的本质力量的展开过程，并体现为"自然的人化"和"人化的自然"的内在统一。同时，他们也批评费尔巴哈的旧唯物主义哲学的直观认识论的缺陷，明确指出"环境的改变和人的活动的一致，只能被看做是并合理地理解为变革的实践"①，并进一步指出社会生活在本质上是实践的，强调应当从"实践原则"和"历史原则"的辩证统一来理解人、自然、人与人、人与自然的关系。在人类与自然的关系问题上，马克思、恩格斯强调人类的生存和发展必须依赖自然，自然史与人类史呈现出相互制约、相互影响的特点，二者由此形成具体历史的统一。马克思和恩格斯反对那种把人和自然对立起来的观点，强调人与自然的关系是随着人类实践的发展而不断改变，并最终实现统一。特别需要指出的是，在马克思、恩格斯那里，"人"是指处于社会历史发展进程中的现实的人，而不是黑格尔和费尔巴哈所讲的"主观精神"或脱离人类社会历史的抽象的人；所谓"实践"，既不是自我意识的活动，也不是人的日常生活活动，而是人类改造世界的客观物质活动，他们由此把人类社会历史看作是以劳动实践为基础不断生成的过程，这就意味着社会历史主体与社会历史客体的形成与发展是同一历史过程。马克思、恩格斯正是通过把"实践原则"和"历史原则"贯彻到底，形成了以"实践辩证法"与"历史生成论"内在统一的新唯物主义哲学，把社会历史主体与历史客体看作是同一历史发展过程，不仅消除了近代哲学主、客体之间的尖锐对立，而且创立了新唯物主义的生态哲学思维方式。

（二）马克思和恩格斯新唯物主义生态哲学思维方式的特点

生态哲学思维方式缘起于人与自身生存其中的自然界关系的思考，它以

---

① 《马克思恩格斯文集》第 1 卷，人民出版社 2009 年版，第 504 页。

现代生态科学所揭示的生态系统的整体性为科学基础，其核心思想是强调人类和自然的和谐共生、共同进化，其特点是强调有机性思维、整体性思维和开放性思维。马克思、恩格斯所创立的新唯物主义哲学通过实现"实践辩证法"与"历史生存论"的有机统一，建构起以实践为基础的有机自然观、人与自然的相互影响和相互作用的辩证思维为主要内容的生态哲学思维方式，并又有如下的理论特质。

第一，马克思、恩格斯的生态哲学思维方式坚持在人类实践基础上自然观与历史观的辩证统一，坚持以实践为基础的历史观与自然观有机统一的生态自然观，他们把解决人与自然的关系置于解决人与人的关系之下，其生态批判的对象必然指向隐藏在人与自然关系背后的资本主义生产方式以及资本主义生产方式背后的人与人的关系，进而把实现社会制度的变革，合理解决人与人的生态利益关系作为解决人与自然关系的基础和前提。

第二，马克思、恩格斯的生态哲学思维方式特别强调人类与自然关系的历史性和生成性，这正是马克思的生态哲学思维方式的独特之处。马克思和恩格斯不仅强调自然史和人类史具有不可分割的特点，而且强调自然具有历史性存在的特点。马克思认为，人本身就是自然界发展到一定阶段的产物，人类生存和发展也离不开自然，"历史本身是自然史的一个现实部分，即自然界生成为人这一过程的一个现实部分"①。自然在人类感性实践活动的作用下，成为人的一部分；而人类实践又不断改造着自然界，使之越来越打上人的烙印，实现"自然的人化"，从而使自然具有社会历史性特点。马克思的生态哲学思维方式的这种历史性和生成性特点使他的生态文明理论将人类与自然的关系问题纳入社会历史中展开探讨，克服了西方生态思潮在这一问题上的抽象性。

第三，马克思、恩格斯的生态哲学思维方式特别强调辩证性，体现为处理人类与自然关系问题上的现实性、批判性和理想性的统一。所谓现实性，就是指马克思总是立足于现实看待人类、自然以及人类与自然之间的关系；所谓批判性，就是指马克思始终立足于批判性的立场，看待资本主义制度和生产方式所造成的人与自然关系的异化；所谓理想性，就是指马克思把消除

---

① 《马克思恩格斯文集》第 1 卷，人民出版社 2009 年版，第 194 页。

人类与自然的异化关系，最终实现人的解放和自然的解放作为其理论的最终追求。马克思正是通过对人与自然异化根源的现实考察，提出社会制度的变革和人的解放是实现自然的解放的前提条件，明确把共产主义社会看作是真正实现人和自然解放的彻底的人道主义社会，认为以"自由人的联合体"组成的共产主义社会能够合理协调人类与自然之间的物质变换关系，最终实现人类与自然的共同解放与和谐发展的理论主张。在处理人类与自然关系问题上的现实性、批判性和理想性特征既是辩证的统一关系，也是马克思、恩格斯的生态哲学思维方式处理人类与自然关系的方法论和价值追求。

（三）马克思主义生态哲学方式的发展历程

马克思、恩格斯以后的马克思主义，特别是西方马克思主义和中国化马克思主义理论继承和发展了其生态哲学思维方式。西方马克思主义关于人与自然的关系所持的主要观点主要体现在两个方面。具体说，其一，把"实践"作为联系人类与自然的中介，秉承人类社会与自然在人类实践基础上的具体的历史的统一的"实践自然观"。对强调马克思主义哲学虽然承认外部自然界的优先地位，但是马克思主义哲学所理解的"自然"并不是处于人类历史和社会之外的自然要素，如气候、种族、人的肉体与精神力量等，而是纳入人类实践领域中的自然。因为"自然"是通过人类实践在人和自然、人和人的关系中间接地影响人类社会的，人类与自然正是在实践的基础上实现具体的历史的统一，"实践自然观"是西方马克思主义自然观上的主要观点。其二，西方马克思主义在秉承"实践自然观"的同时，也强调人类对自然的依赖性。关于这一点生态学马克思主义的观点具有代表性。奥康纳在《自然的理由：生态学马克思主义研究》一书中指出，人类实践构成了人与自然生态关系的中介和桥梁，虽然具体的自然生态系统是人类实践活动的结果，但是构成自然生态系统的化学、生物和物理过程却是独立于人类系统而自主运行的，它们以其内在的属性和规律制约和影响着人类社会的发展，主要体现在自然系统以其内在属性和规律影响人类社会的产业布局、空间资源、社会形态和阶级结构的形成和发展，强调人类的实践活动必须依赖自然条件与自然规律。福斯特则在《马克思的生态学——唯物主义与自然》一书中，在系统考察唯物主义哲学发展史和马克思唯物主义哲学的自然科学基础上提出有两种唯物主义传统。一种是德谟克里特所创立的只强调人类社会受自然的支配,不承认人类对自然的能动作用的严格决定论的唯物主义传统,另一种是伊壁鸠鲁所创立的既承认人类对自然的依赖,又肯定人类实践对自然的改造功能的唯物主义传统,马克思的唯物主义属于伊壁鸠鲁唯物主义传统。佩珀则在《生态社会主义:从深生态学到社会正义》一书中,通过批判技术中心论和生态中心论在人与自然关系上各执一端,阐发马克思的自然观。在他看来,马克思主义认为,人和自然之间是一种相互作用和不可分离的关系,人类社会通过劳动在改变自然的同时,自然反过来又影响社会,这就意味着马克思的自然观既反对笛卡尔主义或机械论,又坚持有机论和一元论。他还特别强调马克思主义的最终目的是追求人的解放,但是马克思所说的"解放"并不是像唯心主义所说的不受制约的完全解放,恰恰相反,人类社会和人的解放既要依赖生产力的发展,同时又要依赖自然生态环境的制约,这就决定了即便到了人的解放实现的共产主义社会中,也必须承认自然的界限,并不能违背自然规律来改造物质世界。休斯在《生态与历史唯物主义》一书中,在肯定马克思的唯物主义反对机械决定论、技术还原论,坚持有机论和整体论的同时,专门阐发了马克思主义关于人与自然包含了生态依赖原则、生态影响原则和生态包含原则。所谓生态依赖原则是指人类为了生存必须依赖自然,自然的特征必然会对人类发展进程造成重要的影响;所谓生态影响原则是指人类行为会对自然造成重要的影响;所谓生态包含原则是指人类是自然的一部分。这三个原则充分显示了马克思主义自然观的既强调外部现实世界制约着人类实践活动,同时又肯定人类可以通过实践活动改造自然界,二者是以人类实践为基础的辩证统一关系。

中国化马克思主义立足于中国社会主义革命和建设的实际,继承和发展了马克思、恩格斯关于人与自然关系的学说。毛泽东在《实践论》和《矛盾论》等一系列著作中,不仅坚持唯物主义的自然观,而且特别强调"实践"在马克思主义哲学中的首要地位,指出认识对实践的依赖作用,人的认识过程体现为在实践活动中形成感性认识,并上升到理性认识、再回到实践的无限循环的过程。毛泽东在这里不仅强调人类的认识的发展必须遵循自然规律,而且强调了在实践的基础上主观与客观实现具体的历史的统一,并在此基础上提出了"实事求是"的思想路线。毛泽东指出："'实事'就是客观存在着的一切事物，'是'就是客观事物的内部联系，即规律性，'求'就是我们去研究。"① 实事求是，就是要从实际出发，探求事物固有的内在规律而不是臆造规律。毛泽东的以上论述是在把马克思主义基本原理同中国具体实际和文化传统相结合创造性发展的结果。

　　邓小平反复强调恢复党的实事求是的思想路线对于拨乱反正和改革开放的重要性，认为马列主义和毛泽东思想的本质和精髓就是"实事求是"，并把能否恢复实事求是的思想路线看作是评判思想是否解放的标准。"解放思想，就是使思想和实际相符合，使主观和客观相符合，就是实事求是"②，肯定社会主义的本质是解放和发展生产力，指出发展"必须依靠科技和教育"③，并提出了"科学技术是第一生产力"的论断。在人与自然关系问题上，邓小平立足于马克思主义基本原理，在吸取古今中外的优秀思想的基础上，保持人与自然的和谐与协调发展。在他看来，要实现人与自然的和谐、协调发展，首先要尊重自然规律和客观实际，因地制宜追求发展。在肯定我国仍处于社会主义初级阶段，社会主义社会的主要矛盾是落后的生产力发展水平与人民群众日益增长的物质与精神生活需要之后，邓小平反复强调社会主义的本质和优越性就体现在能否解放和发展生产力。由于我国人口多、底子薄，各地情况存在着很大的差异，对此，邓小平强调应当因地制宜，"从当地具体条件和群众意愿出发，这一点很重要。我们在宣传上不要只讲一种方法，要求各地都照着去做。宣传好的典型时，一定要讲清楚他们是在什么条件下，怎样根据自己的情况搞起来的，不能把他们说得什么都好，什么问题都解决了，更不能要求别的地方不顾自己的条件生搬硬套"④。如果说尊重客观规律和实际是实现人与自然和谐与协调发展的基础和前提的话，邓小平在此基础上又强调要通过发展科学技术提高经济效益、制定生态保护的法律法规、植树造林保护环境和控制人口的数量与质量来实现生态平衡，实现经济社会的可持续发展。

① 《毛泽东选集》第 3 卷，人民出版社 1991 年版，第 801 页。
② 《邓小平文选》第 2 卷，人民出版社 1994 年版，第 364 页。
③ 《邓小平文选》第 3 卷，人民出版社 1993 年版，第 377 页。
④ 《邓小平文选》第 2 卷，人民出版社 1994 年版，第 316—317 页。

　　江泽民不仅坚持和发展马克思主义关于人与自然关系的理论，而且提出了保护生态环境和实施可持续发展战略。在人与自然关系的问题上，江泽民强调，"要促进人和自然的协调与和谐，使人们在优美的生态环境中工作和生活"①。而要做到人与自然之间关系的协调与和谐，就必须以尊重自然规律、认识自然规律为前提。在此基础上，江泽民提出了"可持续发展战略"，强调必须把可持续发展作为我国现代化建设的重大课题看待，"把控制人口、节约资源、保护环境放到重要位置，使人口增长与社会生产力发展相适应，使经济建设与资源、环境相协调，实现良性循环"②。江泽民在这里实际上把能否保持人与自然的和谐与协调关系看作是实施可持续发展战略能否成功的关键。

　　胡锦涛在继承马克思主义关于人与自然关系理论的基础上，提出了"科学发展观"，并首次提出了建设生态文明的必要性和重要性。科学发展观包含着胡锦涛关于人与人、人与自然关系的深入思考。他指出："科学发展观，第一要义是发展，核心是以人为本，基本要求是全面协调可持续，根本方法是统筹兼顾。"③ 科学发展观要求正确处理增长数量与质量，速度和效益的关系。"增长是发展的基础，没有经济数量增长，没有物质财富积累，就谈不上发展。但是，增长并不简单等同于发展，如果单纯扩大数量，单纯追求速度，而不重视质量和效益，不重视经济、政治、文化协调发展，不重视人与自然的和谐，就会出现增长失调，从而最终制约发展的局面。"④ 可以看出，胡锦涛提出的科学发展观的核心是发展必须以满足人民群众的自由全面发展为目的和归宿，必须有利于人与人关系的和谐，同时发展又必须保证人与自然之间的和谐。基于以上论述，胡锦涛反复强调，建设自然就是造福人类。胡锦涛所说的"建设自然"主要包括四个方面的内容：一是要牢固树立以人为本的观念，一切工作都应立足于满足人民群众的需要和促进人的全面发展，为人民群众创造良好的生产生活环境，为中华民族的长远发展创造良好的条件；二是要牢固树立节约资源的观念，不断提高资源利用的

①《江泽民文选》第3卷，人民出版社2006年版，第295页。
②《江泽民文选》第1卷，人民出版社2006年版，第463页。
③《胡锦涛文选》第2卷，人民出版社2016年版，第623页。
④《胡锦涛文选》第2卷，人民出版社2016年版，第105页。

生态效益，遏制资源浪费和破坏资源的现象，实现资源永续利用；三是要牢固树立保护环境的观念，彻底改变以牺牲环境为代价、破坏环境为代价的粗放型增长方式；四是要牢固树立人与自然相和谐的观念，"保护自然就是保护人类，建设自然就是造福人类。要倍加爱护和保护自然，尊重自然规律。对自然界不能只讲索取不讲投入、只讲利用不讲建设"①。在此基础上，胡锦涛提出了建设生态文明的主张，并将生态文明建设首次写入党的十七大报告，强调"建设生态文明，基本形成节约能源资源和保护生态环境的产业结构、增长方式、消费模式。……生态文明观念在全社会牢固树立"②。实现了我国从环境保护到生态文明建设的转换。

习近平总书记正是在继承马克思主义生态哲学思维方式的基础上，提出了以"生命共同体"概念为基础的生态本体论、生态方法论、生态价值论和生态治理论，是当代中国马克思主义理论的最新成果，具有重要的理论和实践意义。

二、"生命共同体"概念与生态本体论与生态方法论

"生态共同体"概念是习近平生态文明思想的生态本体论和生态方法论，其核心是强调人类与自然之间是一个相互影响、相互作用的有机整体。在他看来，我们不仅要认识到"山水林田湖是一个生命共同体，人的命脉在田，田的命脉在水，水的命脉在山，山的命脉在土，土的命脉在树"③，而且应该认识到人类在利用和改造自然的过程中必须尊重自然、顺应自然和保护自然，否则必然会受到自然的报复。"人因自然而生，人与自然是一种共生关系，对自然的伤害最终会伤及人类自身。只有尊重自然规律，才能有效防止在开发利用自然上走弯路。"④ 由于"生命共同体"概念是习近平运用马克思主义生态哲学对西方生态哲学和中国传统生态智慧的继承和改造的

---

① 《胡锦涛文选》第 2 卷，人民出版社 2016 年版，第 171 页。
② 《胡锦涛文选》第 2 卷，人民出版社 2016 年版，第 628 页。
③ 《习近平谈治国理政》第 1 卷，外文出版社 2018 年版，第 85 页。
④ 《习近平谈治国理政》第 2 卷，外文出版社 2017 年版，第 394 页。

结果，这就决定了在如何看待生态危机的根源问题上具有自己的特质。

西方生态哲学是伴随着生态科学等自然科学的形成和发展在 19 世纪形成的，其理论的基本特点是依据生态科学等自然科学成果，主张整体论、有机论的哲学世界观、自然观和方法论，反对近代哲学机械论的哲学世界观、自然观和还原论、分析论的方法，主张世界万物处于普遍联系和相互作用的有机论的哲学世界观，认为不能像近代哲学那样把人类与自然的关系归结为主客体二元对立、控制和被控制、利用和被利用的观点，而是应当从"人—社会—自然"生态整体性的哲学世界观出发，强调二者是相互联系、相互作用和相互影响的有机统一的关系，把"自然"看作是一个具有不断生成和发展的有机的整体，承认自然具有内在价值，而不是把自然仅仅看作是满足人的需要的被动存在物，这就意味着西方生态哲学始终坚持整体论、有机论的哲学世界观、价值观和方法论，来探讨人类与自然的关系，坚持把"自然—人—社会"看作是一个整体，要求重新认识自然的价值，主张自然、人和社会处于一个有机联系和辩证发展的统一体中。习近平总书记对西方生态哲学的继承与发展主要体现在他始终把人类与自然的关系看作是相互联系、相互影响的有机整体，把维护人与自然和谐共生关系看作是人类生存与发展的基础和前提。

中国传统生态智慧坚持整体论和有机论的哲学世界观和自然观，在人类与自然关系问题上提出了"天人合一"的观念，主张人类与天地万物是同源同根、相互依存的一个有机整体，并主张万物平等和"民胞物与"的生态价值观，核心是维护人类自身、人类与自然关系的和谐。这种"贵和"的文化价值观在习近平总书记看来就是强调对立面之间的和谐、中和、相互渗透和有机联系，强调对立面双方离开对方就无法生存，最终形成了"贵和尚中、善解能容，厚德载物、和而不同的宽容品格，是我们民族所追求的一种文化理念。自然与社会的和谐，个体与群体之间的和谐，我们民族的理想正在于此"[①]。习近平总书记对中国传统哲学"天人合一"观念的继承和发展主要体现在他用清晰的语言和逻辑表达了人类与自然的共

[①] 习近平：《干在实处　走在前列——推进浙江新发展的思考与实践》，中共中央党校出版社 2006 年版，第 296 页。

生关系，从而改变了中国传统文化"天人合一"观念内涵以及万物平等价值观内涵的模糊性的缺陷，而且明确把"贵和""重和"看作是中华文化的精髓。

马克思主义生态哲学则强调人类和自然是以"人类实践"为基础的相互制约、相互影响、相互作用的关系，一方面人类的生存和发展必须依赖自然；另一方面人类又能够通过实践活动利用和改造自然，并使人类与自然的关系呈现出"自然的人化"与"人化的自然"，自然史与人类史相互制约、相互影响的特点，并最终达到具体的历史的统一。"我们仅仅知道一门唯一的科学，即历史科学。历史可以从两方面来考察，可以把它划分为自然史和人类史。但这两方面是不可分割的；只要有人存在，自然史和人类史就彼此相互制约。"① 马克思主义生态哲学不仅强调人类与自然以"人类实践"为基础的辩证统一关系，而且强调人类与自然关系的性质取决于人与人关系的性质，资本主义社会之所以造成严重的生态问题，除了认识水平限制之外，其根本原因在于资本主义制度和生产关系的不正义，并由此提出只有用能够合理协调人类与自然之间物质变换关系的共产主义社会，取代资本主义社会，才能实现人类与自然、人与人的共同和谐发展。习近平总书记的"生命共同体"概念不仅继承了马克思主义生态哲学关于人类与自然在实践基础上的辩证统一关系的论述，并借用恩格斯关于"我们不要过分陶醉于我们人类对自然界的胜利。对于每一次这样的胜利，自然界都对我们进行报复。每一次胜利，起初确实取得了我们预期的成果，但是往后和再往后却发生完全不同的、出乎预料的影响，常常把最初的结果又消除了"② 的论述，反复强调人类开发和利用自然必须以尊重自然规律、顺应自然规律为基础和前提，否则就会遭受自然的惩罚，他的"生命共同体"概念表达的就是人类与自然之间构成了相互影响、相互作用的"共生关系"，这种共生关系一方面决定了人类的生存和发展离不开对自然的依赖；另一方面也决定了人类为了实现追求生存和发展，也必须尊重自然、顺应自然和保护自然，否则必然会受到自然的报复。"人因自然而生，人与自然是一种共生关系，对自然

① 《马克思恩格斯文集》第 1 卷，人民出版社 2009 年版，第 516 页。
② 《马克思恩格斯文集》第 9 卷，人民出版社 2009 年版，第 559—560 页。

的伤害最终会伤及人类自身。只有尊重自然规律，才能有效防止在开发利用自然上走弯路。"①

由于习近平总书记的"生命共同体"概念强调的是人类与自然处于一种相互影响、相互作用的共生关系，表达的是一种整体论和有机论的生态哲学世界观和自然观，不仅构成了他生态哲学的生态本体论，而且也构成了他生态哲学的生态方法论，这就要求我们在生态治理和生态文明建设中必须坚持系统论和整体论的方法论。应当"要统筹山水林田湖治理水。……要用系统论的思想方法看问题，生态系统是一个有机生命躯体，应该统筹治水和治山、治水和治林、治水和治田、治山和治林"②，如果背离了系统论和整体论的思想方法，生态治理和生态文明建设就会走弯路，难以取得实际效果。因为"如果种树的只管种树、治水的只管治水、护田的只管护田，很容易顾此失彼，最终造成生态的系统性破坏。由一个部门行使所有国土空间用途管制职责，对山水林田湖进行统一保护、统一修复是十分必要的"③。同时，由于生态文明建设是一个涉及生产方式、生活方式、管理方式、消费方式等方面变革的一个系统工程，习近平总书记由此要求生态文明建设必须"树立尊重自然、顺应自然、保护自然的生态文明理念，坚持节约资源和保护环境的基本国策，坚持节约优先、保护优先、自然恢复为主的方针，着力树立生态观念、完善生态制度、维护生态安全、优化生态环境，形成节约资源和保护环境的空间格局、产业结构、生产方式、生活方式"④。习近平总书记不仅强调应当把生态文明建设的理念和原则贯穿于社会主义各个领域建设的全过程，而且要求在生态环境保护和治理环境污染过程中，必须树立大局观、长远观和整体观，破除急功近利、顾此失彼的思想，切实践行绿色发展，实现人民富裕、国家富强和美丽中国建设之间的协同发展；另外，要求理顺环境管理部门条块分割的不合理体制，建立统一环境管理体制，使生态文明建设真正落到实处。

---

① 《习近平总书记重要讲话文章选编》，中央文献出版社 2016 年版，第 396 页。
② 《习近平关于社会主义生态文明建设论述摘编》，中央文献出版社 2017 年版，第 56 页。
③ 《习近平谈治国理政》第 1 卷，外文出版社 2018 年版，第 85—86 页
④ 《习近平谈治国理政》第 2 卷，外文出版社 2017 年版，第 208—209 页。

三、"生态生产力"理论和经济发展观

生态文明反对工业文明追求无限经济增长的经济主义发展观，认为这种发展观不仅以巨大的环境浪费为基础和代价，而且是一种不可持续和造成严重生态环境问题的"黑色"发展。但是，对于生态文明建设与经济发展这一关系问题，生态文明理论内部又存在着两种对立的观点。具体说：以生态中心论为基础的"深绿"生态思潮和有机马克思主义由于其后现代理论性质，把生态文明建设和经济发展对立起来，进而把生态文明理解为人类屈从于自然的生存状态；以人类中心论为基础的"浅绿"生态思潮、生态学马克思主义以及有机马克思主义则强调生态文明建设必须以经济发展为基础和前提。但是，他们对所理解的"经济发展"从内涵上看却存在着根本区别。具体说，"浅绿"生态思潮理解的"经济发展"是以资本为基础的可持续发展，生态学马克思主义和有机马克思主义所理解的"经济发展"或者是满足穷人基本生活需要的发展，或者是满足人民群众日益增长的物质与文化生活需要的发展。习近平总书记继承和发展马克思主义基本原理，反对把生态文明建设与经济发展对立起来，进而提出了"生态生产力"理论，主张通过以科技创新为主导的绿色发展方式，在保持人与自然和谐共生关系的基础上实现可持续和协调发展。

在习近平总书记看来，生态文明建设与经济发展是辩证统一的关系。"经济发展不应是对资源和生态环境的竭泽而渔，生态环境保护也不应是舍弃经济发展的缘木求鱼，而是要坚持在发展中保护、在保护中发展，实现经济社会发展与人口、资源、环境相协调。"[1] 习近平总书记把生态文明建设与经济发展的关系形象地比喻为"绿水青山"和"金山银山"的"两座山"的关系，强调我们既要绿水青山，又要金山银山。"我们追求人与自然的和谐，经济与社会的和谐，通俗地讲，就是要'两座山'：既要金山银山，又要绿水青山。这'两座山'之间是有矛盾的，但又可以辩证统

① 《习近平关于社会主义生态文明建设论述摘编》，中央文献出版社 2017 年版，第 19 页。

一。"① 可以看出，习近平总书记明确反对把生态文明建设与经济增长对立起来。在他看来，尽管经过 40 多年的改革开放，使我国经济总量跃居世界第二，但是我国经济社会发展过程中存在着"经济规模很大、但依然大而不强，我国经济增速很快、但依然快而不优。主要依靠资源等要素投入推动经济增长和规模扩张的粗放型发展方式是不可持续的"②。我国依然处于并将长期处于社会主义发展的初级阶段，这就意味着"发展"依然被看作是我们的第一要务和当前中国解决所有问题的关键。只不过当前我国的社会主义矛盾已经从落后的生产力发展水平与人民群众日益增长的物质文化生活的需要的矛盾转换到人民日益增长的美好生活需要和不平衡不充分的发展之间的矛盾上，这就要求我们应当瞄准人民的美好生活的需要，追求更好的发展。但是习近平总书记这里所讲的发展不是那种"数量增减、简单重复，是形而上学的发展观。……我们要的是有质量、有效益、可持续的发展"③。而要理解什么是科学发展，必须搞清"什么是发展？为什么要发展？怎样发展？如何评价发展？"④ 这四个基本问题。为了说明上述问题，习近平总书记回顾和反思了工业文明的发展观演变的历程。在他看来，工业文明的发展观的第一个阶段是把"发展"理解为经济增长，并通过投入自然资源和劳动要素把"增长第一"作为发展的目标。这种发展观虽然带来了人类前所未有的增长奇迹，但也带来了资源浪费、环境污染和社会财富分配的两极分化。随着人们对这一发展观的后果的反思，先后提出了强调"经济与政治、人与自然的协调，把发展看做是以民族、历史、文化、环境、资源等内在条件为基础的综合发展过程"⑤ 的整体的、综合的新发展观和既重视物质发展又重视精神发展的发展观。整体的、综合的新发展观只强调了当代发展的各种综合协调，但没有考虑到后代人的发展空间问题；而要求既重视物质发展又重视精神发展的发展观虽然看到了传统发展观所造成的人的单向度发

① 习近平：《之江新语》，浙江人民出版社 2007 年版，第 186 页。
② 《习近平谈治国理政》第 1 卷，外文出版社 2018 年版，第 120 页。
③ 《习近平谈治国理政》第 2 卷，外文出版社 2017 年版，第 234 页。
④ 习近平：《干在实处　走在前列——推进浙江新发展的思考与实践》，中共中央党校出版社 2006 年版，第 22 页。
⑤ 习近平：《干在实处　走在前列——推进浙江新发展的思考与实践》，中共中央党校出版社 2006 年版，第 19 页。

展的局限，却没有找到实现人的物质与精神发展的现实途径。上述发展观存在的缺陷又导致了"可持续发展观"的提出。可持续发展观在强调当代人的利益的同时，兼顾了后代人的利益。但是"可持续发展观"没有解决为谁而发展的问题。通过上述反思，习近平总书记通过区分"真发展"和"假发展"、"坏发展"和"好发展"，来回答他所理解的"科学发展"问题。他还进一步通过论述"真发展"和"好发展"来阐发他的上述观点。所谓"假发展"，就是指在工业文明下不是满足人民的需要为目的的经济增长，而是以资本追求利润的经济增长和资本主义的可持续发展，这种发展只会导致富者愈富、穷者愈穷有违公平正义的"假发展"；所谓"真发展"应当是"以人民为中心"，不断满足人民对美好生活的向往和追求的发展；所谓"坏发展"，就是指以要素投入为主，以牺牲生态环境为代价的单纯经济增长的不可持续、不协调的发展；所谓"好发展"是指以科技创新为主导，尊崇自然的协调的绿色、低碳、循环和可持续发展。因此，所谓"科学发展"就不再是单纯粗放型的数量型、不协调、不可持续的发展，而是有质量、有内涵的质量和效益有机统一的可持续发展。这种"科学发展"本质上是人类与自然的协同共同发展。为此，习近平总书记强调"纵观世界发展史，保护生态环境就是保护生产力，改善环境就是发展生产力。良好的生态环境是最公平的公共产品，是最普惠的民生福祉。对人的生命来说，金山银山固然重要，但绿水青山是人民幸福生活的重要内容，是金钱不能代替的。你挣到了钱，但空气、饮用水都不合格，哪有什么幸福可言"[1]，基于以上认识，习近平总书记提出了"生态生产力"理论。

所谓"生态生产力"理论，就是既要树立人与自然和谐共生关系的生态文明理念，在尊重自然、顺应自然、保护自然的基础上，追求绿色、低碳和可持续发展；同时，要认识到保护生态环境就是保护生产力，改善生态环境就是发展生产力，在发展过程中确立正确的发展思路，使绿水青山真正发挥其社会效益，更加自觉地推动绿色发展、循环发展、低碳发展，决不以牺牲环境为代价去换取一时的经济增长。这就要求"在生态环境保护上，一定要树立大局观、长远观、整体观，不能因小失大、顾此失彼、寅吃卯粮、

---

① 《习近平关于社会主义生态文明建设论述摘编》，中央文献出版社 2017 年版，第 4 页。

急功近利。我们要坚持节约资源和保护环境的基本国策，像保护眼睛一样保护生态环境，像对待生命一样对待生态环境，推动形成绿色发展方式和生活方式，协同推进人民富裕、国家强盛和中国美丽"①。之所以说保护和改善生态环境就是保护和发展生产力，其根本原因在于：其一，人类的生存和发展必须以生态系统为基础和前提。生态环境不仅为人类的生存和发展提供生产资料和生活资料，而且生态环境的好坏直接决定和影响人类实践活动的效率高低，特别是如果破坏了生态平衡，还会产生危及人类生存的生态危机。在这个意义上说，保护和改善生态环境就是保护和发展生产力。其二，生态系统不仅为人类社会的生存和发展提供工具性价值，而且还提供诸如审美、宗教等非工具价值，这就决定了人类的实践活动必须遵循生态规律，实现人类的物质生活与精神生活的共同发展。其三，良好的生态环境必然会转换为经济效益和社会效益。良好的生态环境不仅是实现了经济发展与环境保护的内在统一的结果，而且也必然通过发展生态农业、生态工业、生态旅游等实现经济效益和社会效益，使人类在提高物质生活水平的同时，保持优美的生活环境。

习近平总书记进一步指出人们对经济发展与生态文明建设关系的认识上必然会经历三个发展阶段。具体说，第一阶段是用绿水青山去换金山银山，不考虑或较少考虑环境的承载能力，一味索取资源。这一阶段相当于我国过去以劳动要素投入为主的粗放型发展方式，虽然带来了经济总量的迅速增加，也必然会付出巨大的环境代价，最终因为生态资源的约束，而难以为继。第二阶段是既要金山银山，又要绿水青山。这一阶段是认识到了经济发展必须以自然资源为基础以及环境资源是我们生存的根本，只有保护好环境才能真正保证经济发展的可持续。第三阶段是认识到绿水青山就是金山银山，因为只要合理利用绿水青山的生态优势，通过发展循环经济，建设资源节约型和环境友好型社会，就可以源源不断地带来金山银山。这一阶段意味着人们对保护生态环境已经从自发上升到自觉的阶段，真正实现了经济发展与环境保护的辩证统一。要真正把上述认识落实到实践中，必须从根本上改变两种观点。具体说：第一，与"深绿"生态思潮一样，认为发展必然导

---

① 《习近平谈治国理政》第 2 卷，外文出版社 2017 年版，第 209—210 页。

致环境的破坏与生态问题，并把环境破坏和生态问题看作是实现发展的必要的代价。这种观点的本质是把生态文明建设与发展绝对地对立起来，在实践中必然造成两种结局。一是以生态文明建设为借口，反对发展与技术运用，使生态文明建设缺乏现实的基础而沦为空谈；二是既然环境破坏与生态问题的产生是发展的必然结果和必要代价，并由此形成不注重转换发展方式和生态治理的唯 GDP 增长的发展观和政绩观，最终使生产难以持续和难以为继。第二，认为生态文明建设就是不需要强调发展，不懂得生态文明所追求的发展与工业文明主要依靠自然资源和人力投入所实现的发展之间的本质区别。对于第一种观点，习近平总书记在强调发展是生态文明的基础和前提的同时，要求各级领导干部要树立正确的发展观和政绩观。所谓正确的发展观，就是生态文明建设虽然并不否定经济发展的必要性和重要性，但是这里所说的发展并不是以劳动要素投入为主，以牺牲生态环境为代价换来的一时的发展，而是应该追求以科技创新为主导，有质量和效益的人与自然和谐共生的绿色、协调和可持续发展；所谓正确的政绩观，就是要打破长期以来流行的唯 GDP 增长的政绩观，而是要"把资源消耗、环境损害、生态效益等体现生态文明建设状况的指标纳入经济社会发展评价体系，建立体现生态文明要求的目标体系、考核办法、奖惩机制，使之成为推进生态文明建设的重要导向和约束。……我们一定要彻底转变观念，就是再也不能以国内生产总值增长率来论英雄了，一定要把生态环境放在经济社会发展评价体系的突出位置"①。他甚至提出应当把生态环境指标的好坏作为对干部考核的"一票否决"。对于环境责任，习近平总书记主张建立环境责任追究制度，他强调应当"建立责任追究制度，对那些不顾生态环境盲目决策，造成严重后果的人，必须追究其责任，而且应该终身追究"②。对于第二种观点，习近平总书记反复强调应当摒弃的是过去我国主要是依靠要素投入实现经济增长的发展方式，而不是发展本身。生态文明的发展观要求我们改变传统的发展方式，决不以牺牲环境为代价去追求一时的经济增长，而是要实现发展的质量和效应内在统一的可持续发展。

---

① 《习近平关于社会主义生态文明建设论述摘编》，中央文献出版社 2017 年版，第 99 页。
② 《习近平谈治国理政》第 1 卷，外文出版社 2018 年版，第 210 页。

马克思、恩格斯反复强调人类生产对自然条件的依赖，指出人类来源于自然界，与其他自然存在物一样，其生存和发展必须依赖于自然界，并受自然的制约，人类只有通过劳动与自然展开了物质与能量交换才能从中获得生产资料和生活资料，由此形成了人类与自然的关系，并提出了"自然力也是生产力"的命题。他在批评李斯特国民经济学的过程中指出："为了破除美化'生产力'的神秘灵光，只要翻一下任何一本统计资料也就够了。那里谈到水力、蒸汽力、人力、马力。所有这些都是'生产力'"①，并进一步把自然力划分为自然界的自然力、劳动的自然力、人的自然力、社会劳动的自然力、科学的自然力和机器的自然力六大类型，强调自然力和自然生态资源既是生产力的内在组成部分，又处于人类社会生产的基础性地位。马克思、恩格斯把生产力看作是人类征服和改造自然的能力，劳动是劳动"首先是人和自然之间的过程，是人以自身的活动来中介、调整和控制人和自然之间的物质变换的过程"②；同时根据劳动过程可以把它划分为"有目的的活动或劳动本身，劳动对象和劳动资料"③ 三个基本要素；劳动资料则是"劳动者置于自己和劳动对象之间、用来把自己的活动传导给劳动对象上去的物或物的综合体"④。正是在劳动过程中，人自身作为一种自然力与自然物质相对立，并与自然界的物质与能量交换，自然界以其固有的规律制约着人类实践活动，人类又通过劳动利用和改造自然，使自然界越来越打上人的烙印，其结果是自然史与人类史、人类与自然形成具体的、历史的统一关系。对于自然生态资源的作用，马克思一方面明确提出"土地（在经济学上也包括水）最初以食物，现成的生活资料供给人类，它未经人的协助，就作为人类劳动的一般对象而存在"⑤，并肯定生态自然资源在同一劳动过程中既可以作为劳动资料，又能作为劳动对象在生产力中起作用。不仅如此，马克思、恩格斯还肯定作为自然力的自然生态资源的好坏直接影响生产力发展水平高低，并由此提出了对自然资源循环使用和节约使用的思想。同

---

① 《马克思恩格斯全集》第 42 卷，人民出版社 1979 年版，第 261 页。
② 《马克思恩格斯文集》第 5 卷，人民出版社 2009 年版，第 207—208 页。
③ 《马克思恩格斯文集》第 5 卷，人民出版社 2009 年版，第 208 页。
④ 《马克思恩格斯文集》第 5 卷，人民出版社 2009 年版，第 209 页。
⑤ 《马克思恩格斯文集》第 5 卷，人民出版社 2009 年版，第 208—209 页。

时自然力的发展变化又决定了社会生产方式的变革，并批判了资本主义制度和生产方式基于利润动机的驱使，对自然力的滥用与破坏，最终造成人类与自然物质变换关系的断裂和日益严重的生态问题，提出只有破除资本主义制度和生产方式，建立"自由人联合体"的共产主义社会，才能真正解决人类与自然物质变换关系的断裂问题。

如果说马克思、恩格斯明确把自然生态资源看作是生产力的内在组成部分和生产力发展的基础的话，苏俄马克思主义则明确把生产力看作是人类征服和改造自己的能力，并把构成生产力的要素归结为用来生产物质资料的生产工具，以及有一定的生产经验和劳动技能来使用生产工具、实现物质资料生产的人，这实际上是把生产力仅仅看作由劳动者和生产工具两个因素构成的，把自然生态资源排斥在生产力之外。这种对生产力的"征服论"的解释和把自然生态资源排斥在生产力之外，既不符合马克思主义创始人的原意，也造成了日益严重的生态问题，并引发了生态学马克思主义理论家的批评。

美国生态学马克思主义理论家奥康纳在《自然的理由：生态学马克思主义研究》一书中强调自然条件不仅影响生产力发展水平和产业分布，而且也影响生产关系，并批评在苏俄决定论的马克思主义那里，"自然界（自然系统）内部的生态与物质联系以及它们对劳动过程中的协作方式所产生的影响，虽不能说被完全忽略了，但也确实被相对地轻视了"[①]。奥康纳所说的"自然条件"主要包括两个方面的内容：一是作为生活资料的物质财富，主要包括肥沃的土地、渔业资源丰富的水域等；二是作为劳动工具的自然财富，主要包括瀑布、河流、树木、金属和煤等矿产资源。自然条件对于生产力的影响在于优越的自然条件能够提高劳动生产率，降低所生产出来商品的交换价值，进而增加剩余价值和利润的生产；自然条件对于产业布局的影响主要体现在有些产业如养殖业的发展必须以拥有养活足够多的动物的土地上为前提，采矿业、农业、渔业等领域的发展直接受制于自然生态条件；建筑和交通业的发展直接受制于空间资源；自然条件对于生产关系的影响主

---

① ［美］詹姆斯·奥康纳：《自然的理由：生态学马克思主义研究》，唐正东、臧佩洪译，南京大学出版社2003年版，第73页。

要体现在它会直接影响社会形态、阶级结构和生产关系的形成与发展。如英国之所以没有经历严格意义上的封建主义，既同其占主导性的个人主义文化密切相关，同时也是由于其拥有发达的内陆和沿海输水系统以及由此带来的经商机会相关；在地中海和大西洋沿岸地区，其优越的自然条件使商业资本主义的阶级结构很早就发展起来了。奥康纳进一步批评了资本主义制度和生产方式在利润动机的驱使下，对自然资源的无止境掠夺所造成的生态危机，最终破坏了资本主义生产所必需的自然条件。福斯特也批评资本主义制度和生产方式的生产目的不是为了生产使用价值，而是生产交换价值，以满足资本对利润的追求，其结果是使自然进一步沦为商品交换的工具。福斯特由此强调资本主义制度和生产方式对自然资源掠夺性的破坏使用不仅会造成严重的生态问题，而且会使资本主义社会必然为另一个能够合理协调人类与自然物质变换关系和实现可持续发展的社会所代替。

习近平总书记提出的保护和改善生态环境就是保护和发展生产力的"生态生产力"论断，不仅恢复了马克思主义创始人将自然生态资源纳入生产力中这一原意，而且根据"征服论"的生产力观的生态恶果和生态科学的要求，发展了马克思主义的生产力理论。这是因为生态科学揭示了人类与自然构成一个有机的生态共同体，在肯定人类实践活动受自然规律的制约的同时，也肯定人类是地球生态系统中的调控者，对维系地球生态系统的整体和谐负有责任和义务；同时，工业文明秉承的"征服论"的生产力观在给人类带来巨大物质财富的同时，也给人类带来了惨痛的生态创伤，这就意味着习近平总书记提出的保护生态环境就是保护生产力，改善生态环境就是发展生产力的生态生产力发展观既是满足了时代的要求和建设生态文明的需要，又是对马克思主义生产力理论的丰富和发展。

四、"环境正义"是习近平生态文明思想所特有的价值取向

习近平生态文明思想是立足于当代中国发展的现实，运用马克思主义生态哲学批判吸收中外生态哲学思想的结果。中外生态哲学虽然坚持人类与自然相互影响、相互联系的整体论和有机论的生态哲学世界观和生态自然观，

但是其共同缺陷是脱离社会制度抽象地谈论人类与自然的关系，进而把生态危机的本质归结为抽象的生态价值观和个人的生存方式问题，其生态哲学缺乏环境正义的维度。马克思主义生态哲学始终强调人类与自然在实践的基础上的具体的、历史的统一关系，并反复强调人与自然关系的性质取决于人与人关系的性质，这就意味着马克思主义生态哲学始终从分析社会制度和生产方式入手，讨论人与自然关系危机的根源，强调社会制度和生产方式的非正义性才是生态危机的真正根源。生态危机本质上反映的是在一定的社会制度和生产方式下生态资源占有、分配和使用的矛盾利益关系，只有协调好不同国家、不同地区和不同人群的生态利益矛盾，才能真正解决生态危机，这实质上就是"环境正义"问题。正因为马克思主义生态哲学是习近平生态文明思想的理论基础，使得"环境正义"成为习近平生态文明思想不同于"深绿"和"浅绿"生态思潮所特有的价值追求。

习近平生态文明思想中的"环境正义"的价值取向包括代内"国内环境正义"、"国际环境正义"和代际"环境正义"等主要内容。从"国内环境正义"看，习近平总书记不仅主张通过建立和完善生态法律制度和法规，通过保障不同地区、不同人群在生态资源占有、分配和使用的责、权、利的内在统一，以实现对自然资源分配和使用的公平正义；而且主张建立科学的生态补偿制度，合理保障环境受损人的权利。生态补偿制度就是"用计划、立法、市场等手段来解决下游地区对上游地区、开发地区对保护地区、受益地区对受损地区、末端产业对于源头产业的利益补偿"①，从而最终形成一个社会良性循环、各方面各得其所的机制和人与自然、人与社会和谐发展的局面。从"国际环境正义"看，习近平总书记主张以"人类命运共同体"理念为指导，按照不同民族国家对生态危机的历史责任和现实发展程度，遵循"共同但有差别"的原则展开全球环境治理。"人类命运共同体"理念要求民族国家在处理矛盾利益冲突时，要在尊重主权原则的基础上，坚持平等相待和互商互谅的解决办法，"要坚持多边主义，不搞单边主义；要奉行双赢、多赢、共赢的新理念，扔掉我赢你输、赢者通吃的旧思维。协商是民主

---

① 习近平：《干在实处　走在前列——推进浙江新发展的思考与实践》，中共中央党校出版社 2006 年版，第 194 页。

的重要形式，也应该成为现代国际治理的重要方法，要倡导以对话解争端、以协商化分歧"①。之所以要求所有民族国家都应当承担全球环境治理的责任和义务，是因为我们只有地球这个唯一的人类家园，所有民族国家都是地球共同体中的一员，都担负有呵护地球家园的责任和义务；之所以不同民族国家呵护地球家园的责任和义务又必须有所差别，一是因为不同民族国家造成当前生态危机的责任不同。具体而言，发达国家在其工业化过程中不仅造成了本国的生态危机，而且通过殖民活动破坏了落后国家的生态环境，而资本的全球化也导致生态危机的全球化发展趋势。也就是说，发达资本主义国家是当代生态危机的主要制造者，落后的发展中国家是生态危机的受害者，这就决定了发达资本主义国家在当前全球环境治理中理应承担更多的责任和义务。二是各民族国家发展阶段、能力存在着很大的差别，这就决定了在当代全球环境治理中，在责任和义务问题上不能搞"一刀切"，而要有所差别。对此，习近平总书记在论及如何解决全球气候治理时指出："巴黎协议应该有利于照顾各国国情，讲求务实有效。应该尊重各国特别是发展中国家在国内政策、能力建设、经济结构方面的差异，不搞一刀切。应对气候变化不应该妨碍发展中国家消除贫困、提高人民生活水平的合理需求。"② 因此，"共同但有差别"的原则在当代全球环境治理中不但没有过时，而且应该得到遵守。习近平总书记这里所强调的"共同但有差别"原则本质上就是"环境正义"原则。也就是说，全球环境治理只有遵循"环境正义"原则，才能实现环境治理、发展中国家消除贫困和全球共同繁荣发展。从代际"环境正义"看，习近平总书记指出生态治理和生态文明建设的目的不仅是为了满足当前人民群众对美好生活的需要，而且也是为了给后代人留下绿水青山和蓝天。他把生态环境问题产生的根源归结为对资源的过度开发、粗放利用和奢侈消费造成的，强调资源开发利用既要支撑当代人过上幸福生活，也要为子孙后代留下生存根基。"工业化创造了前所未有的物质财富，也产生了难以弥补的生态创伤。我们不能吃祖宗饭、断子孙路，用破坏性方式搞发展。绿水青山就是金山银山。我们应该遵循天人合一、道法自然的理念，

---

① 《习近平谈治国理政》第 2 卷，外文出版社 2017 年版，第 523 页。
② 《习近平谈治国理政》第 2 卷，外文出版社 2017 年版，第 528—529 页。

寻求永续发展之路。"①

可以看出，"环境正义"的价值取向始终贯穿于习近平生态文明思想中，它既是习近平生态文明思想的价值追求，又是其理论不同于那种撇开社会制度和生产方式、谈论生态危机的西方生态文明理论的理论特质。

五、"德法兼备"的社会主义生态治理观

生态治理是生态文明理论的重要内容，在这一问题上，"深绿"生态思潮主张通过用生态中心主义价值观代替人类中心主义价值观，辅之以地方生态自治解决生态危机，秉承德治主义的生态治理观；"浅绿"生态思潮则是在对近代人类中心主义价值观展开修正的基础上，主张通过技术革新和辅之以包括奖惩机制在内的严格的环境政策展开生态治理，秉承技术主义的生态治理观。习近平总书记则超越了西方"深绿"和"浅绿"生态治理观的片面性，主张"德法兼备"的社会主义生态治理观。所谓"德法兼备"的社会主义生态治理观就是既强调应当建立严格的社会主义生态法律法规，保证生态治理的底线与红线，从外在硬性规范人们的实践行为；又主张通过社会主义生态文化和生态道德价值观教育，使外在严格的生态法律法规内化为人们的行为自觉，把生态法治建设与生态文化和生态道德建设有机结合起来，从而使生态治理既有法可依，又使保护生态环境和生态治理成为普遍的社会道德风尚。

对于如何展开生态治理，习近平总书记认为只有实行最严格和最严密的法治，才能为生态文明建设提供可靠的保障，才能保证生态环境保护的底线与红线。习近平总书记这里所说的最严格和最严密的法治，主要包括建立严格的自然资源使用权制度、生态补偿制度、生态考评体制以及自然资源管理体制的变革等。通过上述制度建设，不仅为生态治理和生态环境保护提供可靠的保障，而且也实现生态治理体系和治理能力的现代化。所谓建立严格的自然资源使用权制度，就是要通过严格的制度来合理协调不同地区、不同人群在生态资源占有、使用分配上的矛盾利益关系，保证自然资源分配和使用

---

① 《习近平谈治国理政》第2卷，外文出版社2017年版，第544页。

的公平正义；所谓科学的生态补偿制度就是通过利益补偿的方式使环境受损人的权益得到合理保障与维护，实现环境正义。习近平总书记强调，要真正实现生态治理还必须转换生产方式，并使各级干部树立正确的发展观、政绩观和建立严格的环境追责制度。在习近平总书记看来，时代条件的变化要求树立新的发展观。因为"发展理念是否对头，从根本上决定着发展成效乃至成败。……发展理念是战略性、纲领性、引领性的东西，是发展思路、发展方向、发展着力点的集中体现。发展理念搞对了，目标任务就定好了，政策举措跟着也就好定了"①，习近平总书记由此提出了我们应当坚持以"创新、协调、绿色、开放、共享"为主要内容的新发展理念和新发展观。这种新发展观虽然追求的依然是发展，但不再是以劳动要素投入为主的数量型和粗放型发展，而是以科技创新为主导的、保持人与自然和谐共生关系的数量和质量内在统一的内涵式发展。新发展理念和新发展观要求各级部门和各级领导树立正确的政绩观，再也不能以损害和破坏新环境的发展模式和做法追求一时的经济增长，以经济增长的数量作为政绩好坏的标准，而应当树立新的发展理念和新发展观，转换发展方式，推动自然资本的最大增值，实现绿色、协调和可持续发展，"让良好生态环境成为人民生活的增长点、成为展现我国良好形象的发力点，让老百姓呼吸上新鲜的空气、喝上干净的水、吃上放心的食物、生活在宜居的环境中、切实感受到经济发展带来的实实在在的环境效益"②。为了使上述发展观和政绩观落到实处，习近平总书记提出应当对各级部门和各级领导建立以改善环境质量为核心的目标责任体系和考核体系。在此基础上，习近平总书记主张按照自然资源所有者和管理者分开的原则实现自然资源管理体制的变革，在一个统一的管理部门的管理下展开生态治理和生态修复，在落实自然资源所有人的权益的同时，使自然资源所有者同管理者之间相互配合、相互监督。

建立严格的生态法律法规是为了从外在方面规范人们实践行为，而生态文化体系和生态价值观的作用则是使人们保护生态环境从外在强制的阶段提升为内在自觉的阶段，二者不可割裂和偏废，他们是一种相辅相成、相得益

---

① 《习近平谈治国理政》第 2 卷，外文出版社 2017 年版，第 197 页。
② 《习近平谈治国理政》第 2 卷，外文出版社 2017 年版，第 210 页。

彰的辩证关系。生态文化体系和生态价值观的核心是树立"和"的价值观念，这不仅体现在他所提出的"生命共同体"和"人类命运共同体"的观念上，而且体现在他对中国传统文化"贵和"观念的继承和发展上。体现在："生命共同体"观念不仅坚持有机论和整体论的哲学世界观和价值观，要求人类在追求生存和发展过程中，必须以维系人与自然、人与人和人与社会的和谐共生关系为基础和前提；"人类命运共同体"观念则是强调处理不同国家、不同地区和不同人群之间的利益关系时应当坚持反对霸权主义和凌强欺弱的零和游戏，应当立足于人类的整体利益和长远利益，坚持"和而不同"的价值观和思维方法，合理协调不同国家、不同地区和不同人群之间的利益关系，最终实现人类的共同与和谐发展；习近平总书记特别强调中国传统文化中的"贵和"的和合文化价值观的生态价值。在他看来，中国传统文化中的"贵和尚中、善解能容，厚德载物、和而不同的宽容品格，是我们民族所追求的一种文化理念。自然与社会的和谐，个体与群体之间的和谐，我们民族的理想正在于此"①。它使得我国的先人们很早就认识到了保护生态环境的重要性，强调对自然要取之以时、取之有度的思想。习近平总书记进一步运用马克思主义关于人与自然关系的学说，对上述思想作了进一步升华，指出人类在利用和改造自然的过程中，必须尊重自然规律、顺应自然规律和维系人与自然和谐共生关系，强调"人因自然而生，人与自然是一种共生关系，对自然的伤害最终会伤及人类自身。只有尊重自然规律，才能有效防止在开发利用自然上走弯路"②，只有"从改变自然、征服自然转向调整人的行为、纠正人的错误行为。要做到人与自然和谐，天人合一，不要试图征服老天爷"③，才能避免人类实践行为带来的生态灾难。

习近平总书记之所以重视生态文化体系和生态价值观建设在生态治理中的作用，与他对文化作用和功能的看法密切相关。他强调，"对于一个社会来说，任何目标的实现，任何规则的遵守，既需要外在的约束，也需要内在

---

① 习近平：《干在实处　走在前列——推进浙江新发展的思考与实践》，中共中央党校出版社 2006 年版，第 296 页。
② 《习近平总书记重要讲话文章选编》，中央文献出版社 2016 年版，第 396 页。
③ 《习近平关于全面建成小康社会论述摘编》，中央文献出版社 2016 年版，第 174 页。

的自觉"①。外在的约束主要靠法律法规，内在的自觉则应当依靠文化和道德价值观，这就决定了要真正化解人与自然、人与人、人与社会的各种矛盾，除了依靠建立严格生态制度之外，还"必须依靠文化的熏陶、教化、激励作用，发挥先进文化的凝聚、润滑、整合作用"②。他甚至把能否让生态文化深入人心看作是生态治理和生态文明建设能否成功的关键。因为"生态文化的核心应该是一种行为准则、一种价值理念。我们衡量生态文化是否在全社会扎根，就是要看这种行为准则和价值理念是否自觉体现在社会生产生活的方方面面"③。可见，习近平总书记所秉承的"德法兼备"的社会主义生态治理观的核心是要求把作为生态保护的底线规则和保护生态环境的道德自觉有机结合起来，不仅克服了西方"深绿"和"浅绿"生态思潮单纯德治主义和技术主义生态治理观的缺陷，也使其生态文明思想既能作为一种科学发展观落实于人们的实践中，也能够提升人们保护生态环境的道德境界和道德自觉。

六、"环境民生论"是习近平生态文明思想的价值归宿和目的

任何一种生态文明理论都有它所服务的对象和价值归宿。我们大致可以把已有的生态文明理论划分为价值立场上的"西方中心主义"和"非西方中心主义"两种类型的生态文明理论。具体说，以生态中心论为理论基础的"深绿"生态思潮和以现代人类中心论为理论基础的"浅绿"生态思潮在价值立场上是服从于资本利益的"西方中心主义"的生态文明理论；以马克思主义或怀特海式的马克思主义为理论基础的生态学马克思主义和有机马克思主义在价值立场上是反对资本的"非西方中心主义"的生态文明理

---

① 习近平：《之江新语》，浙江人民出版社 2007 年版，第 13 页。

② 习近平：《干在实处 走在前列——推进浙江新发展的思考与实践》，中共中央党校出版社 2006 年版，第 293 页。

③ 习近平：《之江新语》，浙江人民出版社 2007 年版，第 48 页。

论。① 习近平总书记则明确提出了"环境民生论"的理论主张。也就是说，习近平生态文明思想的价值归宿和目的是为了转换传统粗放型发展方式，代之以科技创新为主导的生态文明发展道路，实现绿色低碳、可持续和协调的发展，为人民群众提供良好的生态产品，满足人民群众对美好生活的向往。

既不同于"深绿"生态思潮把发展与生态文明建设绝对对立起来，拒斥经济增长、科技革新与运用；也不同于"浅绿"生态思潮虽然强调经济增长、技术革新与运用是生态文明建设的基础，但是他们却把生态文明建设的本质归结为维系资本主义再生产的生产条件的环境保护，其理论目的是维系资本主义经济的可持续发展。习近平总书记既反对"深绿"生态思潮把生态文明建设与发展对立起来，又强调我们所追求的发展不是"浅绿"生态思潮"富者愈富、穷者愈穷"不可持续发展，并强调"大家一起发展才是真发展"，② 指出我们所追求的发展的根本目的是满足人民群众对美好生活的追求和向往。而为了实现这一发展目的，习近平总书记在充分肯定以往以劳动要素投入为主的粗放型发展方式对于推动我国经济发展的重要作用的同时，指出以往长期以劳动要素投入为主的粗放型发展方式不仅付出了巨大的生态代价，而且也使国民经济结构具有不协调、不合理的特点，粗放型发展方式当前已经难以为继和不可持续，习近平总书记由此提出了"创新、协调、绿色、开放和共享发展"为主要内容的新发展理念，其核心是转换发展方式，摒弃传统的以要素投入为主的粗放型发展方式，代之以科技创新为主导的生态文明发展方式，更好地满足人民群众对美好生活的向往和期待。习近平总书记进一步提出了"以人民为中心"的理念作为评价发展的得失成败。"以人民为中心"的理念体现了中国共产党全心全意为人民服务的根本宗旨，其核心是要"坚持人民主体地位，顺应人民群众对美好生活的向往，不断实现好、维护好、发展好最广大人民根本利益，做到发展为了人民、发展依靠人民、发展成果由人民共享"③。一句话，人民群众是否有获得感和幸福感，人民群众是否满意是评价发展得失的唯一标准，由此明确

① 参见王雨辰：《论构建中国生态文明理论话语体系的价值立场与基本原则》，载《求是学刊》2019 年第 5 期。
② 《习近平谈治国理政》第 2 卷，外文出版社 2017 年版，第 524 页。
③ 《习近平谈治国理政》第 2 卷，外文出版社 2017 年版，第 214 页。

提出了"环境民生论"的思想，构成了他生态文明思想的价值归宿和目的，也是他生态文明思想不同于西方"深绿"和"浅绿"生态思潮的理论特质。

习近平生态文明思想是中国走生态文明发展道路的科学指南，是习近平新时代中国特色社会主义思想的重要组成部分。习近平新时代中国特色社会主义思想的奋斗目标就是要实现国家富强、民族振兴和人民幸福的"中国梦"的战略目标，从而满足人民群众对美好生活的追求和向往。对此，习近平总书记指出："我们的人民热爱生活，期盼有更好的教育、更稳定的工作、更满意的收入、更可靠的社会保障、更高水平的医疗卫生服务、更舒适的居住条件、更优美的环境，期盼孩子们能成长得更好、工作得更好、生活得更好。人民对美好生活的向往，就是我们的奋斗目标。"[①] 要实现上述战略目标，就必须把"发展"作为党执政的第一要务。由于评价发展得失成败的标准是人民群众是否有获得感和幸福感，这就要求我们在追求发展过程中必须认真考虑人民群众的感受，而生态环境问题恰恰是人民群众反映比较突出的问题。基于以上原因，习近平生态文明思想提出环境问题既是重大的社会经济问题，也是关系到是否改善了民生的政治问题。习近平总书记指出："多年快速发展积累的生态环境问题已经十分突出，老百姓意见大、怨言多，生态环境破坏和污染不仅影响经济社会可持续发展，而且对人民群众身体健康的影响已经成为一个突出的民生问题，必须下大气力解决好。"[②] 习近平总书记由此提出："环境就是民生，青山就是美丽，蓝天也是幸福。要像保护眼睛一样保护生态环境，像对待生命一样对待生态环境。"[③] 并强调良好的生态环境是最公平的公共产品，是最普惠的民生。他由此强调生态文明建设关系到人民的福祉，关系到民族的未来，各级领导必须以对人民群众和子孙后代高度负责的态度，树立生态文明的发展理念，把生态污染治理好，把生态文明建设好，为人民群众创造良好的生产和生活环境。对于如何展开生态治理和生态文明建设，习近平总书记强调应当优先对那些人民群众反映突出的问题展开生态治理和生态修复。"环境保护和治理要以解决损害群众健康突出环境问题为重点，坚持预防为主、综合治理，强化水、大气、

① 《习近平谈治国理政》第 1 卷，外文出版社 2018 年版，第 4 页。
② 《习近平谈治国理政》第 2 卷，外文出版社 2017 年版，第 392 页。
③ 《习近平关于社会主义生态文明建设论述摘编》，中央文献出版社 2017 年版，第 8 页。

土壤等污染防治，着力推进重点流域和区域水污染防治，着力推进重点行业和重点区域大气污染治理"①，只有这样才能真正满足人民群众对优美生产与生活环境的追求和向往，使生态文明建设真正实现改善民生的目的。

七、习近平生态文明思想的理论特质
与实践价值

总的来看，习近平生态文明思想是结合当代中国发展的现实，运用马克思主义关于人与自然关系的理论，继承和创造性地发展西方生态哲学、中国传统生态智慧的结果，是中国走生态文明发展道路和建设美丽中国的科学指南。习近平生态文明思想始终坚持"环境正义"的价值追求，要求合理协调不同国家、不同地区和不同人群之间的生态利益矛盾，要求树立生态生产力观，科学处理经济发展与环境保护之间的关系，坚持"德法兼备"的社会主义生态治理观，并把满足人民对美好生活的需要作为其价值目的和价值归宿。科学理解和把握习近平生态文明思想相较于西方"深绿"和"浅绿"生态思潮的理论特质，不仅具有重要的理论意义，而且具有重要的实践价值。

首先，"环境正义"的价值追求是习近平生态文明思想的理论特质。在"深绿"和"浅绿"生态思潮那里，由于他们拘泥于抽象的生态价值观探讨生态危机的根源和解决途径，而忽略人类与自然之间的物质与能量交换关系是在一定的社会制度和生产方式的基础上进行的，也就无法从社会制度和生产方式的维度探讨生态危机的根源与解决途径，其理论不仅无法真正找到解决生态危机的现实之路，而且把本来是由资本和资本全球化造成的生态危机的后果，要求所有人来承担，有违"环境正义"的原则，造成这一结局的根本原因是他们的理论基础所决定的。"深绿"生态思潮信奉的是自由主义的政治哲学，其理论的目的是维护西方中产阶级的既得利益；"浅绿"生态思潮信奉的是自由主义的发展哲学，其理论目的是保护资本主义再生产的自然条件，维系资本主义经济的可持续发展。也正因为其理论的上述缺陷，在

————————
① 《习近平谈治国理政》第 1 卷，外文出版社 2018 年版，第 209—210 页。

实践中无法解决生态危机与穷人的生存和发展问题，引发了当代西方的"环境正义"运动，其核心是要求把环境问题与解决穷人的贫困、发展问题结合起来，而不是像"深绿"和"浅绿"生态思潮那样抽象地探讨环境问题。与"深绿"和"浅绿"生态思潮的理论基础不同，习近平生态文明思想是以马克思主义关于人与自然关系学说为理论基础的，马克思主义关于人与自然关系学说认为，人类与自然在实践的基础上相互制约、相互影响，最终达到具体的、历史的统一。人与自然关系的性质取决于人与人关系的性质，这就意味着生态危机虽然以人与自然关系的危机这一形式表现出来，但其本质则是人与人关系的危机。这一危机反映的不仅是社会制度和生产方式的不正义，而且也反映的是不同国家、不同地区和不同人群在自然资源占有、分配和使用上的矛盾利益关系。这就要求要在实现社会制度和生产方式正义的基础上，合理协调人们之间的生态矛盾利益关系，才能真正解决生态危机，而后者正是环境正义问题。习近平生态文明思想不仅把环境正义作为自身的价值追求，还要求在生态文明建设中制定各种制度和政策，保证环境正义的实现。相对于"深绿"和"浅绿"生态思潮中环境正义维度的缺失，环境正义的价值追求是习近平生态文明思想中的理论特质。

其次，如何处理经济发展与生态保护之间的矛盾，是生态文明理论必须面对的问题。对于这个问题，"深绿"生态思潮人类文明与自然对立起来，要求通过拒斥经济增长和技术运用来解决生态危机和展开生态文明建设，实际上把生态文明理解为保护人类尚未涉足的"荒野"和人类屈从于自然的生存状态，以满足中产阶级的审美趣味；"浅绿"生态思潮虽然强调生态文明建设要以经济增长和技术进步为前提，但他们把生态文明的本质理解为维系资本主义工业文明可持续发展的环境保护。习近平总书记则明确把生态文明理解为工业文明后的新文明形态。在他看来，"生态文明是人类社会进步的重大成果。人类经历了原始文明、农业文明、工业文明，生态文明是工业文明发展到一定阶段的产物，是实现人与自然和谐发展的新要求。历史地看，生态兴则文明兴，生态衰则文明衰"①。正是基于以上对生态文明本质的认识，习近平总书记反复强调不能把生态文明建设和经济建设对立起来，

---

① 《习近平关于社会主义生态文明建设论述摘编》，中央文献出版社 2017 年版，第 6 页。

只要树立人与自然和谐共生的发展理念和生态文明发展方式，二者之间的矛盾是能够得到解决的。为此他不仅提出了既要绿水青山，又要金山银山的"两山论"，而且提出了保护生态环境就是保护生产力的"生态生产力"理论，丰富和发展了马克思主义生产力理论和发展理论。马克思主义生产力理论认为，生产力是人类利用自然、改造自然的能力，它包括劳动者、劳动对象和生产工具。这就意味着生产力虽然与人类主体能力相关，也必须依赖自然条件。自然条件不仅为人类提供了生产资料，而且也为人类提供了生活资料，自然条件的状况对人类的实践活动和生产力发展具有严重的制约作用，正是基于我国长期粗放型发展方式，导致生态环境问题日益严重，不仅成为严重制约我国经济可持续发展的问题，也是一个关系到能否满足人民群众对美好生活需要追求的社会问题这一双重现实，习近平总书记提出了"生态生产力"理论，其核心是要求把自然资源和生态系统作为生产力要素而纳入生产力范畴中，进而明确提出了"保护生态环境就是保护生产力，改善生态环境就是发展生产力"的论断，要求我国经济社会发展应当摒弃那种靠劳动要素投入，边污染、边治理的发展理念和发展方式，应当树立生态文明发展理念，走以科技创新为主导，维系人与自然和谐共生关系的生态文明发展道路，不仅真正解决了生态文明建设与经济发展之间的矛盾，而且也是对马克思主义生产力理论和发展理论的重要贡献。

最后，习近平生态文明思想的价值取向和价值归宿是满足人民的需要，不仅超越了西方"绿色"思潮理论的片面性，而且鲜明体现了"以人民为中心"的发展思想。习近平总书记强调生态治理和生态修复不仅是关系到经济社会可持续发展的问题，而且是关乎人民群众是否满意的社会政治问题，要求各级部门和各级领导必须具有高度的政治责任感，并把生态治理和生态修复的重点放到人民群众反映比较强烈的生态问题上，由此他提出了"环境民生论"，强调生态文明建设和经济社会可持续发展的根本目的和归宿是满足人民群众对美好生活的向往。他的"环境民生论"使其生态文明思想与"深绿"和"浅绿"生态思潮的价值归宿和服务对象严格区分开来。"深绿"和"浅绿"生态思潮的价值归宿和服务对象或者是西方中产阶级，或者是资本，而不是满足穷人和人民的基本生活需要，其本质是西方中心主义和资本中心主义的生态文明理论。在生态治理和生态修复问题上，习近平总书记超越了"深绿"和"浅绿"生态思潮的单纯德治主义和单纯技术主义的解决路向的片面性，主张德法兼备的社会主义生态治理观，更为关键的是习近平生态文明思想把生态治理体系问题看作是国家治理体系的内在组成部分，这也意味着生态治理和生态文明建设必须融入国家的经济建设、政治建设、文化建设和社会建设中。因为国家治理体系是"在党领导下管理国家的制度体系，包括经济、政治、文化、社会、生态文明和党的建设等各领域体制机制、法律法规安排，也就是一整套紧密相连、相互协调的国家制度"①。习近平总书记所提出的生态生产力论、正确的发展观、政绩观和严格的考核制度、生态文化体系和生态道德价值观建设以及环境民生论等理论观点，正是生态文明建设融入国家的经济建设、政治建设、文化建设和社会建设的鲜明体现，具有重要的理论和实践价值。

---

① 《习近平谈治国理政》第 1 卷，外文出版社 2018 年版，第 91 页。

第 二 编

人与自然和谐关系与绿色发展方式研究

第四章　生态文明的哲学世界观与发展观

　　文明是人们利用自然和改造自然积极成果的物质文明和精神文明的总和。它有狭义和广义之分。狭义的文明主要是指人的行为的文明程度；广义的文明是立足于社会形态的演变，将文明划分为农业文明、工业文明、生态文明等。本书主要是立足于社会形态的视角探讨文明和文明发展演进的。

　　文明的发展和演进是由生产力发展所决定的，生产力发展水平也是划分文明形态的标准。在农业文明时代，由于人类生产力发展水平不高，人类对生态环境的影响在生态系统所能承受的限度内；伴随着近代工业革命的发展，机器的大规模使用一方面意味着人类主体力量的增强和生产力水平的提高，但是另一方面由于其秉承的哲学世界观、自然观、发展方式的缺陷，也造成了人与人、人与自然关系的冲突日益激烈，现代意义上的生态问题随之产生，生态危机的日益严重要求我们扬弃工业文明和呼唤生态文明。

一、工业文明所秉承的世界观和发展观

（一）工业文明所秉承的机械论的哲学世界观

　　工业文明的形成和发展是随着启蒙运动、近代哲学的兴起而形成发展的。启蒙运动反对中世纪基督教神学的禁欲主义、蒙昧主义，高扬人性和人的主体性，用人性反对基督教神学，为近代自然科学的发展创造了条件。近代哲学和近代科学革命为工业革命的发生提供了必要的基础和前提。近代哲学的创始人分别为培根和笛卡尔，其哲学的基本精神就是通过确立人的主体

性,找寻科学发展的方法,把握自然界的内在规律,从而服务于人类改造自然和征服自然的需要。培根从他的经验论哲学出发,提出了"知识就是力量"的著名口号。为了使科学更好地服从人类改造自然的需要,他把"实用性"作为判定科学的主要标准,将科学理性简单化为技术理性。笛卡尔则从"普遍怀疑"出发,提出了"我思故我在"的著名口号,其目的在于确立人的理性的权威,并以此建立他的唯理论的认识论和科学方法论,从而形成了"主体—客体"二元对立的认识论哲学。而近代哲学由于是建立在牛顿力学的基础上,牛顿的力学是以数学方法为基础,把整个世界描绘为遵循机械运动发展规律的图景。笛卡尔—牛顿力学观机械图景还把还原论和机械论运用到生命有机体和生态系统上,其结果使得人们根据自己的主观需要去任意支配和控制自然,而忽视自然界的整体性、系统性,上述哲学世界观同资本相结合,进而形成了把科学技术进步等同于社会进步的社会进步观,必然使科学技术沦为控制自然和控制人的工具,必然造成严重的生态问题。把自然界看作是人类与自然的关系归结为控制和被控制、利用和被利用的关系,把自然仅仅看作是满足人类需要的遵循机械运动规律的被动客体,由此必然会导致人类为了自己的需要和利益而滥用自然的行为,最终使得人类与自然的关系日益紧张,并以生态危机的形式体现出来。

(二) 工业文明所秉承的自然观

自然观是人类对自然的本性、演化过程以及人与自然关系的根本看法。显然,自然观与人类的价值观是紧密相连的。与古代朴素的自然观不同,现代工业文明受近代机械论的自然观支配,即把自然界置于强势的生产主义伦理之中,视其为尚待改造的被动客体,将人与自然的感性关系降贬为纯粹的工具性关系,认为自然的价值在于满足人类的主观需要,由此形成一种"人类中心主义"的价值观。

"人类中心主义"主要有三种意义上的不同含义,即生物学意义、认识论意义和价值论意义上的人类中心主义。所谓生物学意义上的人类中心主义将人类视为生物层面的种属,并认为其必然会以自我为中心,因为任何生物都无法摆脱自我保全的自然属性;而认识论意义上的人类中心主义则强调人类所遵循的任何道德约束实际上都出于人类的自我考量;所谓价值论意义上的人类中心主义强调的价值内蕴之于人类的唯一性。工业文明所秉承的是价值论意义上的"人类中心主义"价值观，其实质是将人类作为万物的主体尺度，认为包括自然界在内的资源性的存在物都应当为人类服务。当代生态中心论认为正是人类中心主义价值观导致了人类滥用自然，是生态危机的罪魁祸首。因为正是在这种价值观的支配下，既然人类之外的存在物的内在价值被否定，也就不再需要人类道德的关怀了，这就意味着人类可以根据自己的主观需要，任意支配和改造自然，而人类之所以具有这种特权，源于人类所具有的理性和自我意识。"人类中心主义"的这种主张显然是一种理性的狂妄，是一种"物种歧视主义"和"利己主义"的错误。正如非人类中心主义者所指出的那样，其他物种生存需要并不一定需要人类的某些属性也同样能更好地维系其生存，没有任何理由以人类的属性作为是否应该具有道德关怀的根据。同时，即便以人类具有的特有属性作为道德关怀的根据能够成立，某些高级动物也具有智力、自我意识等人类所具有的特性，而人的胎儿、婴儿和智障人士在智力、自我意识等方面并不比某些高级动物更优越，而人类的胎儿、婴儿、智障人士却是道德关怀的对象，因此并没有理由将某些高级动物排除在道德关怀之外。如果把是否具有某些生物学特征作为是否具有道德关怀的依据，不仅会导致人类沙文主义，而且会导致人类社会内部的性别歧视、种族歧视等问题。"人类中心主义"价值观的实质在于它在整个生态系统中只关注人类整体的利益，而忽视其他物种利益，这种价值观必然会导致人类滥用自然，并造成人类与自然关系的紧张和生态危机，反过来惩罚人类。对此，恩格斯在《自然辩证法》一书中已经深刻地告诫过我们，即人类开展的实践活动应当遵循自然规律，任何对于主体性的过分迷恋必然会招致自然的反噬，虽然现代工业文明为我们建立起了丰富的物质世界，但非理性的僭越及其导致的对自然的过分索取也将会带来自反性的责罚。

（三）经济主义的发展观

工业文明信奉的是自由主义的发展哲学和追求经济无限增长的经济主义发展观。"从哲学上说，自由主义作为一种政治哲学，是以个人主义（所有社会都是个人的集合）为基础的并以快乐主义（满足个人的幸福和愉悦就是道德上的善）作为价值标准。以快乐主义作为价值标准是主观的，而不是客观的：正确的标准依赖于个人而不是依赖于某些永恒的标准。"① 这种自由主义发展哲学把经济增长完全等同于 GDP 的增长，强调经济增长必然会解决贫困问题，既没有考虑地球自然资源的极限问题，也没有考虑经济增长所必然付出的环境代价和社会代价，最终导致了把包含多样化内容的人的幸福等同于对经济增长的追求和物质财富的占有，最终形成了工业文明高生产、高消费的社会发展模式。人类中心主义工业文明发展观决定的价值观，把功利引向一味追求经济利益（即物质利益）优先的工具主义。我们也称之为经济（功利）主义。

所谓经济（功利）主义，就是把人类经济活动在无度地追求物质利益驱动下，一味追求物质财富的无限增长，把人类幸福的丰富内容简单地归结为对物质财富的占有和消费，社会由此盛行消费主义、个人主义和享乐主义的价值观和生存方式。实际上，经济（功利）主义主张的是经济利益至上，人的行为活动主要是经济行为活动，只要经济增长了，物质财富就相应增加，个人的幸福程度也会提高，所以应永无止境地谋求经济增长；经济增长依赖于科技进步，科技可无限进步，所以经济可无限增长。对此，高兹在《作为政治学的生态学》、《经济理性批判》、《资本主义、社会主义和生态学》等著作中对工业文明所信奉的经济主义的特点和后果展开了分析。他认为，工业文明生产是受利润动机的驱动，经济发展遵循利润最大化，按照"经济理性"的原则运行。"经济理性"关注的是如何取得最大的经济效益，因此它总是倾向于不断增加原材料和能源的投入，通过建立能源密集型和资本密集型的产业来节省劳动力的投入，加快生产流程，这既意味着自然资源的快速耗费，也必然产生更多的生产废料。"在这种情况下，资本家最大限度地去控制自然资源，最大限度地增加投资，以使自己作为强者存在于世界市场上。"② 因此，资本主义制度是无法克服追求利润的动机与破坏生态环境之间的矛盾。对于资本主义企业而言，它并不是考虑如何用最小的生态代价去生产更多更好的物质产品，它所关注的并不是经济系统与自然生态系统之间的平衡，而是不顾牺牲一切生态代价去追求不断增加的利润。

---

① ［澳］大卫·希尔曼、约瑟夫·韦恩·史密斯：《气候变化的挑战与民主的失灵》，武锡申、李楠译，社会科学文献出版社 2009 年版，第 149 页。

② A. Gorz, *Ecology as Politics*, Boston: South End Press, 1980, p. 5.

　　工业文明的生产观改变了那时人们的价值观，人们由信奉"知足常乐"转而信奉"越多越好"。前工业文明下，人们认为"够了就行"，那时，人们为了使其工作控制在一定限度内，就自发限制其需求，工作到自认为满意为止，而这种满意就是自认为生产的东西足够了。"足够"这一范畴是调节着满意的程度和劳动量之间的平衡。① 因此，"足够的范畴，是一种文化范畴，是传统社会的中心范畴"②。但是工业文明的运行逻辑遵循的是"经济理性"原则，人们把追求经济效益最大化"建立在大量消耗自然资产与生态资本、牺牲生态环境的基础之上，用消灭生态价值来创造经济价值"③。资本主义的目的是为了生产而生产，这就意味着生产越多越好。于是，"成功不再是一个个人评价的事情，也不是一个'生活品质'的问题，而是主要看所挣的钱和所积累的财富的多少。……效率就是标准，并通过这一标准来衡量一个人的水平和效能：更多比更少好，成功地挣钱更多的人比挣钱少的人好"④。可以看出，经济理性追求的是可计算性原则和效率原则，其核心是"越多越好"，其结果就是自然界对人类活动的需要和自然界对人类自身的需要都得不到满足，人类活动造成了巨大的"生态赤字"，人类欠下了巨额的生态债。于是，人类与自然之间的矛盾逐渐激化，引发生态危机。高兹由此得出结论，工业文明所信奉的经济主义发展观、享乐主义和消费主义价值观，其本质上是"反生态"的，因此，只有遵循生态社会主义倡导的"生态理性"和生态文明所遵循的人与自然和谐共生，才能从根本上解决生态危机。他所说的"生态理性"是一种与作为工具理性的"经济理性"相对立的价值理性，其特点体现在以下两个方面：第一，从"经济理性"本质上来看，它只是一种追求经济效率的工具理性，其本身并不关心这种效率与人的自由全面发展问题；而"生态理性"则是通过生态阈值限制经济理性的作用范围，使经济效率服务于人类最高目标——人的自由全面发展。第二，二者遵循的原则和追求的目标不同，它们是两种对立的理性。经济理性

① A. Gorz, *Critique of Economic Reason*, London, 1989, pp. 111-112.
② A. Gorz, *Critique of Economic Reason*, London, 1989, p. 112.
③ 刘思华：《生态文明与绿色低碳经济发展总论》，中国财政经济出版社 2011 年版，第89 页。
④ A. Gorz, *Critique of Economic Reason*, London, 1989, p. 113.

支配着人们为了追求利润而奋不顾身，生产产品越多赚取的利润就越多；生态理性则遵循生态规则，力求"够了就行"和"更少但更好"，以消耗较少的资源，通过提高产品的使用价值和耐用性，来满足人们的物质需求。正因为上述两种区别，以生态理性为基础的生态文明所追求的发展，重视自然界对人的制约作用，经济发展不能超过环境的承受能力，这种不仅不会导致生态危机，而且是一种人与人、人与自然和谐共生的发展。

正是在工业文明经济主义的支配下，人们一味追求物质财富的无限增长，整个工业文明受"增长逻辑"的支配，人们的经济活动完全着眼于人对自然财富的索取与掠夺和经济财富的占有与享受。因此，工业文明的高度发展和经济快速增长的同时，也就将工业文明引向不可持续发展的歧途。经济（功利）主义的效益观，从本质上来说，是一种人类中心主义的效益观。① 追求单一的经济效益，实现利润与收益的最大化，而且人类经济活动和发展行为的出发点和归宿必须是受享乐主义和消费主义价值观支配的，这使得人们把一味追求更多的物质财富、更多的物质利益，把占有物质财富多少当作自由与幸福的批判标准，从而把无限制的物质占有和无节制的高消费、高享受当作工业文明发展的根本动力与基本原则，由此使人们的经济活动价值建立在对自然财富的掠夺和对物质财富的占有与享受。这主要表现在：经济（功利）主义把人与自然的关系还原为人与人的关系，即社会经济发展关系；把生态与经济关系还原为经济与经济的关系，即经济发展关系；把人与人的关系还原为当代人与当代人的关系，即代内发展关系。经济（功利）主义与现实世界的生态经济系统运行是相背离的行为范畴，必将导致生态与经济对立、人与社会对立，最终导致现代经济走上一条不可持续发展道路。② 可以说，正是在工业文明的经济主义发展观和价值观指导下，无节制的享乐主义在工业文明社会中居于主导地位，形成高投入、高消耗、高污染的生产方式和高消费、高享受、高浪费的生活方式。从整体上来看，如今的工业文明发展已经陷入极端的经济主义、贪婪的功利主义、腐朽的享乐

---

① 参见刘思华：《生态文明与绿色低碳经济发展总论》，中国财政经济出版社 2011 年版，第 89 页。

② 参见刘思华：《生态文明与绿色低碳经济发展总论》，中国财政经济出版社 2011 年版，第 91 页。

主义，标志着其进入了衰落的阶段走到尽头。

所谓技术主义，就是把科学技术看作是社会发展的决定力量，从其本质上来说，是一种技术至上主义，它的形成、发展与资本主义工业文明的发展是同一历史过程。18 世纪 60 年代，科学革命和技术革命的结合引发的工业革命，首先兴起于英国，科技革命迅速推动了生产力的进步，为向现代文明转型提供了物质技术保障。接着西欧其他地区和北美开始工业化拓展，开启了欧美进入工业文明的新时代。① 19 世纪末 20 世纪初，发生了以电力应用为主要内容的第二次科技革命，电力技术的迅速发展和在生产中的广泛应用，导致了技术的重大革新，使人类生产方式和生活方式发生了急剧的变革。科学技术内在的创造力和推动力使人类开发自然、利用自然的能力大大增强，从而使人与自然的关系发生了惊人的变化。在这一时期，培根的"知识就是力量"的思想受到了人们的高度推崇。为了统治自然，人类迫切地希望了解自然并通过科学技术找到一条征服自然的途径。在这种思想的指导下，人类不断扩大技术对生产资料的影响力和渗透力。

这幅以技术活动、技术系统和其特征所构成的图景与框架是由人类通过自身活动所建构的，其占据了当代人类社会、经济和文化生活的核心位置，成为这个时代最显著的特征之一，因此足以理解有人惊呼今天的时代是"技术时代"。② 技术时代有两点较为明显的特征：第一点是人工自然和技术圈的兴起。人工自然和技术圈的兴起表征了技术在人与自然关系结构上的影响和功能。人工自然是人类借助技术手段改造的那部分自然界，其产生是技术扩张的必然结果。科学技术的双重作用在发展过程中被充分展现出来，一方面创造现代物质文明，另一方面为破坏文明提供了高效手段，加大了人类生存的不安全感。第二点是技术化社会结构的形成。技术化社会表征了技术在人与社会关系结构上的影响和功能。作为创造现代文明的科学技术不是孤立存在的，科学的技术化、技术的科学化和科学技术逐渐一体化融合发展。科学技术是一把"双刃剑"，其正面效应和负面效应都表现得非常突出，一

---

① 参见高中华：《环境问题抉择论——生态文明时代的理性思考》，社会科学文献出版社 2004 年版，第 73 页。

② 参见高中华：《生态危机的技术内涵：对技术负面效应的评析》，载《科学技术与辩证法》 2001 年第 5 期。

刃对着自然物，一刃对着人类自己，人类与自然界是相互联系、相互作用的矛盾统一体。科学技术对自然界的影响和改造所造成的后果，终究还是要反映到人类头上。① 由此，人与自然的关系发生了转变，由人类对自然的适应和利用为主转变为以占用和征服为目的。随着人类控制自然欲望的加强，个人似乎却成为别人的奴隶或变成机器的附庸，以致技术被人类误用或无节制地滥用所导致的不良后果日趋严重，技术在生态系统中变成了负的功能效应，威胁着人类生存和发展。

所谓消费主义，是指把对物质的过度占有和无限消费作为人生最高目的的生活方式和价值观念。从本质上来看，消费主义是一种资本逻辑基础上的价值观念和意识形态。由于消费主义的诱惑性和隐蔽性，使得其对社会造成严重危害。② 人们不是把消费看作手段，而是把消费看作是人生满足和幸福本身，颠倒了目的和手段的关系，进而把占有和消费商品看作是人生最大的快乐和幸福，是一种自由的体验。其特征在于：一是消费主义就是资本主义社会意识形态的内在组成部分；二是后现代话语与价值体系之下的多元、个性化和虚拟化消费。③ 相应的消费主义功能表现在：一是通过宣扬和鼓吹消费主义价值观，刺激资本对利润的无限追求；二是通过宣扬和鼓吹消费主义价值观，将人们的兴奋点牵引到消费活动中，使人们的政治意识和革命意识日益淡化，起到了维系资本统治的政治功能。对于这种消费主义价值观的功能和后果，生态学马克思主义理论家威廉·莱斯在《满足的限度》（*The Limits to Satisfaction*，也可译为"满足的极限"）一书中做了系统的分析。莱斯指出，所谓消费主义，就是"鼓励人们去积极消费活动，并将其置于他们日常活动的最核心地位，并同时增强对每种已经达到了的消费水平的不满足的感觉"④。这种消费主义价值观正好迎合了资本对利润的追求，从而大力推广高投入、高消费的粗放型经济发展方式。其后果是：一方面使人们把幸福、快乐的满足寄托在对商品的追求、占有和消费中，造成人们生存和发

---

① 参见高中华：《环境问题抉择论——生态文明时代的理性思考》，社会科学文献出版社2004年版，第77页。

② 参见刘军：《超越消费主义，树立科学消费观》，载《人民论坛》2019年第29期。

③ 参见郇庆治、刘力：《社会主义生态文明视域下的消费经济、消费主义与消费社会》，载《南京工业大学学报》（社会科学版）2020年第1期。

④ ［加］威廉·莱斯：《满足的限度》，李永学译，商务印书馆2016年版，第115页。

展的异化以及人与自然关系的异化，把工业文明引向不可持续的歧途，使人类经济活动不断挑战地球生物圈的极限；另一方面，"发达国家的工业生产体系现正在测试这些极限；我们现在不知道这些极限是什么"①；但我们至少应知道，如果继续沿着这条粗放的、不可持续的发展道路走下去的话，"地球末日"就会到来，人类即将面临生态灾难，或者说即将为破坏环境付出代价。

之所以说消费主义价值观的流行造成了人生存的异化和人自身的异化，是因为消费主义价值观所鼓吹的消费不是人们的真实需要，而是被资本所制造和支配出来，服从和服务于其追求利润的虚假需要，建立在虚假需要基础上的消费本质上是一种异化消费。工业文明社会里，人们在资本所支配下，受追逐利润的驱使，大众媒体的宣传和为了逃避现实劳动过程中的异化，就到异化消费中去寻找幸福快乐和满足，其结果是享乐主义、物质主义、利己主义、虚无主义的价值观盛行。消费主义价值观将物质消费、奢侈消费作为衡量人的唯一价值标准，主张自我价值只体现在自我消费和享受中，否定人精神层面的价值，使人成为被动的、贪婪的消费者，丧失了人的精神道德信仰，丧失了人的自身对创造性的渴望以及人的主动性发挥，造成社会生活和道德秩序的严重扭曲，造成社会危机；消费主义价值观的盛行，必然造成人们对自然资源的挥霍浪费和生态环境的恶化，最终自然界容纳能力有限，导致人与自然关系的紧张，必将爆发生态危机。

二、生态文明对工业文明的扬弃和超越

西方理论界最早开展生态文明理论研究，中国学术界的追踪则是 20 世纪 80 年代以后的事情。生态文明研究之所以兴起，在于伴随工业文明的持续发展而来的生态恶化和环境破坏，生产文明作为一种新型的文明形态，不仅是针对传统工业文明的反思性产物，同时也是继承、扬弃和超越工业文明的哲学世界观、发展方式与生存方式的结果。

---

① ［加］威廉·莱斯：《满足的限度》，李永学译，商务印书馆 2016 年版，第 134 页。

(一) 生态文明是一种新的文明形态

生态文明是在工业文明发展的基础上，并对其扬弃和超越的结果。工业文明所秉承的哲学世界观是近代理性主义的机械论哲学，其特点是以主客二元对立为基础，把自然仅仅看作是满足人类需要和遵循机械运动的被动客体，进而把人类与自然的关系归结为控制和被控制、利用和被利用的关系，这必然使人类丧失对自然的敬畏，并为了自己的需要和利益而掠夺自然、破坏自然，最终导致生态危机。同时，由于工业文明为了追求无限增长，必然在全社会宣扬消费主义文化价值观，并把消费作为衡量人们是否成功和社会地位的标准和人们一切行为的最终目的，以支撑其生产体系的无限扩张；工业文明在经济发展观上倡导自由主义的发展哲学，把经济增长完全等同于GDP 的增长，不考虑地球自然资源的极限问题以及经济增长所必然付出的环境代价和社会代价，片面追求经济无限增长，最终导致生态环境恶化，生态危机日益严重。

生态文明在哲学世界观、文化价值观和经济发展观上与工业文明存在着根本性的区别。具体说：在哲学世界观上，生态文明及其遵循的有机论的哲学世界观和工业文明秉承的机械论的哲学世界观是根本对立的，有机论的哲学世界观认为人类与自然的关系是相互联系、相互依赖、相互影响和有机共生的关系，他们共同构成了地球生态系统。这种有机论的哲学世界观要求人类在改造和利用自然的过程中，不应该超越自然的极限对自然进行掠夺式的开发和利用，而是应当尊重自然的本性，保持对自然的敬畏。在文化价值观上，生态文明批评工业文明为了支撑高度生产而倡导消费主义文化价值观不是建立在人的真实需要基础上的，而是为了追求无限经济增长而人为制造出来，并由社会强加给个人的虚假需求的基础上的。生态文明由此主张基于人的真实需要的低碳消费方式和生存方式，主张人类应当追求绿色消费和绿色生活，在积极的创造性活动中而不是在异化消费中寻求满足和幸福。在发展方式问题上，生态文明要求摒弃工业文明不顾生态限制通过大量投入不可再生资源单纯追求无限经济增长的发展观和发展方式，主张使用可再生资源，如太阳能、风能，并采用循环经济的可持续发展模式，追求绿色增长，实现人类社会和自然界的和谐共同发展。

中西学术界对作为一种新型的文明形态的生态文明的本质和特征的探索，形成了丰富的理论成果。体现在：西方学术界形成以生态中心论为理论基础，包括"深绿"生态文明理论思潮、"浅绿"生态文明理论思潮和"红绿"生态文明理论思潮。他们对生态文明本质的看法存在着激烈的争论和本质的区别。他们的争论和区别的实质是现代主义还是后现代主义、自由主义还是马克思主义的区分。从现代主义与后现代主义的区分看，"深绿"思潮和有机马克思主义秉承后现代主义的立场，把生态文明与人类文明对立起来，反对经济增长和科学技术的运用，把生态文明理解为拒斥经济增长和科学技术运用，人类屈从于自然的所谓和谐状态；"浅绿"思潮和生态学马克思主义立足于现代主义立场，强调生态文明不仅不排斥经济增长和技术运用，反而要以他们为基础和前提。从自由主义和马克思主义的区分看，"深绿"思潮和"浅绿"思潮都秉承自由主义的立场，或者把生态文明理解为保护人类实践没有涉足的"荒野"，以维护中产阶级的既得利益；或者把生态文明理解为维系资本主义可持续发展的自然条件和环境保护，其理论的目的就是意图逃避全球化的生态治理责任。在西方的生态学理论流派中，生态学马克思主义和有机马克思主义有着类似的激进主义倾向，尽管各自阵营内部的理论家对生态文明的本质的理解存在根本区别，但他们都把资本主义制度、生产方式和资本所承载的价值体系看作是生态危机的根源，强调只有破除资本主义制度，建立生态社会主义或市场社会主义社会，生态文明建设才有可能，他们都是"非西方中心主义"的生态文明理论。

中国的生态文明理论研究开始于20世纪80年代，主要是引进和评介西方生态中心论和人类中心论的环境伦理思潮，并逐渐出现了借鉴或认同西方生态文明理论的话语体系和研究范式，相应地产生了生态经济学、生态法学等生态学科群。20世纪90年代，伴随着国内学术界对生态学马克思主义研究，国内学术界开始挖掘和整理马克思主义经典作家的生态文明理论，并开始用"历史唯物主义研究范式"代替西方生态文明理论研究的"现代主义研究范式"和"后现代主义研究范式"，立足于捍卫中国的发展权、环境权，并结合当代全球环境治理，探索中国生态文明理论体系。在这一探索研究过程中，许多管理者和学者对生态文明的概念界定和内涵阐发做了相当程度的工作。有人认为，生态文明的成型源自对工业文明的反思，是人类对于自身生存境遇的全面自省，生态文明源于对发展的反思，也是对发展的升华，是遵循人类发展方向的新文明。[①] 人类文明形态进入了一个高级形态后，从历史发展进程中，人们逐渐认识到了人与自然和谐共生的重要性，特别是对于人类的生存安全以及发展的可持续性的重大意义。从长远来看，生态文明是人类未来的发展方向。另一种观点认为，生态文明是一种类型的文明，或者说是文明概念的一个侧面。作为概念的文明不仅内涵丰富，外延也十分广阔，生态文明与物质文明和精神文明共同构成了文明的组成部分。可以说，这种观点，不仅在广义层面阐发了经济发展和生态文明的有机联系，也具体而微地揭示了前者的内在机理。

（二）生态文明与工业文明是两种不同的发展观

从哲学世界观、文化价值观和发展方式层面来看，生态文明和工业文明意味着两种不同的发展观。

工业文明是以传统经济学为理论基础，其总体特征体现着为人类对自然界不断加大征服力度，主要是通过投入自然资源、人力等劳动要素，把发展简单地归结为 GDP 增长，并追求无限经济增长，工业文明在给人类社会带来巨大进步的同时，不仅消耗了大量的自然生态资源，而且也必然会破坏人与自然的和谐关系。工业文明的生产方式和生活方式是以经济主义和物质主义为原则，形成了高投入、高污染、高消费的不可持续经济发展模式，在越来越高的程度上按照自己意愿来掠夺自然资源、支配自然力，占领种群的生存空间，结果导致地球再没有能力支持工业文明的继续发展。所谓"现代生态经济基本矛盾"，正如刘思华教授指出的那样，包含两个层面的含义，一方面，随着人类经济活动频繁增加，自然资源的消耗速率与其再生速率失衡，导致自然资源日益减少甚至面临枯竭，最终造成人类经济活动需求的无限扩大与供给能力相对缩小、生态系统过度负荷之间的矛盾日益尖锐；另一方面，社会生产、生活排放废弃物的速度也逐渐超过了自然生态系统的净化能力，导致环境污染问题日益严峻，最终人类经济活动的这种不合理性造成污染排放量急剧上升和生态系统净化能力、环境承载

---

① 参见李克强：《建设一个生态文明的现代化中国》，载《人民日报》2012 年 12 月 13 日。

力下降的矛盾日益尖锐。也正是由于这一基本矛盾的日益尖锐，经济社会可持续发展才停滞不前，给工业文明涂上了重重的"阴影"。①

生态文明是以生态经济学和可持续发展经济学理论为理论基础，对发展观、价值观、生产方式、生活方式进行世界性的革命，也就是要构建一种不同于工业文明的生产方式和生活方式。具体说：工业文明的发展观是在工业革命后形成的，实质就是传统经济学的发展观，它是以物质财富增长为核心，以利润最大化为一切工作的最终目标，较少考虑资源对增长的制约，完全忽视自然资源的再生产能力，显示出资本主义社会的功利主义思想。人类只有一个地球，人类大家族都依赖着唯一的生物圈来维持我们的生命。人类所生存的地球是一个体积有限的星球，地球上资源的供给能力也是有限的。随着社会发展和经济活动增加，人类对自然资源需求的规模及复杂性已经大大增加。正是在工业文明的增长观和世界观的指导下，西方工业国家确实积累了大量的物质财富，但自然界却遭到了一次又一次的生态灾难和环境危机，人类赖以生存的自然生态系统正受到严重威胁，经济生产和再生产越来越难以为继。这种人与自然发展关系的生态危机，就标志着传统的发展观和价值观已经把现代经济引上不可持续的发展道路。生态文明的发展观则强调发展应当追求人类与自然的协同进步和共生共荣。② 生态文明源自人们对于资本主导的现代性过程的反思与批判，是基于资本批判的人与自然和谐共生的新型文明形态，是对传统工业化模式的根本性变革，其改革的指向不仅涉及生产过程的各个方面，同时也关涉主体认识乃至制度层面，因而是对传统发展观的扬弃，是对传统工业文明的一种超越。生态文明是人类最高级的文明形态，生态文明发展观是以人为本的全新发展观，体现在人类不断探寻生产方式、生活方式、社会结构的革命性变革，与工业文明时代的人类中心主义思想观念有着本质的区别。人类中心主义思想核心是以我为中心、以我为本，人是世界的中心，"以自我为中心、以自我为本位"，体现在人类控制和支配自然的方式以及对外来文明的征服和同化。正是这种"唯人论"和

---

① 参见刘思华：《创建中国特色的可持续发展经济学》，载《中南财经政法大学学报》1997年第 4 期。
② 参见高红贵、罗正茂：《人与自然和谐平衡关系的再思考》，载《生态经济》2020 年第 6 期。

"自我本位论"使工业文明由兴转衰。生态文明的发展观和实现观，吸取了人类中心主义的自然本性的合理内核，扬弃了人类中心主义的反自然的本质，并以人与自然和谐相处作为行为活动的准则，通过文明的生产方式和生活方式来善待大自然，来调整人与自然的关系。生态文明时代，是人、自然和社会和谐发展的一个崭新的时代，在这个新时代里，它规定人类必须重建地球生态系统而达到维护地球生物圈的整体利益前提下满足其自身生存发展的需要与利益。具体来说，生态文明较之于传统的工业文明具有如下特点：第一，生态文明关注发展的可持续性。以尊重和维护生态环境价值和生态经济秩序为主旨、以可持续发展为依据、以人类的可持续发展为着眼点。它强调经济系统和自然生态系统的耦合协调发展，尊重自然、保护自然，为社会提供良好的生态环境。第二，生态文明遵循生态平衡规律。从维护自然生态系统、经济系统、社会系统的整体性和关联性出发，在经济社会发展中，既要慎重对待自然资源，科学开发和利用自然资源，使资源的消耗不能超过自然生物圈供给能力的阈值范围，又要遵循自然规律和经济管理原则。第三，生态文明强调系统性和整体性。山水林田湖草是一个大生态系统，因此，必须在保护生态环境的前提下，开发自然资源和发展经济，在发展的基础上科学保护生态环境，真正实现生态与经济融合发展，实现人与自然和谐共生。生态文明的发展观决定了生态文明价值观，该价值观要求现代经济社会发展，必须使生态系统和经济系统构成一个完整的有机整体，使得生态与经济、人与自然不能仅仅停留于主客体层次的二元论层面，而是应当表征为马克思主义上的基于感性活动的有机统一。所以，经济发展不能以损害生态环境为代价，前者的伦理意涵实际上已经包括了对于自然界的观照。这就是生态与经济、人与自然内在统一的生态文明价值观。

三、生态文明视域下人与自然和谐共生关系

人与自然的关系，是人类发展过程中一直在探寻的问题。人在自然界中究竟处于什么样的地位、如何重塑人与自然的关系、如何构建人与自然关系的现代化格局等问题，亟待我们去探究。

人类社会文明的演进是基于自然界的容纳能力和修复能力的。在原始采

猎文明时期，生产力水平较低，人类以敬畏服从意识来对待自然界，人类对自然界的影响只是通过直接作用于食物链网络而反馈到生态系统中去的，自然界没有对人类生存和发展构成整体威胁问题，人类活动对自然界的破坏在一定时期内是可以修复的。农业文明时期，人类的生存和发展主要依赖的是丰富的植被和优质的土壤，由于社会生产力的不断提高，人类改变了原始采猎文明被动依赖自然界的状态，而是大量从事农业生产活动，致使农业生态系统的稳定性逐渐被破坏，甚至带来了严重的自然灾难，这时人类与自然的关系相对缓和。工业文明是在改进传统生产方式的基础上演进而来的。科学技术进步，人类开发潜力增强，自然界可以提供给人类开发的资源已经接近阈值和极限，人与自然关系原有的和谐逐渐被打破，人类大有征服自然、驾驭自然的发展趋势。工业文明主导的发展观逐渐形成了"人类中心主义"特征下的人与自然的关系。这种发展观认为，大自然是上帝赋予人类的，人类可以任意支配、控制自然界。于是突现出了各种生态环境问题，威胁着自然生态系统，威胁着整个人类的生存和发展。现代工业文明"这一对抗自然的过程"或"反自然的过程"，造成了环境污染、生态破坏和资源短缺等全球生态环境问题，引发了生态危机、环境危机和社会危机的爆发。时至今日，反思生态危机，人类必须变革工业文明的发展观和价值观，重新定位人与自然关系，并谋求人与自然关系的重新和谐，必须建设新的文明即生态文明社会。

（一）在转换"控制自然"价值观的基础上重新定位人与自然关系

伴随科技和工业革命的兴起，技术逐渐向劳动资料渗透，人的潜力和创造力得以充分发挥，社会发生了巨大变化。一方面，人类控制自然、改造自然的能力增强，创造"人化的自然"，人类通过生产劳动获得了丰富的物质产品和物质财富；另一方面，又彻底改变了人们对自然的认识，自然并不是纯粹的自然，也不是机械的自然。受传统工业文明的"功利主义"和对自然"控制盘剥"的认识影响，以及科学技术的进步，人往往以"地球的主人翁"的姿态自居，似乎他们能主宰一切。纵观人类发展历史，由于过度索取自然而导致的自然界的报复屡见不鲜，关于这一点，恩格斯也在其著作中一再告诫过我们。直至 20 世纪 50—60 年代，世界各国连续爆发了重大的环境问题，造成了巨大财产损失，严重危及人类的生存和发展，危及人体健康，这时人类才不得不反躬自问，人类应该如何与自然相处？

第一，从系统性和整体性的视角来思考人与自然的关系。马克思指出，只有被纳入人类实践范畴的自然界才是真正的自然界，现实的、人化的自然界，是离不开人类社会的实践活动过程的。然而，近代关于在资本主义制度下造成了人与自然界的异化关系。德国学者洪堡将人类活动与自然界当作一个统一整体，认为人与环境的统一根植于生命与环境的有机统一。达尔文的生物进化论，已经蕴含着把生命物质的发展同非生命物质的作用联系起来考察的思想。1866 年，德国生物学家 E. 海克尔提出生态学概念，认为生态学是一门研究生态有机体和无机环境之间关系的科学。之后的生态学家在研究人与自然的关系时，是将人与自然作为一个系统来考察的，生态学家认为，所谓的生态系统，是一定空间内生物与环境构成的统一整体，包括整个生物群落及其所在的环境物理化学因素（气候、土壤因素等）。在这样一个自然系统里，生物与非生物、生物群落与环境等各个部分相互影响相互发生作用，进而形成成熟的稳定的得以维持的生态系统。这个系统各组成部分在结构和功能上不断演化、相互依赖、协调配合，逐渐形成系统自我调控机制，从而使自然生态系统和谐有序地运动着。

人类社会经济活动过程，归根到底就是人们通过有目的的活动，使自然界的物质形态改变为能够满足人们需要的过程。这个过程中，由于人类漠视了自然界固有的规律，人与自然关系的演变逐渐背离了人们事先规划、计划、思考与目标，有目的、有意识的作用自然而然走向反面。人口增加、自然资源短缺与枯竭、森林锐减、生态系统服务功能下降、臭氧层空洞不断扩大，历史步伐的加快，当今世界发展系统发展的客观现实表明，由地球生态系统提供的产品和服务越来越稀缺，自然资本正在成为制约因素，自然界正在以生态环境危机的形式报复着人类。危机带给人们的启示：高投入、高消耗、高污染的传统经济增长方式，致使经济与地球生态系统之间的关系日益紧张，现行的工业化经济模式不能维持经济的进步，这是一种自我毁灭的经济，是不可持续的。① 因此，我们必须作出选择和调整，必须转变经济发展方式。

第二，从哲学的视角来重塑人与自然的关系。工业革命以来，资本主导的现代性过程全面展开，主体生存与自然环境的矛盾也越发尖锐，成为资本主义生产方式的内在矛盾的一个突出表现，这种内在矛盾决定了资本家为了无限地剥夺自然，就需要无限剥夺人；只有无限剥夺人，才能实现无限地剥夺自然。资本主义处于无休止的利润渴求，在最大限度攫取自然资源的利用价值的同时，也以异化劳动的形式无偿占有工人生产的剩余价值，不仅导致了自然环境的破坏，也使得工人阶级长期于生命线附近徘徊，马克思、恩格斯看到了这一切，拿起笔杆尖锐地谴责严重损害"人身外的自然"和"自身的自然"的资本主义工业文明发展道路。马克思在《1844 年经济学哲学手稿》和《资本论》等著作、恩格斯在《英国工人阶级状况》和《自然辩证法》等著作中，均深刻而详尽地阐发了自然界之于主体的生存论价值，表明了历史唯物主义内涵的生态哲学向度。

一是外部的自然界对于主体的生存而言具有优先地位。长期以来，国内外学者对马克思所说的"外部自然界"的自然概念，大都是作为一般哲学范畴，从最广义的自然概念去理解，即主要是用哲学理论考察它的基本哲学意义。马克思视野里的自然是一切存在物的总和，是物质实在，是客观世界。自然界是人类生存的基本条件，人本身是自然界的一部分，同时也是自然界长期演化的产物。正如马克思指出的那样，不论是人的肉体还是精神生活，都始终无法摆脱与自然界的关联；恩格斯也认为，人类作为自然界长期演化之产物的事实始终无法被忽视。很显然，人不能离开自然界，如果离开了外部自然界，就不会有人的发生，就不会有人的存在。作为社会产物的人，归根结底是自然界长期发展的产物，没有自然界就没有人本身。

马克思在《巴黎手稿》中提出了自然是人的"无机身体"的思想，并把自然界称作"感性的外部世界"。这说明了，自然界给人提供了生存的生活资料和进行劳动的生活资料。如果离开了这个"外部世界"和"感性的

① 参见［美］莱斯特·R. 布朗：《生态经济——有利于地球的经济构想》，林自新、戢守志等译，东方出版社 2002 年版，第 5 页。

自然界",人类的生存活动就无法进行。人需要自然,人要在自然界生活。也就是说,人之所以不断与自然界相交往,其目的就是为了活下去不至于死亡。所以,马克思把作为人生存环境的自然界看成既是人"赖以生活的无机界",又是"人的精神的无机界"。人类与自然界之间存在着内在的必然的联系。

人类的一切实践活动都受自然及其内在规律的制约。马克思、恩格斯在他们的著作中分析了自然的受动性与人的能动性之间的关系。马克思指出,人作为自然的、肉体的、感性的、对象性的存在物,和动植物一样,是受动的、受制约和受限制的存在物。自然提供给人类的生存资料,人类对自然有无限的依赖,自然界有其自身的规律,人类的一切实践活动都必须顺应自然、遵循自然,这就是我们常说的,人的能动性要受自然规律的制约,人要改变外部世界,创造物质产品满足人的需要,是要基于人必须承认物质自然界固有规律及生存环境资源的现在规定。

二是马克思人与自然和谐关系学说。马克思和恩格斯在其经典文本中详尽阐发了人与自然的相互影响、相互依赖的辩证关系理论。他们在阐明自然、人、社会之间辩证关系时,提出了"人与自然和谐统一"的光辉思想。[①] 并强调通过人类物质生产实践的方式达到人类社会和自然界的和谐统一。生产实践是人与自然统一的现实基础,人与自然是在生产实践基础上形成辩证统一的。马克思主张扬弃黑格尔的唯心主义和费尔巴哈的旧唯物主义对于自然的抽象解读,强调将自然纳入感性活动领域,从实践层面理解人与自然的感性对象性关系,所谓对象性关系,实际上表明了人与自然是不可分割的有机整体。[②] 我们不难看出,人与自然的关系实质上就是一种实践关系。关于这一点,不论是在《巴黎手稿》,还是《德意志意识形态》和《资本论》等文本中,马克思都对于自然加以感性的和实践的理解。我国学者解保军撰文指出:"马克思的自然观的超越性在于,他批判了旧唯物主义的抽象自然观,主张实践的人化自然观……因此,我们认为,现实的自然观才

---

① 参见刘思华:《生态文明与绿色低碳经济发展总论》,中国财政经济出版社 2011 年版,第132 页。

② 参见刘思华:《生态马克思主义经济学原理》,人民出版社 2014 年版,第 73 页。

是马克思新哲学的真正基础。"① 所谓人化的自然界，指的是被纳入实践范畴且被打上了人类活动烙印的感性领域，意味着自然已经剥离了纯粹的抽象性质并被主体的社会关系所沾染，即摆脱了抽象性的属人性领域。人与自然交互作用的过程并不是一蹴而就的，而是在历时态和共时态都将不断走向纵深的发展过程，现实语境下，就是人与自然和谐共生的过程。

　　传统工业文明世界观所决定的发展观，把人与自然的关系看作是一种统治与被统治、利用与被利用、剥夺与被剥夺的关系，把人外化为自然的存在物，其思想表征就是"人类中心主义"。工业文明时期所取得的成绩，都是人类在征服自然、控制自然的观念统领下获取的。德国哲学家包尔生在其《伦理学体系》一书中指出，不同时代的人对待自然的态度是不同的，他认为，"为人所计划的依靠科学支配和利用自然的大无畏的精神与中世纪在沉思自然时的敬畏形成了鲜明的对比。中世纪人也寻求得到对事物的控制权，也有一点觉察到可以通过知识来达到这一目标，但它们同时对这种知识和求知活动有一隐秘的畏惧……""希腊人和罗马人也没有摆脱掉这种畏惧，但现代人却完全抛弃了这种心理，认为没有什么能作为证据来反对知识，人有权做他们想做的事情。自从进入现代以来，对各种好的和坏的超自然力量的信仰，不断衰落，而人对他自身的自然力量的自信则以同样的比例增长。"② 但是，人类必须认识到，人类及其社会仅仅是自然系统的一个组成部分、一个子系统，自然界是人类生存和发展的前提，人类必须依赖、适应于自然界，不能违背自然界的规律。也就是说，人类不能再任性，不能自以为通过控制自然的程度就可决定人与人关系发展的程度。在处理人与人的关系时，应将人与自然的关系放在首位，优先思考人与自然的和谐关系，只有处理好人与自然的关系，才能处理好人与人的关系。

　　由于工业文明的反人性（社会）和反自然（生态），最终导致了人与自然的矛盾激烈和尖锐化。我们从工业文明时代人类的行为、实践和活动中就能找到答案。历史唯物主义认为，"一切重要历史事件的终极原因和伟大动

① 解保军：《马克思自然观的生态哲学意蕴——"红"与"绿"结合的理论先声》，黑龙江人民出版社 2002 年版，第 73—74 页。
② ［德］弗里德里希·包尔生：《伦理学体系》，何怀宏、廖申白译，中国社会科学出版社 1988 年版，第 119 页。

力是社会的经济发展，是生产方式和交换方式的改变，是由此产生的社会之划分为不同的阶级，是这些阶级彼此之间的斗争"①。因此，一切社会问题的根源在于生产方式和交换方式，当代的生态危机就是如此——是人类不恰当的生产方式、不科学的开发利用自然资源的后果。目前，探寻生态危机根源的研究主要有经济、思想文化，技术以及工业化发展模式根源等，归根结底是人类不当的发展方式所造成的。资本主义生产方式和资本主义工业化发展模式，折射出资本主义社会价值理念的缺失，造成自然资源的破坏与枯竭、城市生态环境的污染与恶化、对劳动者的身心健康和生命安全的破坏与摧残。资本主义生产方式以传统经济学为理论依据，单纯追求最大化的经济利益，不惜以人和自然（即生态环境）的牺牲为代价来获取利润。生产危机集中呈现于资本现代性的展开过程，资本主义因其追逐利润的本性使然，不可能有效解决生态危机，最终生态危机导致了人类的生存危机。弱化和根除生态危机只有靠人类文明的进一步发展，因此，人类必须开创一种新的发展方式，建设一种新制度形态，以取代传统工业化发展模式和经济形态，以延续人类文明。在此意义上，作为工业文明之反思产物的生态文明出现了，其外化的制度形态便是社会主义经济制度，与经济危机具有相似作用，生态危机同样促使资本主导的现代化过程逐渐转到社会主义生态文明发展轨道上来。资本主义社会的文明形态是工业文明，资本主义的"资本逻辑"是追求利润最大化，其发展内在动力是资本增值，资本为了最大限度地获取剩余价值，首要地就是维系资本主义的存在并试图减少经济危机对于剥削性的政治经济制度的影响，为了实现资本主义市场经济运行的结果，加剧了人与自然关系的恶化。19 世纪中叶，马克思和恩格斯创立了科学社会主义，揭示了资本主义的本质，反对剩余价值的剥削，那时，资本主义社会的主要矛盾是人与人之间的矛盾。到 20 世纪中叶，人与自然之间的矛盾不断激化，环境污染、生态破坏和资源短缺成为全球性问题，人类生存面临巨大挑战与困难，成为社会中心问题，并发展成为全球性危机。面对生态环境危机，生态马克思主义者对资本主义剥削制度下生态环境问题的经济根源进行深入分析，从生态层面剖析了资本主义生产关系内涵的反生态性质，从制度层面解

---

① 《马克思恩格斯选集》第 3 卷，人民出版社 1995 年版，第 704—705 页。

释了资本与生态的互斥性关系的根源，从生态经济角度论证了资本主义制度必然灭亡的历史命运，提出了生态的社会主义这一新型社会模式。生态社会主义试图将生态运动引向激进化，即通过批判和扬弃资本主义生产方式从而在根本上革除生产危机的产生根源。与此同时，社会主义国家也必须有所改变，以超越传统工业文明的经济发展模式奠基生态社会主义的经济发展模式。

工业文明的开启标志着人类的历史发展进入了崭新的阶段，然而持续恶化的自然环境又不断催生人类的自我反思，并最终形成了类似人与自然和谐共生的可持续发展思路。生态文明时代是未来的新时代，它是一种新的社会形态，是一种文明制度。从人的行为方式看，生态文明描述的是社会文明所内涵的人与自然的关系向度，指的是人类在实践活动展开的同时，着力克服和避免对于自然环境造成的不利影响，建立稳定、有序的生态运行机制和良好的生态环境。生态文明社会形态着眼于人类用更好的更文明的方式来对待自然界，人类在利用改造自然过程中，充分认识自然、顺应自然、保护自然，不断调整人与自然之间的关系，运用系统性整体性原则、协调性原则和市场机制来不断调整经济社会生产方式、生活方式、生态观念与生态秩序。从人类社会的可持续发展层面来说，从代内和代际两个层面维系人与自然关系的有序和平衡，保证自然能够在积极的层面获得保护与恢复，不论是对于文明的延续来说，还是对于生态文明之于工业文明的替代而言，都有积极作用。

（二）在转变经济发展方式的基础上实现人与自然关系的重新和谐

1. 人与自然和谐的经济学含义

从生态经济学理论视角来理解，人类的生存发展需要的物质资料必须与自然界供给能力相适应，也就是说，人类的经济活动不能超过自然生态系统承载能力范畴，一旦超越界限，自然系统的生态平衡就难以维持，更是无法实现自然生态与人类社会的动态协调。因此，人与自然和谐的理论命题包括以下三个方面的含义。

一是减少经济发展对于自然资源的不利影响和过度消耗。物质资料的生产和再生产是人类生存和发展的基础，在生产活动中，要科学开发利用资源，尽可能减少对自然资源的破坏，注重防范预警自然灾害的突然侵袭。一方面，增强人类应对自然、保护自然的能力以消减来自自然界的变化引起的灾害；另一方面，调节人自身生存发展状态避免造成自然灾害。人类经济社会的快速发展，物质产品极大丰富、物质力量极大增强，消减自然不可抵抗力量也会增强。可现实告诉我们，工业革命以来人类的经济活动和生产生活方式在不断引发自然灾害和突发性的环境公共事件。也就是说，人并不是无所不能的，人类这种不得力的调控状态，使自然灾害频繁发生。只有扭转这种发展态势，才会增进人与自然的和谐。

二是减少经济活动的自然成本。一般意义上来说，人类的经济活动都需要向自然界索取自然资源、都会向自然界排放废弃物从而耗费环境净化能力、挤占环境容量。如果人类在经济活动中降耗减排能力越强，就表明人类活动输出到自然界的废弃物就越少，缓解社会发展与自然消耗之间的悖论关系。所谓绿色发展，概而言之，就是要关注经济发展的生态效益。循环经济与低碳经济，是绿色经济实现形态，它们分别在总体上构筑了减少经济活动的自然成本与负面效应的框架。① 循环经济要求人类用生态学规律来指导人类社会的经济活动，着眼于资源节约和循环利用，达到在生产加工和消费过程中降低物质消耗、减少污染排放，从根本上消解环境与发展、人与自然的矛盾冲突。低碳经济着眼于降低单位能源消耗量的碳排放量，关键在于改变人们的高碳消费倾向和碳偏好，减少化石能源的消费量。低碳经济是一种旨在修复地球生态圈失衡的人类自救行为。为了推进和实现低碳循环发展，我们必须加大对科技创新投入，调整产业结构、转变生产模式和生活模式，增进人与自然的和谐。

三是经济发展与环境保护的协调。这方面的协调和谐，实际上是指：自然环境不应成为经济发展的重大制约与障碍，经济发展不造成对自然环境的破坏。也就是说，在发展中保护，在保护中发展。要想使经济发展不受制于自然环境，同时经济发展对生态环境也不造成破坏，必须树立生态优先发展

---

① 参见李欣广、古惠冬、叶莉：《广西生态经济发展的理论与战略思路》，广西人民出版社2017年版，第16页。

理念，尊重自然规律，转变经济发展方式。

2. 发展方式与生态文明建设的关系

从某种意义上来说，生态文明与发展方式是一对矛盾。发展方式的转变是经济、社会、生态可持续发展的制度保证。没有发展方式的转变，我们为环境改善所做的一切努力将成为徒劳。经济发展过程，其实也是一个矛盾不断展开和克服的过程，任何一种发展方式都不可能永久适用、放之四海而皆准，都是时代的产物，都是随着时代的发展而发展的。① 常识性理解，发展方式是指促进发展的方法和路径，以实现经济社会统一发展的方式。经济发展方式，就是发展经济的方法和路径，包括生产要素投入、产出和变化，以及关系到产品生产和分配技术与体制上的改变，表明了产业结构和各部门投入分布的变化，不仅包括发展动力、结构、质量、效率、就业、分配、消费、生态环境等要素和质的变化过程，还涉及生产力和生产关系，经济基础和上层建筑的各个方面，同时还包括上述各方面的全面进步过程，其所指向的价值目标是以人为核心。经济增长方式转变是指粗放型增长转变为集约型增长，经济发展方式的转变，除了包含经济增长方式转变之外，还包含发展理念、发展定位、发展领域等一系列的转变。根据党的十六大报告、党的十八大报告内容，经济发展方式转变，包含着经济增长方式转变、生态措施更新、社会措施更新三个方面。生态文明建设包括生态措施更新、生态经济模式的创新，生态措施不断更新有利于生态文明建设。

在这里，为什么要谈经济发展方式与生态文明建设关系呢？虽然这两者不是一回事，但这两者之间的关系密切。生态文明包括发展方式的内容，发展方式决定生态文明的程度与状况，当然，生态文明对发展方式也有反作用。推行生态文明建设，要求转变经济发展方式，只有转变了经济发展方式，才能更大规模地、更全面地推进生态文明建设。在党中央的文献中，关于转变经济发展方式的提法出现得较早，但在实践过程中，囿于传统发展模式的路径依赖以及制度保障、监管体制的不完善，尚有持续推进的空间。因此，在今后一个时期内，我们必须加快转变经济发展方式，从要素投入型的

---

① 参见林光彬：《我国经济发展方式转变的内外部条件》，载《光明日报》2010 年 9 月14 日。

传统发展模式转向要素驱动型的绿色发展模式，唯其如此，才能保障生态文明建设，实现美丽中国梦。

资本主义工业文明选择的是"高投入、高消耗、高污染、高排放"的传统发展方式，这种将自然界视为资源来源的主客二分的思维方式实际上遵循的是近代哲学的思维范式，其特征是将自然界视为尚待改造的客体，是可以无限供给的，把自然、生态、资源、环境这些重要的生产要素排斥在现代经济运行与社会生产价值运动之外，把这些重要生产要素作为发展的外生变量，使传统经济发展观不能全面反映现代经济运行的实际情况。这就决定了传统经济学无法解决当今存在的自然资源枯竭、环境质量恶化、生态条件退化、人的生态健康和生命安全等一系列严重的生态问题，在协调人与自然的发展关系、促进生态与经济协调发展问题上，显得无能为力。历史和现实都表明，资本主义时代的工业文明是人与自然分裂与冲突的不和谐发展，工业文明发展模式，是"大量生产、大量消耗、大量消费、大量废弃"的不可持续的黑色经济发展模式。这种经济模式在我国工业文明发展过程中，形成了"三高三低"即"高投入、高消耗、高污染，低利用、低产出、低质量"的粗放型经济增长方式。改革开放以来，我国实际上还是沿袭着西方工业文明"先污染、后治理"的黑色文明发展道路，这种传统发展方式对我国经济社会发展浸透得比较深。这就迫切要求我们加快转变经济发展方式。

中国传统发展方式主要是依靠投资拉动、要素驱动的，其核心特征在于不顾发展的代价和后果，以环境的破坏换取 GDP 的提升，其结果便是经济增长的需求超过了生态系统的可持续产出，随着自然环境的持续破坏，二者的逻辑悖论越发明显，最终只能是生态和经济的两败俱伤，这就深刻表明传统经济发展方式已经显现自然资源和生态不可持续。因此，必须创新体制，转变发展方式，从制度保障层面为社会发展注入持续的动力机制。

我国提出发展方式转型战略由来已久，其间经过了一个长期的历史进程。从 1979 年中共中央和国务院提出国民经济"三年计划调整"，到 1981 年"进一步调整国民经济"，再到 1996 年把"实现经济增长方式从粗放到集约转变"规定为"九五"（1996—2000 年）的一项基本任务。但在现实中，转变过程的困境和阻碍因素很多，发展方式转变的进程很慢。直到党的十六大以后，我们才逐渐感受到传统发展方式"三高一低"引发的资源环境约束，党中央明确提出了"必须加快转变经济增长方式"的战略要求，第一次提出"转变经济发展方式"的概念是胡锦涛在 2007 年"6·25"讲话中，随后就写进了党的十七大报告中。正是经历了这种经济增长方式的"量变"到经济发展方式的"质变"的内涵式增长的发展观变革，才有从党的十六大到党的十九大的"走新型工业化道路""科学发展观""新发展理念"不断涌现。但是，传统的发展观念有很强的惯性，致使经济发展方式"转变"进程慢、效果不理想。但是党中央的决心很坚定，中国共产党始终不懈地追求"为人民服务"，不断深化对经济发展方式的认识，创新、协调、绿色、开放、共享的新发展理念是对发展方式的最新发展，使我们的发展手段、发展目的与发展价值追求有机统一起来，这标志着中国逐步走上了科学发展观指导下的"以人为本"的发展道路。

社会主义新时代，中国经济步入了由高速增长阶段转向高质量发展阶段，转变经济发展方式，不仅仅指从粗放增长向集约增长的转变，还应该包括更多丰富的内涵。新时代中国经济，转变发展方式有什么样的要求？其客观要求和现实要求包括：一是要求改变资源配置（利用）方式，更加注重优化升级经济结构；二是要求从要素驱动、投资驱动转向创新驱动；三是要求优化产业结构，合理调整各产业之间的比重，创新产业组织；四是要求认清资源环境形势，大力推动形成绿色低碳循环发展新方式，并从中创造新的增长点；五是要求贯彻落实新发展理念，推动形成绿色生产方式和绿色生活方式。

综上所述，经济、社会和生态三者之间关系密切，转变发展方式是一种制度安排，是经济、社会、生态可持续发展的重要保障。以保护环境和自然资源为重要内容和前提的发展方式和发展战略，目的是促进人与自然的和谐发展。我们追求发展方式的转变，就是朝着追求人与自然、经济和社会的和谐方向发展的。由此，我们清晰看出，经济发展方式转变有两种取向：一是科学取向。现代经济运行是有规律的，规律要依靠科学去揭示；现代经济是一种知识经济、科技经济，是科技的物化。因此，必须以经济规律、自然规律和社会规律为指导去求发展谋发展，减少发展的盲目性。科学认识规律并遵循规律来分析判断经济形势，尤其强调经济、政治、文化和生态的协同发展和共同进步。二是以人为本和以生态为本取向。以人为本发展的核心是增进和提高人的全面发展，进而实现人类社会的全面进步和发展。科学发展观的核心是以人为本，最终实现人与自然和人与人之间的和谐。转变发展方式坚持以人为本的价值取向，同时也彰显着以生态为本的发展取向。按照生态马克思主义经济学哲学观点，以生态为本是以人为本的生态学表述，它本质要求是强调自然界是现代人类生存与发展的生态基础。

3. 转化发展方式与实现人与自然的和谐关系

落实中央关于转变经济发展方式的举措，构建人与自然和谐的关系，必须要对中国传统发展方式进行多个方面、全方位、深入的改革。

一是要深化供给侧结构性改革。这是转变经济发展方式的主线，我国正处在结构调整、速度变化、动力转换的复杂转型期。中国面临国际市场竞争压力、国内资源约束和环境约束、劳动力优势弱化、出口对经济增长拉动作用不强等困境，因此，必须提高供给侧结构性改革推动结构调整，加快产业间结构调整，支持传统产业优化升级，增强供给结构对市场需求变化的适应性和灵活性。供给侧结构性改革与生态文明绿色发展有着密切关系。供给侧结构性改革核心是通过制度改革提高全要素生产率，以实现经济可持续且高质量的发展；而绿色发展的关键是以尽可能少的资源能源消耗和环境破坏来实现经济社会发展，为社会提供更多更好的绿色产品。当前，我国经济发展受自然和生态双重约束，绿色产品供给是我国发展的短板，如果这个短板不能解决，那么，人民美好生活的多方面需要就得不很好满足，因此，供给侧结构性改革必须坚持绿色化方向，促进绿色科技创新和绿色产业发展，提高资源利用效率，减少环境污染和生态破坏，建立人与自然和谐共生、共同发展的适宜的生产方式和生活方式。①

二是要全面深化改革开放。习近平总书记强调，"必须以更大的政治勇气和智慧，不失时机深化重要领域改革"，"攻克体制机制上的顽瘴痼疾"，通过不断深化改革，促进经济发展方式转变和经济结构调整。党的十八大以来，我国进一步加快了体制改革的步伐，提出了调结构、转方式的重大战略部署，各级政府抱着"壮士断腕"的决心采取多项措施推进体制改革。坚定不移地深化和推进改革是社会主义建设的重要内容，其关键环节在于由传

---

① 参见高红贵、罗颖：《供给侧改革下绿色经济发展道路研究》，载《创新》2017年第6期。

统的粗放型的经济发展方式向集约型发展方式转变，充分发挥科技创新对于社会发展的推动作用，厉行节约，充分落实保护自然环境的科学举措，着力构建环境友好型的空间布局和产业结构，以还自然宁静、和谐、美丽。当然，这一战略方针的落实，需要科技创新作为动力源泉能力，需要大力推动生态环境监管体制改革，以严格的自然环境保护制度规约那些破坏生态环境的行为，延缓人地冲突和生态矛盾，化解人与自然不和谐的因素。

三是要提高自主创新能力。发展方式的快速转变，应依靠科技创新和发展，最关键的是要提高自主创新能力。提高自主创新能力是转变经济发展方式的有力支撑。提高自主创新能力，必须做到：深化科技体制改革，坚决扫除阻碍科技创新能力提高的体制障碍；逐步完善人才培养机制，尽最大可能性地支持和鼓励科技人员创新创造，在创新实践中发现人才，在创新活动中培养人才。坚持把人才资源开发放在科技创新最优先的位置，注重优秀人才团队建设。让企业真正成为技术创新的主体，鼓励中小企业不断创新，探索建立高效协同的创新体系。建立鼓励自主创新的体制机制，使其能够引领战略性产业发展的核心技术创新。引领企业家进入科技创新的行列。加强产学研一体化合作，加快建立产学研协同创新机制，加快推动科研成果向生产应用转化，提升产业创新能力。

第五章　生态文明的绿色生产方式

历史唯物主义认为，生产力和生产关系的统一构成生产方式，生产方式的进步与变革是人与自然关系变化的决定性力量，这也是建立在历史唯物主义基础上的马克思主义政治经济学关于人与人、人与自然的关系的性质从根本上决定于生产关系的性质。推动绿色发展方式，实现人与自然的和谐，是新时代中国特色社会主义的逻辑必然，这是由社会主义的生产方式所决定的。对此，习近平总书记提出了"两山论"，并提出坚持像"保护眼睛一样保护生态环境"，坚持像"对待生命一样对待生态环境",[①] 这样才能改变传统的"高投入、高污染、高消费"的生产模式，推进生态文明建设，必须要形成绿色生产方式。发展绿色生产方式不仅要对传统的生产方式进行绿色改造，而且要掌握绿色尖端技术调整产业结构，增加人民福祉，增加人民的幸福感。

一、绿色生产方式是生态文明建设的发展方向

绿色生产是经济发展实现由"量"到"质"的提升的核心要素。绿色生产方式是供给侧结构性改革的基本要求，为了实现中国经济全面、稳定、健康、持续的科学发展，必须将绿色生产方式作为绿色发展的首要任务。这项新任务是在顺应新时代要求和人民的心愿，立足于前人探索的基础上提出来的，是中国共产党人对经济社会发展规律以及生态文明建设认识与实践不断深化的结果。

---

① 《习近平总书记系列重要讲话读本》，学习出版社、人民出版社 2016 年版，第 233 页。

（一）绿色生产方式的提出

党的十六届三中全会提出了"坚持以人为本，树立全面、协调、可持续"的科学发展观。科学发展观是党领导和推进发展的世界观和方法论，它指引着中国经济社会科学发展的方向，指导着我们生态文明建设的路径，坚持把科学发展观作为指导发展的行动指南。习近平总书记在第十二届全国人民代表大会第一次会议上讲到，我们要坚持发展是硬道理的战略思想，在毫不动摇地发展社会主义市场经济的同时，注重文化、政治乃至生态等层面的协同并进和融合发展，深化改革开放，推动科学发展。① 党中央提出了科学发展观，发展要有科学理论指导，但重点还是要落脚于发展，只不过科学的发展不是重蹈资本主义的覆辙，而是要绿色发展、可持续发展。科学发展观首先还是要发展，其关键在于不能再走老路。具体说，首先，发展要以人为本。我们既要 GDP，但又不能唯 GDP；既要 GDP，又要绿色 GDP。绝对不能盲目发展，污染了环境，给下一代留下沉重的负担，反而影响了人民群众的生活质量。因此，必须抓好发展与关注民生的结合，经济发展是社会发展的目的之一，但不是最终目的，以人为中心的社会发展才是终极目标。其次，发展……是要城乡协调、地区协调。发展才能自强，才能实现永续发展。最后，发展要具有持续性，不能以竭泽而渔的方式打破人类与自然之间的物质变换。我们曾经信奉"人定胜天"的粗放型增长模式，到头来不仅没有取得等量的经济效益，反而破坏了生态环境，导致生存环境的急剧恶化，透支了子孙后代的发展资源。我们当前所讲的发展包含两层意思：一是在经济社会领域处理人与自然的社会关系，即以人为本；二是在生态自然领域处理人与自然的关系，即以生态为本。由此，我们得出：科学发展是以绿色发展、和谐发展为核心的全面协调可持续发展。党的十六届五中全会提出了"加快建设资源节约型、环境友好型社会"，强调把节约放在首位，建设节约型社会和发展循环经济。② 这表明了党和政府充分认识到了经济发展与节约资源、保护环境之间的内在辩证关系，但那时还未形成发展绿色生产方

① 参见《习近平关于社会主义经济建设论述摘编》，中央文献出版社 2017 年版，第 3 页。
② 参见《中国共产党十六届五中全会公报》，载《人民日报》2005 年 10 月 9 日。

式的观念。随着生态文明建设战略地位的提升，中国共产党人在实践探索中认识到了生产方式转变将会加快生态文明建设的进程。党的十七大报告明确指出，"经济增长的资源环境代价过大"，"建设生态文明，基本形成节约能源资源和保护生态环境的产业结构、增长方式、消费模式"。① 这说明我们建设生态文明需要由高昂代价的黑色经济发展方式向最低代价的绿色经济发展方式转变。实际上，这里已经蕴含了人与自然和谐共生的绿色理念，党中央强调把生态文明建设融入其他建设各方面和全过程中。党的十八大报告指出："要着力推进绿色发展、循环发展、低碳发展，形成节约资源和保护环境的空间格局、产业结构、生产方式、生活方式。"② 党中央和国务院于2015 年 5 月 5 日印发了《加快推进生态文明建设的意见》，这是党中央全面部署生态工作的第一个文件，明确了生态文明建设的总体要求、目标愿景、重点任务和制度体系。要通过生态文明建设，加快推进绿色生产方式，构建科技含量高、资源消耗低、环境污染少的产业结构，大力发展绿色产业，培育新的经济增长点。至此，构建绿色生产方式的理念被正式提出并确立，在后来的中共中央政治局集体学习中，进一步提高认识绿色发展方式和绿色生活方式的重要性，把促进绿色生产方式和生活方式放在更加突出的位置。③ 习近平总书记反复强调生态文明之于中华民族伟大复兴的关键意义，"必须树立和践行绿水青山就是金山银山的理念，坚持节约资源和保护环境的基本国策"，"形成绿色发展方式和生活方式，坚定走生产发展、生活富裕、生态良好的文明发展道路"。④ "坚决打好污染防治攻坚战，推动生态文明建设迈上新台阶。"他进一步指出，新时代推进生态文明建设，必须坚持"绿水青山就是金山银山，贯彻创新、协调、绿色、开放、共享的发展理念，加快形成节约资源和保护环境的空间格局、产业结构、生产方式、生活方式，给

---

① 胡锦涛：《高举中国特色社会主义伟大旗帜　为夺取全面建设小康社会新胜利而奋斗——在中国共产党第十七次全国代表大会上的报告》，载《人民日报》2007 年 10 月 25 日。

② 胡锦涛：《坚定不移沿着中国特色社会主义道路前进　为全面建成小康社会而奋斗——在中国共产党第十八次全国代表大会上的报告》，载《人民日报》2012 年 11 月 9 日。

③ 参见《习近平在中共中央政治局第四十一次集体学习时强调　推动形成绿色发展方式和生活方式　为人民群众创造良好生产生活环境》，载《人民日报》2017 年 5 月 28 日。

④ 习近平：《决胜全面建成小康社会　夺取新时代中国特色社会主义伟大胜利——在中国共产党第十九次全国代表大会上的报告》，人民出版社 2017 年版，第 23、24 页。

自然生态留下休养生息的时间和空间"①。当前，我国发展迈入了中国特色社会主义新时代，站在了新的历史起点上，推动形成绿色发展方式和生活方式变得极为重要和迫切。

（二）绿色生产方式的内涵及其时代特征

党和国家领导人关于绿色生产方式的重要论述，不仅加深了对人类社会发展规律的认识，也使我们对绿色生产方式的内涵有了全新的认识。绿色发展方式是一种以生态文明为导向的发展方式，是一种注重人与自然和谐共生、经济发展与环境保护共赢的发展方式。这种新的发展方式是以生态法则为导向的经济运行机制，注重代内公平和代际公平相统一。

这里从两个方面对绿色发展方式内涵进行阐释。一是从"生态化"视角来解析其内涵。"生态生产方式包括生态型的生产力、生态型的生产关系，前者是社会和谐发展的动力，后者则是对社会的和谐发展起着重要的推动作用。"②"生态化生产方式是指在生产和社会发展中，始终把自然作为其发展的基础和前提，并以实现和维护人与自然和谐为宗旨，使人及其社会的发展更符合生态发展的规律并以科学技术为支撑的机械化、自动化的生产方式。"③"实行生态化生产方式，就是要对传统的工业生产过程进行生态化改造，根据自然界物质循环的规律，建立生态工业，运用清洁工艺，进行清洁生产，把工业生产过程改变为可循环的过程。"④　"绿色生产方式是吃好'生态饭'的关键，要促进社会经济可持续发展，就要推行绿色生产方式。""要吃好'生态饭'就要打造绿色发展的原动力。"⑤"推广绿色生产方式就是要推进市场模式生态化"，"强化绿色生态，推进废弃物利用资源化"。⑥

① 《习近平在全国生态环境保护大会上强调　坚决打好污染防治攻坚战　推动生态文明建设迈上新台阶》，载《人民日报》2018 年 5 月 20 日。
② 张术环：《论生态补偿的生态生产方式背景》，载《生态经济》2007 年第 2 期。
③ 赵成：《论生态文明建设的实践基础——生态化的生产方式》，载《学术论坛》2007 年第 6 期。
④ 黄顺基：《建设生态文明的战略思考——论生态化生产方式》，载《教学与研究》2007 年第 11 期。
⑤ 郑风田：《如何才能吃好"生态饭"》，载《人民论坛》2017 年第 19 期。
⑥ 郭宏伟等：《推广农业绿色生产方式提升农产品质量安全水平》，载《农业科技通讯》2018 年第 9 期。

这些阐述着重从"生态化"视角对生产方式进行解析，都强调了生产方式的可持续性，阐释了在生产过程中注意处理人与自然的关系、经济发展与环境保护的关系，显然也赋予了绿色生产方式的内涵，绿色生产方式是践行创新协调发展的重要组成部分。二是从"新型生产方式"视角来解析其内涵。"绿色生产方式应当是指注重在物质资料生产过程中转变经济增长，实现经济增长与资源能源节约和环境保护并举的一种可持续的新型生产方式"。① "绿色生产方式是把绿色发展理念贯彻落实到生产领域中"，"是一种科技含量高、资源消耗低、环境污染少的新型生产方式"。② 绿色生产方式指的是"环境友好、保护自然资源、加强生态修复的生产、生活方式"。这就要求我们在生产过程中要尽量做到没有污染排放、资源做到可再生利用循环使用，在一定程度上还可以完成生态修复工作。③ 从深层意义上来说，绿色生产方式就是以循环经济与低碳发展为基础的一种生产方式。

绿色生产方式是发展水平提升与绿色价值追求的有机融合，它不仅注重发展的效率，而且注重发展的质量。将生态文明的绿色生产方式和工业文明的传统生产方式相比较，我们可以概括出绿色生产方式的基本特征。第一，绿色生产方式是以生态文明为价值取向，追求人与自然和谐发展。绿色生产方式与资本主义工业化生产方式是不同的。在资本主义社会中，资本家是以最大限度获取剩余价值为目的的，资本主义是以生产资料私有制为基础的生产方式，建立在对自然界掠夺式的开发利用基础上的生产，工业文明的生产方式是人与自然分裂与冲突的不和谐发展。绿色生产方式是对工业文明社会的人与自然相分裂、个人与社会相脱离的基本特征的否定，是对工业文明生产方式的超越，其生产目的是基于现代生存主体的理性需求，并关注作为资源来源的自然界承载力及可恢复性，绿色发展具有关注发展的生态效益，具有以人为本和兼顾生态的双重价值取向，是在尊重自然规律和经济规律的前提下追求经济高质量发展。第二，绿色生产方式体现了"生态主导型的现

---

① 黄娟、张涛：《生态文明视域下的我国绿色生产方式初探》，载《湖湘论坛》2015 年第4 期。

② 杨夕琳：《发展绿色生产方式探析》，载《边疆经济与文化》2018 年第 6 期。

③ 参见杨博、赵建军：《生产方式绿色化的哲学意蕴与时代价值》，载《自然辩证法研究》2018 年第 2 期。

代化发展"基本战略。实际上，就是实施自然生态、社会生态、人体生态一体化的生态文明发展战略，在经济领域内，就是实施绿色经济和绿色发展战略，加快形成绿色生产方式，大力调整经济结构，走生态文明绿色发展道路。工业文明的生产方式是反人性、反生态、反自然与不可持续，而绿色生产方式坚持人与自然的和谐共生，强调发展不能竭泽而渔和生态优先的发展理念，坚持以人为本和以生态为本同时并举的方针。"生态主导型"是指以一种趋势和方向，是指自然、经济、社会和人类之间的平衡相依、协调发展的状态和过程。生产方式绿色化、生态化创新发展，要求人类经济活动的生态化、绿色化，要求社会经济活动各领域、全过程的生态化变革，推动产业发展的绿色转型，强调技术创新而非要素的持续投入对经济发展的提升效应，注重城市和乡村的生态化建设，其目的在于推动实现人与自然以及自然生态系统之间的和谐共生。第三，绿色生产方式主导下生产的物质产品是一种能够满足绿色消费需求的生态化产品。

二、绿色科技创新对生态文明建设的引领和支撑

生态文明的发展方向就是实现绿色发展，通过实现循环发展、低碳发展和绿色经济，在生态文明绿色发展中不断融入绿色因素。

（一）科技创新与经济可持续发展

历史唯物主义提出了"科学技术是生产力"、"科学技术是第一生产力"的基本观点和论断。这些论断不仅揭示了作为生产力的科学技术对历史发展的决定作用，同时也是对资产阶级唯心史观的有力回击。2009年，温家宝在题为《让科技引领中国可持续发展》的讲话中指出："要使得中国经济在更长时期内实现全面协调可持续发展，走上创新驱动、内生增长的轨道，就必须以建设创新型国家为战略目标，以可持续发展为战略方向，把争夺经济科技制高点作为战略重点。"[1] 人类的每一次科技进步都推动了社会的文明

---

[1]　温家宝：《让科技引领中国可持续发展》，新华社，2009年11月3日。

进步，社会的文明程度与科技水平成正比。长期以来，我国学界对我国经济发展的创新理论模式的研究，显得十分薄弱。时至今日，经济发展方式的转变还没有实现，文明发展过程中形成的缺乏生态内涵的经济增长方式与经济发展模式仍然处于主导地位。因此，要彻底改变和超越工业文明经济模式，创新生态文明经济模式，这是中国特色社会主义道路的战略重点和发展思路。① 生态文明的绿色经济发展作为一种科技含量高、资源消耗低、环境污染少的发展方式，只有通过科技创新才能真正实现，依靠传统的生产、生活知识和技术是无法实现的。因此，在推进人类生产方式、生活方式和发展方式转变的进程中，人们不仅对科技创新突破和科技革命有着急迫的期待，也需要用科学技术来解决社会发展中的一些基本问题。

科学技术是一把"双刃剑"。科技创新及其成果应用都有正、负效应，现代科技的生产功能、经济价值得到极大弘扬，而生态功能、社会价值受到贬值和排斥，导致科技的经济、生态、社会多种功能与效益失衡。一个国家或地区的可持续发展能力表征主要可以归纳为生态、经济、社会三个方面的发展能力，这三个方面的目标是相互促进、相互作用的。经济社会要实现可持续发展，必须走一条良性循环发展道路。理想的良性循环是：经济、社会和生态三者共生共荣，相互协调，共同进步。科学技术的进步可以使良性循环运转得更加高效快速。在我国深入贯彻落实科学发展观、加快经济发展方式转型的现代化建设进程中，科学技术的发展正在逐步改变人类无节制耗用自然资源的发展方式，从而实现资源高效可循环利用。

科学技术转化为现实生产力必须要有创新机制。完善的创新机制能缓解传统的非生态理念对于发展的钳制，有利于我们在全球化的发展格局中占据主动地位。技术创新的关键是解决创新问题，即解决创新活动的主体问题。企业是市场主体，自然要成为创新的主体，同时要以市场为导向，发挥科学研究机构和高等学校的作用。国家富强、民族兴旺都离不开创新发展。创新是推动人类社会向前发展的重要力量，习近平总书记在多次实地考察和讲话中都谈到创新问题，他指出，"创新不但可以大力推动经济社会发展，而且

---

① 参见刘思华：《生态文明与绿色低碳经济发展总论》，中国财政经济出版社 2011 年版，第16 页。

也关系到国际政治经济竞争的成败"①。

科技兴则民族兴，科技强则国家强。"当今世界，经济社会发展越来越依赖于理论、制度、科技、文化等领域的创新，国际竞争新优势也越来越体现在创新能力上。谁在创新上先行一步，谁就能拥有引领发展的主动权。"②正因为"创新"在推动国家和民族发展中作用显赫，可以说，创新和发展已经成为时代的近义词，没有创新就妄谈发展无异于痴人说梦。科技创新已经成为推动技术进步的决定性环节，我们提到的解放生产力和发展生产力，实际上就是树立创新思维，完善创新机制。科技创新决定着我们能否实现中华民族伟大复兴的中国梦，这就决定了实施创新驱动发展战略的必要性和重要性。当前我国科学技术虽然已经取得了很大的发展和进步，但是从现实情况来看，我国科技创新的根基还不是很牢靠，与世界发达国家相比，创新水平的差距明显，并在一些领域有扩大趋势，这将无法有效地维护我国的经济安全、国防安全和其他安全。因此，必须实施创新驱动发展战略。就是要推动以科技创新为核心的全面创新，坚持需求导向的产业化方向，强化认识科技进步对经济增长的贡献程度，形成新的增长动力源泉。目前，我们创新体制机制阻碍着创新发展，因此，要确立创新理念，处理好科技创新与国家需要、人民需求、市场需求相结合等各种关系问题，只有正确处理好上述关系，才能建设一支高素质的、结构优化合理的科技人才队伍，才能驱动科技创新，使蕴藏在人民中间的创新智慧充分发挥，才能为科技创新提供更好的条件，并使科技创新真正实现其目的，进而为实施创新驱动发展战略提供基础和前提。③

在生态文明建设中，"绿色技术"是科技创新和运用的重要内容。所谓绿色技术，是指符合生态原理和生态经济规律，节约资源和能源，避免、消除或减少生态环境污染和破坏，具有最小生态负效应，"无公害化"或"少公害化"的技术、工艺和产品的总称。绿色技术是一个复杂的技术群，覆盖可再生能源、节能环保材料、清洁生产工艺、污染治理、环境监测、生态

---

① 《习近平关于科技创新论述摘编》，中央文献出版社 2016 年版，第 23 页。
② 《习近平谈治国理政》第 2 卷，外文出版社 2017 年版，第 203 页。
③ 参见王雨辰：《论习近平的创新驱动发展观及其当代价值》，载《武汉大学学报》2018 年第 6 期。

修复等诸多领域，涉及经济社会发展特别是绿色生产的各种要素、方法和各个环节，包括智能化制造技术、生态化农业技术、绿色服务技术、生物工程技术、循环经济技术、清洁化的新能源技术、新材料技术等等。绿色技术创新在推进资源节约、环境保护方面通常发挥着先导性作用。绿色技术创新强调以绿色市场为导向，关注绿色技术的成果产出及其经济效益的转化，值得同时强调的是，高新技术并不一定就是生态友好型技术，因为高新技术如以计算机技术为代表的电子技术的不恰当运用有可能对资源、环境、生态有更大的威胁。为了实现发展转型升级，世界各国纷纷以绿色技术为突破口。我国在太阳能光伏发电、新能源汽车、水污染处理及水体修复等领域的技术处于世界先进水平。然而，总体上看，我国绿色技术在生产、生活环节的应用与推广仍相对迟缓，需要大力发展和推进。

（二）绿色科技创新驱动生产方式转型

生产方式绿色化是发展的必然。大力发展绿色环保技术已经是当今世界的普遍共识，而通过生产方式的转换来支持环境保护的理念也被越来越多的国家所分享。"绿色"形象已被视为一种竞争优势和社会贡献。包括中国在内的各个国家（特别是欧洲国家）都聚力发展生态环保型技术，从风能、太阳能和水能发电，到新型可降解和可回收材料的研发等，都体现了绿色环保意识已经成为全球性共识。不仅如此，各个国家还出台相关政策，扶持新型的绿色环保行业，并着力惩处破坏环境和生态的不法行为。显然，人们已经意识到了生态环境之于可持续发展的重要意义，绿色产业和绿色发展必然成为世界的主流。

创新是引领发展的第一动力，抓创新就是抓发展，谋创新就是谋未来。绿色是永续发展的必要条件，科技是第一生产力，通过科技创新就可以变废为宝，打造绿色发展的原动力。转方式、调结构的基础动力在于科技创新。当前，科技创新除了能够发挥生产的效应拉动经济增长之外，也能够给予日常生活以便利，特别是能够平衡经济、文化和生态三者的张力格局。可见，由创新引领的发展必然能够对社会主义现代化建设发挥更为强劲的作用。

绿色发展需要创新驱动，首先我们必须深刻理解和认识创新的内涵。经济学家熊彼得认为，企业内部资源的优化组合及其形塑的新的利润机制可被视为创新，例如新产品的生产、市场的开拓、原材料的更新以及管理体制的优化等。熊彼得所指出的"创新"不是某项单纯的技术或工艺的发明，而是一种不停运转的机制；它是一个经济概念，而不是一个技术概念。熊彼得将"创新"和"发明"这两个概念严格地区别开来。熊彼得所讲的创新意指将发明应用到经济活动中去。波特则认为，我们不能将创新的概念理解囿于狭隘层面，创新不仅包括有形物或可见物的更迭，也应包括管理方式、生产技术和方法及各项体制机制等无形资产的变革。成思危教授指出，我们大致可以从技术创新、管理机制以及制度创新三个方面来看待创新。技术创新可以降低产品生产成本，管理机制和制度创新则与交易成本密切相关，包括仓储、运输等相关费用等。可见，创新不能仅仅拘泥于某一狭隘层面，而是应当多层次、多维度加以审视。工业革命以前，人类各方面的创新多来自经验积累，具有偶然性特征；而工业革命以后，特别是掌握了科学技术以后，人类可以用本质主义的思维方式看待世界，人类的历史发展也由此走上了快车道。就当下的中国而言，我们虽然已经进入了新时代，但依旧是最大的发展中国家，应当从实际出发，通过发展来解决包括环境污染在内的相关问题。

科技创新与绿色发展是密切相关的。科技创新要求原创性科学研究，运用新知识、新技术、新工艺开发新产品，提供新服务。科技创新不仅包括知识创新和技术创新，还包括管理创新。知识创新的目的是追求新发现、探索新规律、创造新方法、累积新知识。知识创新是技术创新的基础，是新技术、新发明的源泉。它不仅为人类提供新方法，而且为人类文明进步和社会发展提供不竭动力。绿色技术创新是按照生态学的基本原理、遵循生态优先原则，对现有农业、工业、信息技术体系的全面创新，其基本特点就是贯彻绿色、生态、节能、环保、低碳、循环等绿色发展理念。技术创新包括宏观、中观、微观三个层面，国家的技术创新战略是宏观层面，区域技术创新战略是中观层面，产业技术创新和企业技术创新则属于微观层面。企业作为整个社会的细胞体，具有强大的创新力量，是技术创新的主体力量。由于观念问题、体制机制问题，我国企业创新动力普遍不足或者没有被激发出来，高精尖科技发展水平落后。为此，我们必须做好以下三个方面的工作。

第一，大力培育和提升创新能力。创新是经济升级的动力，但必须依赖市场主体。党的十八大报告提出"企业是创新的主体",但很长时间里,缺乏有效的机制激励潜在的创新者,一方面使得我国企业并不是创新的主体;另一方面由于传统体制的缺陷,我国大多数研发人员在科研机构,而不在企业,很难把创新者与生产工艺和产品的改进并进行新的构思有机结合起来。当前,主要有以下四个因素阻碍企业层面的创新:一是动力层面,因为创新的利润转换存在断裂;二是风险承担,创新需要投入大量的人力、物力且存在失败的可能,同时缺乏有效的保障机制;三是资金和能力有限制约了创新的实现;四是"融资太难不能创新",融资体系不完善使企业创新面临资金约束。如何让企业成为创新的主体呢?关键是要正确处理好政府与市场的关系。市场机制最有利于"草根创新"。市场的社会需求是诱发人们从事发明活动的决定力量。正是由于看到了市场上存在着某种需求,研究开发机构和企业才把一定的人、财、物投放到某个项目的研究开发上。也就是说,创新技术只有走出实验室,化为成熟的产品和模式,才能构成企业的核心竞争力。政府从制度上保障科技人员进入企业,并引导和激励企业家和科技从业者进行创新发明活动。有以下三种力量驱使着企业家进行创新活动:一是渴望发现一个商业王国;二是克服困难和表明自己出类拔萃的意志;三是创造和发挥自己才能带来的欢乐。这三者的共同作用,驱使着企业家具有创新的冲动,具有一种"企业家精神"。推进产、学、研深度融合,全面提升自主创新能力。推动企业与高校、科研机构开展战略合作,鼓励高等院校和科研机构加快向企业科技成果的转化。大力推动产学研合作,扶持形成若干开放共享的创新合作平台,鼓励民营企业通过赞助、买断等方式与科研机构进行项目合作。

第二,努力培养创新型人才。人是最革命、最能动的因素,也是创新活动中最为活跃的、积极的因素。一切科技创新活动都是人做出来的。因此,作为第一资源的人才资源,不仅需要有创新的头脑、需要有创新的勇气,而且需要有耐心和毅力,创新是人的知识累积达到厚积薄发。目前,中国作为科技人才队伍规模最大的国家,却仍面临着创新型人才严重短缺的结构性矛盾,特别是世界一流科技大师稀缺、领军人才与尖子人才不足,以及工程技术人才培养与生产、创新实践脱节的问题。要解决这个矛盾,关键是改革和完善人才发展机制。对此习近平总书记指出:"我国要建设世界科技强国,关键是要建设一支规模宏大、结构合理、素质优良的创新人才队伍，激发各类人才创新活力和潜力……激励他们争当创新的推动者和实践者，使谋划创新、推动创新、落实创新成为自觉行动。"习近平总书记重视创新人才培养，但更重视人才的使用。"科技人才培育和成长有其规律，要大兴识才爱才敬才用才之风……聚天下英才而用之，让更多千里马竞相奔腾。"① 培养创新人才队伍应当处理好以下四个方面的问题：一是建立灵活的人才管理机制。要充分利用人才，完善评价指挥棒作用，破除阻碍人才流动、使用、发挥作用的体制机制，加强高层次创新人才、青年科技人才、实用科技人才等方面人才队伍建设，从各方面支持和帮助科技人员创新创业。二是改善优秀人才引进聘用模式。打破国籍、户籍、身份、档案、人事关系等人才流动中的约束，通过兼职、合作研究、回国讲学、学术交流、考察咨询、中介服务等各种适当形式实现海外留学人员回国发展。三是建立和完善针对海外留学人才及其家属以医疗、教育、失业、养老、住房等为主要内容的社会保障体系。四是完善创新人才评价体系。习近平总书记指出："要在全社会积极营造鼓励大胆创新、勇于创新、包容创新的良好氛围，既要重视成功，更要宽容失败，完善好人才评价指挥棒作用，为人才发挥作用、施展才华提供更加广阔的天地。"② 只有创新人才评价机制，才能加快形成一支规模宏大、富有创新精神、敢于承担风险的创新型人才队伍，才能真正激励人才发展、调动人才发挥其创新潜能。

第三，整合创新资源，为创新性科研活动提供物质基础。从我国创新资源的来源看，我国企业70%的研发费用来自政府。在我国的28000多家大中型企业中，仅有25%的企业拥有自己的研发机构，其中不少企业的研发费用往往占利润的3%以上，而我国企业研发费用占利润的比例的平均值只有1%。2011年，我国企业平均研发投入超过3%的城市只有深圳。由此可见，我国科技创新资源分散、重复、低效的问题还没有从根本上得到解决。

（三）绿色经济发展依靠绿色科技创新

绿色科技的发展首先需要的是一场全面的思想革命和观念的更新，并以

---

① 《习近平谈治国理政》第2卷，外文出版社2017年版，第275页。
② 《习近平谈治国理政》第1卷，外文出版社2018年版，第128页。

新的思想来指导设计生产和消费。《中国绿色科技报告2012》对绿色科技给出了定义："绿色科技是指技术、产品和服务在为使用者带来与常规方案相比同等或更大利益，减少对自然环境的负面影响的同时，能在最大程度上有效且可持续地利用能源、水和其他自然资源。"① 陈昌曙教授认为，所谓绿色科技，实际上是为降低某种行为对环境的影响而形成的技术，其目的在从时、空两个维度延续发展的可能性。绿色科技需要创新力量。这就要求我们应当通过科技创新，精准研判企业在各领域科技突破的方向，找准着力点，多累积，为科技创新打牢基础；破解创新发展难题，重点攻克各领域关键核心技术。此处的核心技术主要包括基础性和通用性技术、非对称和"杀手锏"技术以及处于行业前沿的具有颠覆性的技术。也就是说，我们如果在这些领域能够超前部署和科技攻关，很有可能实现"从跟跑并跑到并跑领跑"的转变，从而能够攀登世界科技前沿，占领世界科技制高点。

绿色科技创新是相对于传统科技创新而言的，目前理论界还没有一个统一的定义。传统科技创新把目标主要集中在经济利益的追逐上，而忽视了其利益目标实现的同时对自然环境造成的巨大负面影响。而绿色科技创新则是基于绿色发展理念，借助科技创新不断促进经济发展，同时兼顾社会效益和生态效益，使社会效益、经济效益和自然效益达到全面的和谐。首先，科技创新能够为生态保护和绿色技术提供生产力保证。例如在新型能源利用、可降解材料研发以及废物回收环节都需要科学技术创新的支持。其次，科技创新推动生产绿色化。赵建军教授指出，推动生产方式绿色化，就要改变我国绿色技术创新动力不足的现状，必须开展总体性的战略布局，一方面整合既有资源，建构绿色技术的创新基础；另一方面也要为绿色技术实施提供完整的制度保障，例如从人才引进和培养、产品研发和销售以及效果评价等层面保证政策实施的可持续性，形成围绕绿色经济、绿色发展，集聚、释放创新潜能和活力的联动体系，让创新驱动在绿色转型中成为持久的推动力。以科技创新推动形成绿色发展方式，不仅表现为以科技创新改造传统产业和发展新兴产业，还表现为通过科技创新加大环境保护和生态治理力度。最后，科

---

① 转引自陈洪昭、郑清英：《全球绿色科技创新的发展现状与前景展望》，载《经济研究参考》2018年第51期。

技创新推动生活绿色化。科技创新对主体日常生活有直接性的影响，现代科技全方位地改变了主体的衣食住行，可以说，在绿色产业革命的形成和作用过程中，科技创新也必将扮演重要的角色。

绿色科技创新和绿色发展具有正相关性，两者相互促进、相互支撑。绿色科技创新推动着产业向价值链中高端跃进，突破资源环境的约束，提升经济增长的整体质量，从而增强经济发展的可持续性，使我国经济发展的空间更加广阔。绿色发展现已成为全球的发展方向。步入新时代的中国，要想占据未来创新的制高点，就必须增强自主创新能力，突破创新的体制机制阻碍，最大限度地激发科技作为第一生产力的巨大潜能。因此，我们必须建立健全科技创新机制，激发优先使用自主创新成果，增强我国自主创新能力，提高绿色科技水平，加快推动经济的绿色转型。

绿色科技创新的新模式为绿色经济发展注入了新源泉、新动力。在中国特色社会主义生态文明新时代，"大众创业、万众创新"是绿色科技创新的新态势，大力推进"草根创新"，有利于激发全社会创新潜能和创业活动。中国科技创新潜能还没有很好发挥出来，这也是我们与发达国家存在较大差距的地方。因此，必须开辟新的经济增长点的科技领域，重点突破制约我国经济社会可持续发展的瓶颈问题。

（四）绿色生产方式对科技创新的期盼和要求

近现代史表明，科技进步与创新始终在推动人类进步方面发挥着革命性的作用。人类社会每一次科技创新与突破都会极大地提高社会生产力，重塑人类的思想观念、改变人类的生产方式和生活方式，为可持续发展创造了更大的空间，从而深刻地影响人类文明的发展进程。生态文明作为人类文明模式的新选择，需要科学技术作为推动其前进的动力。生态文明给科技创新提出了新的需求，即科技创新价值判断和创新体系的生态化、绿色化。科技创新的价值判断是生态化原则。生态化原则要求科技创新的发展要符合自然生态的发展规律，要维护自然的生态平衡，科学技术系统的发展必须符合自然生态系统的演化，技术发明使用不能破坏周围的生态环境。生态文明的绿色发展创新模式是对传统发展模式和科学范式的颠覆，需要内生出以当前绿色科技为内核的科学范式，需要把以征服、改造自然为核心的生产力向绿色化、生态化转型。创新是生产力的灵魂，创新的生态转型即意味着人类社会绿色生产力的转型，亦即生态文明呼唤科技创新的绿色化。

当今世界正处在科技创新突破和科技革命的前夜，而现代化进程中的强大需求驱动决定了科技革命的发生，源于知识与技术体系创新和突破的革命性驱动。为了实现"绿水青山就是金山银山"，加快形成绿色生产方式，科技创新应在以下三个方面取得突破：一是依靠科技创新构建生态环境保护体系。关键在于认识不同时空的环境演变规律，发展生态系统修复与污染控制技术，解决核心科学问题，突破关键性技术。核心技术要有所突破，就要有决心、恒心、重心。二是依靠科技创新构建我国可持续能源与资源体系。重点瞄准清洁化的能源技术、具有潜在发展前景的能源技术、油气勘探开发关键技术，突破水资源高效与循环利用技术。三是借助科技创新建立先进材料与智能绿色制造体系。加快材料与制造技术绿色、智能与可再生循环利用的进程，突破绿色工程技术、突破资源循环与环境控制技术、突破资源化利用技术，加快进行工程示范与技术集成。因此，必须坚持以人为本的科学发展观，才能走出一条符合客观经济规律和中国特色的科技创新道路。

三、绿色制度创新为绿色生产方式
提供制度保障

就既有的情况而言，管理机制和制度设计的创新一般被作为某项创新的支撑性因素，而对于绿色技术创新而言，前者可以说是有着重要的主体位置。此处所指的制度创新涉及组织创新、管理创新和政策工具创新等。

（一）制度创新的重要性

制度包括组织和规则。组织创新作为技术进步的一部分，其作用是将新技术所提升的生产率转化为经济效益。创新往往具有自上而下和自下而上两种形式，核心区别在于动力机制层面。自上而下的创新组织形式使得创新者盯着政府而不是市场，因此，很难与市场需求相吻合。而自下而上的创新组织方式则源于市场，是草根式创新，充分发挥出每个经济主体的创造性，所产生的创新动力要优于自上而下的操作机制，特别是在创新组织方式层面，自下而上的形式有利于促进创新链、产业链、市场需求有机衔接，有利于激发创新主体的创新潜力，有利于变"要我创新"为"我要创新"。

　　自下而上的创新是世界发达国家组织创新的主要形式，这种形式通常不需要政府的直接参与，政府工作的重点放在创新制度环境上，让市场真正成为配置创新资源的力量。① 政府管好该管的。市场是一个国家最根本的利益，其科技主要依靠自己的"草根"力量来支撑。对于中国来说，组织创新比技术创新更重要。习近平总书记指出，对于科技创新而言，不仅要从基础设施等硬件层面入手，更要关注制度保障和相关协调机制的完善，近些年我国科技投入水平确实上去了，但许多科研项目经费限于硬件投资，缺乏对软件的支持，特别是发明、创意、创新的激励不够。为了营造出创新的大环境，鼓励"大众创新""人人创新"，李克强不仅在出席如首届世界互联网大会等多个场合中着重强调"大众创业、万众创新"，而且还会与当地的年轻"创客"② 进行交流。我国要实现经济高质量发展，就应当实现向"草根创新"的转变，最终形成自下而上的创新组织方式。

　　自下而上的创新不仅驱动我国经济增长，更为我国经济繁荣奠定基础。诺贝尔经济学奖得主埃德蒙·费尔普斯在《大繁荣》一书中说道："国家层面的繁荣源自民众对创新过程的普遍参与，它涉及新工艺和新产品的构思、开发与普及，是深入草根阶层的自主创新。"③ 大众创新的特点之一，就是自下而上渗透至整个国家，这些新技术、新工艺以及新产品都是从国民经济原有的本土创意中发展出来的。所谓大众创新，亦即通常所说的"人民群众的伟大创造"。用网络语言来说，就是"草根创新"。"草根创新"能激发基层创新的大舞台。其特点有：一是创新主力逐渐扩展至大众，包括年轻的大学生、留学生、企业的高管和连续创业者以及在大学、研究所里从事科技的科研人员，这四路大军会合在一起的化学作用已非之前的草根创业所能相比的。当下提高企业创新效率的关键在于鼓励人人创新，关注民间、个人等

① 参见卢现祥：《创新组织：是自上而下还是自下而上》，载《光明日报》2015年4月8日。
② "创客"是指出于兴趣与爱好，努力把各种创意转变为现实的人。目前所说的中国创客不仅包含了"硬件再发明"的科技达人，也包括软件开发者、艺术家、设计家等诸多领域的优秀代表。
③ ［美］埃德蒙·费尔普斯：《埃德蒙·费尔普斯：国家繁荣的新视角》，载《商周刊》2015年第9期。

草根组织的创新。二是创新模式转化为以用户为中心，创新经历从市场范式向服务范式转变的过程。① 依靠大众创新的小米公司已成为中国乃至全球成长最迅猛的企业，海尔集团是目前中国实施大众创新模式最为彻底和全面的企业，诸如此类企业的成功实践更是为大众创新的威力提供了有力的论证。

目前中国所拥有的"草根创新""大众创新"的巨大潜力并未被充分发挥出来，其原因主要在于：一是我国的本土创新发展遭到体制方面的阻碍。我国"草根创新"的困难就在于缺乏创新的激励机制，人们缺乏创新激励和动力，例如创业企业资金困难问题、年轻人更热衷于"铁饭碗"的获取等。二是制度环境是创业创新发展的拦路虎。制度影响一国开发新技术的动力，影响一国累积物质和人力资本的动力。对于创新主体来说，好的创新制度环境是其创新的前提条件，从更深层次来看，好的创新制度环境可以促进创新收益内在化的实现。目前，我国的部分地区并未实施激励创新优惠政策，或者优惠政策的实施存在区别差异对待现象。知识产权的法律规范及正式制度不完善，因而，不完善的制度机制不能激发、激励人们大规模参与生产工艺和产品的改进并进行新的构思，即目前的制度环境很难把人们引入创新过程中来。

"草根创新"人才需要制度支持。"大众创业、万众创新"需要政府支持，政府要为发明者、创新者提供良好的制度环境，让创新者能够合理分享创新收益。因此，政府必须做好角色定位，变管理型政府为服务型政府，完善相关政策，创造人尽其用的政策环境。第一，坚持党管人才原则。遵循社会主义市场经济规律和人才成长规律。大力推进科技体制机制改革，推动政策创新，充分激发各层级、各类人才的创造活力。第二，加强科技人才队伍建设。广开进贤之路、广纳天下英才，推进人才对外开放。第三，加大保护知识产权的力度。对于侵犯他人创新发明和成果转化应用等违法犯罪行为，坚决严惩不贷。

（二）制度如何驱动创新

1. 制度创新原则

制度创新应该体现的原则是，必须注重长远，坚持整体、系统和全面改

---

① 参见宋刚、张楠：《创新 2.0：知识社会环境下的创新民主化》，载《中国软科学》2009 年第 10 期。

造当前制度体系的长期方向。坚持遵循自然规律、改善环境质量，处理好发展与保护的关系、处理好创新与发展的关系；坚持节约优先、保护优先、自然恢复为主原则。

一是坚持原始创新、集成创新与引进、消化、吸收、再创新相结合的原则。[1] 据有关统计资料显示，1901—2010 年世界各国诺贝尔自然科学奖获得情况，美国高居世界榜首，英国和德国名列第二与第三，法国位列第四。[2] 据国家知识产权局的数据显示，截至 2010 年底，中国有效专利共计 222 万件，其中有效发明专利 56 万件，占 25.2%；在国内有效发明专利中，实用新型专利和外观设计专利分别为 46.5% 和 39.2%。这充分说明我国的技术引进多、消化吸收少，跟踪模仿多、原始创新少。因此，我们一定要立足中国国情，坚定不移走中国特色自主创新道路，推动科技和经济紧密结合，真正把创新驱动落到实处。

二是坚持市场导向与政府引导相结合的原则。创新是经济与社会活动双重作用的结果，不能脱离市场和现实。政府加快转变职能，提高服务质量，在市场机制充分发挥作用的情况下，涌现出很多新技术、新业态、新产品，这不是政府调控的效果，而是"放"出来的，是市场竞争的结果。[3] 通过满足市场需求的应用来催生技术创新，同时，通过创新站在技术前沿为满足社会需求的应用拓展边界和空间。当前，我国采取的是政府主导型的科研资源配置方式，行政色彩比较浓，难以适应市场经济发展要求。因此，必须坚持市场导向、充分发挥市场机制配置科技资源的决定性作用，充分发挥市场公平竞争机制、优胜劣汰的作用。要想较好地实现政府对科技创新的引导作用和市场机制竞争作用的有效整合，创设新的制度是最优路径，使生态环境保护在经济制度与社会机制的不断创新中进步和发展。绿色制度创新的意义在于以尽可能小的生态代价实现尽可能好的生态经济效益。

2. 制度对创新的影响

我国拥有强大的国家创新意志，拥有世界上庞大的官方智库体系，但创

---

[1] 参见卢现祥、罗小芳：《深化科技体制改革　建设国家创新体系》，载《政策》2014 年第 2 期。

[2] 参见陈其荣：《诺贝尔自然科学奖与创新型国家》，载《上海大学学报》（社会科学版）2011 年第 6 期。

[3] 参见《习近平关于科技创新论述摘编》，中央文献出版社 2016 年版，第 6 页。

新却一直成为我国的短板。学界研究认为，困扰我国经济社会发展的重要因素是创新不足，创新不足实质上是制度适应性效率低。制度对创新的影响主要体现在以下两个方面。

其一，制度结构影响创新。有关研究资料显示，美国和英国较早建立了一个以私营部门为主的创新体系，法国设立了支付奖励科技制度。① 美国的制度结构有利于资本积累及鼓励创新的税收制度、风险分散的制度以及有利于创新的教育制度。中国的制度结构及解决体系主要是建立在公共和政府配置基础上的，亦即科技资源的配置集中度比较高，政府主导的项目太多，从而大大地增加了风险。创新中不确定的因素比较多，成功概率不高。如何解决创新中的风险问题？如何安抚创新中的失败者？关键在于要建立创新激励机制。

其二，组织架构影响创新。创新的组织包括自上而下（政府）和自下而上（草根）两种形式。在较早时期，美国就基于"自下而上"建立了以企业为主体、市场为导向、产学研相结合的创新体系，研究方向、资金投入、激励机制都来自市场，因此，美国的科技创新位居世界前列。而我国的研发创新主要建立在"自上而下"的基础之上。这种创新组织架构不能很好地激发创新潜力，导致科技人员都盯着政府和官员，想方设法去与政府和官员搞好关系。由于不紧跟市场和社会需求，没有找到社会需求的源头，所以，科技资源的使用效率和创新的成功率都比较低。

影响制度创新主要有三个因素。一是科技创新资源分散，缺乏完整的协同创新机制。不同部门投入的创新资源零零散散地分布于大型企业、高校和科研院所，缺乏统一的科技创新协同体制机制，资源使用效率低等问题。二是缺少保护绿色技术创新的产权制度。历史表明，重大的技术进步一般都发生在能够较好地保护私有权的国家。也就是说，世界拥有最先进技术的国家，是因为有着最先进的私人产权保护制度。多年来，我国科研者的研究成果不能较快转化为现实生产力，其中一个重要症结就是科技创新链条上关卡重重，要解决这个问题，就必须深化科技体制改革，清除各

---

① 参见罗小芳、卢现祥：《论创新与制度的适应性效率》，载《宏观经济研究》2016 年第10 期。

种有形无形的藩篱，打破各种院内院外的围墙，推动形成创新发展的合力。三是缺乏技术验证制度。我国还没有建立环节技术验证制度，因此，必须加快建立主要由市场评价技术创新成果的机制，加快创新成果转化为现实生产力。

3. 自主创新的制度环境

营造自主创新的制度环境，首先应当走自主创新的科技之路，其本质是要对原有的制度进行改革。这种改革在于建立一种制度，这种制度能够激励生产者主动生产绿色产品或提供绿色服务，倡导消费者自愿消费绿色产品，鼓励科技工作者积极开展科技创新。绿色发展的动力源泉在于绿色创新，绿色改革为绿色发展提供了制度基础。胡鞍钢认为，绿色改革是基于市场机制的改革，基于公平原则的改革，基于良知的有效管理的改革。[1] 必须充分发挥市场机制在资源配置中的决定性作用，政府职能起引导作用，这是由市场经济规律决定的。

尽管目前我国取得了一定的科技创新成果，但固有的思想观念、体制机制和激励政策等仍阻碍着创新驱动战略的进一步实施。在现代化的经济结构中，科技服务正在成为主导经济战略走向的决定性因素。简单来说，科技服务业是围绕创新的全链条来发展的新兴业态。为了加快推进科技服务业发展，国务院印发了《关于加快科技服务业发展的若干意见》，首先，明确提出重点发展技术转移服务、科技咨询服务、科技金融服务等 9 项任务。加快推动科技服务业的发展，关键的就是要健全市场机制，有序放开市场准入。浙江义乌就是"咬定市场不放松"而成就了全球最大的小商品市场，义乌经过 40 年创新发展实现从"买全国、卖全国"到"买全球、卖全球"转型升级的新标杆。[2] 其次，巩固科技服务业发展基础支撑。建设科技创新公共服务平台，推动大型科研仪器设备开放共享；培育壮大科技服务业企业。最后，增加财税支持力度。利用政府财政适当加大科技服务业的扶持力度，加大税收优惠力度，使科技服务业的所有企业都能得到一定的收益。

---

① 参见胡鞍钢：《实施绿色发展战略是中国的必选之路》，载《绿叶》2003 年第 6 期。
② 参见杨爽：《浙江义乌小商品出口贸易存在的问题及对策》，载《纳税》2018 年第 11 期。

四、绿色生产方式呼唤绿色财政金融

生态文明建设属于公共领域范畴物品。生态文明的绿色生产需要政府财政和金融的支持，需要企业、环保部门、公民个体等多元主体观念行动的"绿色化、生态化"过程来实现。

（一）以绿色财政推动形成绿色生产方式

传统经济发展模式和政策框架下，财政政策只重视经济建设，而不重视环境保护。在绿色经济时代和新的政策框架下，财政政策既要推动经济发展，又要强调环境保护。发展绿色经济需要强化政府财政的支撑作用，政府财政收入与财政支出深刻地影响着绿色经济的发展。当前我国能源资源和生态环境压力，已经成为影响国家命运和民族未来的核心因素。中国要真正在可持续发展的基础上建立现代化经济强国，必须实现经济发展方式的根本转变，这就需要推进"绿色财政"的建设与创新，需要绿色财政助推绿色生产方式的形成。

1. 绿色财政支持绿色经济发展

关于什么是绿色财政，目前学界还没有明确的界定。有学者认为，公共财政是在市场经济条件下，政府以社会管理者的身份为满足社会公共需要而进行的财政收支活动。杨蓓、李霞认为，绿色财政是指国家在调节经济、争取经济适度增长的同时，注重自然生态平衡，合理配置自然资源与人力资源，维护社会长远利益即长久发展对社会产品进行分配与再分配的活动。[①]有学者指出，绿色财政就是把由"绿色"引申而来的健康、安全、文明、持续等可持续发展深刻而丰富的理论内涵融入公共财政的理论当中，是可持续发展思想与公共财政理论的高度融合，是效率、公平与稳定原则的最佳耦合。[②]同时，对绿色财政的本质特征和基本原则进行了探讨。所谓"绿色财政"，就是政府在经济发展、招商引资、宏观规划中，考虑经济效应，更考

---

① 参见杨蓓、李霞：《绿色财政初探》，载《财政研究》1998 年第 8 期。
② 参见韩文博：《试论绿色财政》，载《财政研究》2006 年第 1 期。

虑环保效应；考虑利润价值，更考虑人文价值；考虑眼前效应，更考虑远景发展。绿色财政的基本内涵就是强调持续发展，其核心就是财政发展不能超越资源、经济、社会、公民的承载能力。

由此可知，绿色财政就是以国家为主体的、建立在绿色经济之上的、通过绿色元素参与社会产品的分配和再分配以及由此而形成的各种分配关系。绿色财政较之传统意义上的财政有明显的特点。一是绿色财政在进行分配和再分配过程中，既要争取经济适度增长，也要注重自然生态平衡，也就是要正确处理好经济发展和环境保护之间的平衡关系；既具有传统财政功能，又包含着环保、健康、安全、文明等可持续发展的内在要求和生态规律。从这种意义上来说，绿色财政是一种可持续的财政，它蕴含着永续不衰的发展潜力。二是绿色财政贯穿绿色发展的理念，将国家一系列的财政政策措施逐渐"绿色化"，包括绿色投资、绿色信贷、绿色金融、绿色税收等。在绿色财政的构建中，必须坚持以人为本、注重公平与效率，推进绿色科技创新和绿色发展。绿色财政符合现代财政制度内在的本质要求。

绿色经济呼唤绿色财政。绿色经济发展是在科学发展观指导下，实现可持续发展的一种新的发展方式，是以维护人类生存环境、合理保护资源能源、有益于人体健康为特征的经济发展模式。绿色财政是一种可持续的财政，它蕴含着深远的发展潜力。绿色财政促进经济社会可持续发展。实质上，"绿色财政"观就是将可持续发展思想融入公共财政理论中去，并指出，绿色财政强调科学发展，强调以人为本，强调改革创新。[1] 绿色财政是促进可持续发展的财政理念、财政支持和财政体制的内涵，并指出绿色财政具有促进自然资源的永续利用和生态系统的协调发展、促进经济增长方式的根本转变、提高民众生活质量等职能作用。[2] 绿色经济呼唤着绿色财政，绿色财政深刻影响着绿色经济的发展，因此，他提出构建包括绿色预算体系、绿色税收体系、绿色转移支付体系、绿色政府采购、绿色财政管理体系等内容的绿色财政体系战略思路。[3] 要构建以绿色收入体系和绿色支出体系为基本内容，以绿色收支之间的强有力互动为主要着力点，全面加强绿色财政监

① 参见韩文博：《试论绿色财政》，载《财政研究》2006年第1期。
② 参见邵培德：《绿色财政：公共理财新视野》，载《牡丹江大学学报》2012年第7期。
③ 参见曾纪发：《构建我国绿色财政体系的战略思考》，载《地方财政研究》2011年第2期。

督来保证绿色财政的科学有效使用，从而推动绿色产业发展。① 财政是政府治国理政的重要手段，绿色经济是生态文明建设和美丽中国的实现形式，国家财政必须对其大力支持。绿色工业呼唤绿色财政。绿色工业是人类历史上第四次工业革命，其投资需求非常巨大。发展绿色工业需要各方面的积极参与和共同努力，包括制定财政、税收、金融、投资等优惠政策，鼓励工业企业发展绿色经济、生产绿色产品。绿色农业呼唤绿色财政。绿色农业是发展有中国特色社会主义经济的知识密集型农业。绿色农业是绿色经济的基础和内容，没有绿色农业的发展，就不可能有绿色经济的全面发展，实施绿色农业发展战略是发展我国绿色经济的需要。② 发展绿色农业，需要财政、价格、金融、科技的合力支持。

绿色科技需要绿色财政支持。绿色科技是一切科技活动的总称，其核心内容是保护人类健康及其赖以生存的环境，以促进经济可持续发展。据《中国绿色科技报告 2009》反映，我国的绿色科技市场存在巨大潜力，③ 但发展绿色科技存在诸多限制和挑战，特别是绿色科技解决方案非常昂贵，需要财政大力支持。绿色科技呼唤绿色金融。

2. 实施积极的绿色财政政策，推进生产方式的绿色化

绿色财政政策的支撑保障作用。学界从不同角度研究了绿色财政对绿色发展的推动作用、促进绿色财政政策的完善和提高其实施效果的建议。有学者通过分析建设西部秀美山川的制约因素和实施绿色财政的理论依据，展示绿色财政在西部大开发中的重要作用，寻求建设西部秀美山川的绿色财政政策取向，构建西部绿色财政政策体系。④ 有学者提出，环境财政是公共财政体系中的主导环节，建议从财政预算、融资体制、环境财政转移支付制度、环保资金监管四个方面来构建环境财政的政策体系。⑤ 有学者在研究形成以实现公共财政"绿色化"为目标的财政政策时，提出应该形成"以强化环

---

① 参见张晓娇、周志太：《构建促进绿色产业发展的绿色财政体系》，载《合肥工业大学学报》（社会科学版）2017 年第 10 期。

② 参见谢仁寿：《绿色农业与绿色财政》，载《农村财政与财务》2003 年第 3 期。

③ 参见曾纪发：《构建我国绿色财政体系的战略思考》，载《地方财政研究》2011 年第 2 期。

④ 参见吴玉萍、董锁成：《绿色财政政策——西部山川秀美的首选政策》，载《开发研究》2001 年第 1 期。

⑤ 参见汤天滋：《建立环境财政体系的几点构想》，载《财政研究》2006 年第 10 期。

境社会责任为主体和以强化政府环境责任为主体"的绿色财政政策体系。①有学者研究了河北省建设绿色财政的目标、内容和框架体系，认为应该通过对现有财政的"绿色化"改造，构建起以环境社会责任为主体，包括绿色预算、绿色税收、绿色收费、绿色补偿、绿色采购、绿色转移支付、绿色投融资和绿色补贴等八项内容的绿色财政政策体系。② 有学者提出了构建可持续的财政收入汲取机制、完善绿色税收政策体系、构建支持绿色发展的财政支出体系、加大财政投入并不断完善以人为本的社会保障制度和构建绿色的财政管理改革制度等政策建议。③

　　由此我们可知，绿色财政是推动绿色发展方式形成的必然要求。绿色生产方式作为一种新的生产方式，要通过绿色财政政策激励措施，使绿色发展与生产步入人与自然协调的良性轨道。为此，我们提出如下四点思路和对策建议：一是强化政府的绿色财政职能。政府财政职能之一，是财政资金的转移，亦即财政收支活动过程。绿色财政融合了绿色发展理念，具有资源节约、环境友好的职能。其通过科学的政策措施对生态环境资源进行跨时期、跨区域的合理配置，引导将绿水青山转化为金山银山，推动生态文明绿色发展。二是绿色财政的运作必须坚持以人民为中心的原则。传统经济学理论框架下的公共财政支出，主要是以经济建设为中心，注重 GDP 增长，忽略人民群众的生存环境和生活质量。可持续发展理论基础上的绿色财政，秉承以人民为中心，积极回应人民群众所呼、所盼、所急，以增进民生福祉、生态福祉为根本目的，加大自然生态系统和环境保护力度，提供更多、更好、更丰富的生态产品，不断满足人民日益增长的美好生活需要。三是建立健全绿色财政纵向横向转移支付制度。财政转移支付是一种再分配制度。通过转移支付制度，大力支持生态修复、环境保护和生态文明建设，解决政府间环境事权与财权不匹配情况下产生的环境问题。因此，大力深化财政体制改革，

---

① 参见孔志峰：《关于绿色财政政策的若干思考》，载《行政事业资产与财务》2009 年第 4 期。
② 参见李杰刚、成军：《河北省"四个财政"建设总体框架与基本思路》，载《经济研究参考》2011 年第 64 期。
③ 参见茆晓颖：《绿色财政：内涵、理论基础及政策框架》，载《财经问题研究》2016 年第 4 期。

按照财力与事权相匹配的要求，在合理界定事权基础上，进一步理顺各级政府间财政分配关系，完善分税制。以主体功能区建设为导向，完善社会公共服务体系的确立，加速推进支付制度的改革，提升一般性特别是均衡性支付规模和比例，调减和规范专项转移支付。四是进一步完善国家政府绿色采购制度。绿色采购是建立在可持续发展的思想基础上，充分考量经济发展与环境保护的双重效益，既注重代内公平，也强调代际公平。① 进而引导绿色生产和绿色消费。绿色往往给人民传递了新鲜、安全以及环保的意蕴，意味着有益人民群众的食品安全和心理健康。政府着力推进的"绿色采购"也正是立意于此，试图为广大人民群众提供安全、健康和放心的产品和服务。

实施激励和约束相结合的财政政策和税费制度，对于逐步形成节能环保和社会主义生态文明建设的市场化机制有着正向作用；财政职能作用的发挥，为促进节能减排，推进生态文明建设，形成生态环境良好、人与自然和谐相处、生态文明绿色经济发展的良好局面提供相应的资金和政策保障。

（二）以绿色金融助推形成绿色生产方式

当今世界，绿色金融正在成为全球范围内金融业最具活力的发展领域，代表着国际金融发展的新方向，也是全球经济发展新动力的主要来源。当前，我国生态文明建设的地位已提升至"五位一体"总体布局的战略高度，发展绿色金融作为生态文明建设中的重要环节，将为经济发展方式的转型、绿色发展方式的形成发挥巨大的推动作用。

1. 绿色金融助推经济发展方式转型

推进绿色经济包含发展绿色金融的内容，绿色金融作为新兴的前沿领域，不仅能够为政府的宏观调控提供有效的执行渠道，同时也能够通过引导资本流向而主推绿色经济。绿色金融作为一个新兴概念，最早是由乔海曙提出来的，"绿色金融是将社会生态环境纳入金融决策、评价体系中的一个新的事物"，"促进经济、社会、生态协调可持续发展以及促进金融业自身的资金融通效率提高、社会经济可持续发展"。② 近年来，国内许多学者关注

---

① 参见陈芳：《政府绿色采购相关问题分析》，载《经贸实践》2018 年第 22 期。
② 乔海曙：《树立金融生态观》，载《生态经济》1999 年第 5 期。

了绿色金融及其发展，并不断赋予其生态文明新时代的内涵。普遍认为，所谓绿色金融，意味着将生态文明融入金融行业的宏观调控和微观治理的全过程，特别是要在投资决策中监管资金取用的环境影响，据此达到建设和谐良好的生态环境的目的。① 这一概念的提出可以追溯到 2016 年的 G20 杭州峰会，彼时的概念界定更倾向于引导投资活动，亦即通过现代化的金融手段激发和整合社会层面的环保力量，使有限的资金能够集中用于投资一些环境友好型的企业和项目，从而树立绿色企业标杆，提升企业的环保意识。与此同时，中国人民银行等七部委联合印发的《关于构建绿色金融体系的指导意见》指出，"绿色金融是指为了支持环境改善、应对气候变化和资源节约高效利用的经济活动"，即为清洁能源、绿色交通等这一类环保节能型领域的项目进行投融资、运营以及风险管理所提供的金融服务。② 有学者认为，"绿色金融是指支持环境改善、应对气候变化和资源节约高效利用的金融活动"，这种金融活动主要通过信贷、债券、基金、保险、碳金融等工具和政策，将资金引向绿色发展相关项目中。③ 由此可知，绿色金融强调环境友好、节能环保、可持续发展等绿色观念，充分利用新型金融资产工具，推动社会经济向绿色可持续发展方向转型。

绿色金融促进传统产业的生态化改造和新型绿色生态产业的发展。这不仅有理论上的研究，也有实践上的探索。从理论上看，有学者认为，绿色金融是推进我国金融产业集聚发展的主要路径，④ 是"传统产业换代升级需要绿色金融的支撑"⑤。也有学者认为，"绿色金融对环保产业发展的助推效果，能够有效解决环保财政投资问题，带动经济进步，改善产业内部结构，加快环保产业发展速度"⑥。显然，绿色金融有利于引导和激励更多社会资

---

① 参见廉军伟：《点绿成金：绿色金融的"湖州模式"》，载《决策》2017 年第 8 期。
② 参见《关于构建绿色金融体系的指导意见》，载《中国外汇》2016 年第 18 期。
③ 参见王遥等：《绿色金融对中国经济发展的贡献研究》，载《经济社会体制比较》2016 年第 6 期。
④ 参见石英：《绿色金融背景下我国金融业集聚发展》，载《长春工程学院学报》（社会科学版）2013 年第 4 期。
⑤ 彭路：《产业结构调整与绿色金融发展》，载《哈尔滨工业大学学报》（社会科学版）2013 年第 6 期。
⑥ 武倩：《绿色金融对环保产业发展的助推作用分析研究》，载《环境科学与管理》2018 年第 6 期。

金投入到清洁能源、绿色交通等绿色产业，有利于改善和提升环境质量。还有学者认为，"发展绿色金融是我国尽快步入绿色发展道路的迫切需要"，"推动环境与经济之间形成共赢格局"。① 从绿色金融在我国的具体实践方式来看，绿色金融中的绿色信贷通过资金形成、资金导向和资金催化三方面作用于产业结构的优化过程。② 有学者提出我国雾霾治理中绿色金融支持的三个方面改进措施，即健全绿色金融政策体系、完善绿色金融监管制度、科学构建第三方评价机制。③ 当前我国绿色金融实践主体是商业银行，根据《21世纪经济报道》，2013 年至 2017 年间，国内有 21 家主要银行的绿色信贷余额在增加，从 5.20 万亿元增至 8.22 万亿元，其中节能环保、新能源、新能源汽车等战略性新兴产业贷款余额为 1.69 万亿元。

绿色金融可达到稳增长和调结构的目的。以"碳金融"为标志的绿色金融服务体系不能过度依赖银行信贷，构建"碳金融"服务体系要提升"三个水平"，具体包括"提升金融工具技术能级与市场风险管理水平、提升金融体系服务产业升级和服务国家大局的意识、提升金融市场的开放性思维与国际互动能力"④。马骏对中国绿色金融体系的构建进行了深入全面的思考，指出了绿色金融在产业、能源结构转型，促进经济增长、技术含量提升，优化环境，维护我国国际声誉中具有重要作用，并提出从金融机构建设、政策支持、法律环境和金融基础设施四大块完善金融体系的对策建设。⑤

2. 绿色金融如何服务生态文明建设

党的十九大报告明确提出，"发展绿色金融，壮大节能环保产业、清洁生产产业、清洁能源产业"⑥，本质就是要通过发展绿色金融，推动生态文

① 马中等：《发展绿色金融，推进供给侧结构性改革》，载《环境保护》2016 年第16 期。

② 参见陈伟光、胡当：《绿色信贷对产业升级的作用机理与效应分析》，载《江西财经大学学报》2011 年第 4 期。

③ 参见张婷婷、廖立力：《绿色金融在雾霾治理中的作用研究》，载《金融理论与教学》2018 年第 5 期。

④ 阎庆民：《构建以"碳金融"为标志的绿色金融服务体系》，载《中国金融》2010 年第 4 期。

⑤ 参见马骏：《论构建中国绿色金融体系》，载《金融论坛》2015 年第 5 期。

⑥ 习近平：《决胜全面建成小康社会 夺取新时代中国特色社会主义伟大胜利——在中国共产党第十九次全国代表大会上的报告》，人民出版社 2017 年版，第 51 页。

明建设。现代金融的核心功能转移风险、减少风险，实现资源优化配置。绿色金融通过其利率杠杆提供生态环境资源的跨期、跨区域甚至全球配置，通过扩大对生态产品生产的投资，从而促进生态产品的有效供给，推进生态文明建设。

第一，绿色金融的顶层设计。2015年，我国开始从顶层设计并推动绿色金融体系的建设，《生态文明体制改革总体方案》与"十三五"规划纲要都写到了建设绿色金融的目标，并且都把绿色金融的发展列为战略性优先事项。我国在 G20 的平台上提出绿色金融，是国内政策在国际合作平台上的延伸。2016年8月31日，中国人民银行和环境保护部等七部委联合印发了《关于构建绿色金融体系的指导意见》，这是全球首个国家层面发展绿色金融的政策文件；到2017年《政府工作报告》明确指出，要大力发展绿色金融，并决定在浙江、江西、广东、贵州和新疆五省区建设绿色金融改革创新的试验区，标志着我国绿色金融已经进入创新实践的落地阶段。党的十九大报告提出，"加快生态文明体制改革，建设美丽中国"离不开强大雄厚的资金支持，那么发展绿色金融就是非常有必要的，并且在党的十九大报告中，"发展绿色金融"已经被视为实现绿色发展目标、推进我们国家生态文明建设的必要措施。[1] 国家近年来的一系列政策文件明确了拓宽环境保护融资渠道和创新环保领域投融资机制的政策方向。

第二，多层次绿色金融产品供给。当前，我国绿色金融政策支持体系还比较薄弱，与绿色金融发展密切相关的配套政策缺位，导致绿色金融政策适应性和创新难度比较大。因此，必须大力发展绿色金融，提供多层次绿色金融产品服务，以增强绿色经济可持续发展的原动力。绿色金融通过绿色信贷、绿色债券、绿色股票、绿色发展基金、绿色保险、碳金融等金融工具和相关政策支持经济向绿色低碳方向转型。[2]

推行绿色信贷发展。绿色信贷是绿色金融框架下的重要金融工具，能够调节社会资金流量流向，从而优化资源配置，促进绿色发展。[3] 绿色金融就

---

[1] 参见蓝虹：《发展绿色金融 推进生态文明建设》，载《中国生态文明》2017年第10期。

[2] 参见张靖：《绿色金融对我国经济结构转型的影响及政策建议》，载《上海节能》2018年第10期。

[3] 参见金敏杰等：《我国绿色信贷发展与对策研究》，载《经济研究导刊》2019年第21期。

是将资金引导到环保、节能、清洁能源、绿色交通、绿色建筑等项目中。但是仅仅这些是不够的，在推行绿色信贷的同时，我们还需要遏制高污染、高耗能的产业无规划、无秩序的扩张。与之相应的措施就是在 2007 年 7 月 12 日，国家环保总局、中国人民银行、银保监会三个部门共同推出了一项全新的信贷政策，"对不符合产业政策和环境违法的企业和项目进行信贷控制，各商业银行要将企业环保守法情况作为审批贷款的必备条件之一"①。同时"各环保部门要向金融机构披露企业的环境信息"，"金融机构要依据环保通报情况，严格贷款审批、发放和监督管理，对未通过环评审批或者环保设施验收的新建项目，金融机构不得新增任何形式的授信支持"。绿色信贷的本质在于追求处理金融业与可持续发展的关系。我国现行绿色信贷政策多停留在方向性的引导上。因此，银行机构要建立完善绿色信贷长效发展机制，并将其融入企业发展愿景、发展战略、政策制度、信贷文化、产品服务等各个环节。近来，中国人民银行已将绿色金融这一评估指标纳入"信贷政策执行情况"，这一实质性的激励措施将增强银行业金融结构积极践行绿色信贷的内在动力。同时，将绿色债券和绿色信贷纳入中期借贷便利（MLF）担保品范围，以引导金融结构加大对绿色发展领域的投入。

助推绿色保险。所谓绿色保险，承保的对象是企业等具有潜在环境危害性的主体，内容则是因为水体、土地或大气污染而导致的罚金或应承担的赔偿。绿色保险的实施，可以有效化解经济发展过程中的环境风险。如果没有绿色保险，许多企业在发生意外的污染事件之后将无力提供赔偿和修复环境。为了合理规避上述情况，我国在 2007 年 12 月颁布的《关于环境污染责任保险工作的指导意见》明确表示，为了避免企业发生污染事故时无力提供赔偿，企业需要选择绿色保险，即环境责任保险，完善企业的保险补偿机制，正式确立建立环境污染责任保险制度的路线图，有利于实现保险业自身与经济社会的长期可持续发展。

2017 年 6 月，环境保护部和保监会研究，制定了《环境污染强制责任保险管理办法（征求意见稿）》，其中明确规定："在中华人民共和国境内从

---

① 国家环境保护总局政策法规司：《〈关于落实环境保护政策法规防范信贷风险的意见〉的解读》，载《环境保护》2007 年第 15 期。

事环境高风险生产经营活动的企业事业单位或其他生产经营者，应当投保环境污染强制责任保险。"这几个法规和政策的不断完善和实行，为解决环境纠纷、分散风险和为环境侵权人提供风险监控等服务保障。从目前来看，绿色保险在我国开展范围较小，投保企业积极性不高，缺乏普遍强制性。中央财政、省级财政、地级财政按比例给予保险人保险补贴和保险机构经营费用补贴，并将绿色保险纳入绿色评级因素，创新"绿色保险+绿色信贷"新型融资产品。

发行绿色债券。我们将主要用途为支持绿色产业发展而募集资金并发行的债券称为绿色债券。绿色债券与普通债券的最大区别在于其"绿色"属性。为了保证绿色债券确实用于环境保护和减缓气候变化的项目，绿色债券在透明度的要求上比普通债券更高。这就要求绿色债券在发行前后都要向投资者公开其绿色收益和融资的使用情况。我国绿色债券发行的时间比较晚，但是其发展的速度是其他国家其他债券所不能相比的。从2015年底第一只绿色债券面世，到2018年绿色债券发行量已是全球第一。2017年3月，证监会发布《中国证监会关于支持绿色债券发展的指导意见》，要求证监会系统单位应当加强政策支持和引导，建立审核绿色通道，适用"即报即审"政策，提升企业发行绿色公司债券的便利性。随后，国家发展改革委办公厅印发《政府和社会资本合作（PPP）项目专项债券发行指引》，鼓励发行PPP项目专项债券，重点支持能源、交通运输、水利、环境保护等传统基础设施和公共服务领域的项目。2017年6月，中国人民银行、国家发展改革委、财政部、环保部、银监会、证监会、保监会等七部委印发《绿色金融改革创新试验区总体方案》，旨在构建区域性绿色金融体系运行模式，充分发挥绿色金融作用，促进生态文明建设、推动经济可持续发展，推动区域经济增长模式向绿色转型。根据中国金融信息网绿色债券数据库发布的数据，截至2017年末，中国境内外累计发行绿色债券184只，发行总量达到4799.1亿元。这意味着，目前我国绿色债券发行总量已经突破5000亿元。从2016年启动至今，我国绿色债券市场发展势头喜人，成为绿色发展的重要金融支撑，但未来仍有巨大的增长空间。

设立绿色发展基金。为了动员和激励更多社会资本投入到绿色发展中，中国人民银行、财政部等七部委联合发布了《关于构建绿色金融体系的指导意见》，对污染性投资进行了严格限制。在"绿色产业中引入 PPP 模式"，直接目的就是扩大基金容量，鼓励借用社会资本和国际资本来设立各类民间绿色投资基金。绿色发展基金是专门针对节能减排，发展低碳经济，进行环境优化改造项目而建立的专项投资基金，该基金的用途很广泛，比如，清洁雾霾、土壤防治、污染防治、风沙治理等。同时，也有利于提高资源利用效率以及资源的循环利用。① 尽管，这个基金在我国发展的时间较短，起步较晚，但发展势头迅猛。根据有关数据显示，我国的绿色基金已经进入了快速发展的轨道。目前，我国通过政府的调控和市场适应，有效地化解了绿色金融创新的资金限制问题。

推动碳金融的发展。碳金融是在"绿色金融"基础上发展和延伸出来的，讲的是碳排放指标化并对这些排放指标进行交易，是一种创新的绿色金融。碳金融的定义具有多样性，世界银行的定义是指以减排量为市场标的物的交易过程，即通过减排量的购买而达到减少有害气体排出的目的。"碳金融"是现代金融根据环境金融与绿色金融延伸出来的最新提法，代表金融新的发展方向，限制碳排放的目的是应对气候变暖。当前而言，我国已经针对碳市场交易形成了规范性机制，从流转、估值和变现等，都有科学的量化标准和便捷的交易渠道；同时，在企业财务制度改革层面积极跟进，将企业用于碳交易的支出纳入税前扣除的范畴，着力激发企业主体的环保积极性。2017 年 12 月，我国碳排放交易市场正式启动，很多企业积极参与，预示着我国碳金融市场即将进入发展的快车道。根据当时我国国家发展改革委气候司提供的测算数据，如果全国的碳交易市场成立，那么整个市场覆盖的排放交易量可能扩大至 30 亿—40 亿吨。仅考虑现货，交易额预计 12 亿—80 亿元；若考虑期货在内，交易额将大幅增加 600 亿—4000 亿元。② 数据表明，我国潜在的市场空间巨大。虽然我国碳交易市场潜力巨大，但是在实践中，如何成立该市场依旧有着很多需要处理的问题。

3. 创新融资模式和服务手段

规范运用政府购买服务模式。比如干净的水、清洁的空气、健康的食

---

① 参见孟珂：《我国发展绿色债券和基金有两大优势》，载《证券日报》2018 年 4 月 24 日。
② 参见王兆龙：《五主线把握碳排放概念》，载《深圳商报》2016 年 4 月 23 日。

品、宜居的环境等污染防治和生态保护类项目的产品，都属于公共产品，属于公共服务，应该通过规范的政府购买服务模式进行支持，亦即政府加大对此类公共服务产品投入力度。因此，政府必须加大对环保产业、绿色产业支持力度，并对这类企业给予一定的优惠政策，例如提供财政补贴、减免税收等，通过在区域经济发展与环境保护之间进行不断的协调。

第六章　生态文明的绿色生活方式

　　绿色对于人们而言往往意味着健康、生态和环保。所谓绿色生活方式，是指倡导勤俭节约、绿色低碳、文明健康的生活方式和消费模式。环境保护部门发布的《关于加快推动生活方式绿色化的实施意见》要求公民在 2020 年前后基本养成绿色的生活方式和行为习惯，"最终全社会实现生活方式和消费模式向勤俭节约、绿色低碳、文明健康的方向转变"①。习近平总书记非常重视绿色发展和绿色生活方式问题，在中共中央政治局第四十一次集体学习时强调指出，"推动形成绿色发展方式和生活方式，是发展观的一场深刻革命"，"要充分认识形成绿色发展方式和生活方式的重要性、紧迫性、艰巨性，把推动形成绿色发展方式和生活方式摆在更加突出的位置"。② 在党的十九大报告中，习近平总书记在谈到绿色发展时，三次谈到绿色生活方式："形成绿色发展方式和生活方式"，"倡导健康文明生活方式"，"倡导简约适度、绿色低碳的生活方式"。③ 习近平总书记强调，我们只有在思想上高度重视起来，扎扎实实把生态文明建设好，才能加快形成绿色生活方式。

一、人类生活方式的演变

　　每个人都有自己的生活方式，人类的生存与一切实践活动永远都离不开

---

① 环境保护部：《〈关于加快推动生活方式绿色化的实施意见〉发布》，载《环境保护与循环经济》2015 年第 11 期。

② 《习近平在中共中央政治局第四十一次集体学习时强调　推动形成绿色发展方式和生活方式　为人民群众创造良好生产生活环境》，载《人民日报》2017 年 5 月 28 日。

③ 习近平：《决胜全面建成小康社会　夺取新时代中国特色社会主义伟大胜利——在中国共产党第十九次全国代表大会上的报告》，人民出版社 2017 年版，第 24、48、51 页。

自然界的养育。人在一定的生态环境中生活，自然界是人类生活之源。作为人类存在方式的生活方式，必然要以自然资源和生态环境为基础和前提。生活方式是主体维系自身生命再生产的具体形式，包括物质、文化和精神层面。包含生产活动在内的人类的所有活动方式，称之为广义的生活方式。而社会个体的衣、食、住、行等日常生活习惯，称之为狭义的生活方式。狭义的生活方式则是指人们消费物质生活资料的方式，实际上就是人们常说的"满足人们吃喝住穿以及其他一些东西的需要"①。不同个体和不同的群体有不同的生活方式，并且生活方式是动态变化的，具有综合性特征。本书所讲的生活方式，主要是指狭义的生活方式。

生产方式又决定了每个人的生活方式，并且生活方式对于生产方式来说是有反作用的，生活方式的变化将会影响生产方式的变革。除生产方式对生活方式起决定性作用之外，人类的生活方式还受地理条件、地质条件、气候条件等自然因素以及政治法律制度、社会意识形态、科学技术条件等社会因素的影响。不同的文明社会形态、不同的历史时期、不同的生产力水平存在着不同的行为经济主体，各类不同的经济主体追求着不同的经济利益，进而对自然资源和生态环境的影响程度也是不同的。纵观人类发展历史，人类经历了如下生活方式的转变。

在社会生产力发展的初期，人类生产技术水平低下，劳动资源十分简单，人类主要依靠自己的劳动从自然界中获取维系自身生命再生产的基本生活资料，从而维持自己的生存和社会的发展。从这个意义上来说，充当生活资料的自然资源在人类社会发展初期的生产力发展中具有决定性作用。从生产力水平和经济特征来看，人类最初的文明是以农业文明为表征的。农业文明时期，以奴隶和奴隶主、地主和农民为社会主体运用青铜和铁器等技术工具，使用传统技艺和简单的技术从事生产活动。② 奴隶主的生活方式相对于奴隶来说是奢侈的，奴隶不仅要为奴隶主提供物质财富，有时还会成为奴隶主享受的玩具。总体上来说，奴隶社会生产力水平还十分低下，尽管过度的

---

① 钟晨发：《略论生活方式的构成因素和变革契机》，载《华中师范大学学报》（哲学社会科学版）1986 年第 1 期。

② 参见高红贵：《现代企业社会责任履行的环境信息披露研究——基于"生态社会经济人"假设视角》，载《会计研究》2010 年第 12 期。

种植和放牧给生态环境带来一定的影响，但没有超过生态环境修复能力的范围，也就是说，人类社会生活方式对生态环境的影响比较小。封建社会的特点就是生产力低下，自给自足的小生产方式，使生产和社会都处于分散割裂的状态下，生活方式封闭保守，人际交往贫乏。人类用最古老的技术种植谷物，砍伐森林，取得了改造自然、利用自然的第一次伟大胜利，但是由于人类认识自然的局限性，盲目开发，乱砍滥伐，使得生态环境遭到破坏，造成水土流失，这一时期，人类生活与自然协调走向衰落。农业文明时期，由于强化使用土地资源，来满足不断增长的物质产品需求，土地的表土状况不断恶化，各种自然灾害频频发生，使农业生态系统逐渐失去其支撑经济发展的能力，渐渐地文明开始走向衰落。

工业文明取代农业文明，是人类文明发展的一大历史性进步。工业文明实质上是工业化社会的文明。工业文明的社会主体是工人和资本家，资本家拥有社会主要财产—资本，拥有先进的机器系统、电子计算机等技术工具和人类锻造出锐利的征服自然、向自然索取之剑，在高度机械化、自动化的生产方式下，疯狂地掠夺自然资源，消耗巨额的可再生与不可再生自然资源，创造的物质财富超过了农业社会发展时期。由于科学技术的迅猛发展，大大缩短了人与自然的物质交换过程，人们工作时间缩短，闲暇时间增多了，其他生活方式开始从劳动生活方式中明显分离出来。生产的极大发展，物质产品的极大丰富，引起消费方式的巨变。大量消费、奢侈消费的生活方式导致资源无限制性消耗，环境污染严重。工业社会的生产方式建立在对资源大量利用的基础上，是以不惜牺牲生态环境为代价的经济活动，出现了物质资本增加和自然资本减少的"二律背反"现象。由于人类没有遵循自然规律，就不可避免地受到了自然的报复，如全球气候变暖、风雨成灾、洪水泛滥、疾病丛生、沙尘暴席卷等等。人类正面临着生存与发展的生态危机和社会危机。工业文明时代产生的各种危机孕育了人们的生态意识，呼唤着人们必须科学、简约、健康地消费，必须建立一种新的、可持续的生活方式，这种新的时尚的生活方式只能是生态文明型的。

在传统工业文明造成人类生存和发展多重危机的境况下，人类开始反思其生存方式是不是不合理、是不是哪里出了问题，人类要想尽可能地排除这些潜在的生存和发展的威胁，还得从自身的生存方式中找寻线索。工业文明的生产方式和生活方式是人与自然矛盾冲突的深刻根源。现存的人类生存方式具有毁灭性和自杀性，人类生存方式和正在摧毁着人类赖以生存的地球生态体系，已经把现代人类逼进了生态危机的深渊。比如，暴发在 20 世纪中后期的水俣病、骨痛病、"瓜纳里多病毒"等生态灾难，暴发在 21 世纪初的"SARS 病毒""新冠肺炎疫情"，这些都表明了：现有的人类生存方式本身就产生着人类生存危机，人类生存危机存在于人类生存方式之中。① 人类通过对传统文明形态特别是对工业文明的弊端进行反思后，不断提炼、升华人类文明新价值取向，倡导人、经济社会、生态环境的协调发展，这种扬弃了工业文明的新型文明形态就是生态文明，由于顺应了人与自然和谐共生的发展规律，生态文明可以说是人类历史文明的一次重大飞跃，据此而派生的一系列观念也同样构成了划时代的全新的发展观与实现观，是对以人为中心的传统发展观的革命性变革。② 实现生态文明的发展，既要变革生产方式，又要变革生活方式，人类必须不断努力，推动形成绿色生产方式和绿色生活方式。

二、工业文明与生态文明生活方式的区别

生活方式是一个历史过程，生产方式的变化、文明程度、生活观念、外力作用等都不同程度影响着生活方式。生活方式能体现出一个人的文明与素养，也标志着一个民族的素质和综合力量。这里我们仅仅立足于生态文明和工业文明两种文明形态来考察生活方式，将生活方式分为生态文明型生活方式和工业文明型生活方式。生态文明型生活方式是一种绿色的生活方式，那么生态文明指的是大家在生活中使用可再生的产品，追求健康主义，享受简朴而又低碳的生活。这也是一种有意义的生活，道德高尚的生活。③ 工业文明的传统生活方式是在日常生活中并不能主动选择绿色产品，也没有自觉参

① 参见刘思华：《现代经济需要一场彻底的生态革命——对 SRAS 危机的反思兼论建立生态市场经济体制》，载《中南财经政法大学学报》2004 年第 4 期。
② 参见高红贵、罗正茂：《人与自然和谐平衡关系的再思考》，载《生态经济》2020 年第 6 期。
③ 参见黄承梁：《提倡"绿色消费"生态文明型生活方式才最时尚》，载《人民日报》（海外版）2013 年 2 月 22 日。

与绿色行动的意识和行为，是一种"异化消费""为地位而消费"的不可持续生活方式。

（一）工业文明视域下的消费主义生活方式

马克思主义基本原理告诉我们，生产决定消费，消费对生产有反作用。有什么样的生产方式就有什么样的消费方式和生活方式。享乐主义、消费主义（大量消费）的生活方式是由工业文明的生产方式决定的。历史与现实都表明，工业文明的经济模式，是"大量生产、大量消耗、大量消费、大量废弃"的不可持续的黑色经济发展模式，决定其"大量消费的生活方式"。

所谓消费主义，实际上是指一种以消费为满足和幸福的价值观念和生活方式。19 世纪末 20 世纪初，以美国为代表的西方发达资本主义国家普遍存在着一种高消费、高享受、高浪费的生活方式。工业文明时代，消费主义生活方式占据主流。在工业文明生活方式的影响下，人们以消费主义为取向，发展出一种"异化消费"。这种"异化"的消费主义生活方式，把消费的多少与个人的身份地位和幸福度挂钩。这不仅破坏了人与自然的和谐平衡关系，也加剧了人与人之间的不公平，更不利于人们的身心健康。

消费主义生活方式的滋生首先根源于资本的增殖机制。资本的逐利特性驱使着资本主义生产只顾追求 GDP 增长，而不惜以牺牲生态环境为代价，把经济增长与环境保护对立起来、割裂开来，资本主义生产的目的不是为了满足社会需要，也将主体的美好生活欲求置于视野之外，影响了生存和发展的可持续性。为了攫取无限度的利润，资本通过制造和鼓吹人们的非理性欲望，不断强化人们对于商品的渴求，并希冀借此消解异化劳动所带来的剥削感和压迫感；然而超越理性需求的商品欲望必然带有反生态性质，这既是资本主义生产方式的逻辑必然，也是受资本意识形态操控的现代主体的宿命。其次，消费主义生活方式的兴起根源于资产阶级维护其统治的合法性需要。消费主义与资本主义有着千丝万缕的联系。资本主义追求利润的内在动因和内在规律的作用，剥削工人阶级不断进行大量的再生产，客观要求大规模消费，资本主义高度发达的社会生产力，保证了大规模消费品的社会生产。资本主义社会"大规模生产"、"大众消费"，是为资产阶级的贪婪、腐朽作辩护。资产阶级通过大众传媒和文化工业，持续刺激主体的非理性欲求，而不断扩大的商品生产不仅导致自然的过分介入，同时也产生了大量的废品和垃圾，对于人与自然的物质变换造成了严重影响。资本主义生产的直接目的和决定性动机是不断追求剩余价值的生产，资本主义社会的性质决定了资本主义生产与生活方式是寄生性、腐朽性和浪费性的。

消费主义生活方式的主要表现就是奢侈消费、过度消费、炫耀消费。西方发达国家借助于报刊、广告、电影、代理人、网络等手段将消费主义思潮、消费主义文化迅速传播到发展中国家，并日益渗透、影响到人们日常生活的每一个领域，人们越来越不只是满足于普通商品的消费，而是把消费目标转移到奢侈品消费上来。随着我国人民生活水平的提高，越来越多的人追求奢侈品牌商品、买豪宅、坐豪车，追求并实践着消费主义生活方式的大都是青年群体。奉行消费主义的人们"在商品中识别出自身；他们在他们的汽车、高保真音响设备、错层式房屋、厨房设备中找到自己的灵魂"①。这种对奢侈品的追求，超出了人们生存和发展的基本生活需要，而看重的是奢侈品的外表表征，过多、过度、过浮夸的包装外表最终会造成严重的环境污染。当前，我国过度消费的现象也非常严重，疯狂的网络购物，"买之即弃"，同时也在疯狂地制造垃圾，大量废弃物所造成的垃圾过剩，将会超出地球生态圈所能承受的能力。然而，一种基于面子心理、攀比心理、虚荣心理的炫耀消费，也在中国的大地上不断蔓延，这是一种额外消费和非理性消费。如果我们不能跨越消费主义的"三座大山"，那就很难克服"大量生产—大量消费—大量废弃"的传统生活方式，推行生态文明型生活方式、绿色生活方式就显得不切实际。

（二）生态文明视域下的绿色生活方式

生态文明所倡导的绿色生活方式是对传统工业文明生活方式的重新审视和彻底变革，它使得人类生活方式沿着绿色发展理念的要求来运行，使人类生活行为在自然生态系统阈值范围内进行选择，促进人与自然以及人与社会的和谐发展。绿色发展是一种科学、全面、协调和可持续发展，是一种人们

---

① ［美］赫伯特·马尔库塞：《单向度的人》，张峰等译，重庆出版社 1988 年版，第 9 页。

认识和处理人与自然关系的基本态度以及方式，这就从根本上决定了当今人类的生活方式必须践行绿色生活方式。

党的十八大以来，党中央和国务院对大力形成绿色生产方式和绿色生活方式作出了一系列新部署和新安排。"坚持绿色富国、绿色惠民，为人民提供更多优质生态产品，推动形成绿色发展方式和生活方式，协同推进人民富裕、国家富强、中国美丽。"① 党的十八届五中全会明确指出："坚持绿色发展，必须坚持节约资源和保护环境的基本国策，坚持可持续发展，坚定走生产发展、生活富裕、生态良好的文明发展道路，加快建设资源节约型、环境友好型社会，形成人与自然和谐发展现代化建设新格局。"② 大力"培育绿色生活方式。倡导勤俭节约的消费观。广泛开展绿色生活行动，推动全民在衣、食、住、行、游等方面加快向勤俭节约、绿色低碳、文明健康的方式转变，坚决抵制和反对各种形式的奢侈浪费、不合理消费"③。简约适度、绿色低碳、文明健康的生活方式就是绿色生活方式所提倡的。这些新部署新安排，充分表明我们认识形成绿色发展方式和绿色生活方式的重要意义。

对绿色生活方式的诠释。关于绿色生活方式的时代内涵，不同学科的学者们给出了不同的理解和诠释，大致讨论三个方面的内容。一是绿色生活方式内涵的价值内蕴。就其概念而言，强调以低碳和循环或可再生的生态方式开展日常生活。绿色生活方式要求人们充分尊重生态环境，重视环境卫生，确立新的生存观和幸福观，倡导绿色消费，以达到资源永续利用、实现人类世世代代身心健康和全面发展的目的。④ 广义的绿色生活方式是指以人与自然和谐共生为根本价值取向的人的现实生活过程或人的活动过程；狭义的绿色生活方式则主要是指绿色消费方式，即人们在消费过程中，以人与自然的和谐共生为最高旨趣，以高尚的消费道德、健康的消费心理进行科学的、合理的、适度的消费。⑤ 二是绿色生活方式的构建。实践绿色生活方式必然要

---

① 《中共中央关于制定国民经济和社会发展第十三个五年规划的建议》，人民网，2015 年 11 月 3 日，见 http://politics.people.com.cn/n/2015/1103/c1001-27772701.html。

② 《大力推动生活方式绿色化 加快推进生态文明建设——〈关于加快推动生活方式绿色化的实施意见〉解读》，载《中国环境报》2015 年 11 月 17 日。

③ 《关于加快推进生态文明建设的意见》，载《人民日报》2015 年 5 月 6 日。

④ 参见张云：《积极倡导和培育绿色生活方式》，载《河北日报》2017 年 7 月 21 日。

⑤ 参见张三元：《绿色发展与绿色生活方式的构建》，载《山东社会科学》2018 年第 3 期。

面对生产和消费的关系问题。用绿色消费方式引导形成绿色生产方式，用绿色生产方式推动绿色消费方式的形成。这两者相互促进、共同发生作用，共生共荣。加快建立政府政策引导、法律保障、文化自觉等多管齐下机制，共同作用推进绿色生活方式的形成。[1] 构建绿色生活方式，必须树立美好生活观，培育绿色生活社会风尚，强化绿色生活制度。[2] 三是以绿色消费引领生活方式绿色化。绿色消费可以说是一种扬弃了物质主义生活观念的以使用价值为关注点的理性消费行为，绿色生活方式不仅是指一种购买绿色产品或者享受绿色服务的行为，它更重要的在于一种绿色的生活意识，一种内化的生活观念，并能内化为日常生活行为习惯，使其成为一种自觉的行为。[3] 绿色生活方式是一种科学的生活方式，建立在绿色发展理念基础上，用绿色文化驱动社会成员生活观念的更新，倡导激励人们进行绿色消费，用道德规范约束人们的生活陋习，从而实现生活方式变革与经济社会发展的良性互动。四是绿色生活方式的目标指向。北京地球村环境教育中心廖晓义把绿色生活方式概括为：节约资源，减少污染；绿色消费，环保选购；重复使用，多次利用；分类回收，循环再生；保护自然，万物共存。[4] 以上学者观点是从社会生活生态化以及生态和谐、生态幸福的角度来研究人类生活行为价值取向和行为选择，从而倡导要崇尚这种新的、文明的、健康的绿色生活方式。绿色生活方式倡导的是人以自然为友，珍爱自然，正确处理好人与自然的关系。随着对绿色生活方式的探究和认识的不断推进，人们逐渐认识到，生活的展开方式实际上构成了生产方式作用于生态范畴的具体中介，因此，保护自然环境，维系生态平衡，就必须从自我做起，从改变个人生活习惯做起，一句话，必须变革人类的行为方式和生活方式。

绿色生活方式是科学发展观的客观要求。改革开放以来，我国的生活方式已经发生了很大变化，由传统的封闭型、单一的生活状态转变为具有现代性色彩的丰富多样的生活状态，但仍然存在着诸多不良的生活习惯或生活方

① 参见胡雪艳、郭立宏：《引导培育绿色生活方式》，载《光明日报》2016年5月3日。
② 参见崔龙燕等：《生活方式的生态影响与绿色重构》，载《林业经济》2019年第6期。
③ 参见黄平、莫少群主编：《迈向和谐——当代中国人生活方式的反思与重构》，天津科学技术出版社2004年版，第203—208页。
④ 转引自吴芸：《全方位推行生活方式绿色化》，载《唯实》2015年第10期。

式。比如，农村封建迷信活动盛行，嗜赌成灾，奢侈浪费严重，白色污染长期存在，生产和生活过程中污染严重。这种生活方式现状与党的十七大报告提出的要求相差甚远。党的十七大报告提出："坚持生产发展、生活富裕、生态良好的文明发展道路，建设资源节约型、环境友好型社会，实现速度和结构质量效益相统一、经济发展与人口资源环境相协调，使人民在良好生态环境中生产生活，实现经济社会永续发展。"[1] 尽管人们不断在努力改进和探索现代生活方式，但由于传统的发展观和价值观产生的享乐主义和消费主义渗透很快、影响颇深，人们奢侈浪费的生活行为蔓延到每一个领域，生活方式高碳化、高污染现象仍然比较突出，这与党的十八大、十九大提出的"勤俭节约"、"绿色低碳"、"文明健康"等要求是相悖的。因此，必须加大力度推进生态文明建设，加快形成绿色生产方式和绿色生活方式。科学发展是建设生态文明、发展绿色经济的生命线，以人为本的科学发展观的完整内涵和精神实质有两层含义：一是在经济社会领域处理人与自然的社会关系是以人为本；二是在生态自然领域处理人与自然的生态关系是以生态为本。生态文明的绿色发展就是要实现人与自然和谐共生，影响和制约人与自然和谐发展的因素有很多，但人的生活方式是一个非常重要的影响因素。要使人民在良好生态环境中生产生活，就必须要使整个社会生活方式与生产方式相适应。为了过上更好更美的生活，必须变革生产方式，调整生活方式，构建绿色生活方式。

推动生活方式绿色化。生态文明建设的有序推进离不开生活方式的绿色化。建设生态文明，不仅需要国家从宏观层面推广科技含量高、资源消耗低、环境污染少的生产方式，而且需要公众自下而上形成绿色生活新理念，在日常生活中主动为节约资源、保护环境而努力。每个人节约一滴水、一度电，少开一天车，多种一棵树，累加起来就会取得显著的资源节约和环境改善成效。在市场经济体制下，绿色消费可以倒逼厂商不断进行绿色技术创新，以满足消费者的生态需求；大众在垃圾分类处理、废旧物品回收等方面自觉承担义务，可以有效促进绿色发展。遵循绿色发展的要求，不仅是政府

---

[1] 胡锦涛：《高举中国特色社会主义伟大旗帜 为夺取全面建设小康社会新胜利而奋斗——在中国共产党第十七次全国代表大会上的报告》，载《人民日报》2007年10月25日。

层面的倡导，同样也是全体人民群众的共同诉求，可以说，绿色发展人人有责。因为绿色发展既可以延续发展的可持续性，同样也能够为人民群众提供良好的生存环境。据此，人民群众应当努力养成绿色生活习惯，政府、企业等也应当提供更多更好的绿色产品、节能产品，在发展经济过程中保护环境的同时创造更加舒适的生活。绿色生活方式既提高生活水平，又保护自然环境、能源和生物多样性的科学、健康、可持续。绿色生活方式带来公众对更多更好更舒适生产服务的需求，带来公众对更高环境质量的要求，进而加速了生产企业的绿色转型，从而驱动生产和服务创新，带来更多的经济增长点。生态文明理念和绿色生活方式在价值意蕴层面具有同质性，生态文明内涵的复杂性决定了工作开展的系统性，需要生产方式和生活方式的协同变革。生态文明型的绿色生活，需要全社会"同呼吸、共奋斗"，需要全体社会成员的共同努力。

三、生态文明视域下绿色生活方式的构建

自然界作为先在于人类而处在的物质环境，构成了主体生存须臾不可分离的生存境遇。坚持人与自然的和谐发展也共生共荣，大力推进生态文明建设，调整人的行为、纠正人的错误行为。着力推进绿色发展、循环发展、低碳发展，积极倡导和培育绿色生活方式。构建绿色生活方式，必须要有顶层的制度设计保障，遵循和谐共生和持续协调发展的原则。

（一）构建绿色生活方式应遵循的原则

1. "人与自然和谐共生"的原则

人因自然而生，人与自然是一种共生的关系，只有按照自然界本有的规律加以改造和利用，才能够充分发挥自然界作为资源宝库的地位。人类的生产活动和生活行为都必须尊重自然、保护自然。和谐共生是自然界的普遍规律，绿色生活方式的构建必须符合自然法则，自然法则是人类行动的指南之一。换言之，人类实践图式的展开不能越过自然所本有的规律，即按照自然界在理性的意义上才是人类的自然宝库，而非能够满足人类的非理性欲求。因此，人类应当按照可持续发展的原则，在环境承载力的范

围之内开发和改造自然，例如取缔高能耗和高污染的行业，倡导绿色的衣食住行等，因为一旦自然环境遭到损害，不仅其恢复时间长达数百年甚至更久，人类也会遭到自然的责罚，例如资本主义现代性早期的伦敦烟雾事件以及日本的水俣病事件等。所以，只有在充分尊重自然和掌握规律的基础上，发挥人类的主观能动性，才能长久、持续而繁荣地发展。科学的、合理的、健康的消费模式和适度的消费规模，有利于保护和改善人们赖以生存和发展的环境，有利于经济的持续发展和社会的不断进步，实现人与自然的共生共存。

2. 协调发展的原则

绿色生活方式是与生态环境相协调和共生的生活方式。也就是说，必须遵循可持续发展的协调性原则，遵循生态学高效、和谐和自我调节的原则。协调发展注重解决发展过程中的不平衡问题，注重调整各种关系，注重发展中的整体效能。由生产方式决定的生活方式，是一个持续发展变化的过程，不能脱离自然生态环境来孤立考察生活方式，必须考虑社会和人类时代生命延续和可持续发展。绿色生活方式要求协调人类的持久生存与资源持续利用的关系，做到在享受舒适生活方式的同时，不忘保护生态环境。协调发展原则实际上就是绿色发展系统内在关系的协调，包括人地关系、代内关系、代际关系的协调。在发展过程中出现的环境退化、环境冲突等不协调问题，必须在协调发展原则下加以解决。

3. 可持续性的原则

人类在选择生活方式的同时必须要将日常生活实践置于个体、社会和国家的关系中加以把握。我们必须立足新时代中国特色社会主义的国情、中国现实的生态环境现状，用新发展理念来选择新生活、绿色生活。绿色生活源于绿色发展，这是 21 世纪人类可持续发展道路的必然选择，通过生态、经济和社会三个维度的有机统一，实现社会的永续发展。所谓生态可持续性，强调的是自然资源和环境转变为社会生产力的能力，经济可持续性是社会和生态可持续性的保障。社会可持续性包括生态可持续性和经济可持续性，社会可持续性问题的中心是"以人为本"的社会发展，强调满足人类日益增长的各种需要。

（二）加强生活方式绿色化的顶层制度设计

注重绿色发展理念的顶层设计。由于绿色发展理念的践行是一项系统工程，也是一项艰巨而长期的工程。理念决定方向，绿色发展理念指引经济和社会发展的措施和方向，践行绿色生活方式离不开绿色发展理念的规约和指引。

党的十八大、十八届三中和四中全会精神共同关注了"生态文明建设"的内涵和重要意义，并在制度建设层面为生态文明建设提供了保障。之后，党中央又在一系列相关文件中细化了生态文明建设的途径和举措，并进一步提出"绿色化"理念。同时把"绿色发展"作为全面建成小康社会、实现现代化和美丽中国梦的发展理念之一，明确指出"绿色是永续发展的必要条件和人民对美好生活追求的重要体现"，要"形成人与自然和谐发展现代化建设新格局，推进美丽中国建设"。因此，必须要"树立尊重自然、顺应自然、保护自然的生态文明理念，坚持节约资源和保护环境的基本国策，坚持节约优先、保护优先、自然恢复为主的方针，着力树立生态观念、完善生态制度、维护生态安全、优化生态环境，形成节约资源和保护环境的空间格局、产业结构、生产方式、生活方式"①。必须"实行最严格的制度、最严密的法治"②，为生态文明建设提供可靠保障，"加强生态文明宣传教育，增强全民节约意识、环保意识、生态意识，营造爱护生态环境的良好风气"③。"蓝天常在，青山常在，绿水常在"，让人们"都生活在良好的生态环境之中，这也是中国梦中很重要的内容"。

（三）绿色生活方式的实现路径

1. 建立宣传教育联动机制和强化生活方式绿色化理念

要实现上述生活方式绿色化的目标，就必须采取如下措施。

第一，树立绿色生活理念。加大绿色生活宣传力度，宣传推广生活方式绿色化行动中的典型经验、典型人物，树立并表彰节约消费的榜样，充分发

---

① 《习近平谈治国理政》，外文出版社 2014 年版，第 208—209 页。
② 《习近平谈治国理政》，外文出版社 2014 年版，第 210 页。
③ 《习近平谈治国理政》，外文出版社 2014 年版，第 210 页。

挥典型的示范引领作用。反面曝光奢侈浪费现象，用正确的观念引导正确的行动。通过绿色生活宣传、网络宣传，建立现场展示平台和网路展示平台，使城乡居民确立绿色发展理念和绿色消费观念。引导人们树立科学、文明、简约、健康的消费观念。作为一种观念，消费观是社会经济现实在人们头脑中的反映，消费观折射出生活观。生活观念是人们对生活的态度、看法、观点的总和，它指导着消费个体如何选择、选择什么样的方式生活。人的行为方式以思想为先导，思想是灵魂，思想观念支配和引导着个体进行行为选择。因此，提高全体社会成员的绿色生活理念至关重要，党员干部要率先垂范、勤俭节约、努力践行绿色生活方式。目前，我国生活消费模式上存在的问题还很多，比如，奢侈消费、攀比消费、资源浪费型消费、环境破坏型消费、对野生动物的野蛮消费等不良陋习消费，这些不良消费方式极大地浪费了资源、增加了碳排放、污染了环境。而这些传统的生活消费行为根源就在于人们没有真正树立正确的价值观和消费观。因此，政府要致力于向社会大众传播生态价值观念和人文精神，新闻媒体要大力宣传绿色生活方式的必要性和重要性。将绿色生活教育融入社会文化建设中去，以提高广大人民群众维护社会公众利益和生态环境的自觉性和责任感，建立起个人生活要对环境负责任的观念。

第二，学习绿色生活知识，提高生态意识，自觉践行绿色消费。每一个社会成员都盼望自己能拥有良好的生活环境，人民群众迫切需要清新的空气、清澈的水质、清洁的环境等生态产品，优质生态环境变得特别珍贵。由此，新发展方式将会给社会提供更多的绿色消费品，让每一个社会公民都能够享受到绿色生活。绿色生活源于绿色生活方式，而绿色生活方式的实现最终要依靠每一个社会成员的努力，任何层面和领域的生活方式都必须通过个人的具体活动形式、状态和行为特点表现出来。很显然，绿色生活方式的实现，取决于我们每一个人的行动。每一个社会公民只有主动学习绿色生活知识，并在生活实践中有意识地选择绿色、生态和环保产品，培育生态友好型的习惯和行为模式，方可在社会层面推动绿色生活方式的展开。绿色生活方式需要全社会共同努力，并要落到实处，落实到绿色家庭、绿色学校、绿色医院、绿色社区、绿色公交的创建活动中去。

2. 建立完善推动生活方式绿色化的保障制度

生态文明建设需要最严格的制度、最严密的法治作保障。同样，绿色生活方式绿色化也需要制度保障，一方面，依靠正式制度和非正式制度建设，人们才能把绿色生活的理念转变为绿色生活的行动。绿色生活意识转化为绿色行动需要依靠制度来保障。另一方面，依靠制度保障，运用制度引导、规范、约束人们参与绿色消费。如果没有制度的引导和保障，绿色生活方式就更难以形成或更难以实现。一是建立健全有关绿色生活绿色消费领域法律法规；二是制定加快推行绿色生活方式的激励政策和扶持措施。制定与环保政策相一致的经济政策，改变以往政策的经济利益至上的价值取向，树立经济利益、社会利益与生态利益相结合的价值取向，制定科学化、系统化的绿色政策。对生产和提供绿色产品的企业给予财政支持，对采用先进技术开发利用资源的生产活动，给予专项资金补助、税收减免。利用绿色财政和绿色税收政策鼓励公民积极选择绿色消费。采取激励引导与惩戒兼顾的策略。对有利于生活方式绿色化的行为，无论是个人还是团体，都应该给予肯定、鼓励和激励；对损害生态环境的行为必须加大监管的处罚力度。

3. 引领生活方式绿色化转变

生活方式绿色化是一个社会转变过程，需要全社会共同努力，需要政府推动、全社会共同行动、全民积极主动参与等多方面协调推进。政府推动开展"绿色创建"试点示范工程。选择条件较好、工作较成熟、经验较丰富的北京、天津、石家庄、秦皇岛、保定等城市开展试点工作，建设低碳城市。通过开展低碳生活网络达人评选等方式，调动大众践行绿色生活的积极性。我国已经建立 488 所国家级"绿色学校"和 2300 个省市级"绿色社区"。"绿色创建"成为落实科学发展观、构建环境友好型社区的具体实践。党的十九大报告强调"创建节约型机关、绿色家庭、绿色学校、绿色社区和绿色出行等行动"[①]。通过开展绿色系列创建活动，构建全民参与的绿色行动体系。变革生活方式，让节约、环保、低碳成为社会的主流生活方式和消费方式，将会产生巨大的"绿色效益"。生活方式改进的每一小步，都能

---

① 习近平：《决胜全面建成小康社会　夺取新时代中国特色社会主义伟大胜利——在中国共产党第十九次全国代表大会上的报告》，人民出版社 2017 年版，第 51 页。

带来生态环境改善的一大步。如果每个人都能践行节约、低碳、环保的绿色生活方式，并影响和带动身边更多的人，全社会追求的绿色生活也就为期不远了。践行绿色生活方式，是每个人的义务和责任。这就要求：

其一，创建节约型机关。"节约型机关"可以说是"两型社会"建设战略的具体落实。党的十六届五中全会明确提出"建设资源节约型、环境友好型"社会，并首次把建设资源节约型和环境友好型社会确定为国民经济与社会发展中长期规划的一项战略任务。资源节约关注的是社会经济活动中的资源使用效率，"节约"强调的是"节流"。党的十七大报告再次强调，"坚持节约资源和保护环境的基本国策"，"把建设资源节约型、环境友好型社会落实到每个单位、每个家庭"。党的十八大面对资源约束趋紧、环境污染严重，进一步重申要"坚持节约资源和保护环境的基本国策，坚持节约优先"。党的十九大继续强调"绿色创建"，"创建节约型机关、绿色家庭、绿色学校、绿色社区和绿色出行等行动"。

创建绿色节约型机关的基本要求和措施：一是将节电节水融入日常的工作生活中。严格执行室内空调温度设置标准，自觉做到非工作时间不开空调，无人时不开空调，开空调时不开窗；盛夏季节，有意识地调高空调的温度，就意味着少用一点电能，意味着少一点发电过程中的可吸入颗粒物排放；倡导办公室使用节能灯具、充分利用自然光照明，能步行上楼就尽量不乘电梯，不使用规章制度规定以外的电器，下班后自觉关闭电脑、打印机等设备；节约用水，自觉地及时地关好水龙头，坚决杜绝"细水长流"和跑冒滴漏等现象。二是节约办公用品，践行绿色办公。尽量使用电子化、无纸化办公，减少纸质文件和资料印发数量，采用双面打印纸张，不使用一次性纸杯接待来客。提倡使用可更换笔芯的签字笔，办公耗材循环使用。"无纸化办公"每推进一步，就意味着木材资源少浪费一分，意味着少一些纸张在生产过程中的污染。自觉养成垃圾分类习惯，做到不混放、不混投，便于资源回收利用。三是节约车辆用油，践行绿色出行。倡导公务出行拼车和选用公共交通方式，降低公务车辆使用频率；积极践行"1公里以内步行，3公里以内骑自行车，5公里左右乘坐公共交通工具"的绿色低碳出行方式，尽量少开私家车，优先使用小排气量、新能源汽车。四是节约办公经费，拒绝不合理消费。精简会议次数、压缩会议内容和参会人数，提高会议效率，提倡召开电话会议、视频会议，倡导就地开会、减少异地开会的会务支出；公务接待不讲排场、不超标准接待，减少不必要的调研考察活动；不超标使用办公室；厉行节约粮食，提倡"光盘行动"，坚决杜绝舌尖上的浪费。

其二，创建绿色家庭。家庭是微观人口经济学研究的基本单元之一，家庭是追求效用满足最大化的理性经济组织。以家庭为单位的经济行为，从广义上来说，不仅包括日常的消费、收入，还包括一些非必要的、具有偶然性以及投资性的支出，例如婚姻、剩余、休闲服务购买等。一个家庭的生活活动除了生产（劳动）与消费外，还要参加必要的社会交往活动，以求家庭成员的生存和发展。家庭是社会的最小细胞，家庭生活方式投射了群体的意识，家庭的形成以血缘为纽带。家庭虽然是一个微小细胞，但每个家庭都是偌大地球中的一分子，自然也是关系国家和经济社会发展的重大问题。构筑绿色生活方式必须从每一个人自身做起，从每个家庭做起。绿色家庭建设的基本要求包括以下四个方面的内容。

一是绿色家庭要求家庭劳动方式科学化。父母教育孩子尊老爱幼、热爱劳动，家务劳动要让孩子适当分担，不能包办孩子自身的清洁工作，要改变不良的卫生习惯和生活习惯，反对参与赌博以及封建迷信活动。

二是绿色家庭要求家庭消费方式绿色化。一般来说，家庭的收入分配结构较为稳定，例如衣食住行和子女教育等必要开支以及生活中的非必要花销等，这些花销在家庭的收入结构中是此消彼长、相互制约的关系。因此，在家庭收入一定的情况下，要合理安排家庭理财投资，适度调整消费结构，加大绿色消费力度；积极参加社会保障活动，包括生活中的节水节电意识，在日常出行中多选择公共交通，在消费过程中有意识地选择低碳环保产品，在饮食结构中不仅要注重营养均衡，同时也要追溯食品来源，选择有机和无公害的产品等。

三是绿色家庭要求教育方式民主化、生态化。绿色生活渗透到生活的每一个细节，家庭是主体日常生活的最小单元，环保意识置入显得尤为重要。绿色生活只有得到家庭的支持和响应，才能与政府、企业一起汇聚产生一股强大的绿色合力。显然，家长必须具备较高的生态文明意识，具备较高的环境素养，主动践行绿色生活方式，为孩子树立节俭、健康、文明的生活习惯榜样。家长积极参与野生动物保护、义务环保宣传等绿色公益活动，积极参与"绿色生活 最美家庭""美丽家园"建设等主题活动。积极倡导绿色生活理念。父母应根据孩子不同年龄段选择不同的施教方式，注重教育引导，家庭成员之间相互模仿、相互影响，提升家庭成员的生态文明意识。

四是绿色家庭要求家庭闲暇生活方式绿色化。在家庭收入一定的情况下，父母选择自己照料和抚养孩子，父母和其他家庭成员由此就失去了闲暇时间和消费娱乐时间。因此，绿色家庭要求合理安排利用工作和休息闲暇时间，并利用其继续充电学习，更新工作中需要的新知识；多参加社会交往活动，参加文体、健身活动，不断提高自身的情趣素养；多亲近自然、走进自然，领略祖国的山川美景。

其三，创建绿色社区。社区对于现代生存主体而言具有重要意义，它是介于家庭和城市区域规划之间的一个具有相对稳定性的聚集单元。社区除了是一个居住场所以外，还承担着许多重要的社会功能，社区的公共服务是否完善、保障是否充分关系到具体的生活舒适、人与人之间和谐相处等等。社区发展支撑着生态文明建设和绿色发展，生态文明绿色发展对接到人类安身立命、生活栖息的基本单元——社区建设与发展上，就是要建设绿色社区。社区建设发展的基本规律是"人—自然—社会"间共生共存共荣与和谐，基本要求是关爱自然生态、社会生态、人类生态的发展。[①] 生态文明建设的需求与绿色发展转型，成为绿色社区建设的文明形态的依存与发展模式的选择。在生态文明视域下，社区发展的指向也一定是对工业文明时代社区建设、发展的扬弃，实现社区建设发展的绿色转型——绿色社区。

为了贯彻落实党的十七大、十八大精神，国家下达了许多相关文件以及实施意见，对绿色社区创建活动给出具体指导。如开展"绿色饭店""绿色社区""节约型机关"等创建活动。《国家环境保护"十一五"规划》也指出，"倡导绿色消费、绿色办公和绿色采购，广泛开展绿色社区、绿色学校、绿色家庭等群众性创建活动"，强调了绿色社区对于改变既有的非生态消费习惯的关键意义。根据国家生态环境部的定义，绿色社区主要是指那些具有清洁能源使用、垃圾回收、合理的绿化面积和生态化的居民生活习惯的社区，同时，居民能够积极参与到社区的治理过程中，能够共同制定针对社

---

① 参见万华炜：《绿色社区》，中国环境出版社 2016 年版，第 106 页。

区环境的具体政策。就软硬件层面而言，绿色社区也有具体规定，例如日常生活设施与能量和废物的搜集、循环和利用设施以及针对性的环境保护和监管体系等。其中，建立公众参与环境保护机制，包括政府各有关部门、驻区单位、民间环保组织、物业管理公司、居民委员会、业主委员会、绿色志愿者队伍等等。① 该定义认为，创建绿色社区，不能只争朝夕，应当有长效的工作机制，特别是在监察和管理层面，能够巩固业已形成的政策和制度。万华炜教授给出了针对绿色社区的概念界定，在其看来，绿色社区应当秉承人与自然和谐共生的建设理念，将生态思维融入日常生活的全过程，这就不仅提出了针对社区建设的硬件标准，也包括软件的设置，特别是能够保证公共空间的生产与社区居民的参与机制，唯其如此，方可构建主体与自然共生共荣的绿色社区。② 同时，他指出，符合"绿色社区"称号的社区，必须符合以下条件：一是科学合理的社区规划；二是系统化和标准化的工程质量监督体系；三是建筑材料的选取应当符合国家强制安全标准，建筑垃圾的清理也应当符合国家的环保要求；四是社区的能源消耗应来自再生或清洁能源；五是在废物利用和能源的循环使用层面应当达标；六是社区绿化面积以及公共空间的建设应当符合国家标准；七是形成有效的公民参加机制；八是居民的衣食住行等消费行为应当满足绿色环保的标准。③ 也就是说，创建绿色社区是有要求、有条件、有标准的。

创建绿色社区的目的在于：首先，绿色社区的创建有利于将党中央关于生态环境保护的政策落实到有效的责任主体；其次，社区作为居住的空间单元，有利于让绿色生活方式渗透于百姓的日常生活；最后，创建绿色社区的根本目的就是要保障从城市到乡村的宜居环境。

创建绿色社区的主要方法与措施在于：一是开展绿色生活主题宣传，培育居民社区文化，使社区居民了解创建绿色社区的意义和作用，发动居民广泛参与；二是加大绿色社区建设力度；三是努力提高社区管理水平；四是要提供社区优质服务；五是开展绿色社区指标考核体系研究。

---

① 参见周围：《"绿色社区"丰汇园：绿色环境、绿色行为、绿色心灵》，载《环境教育》2006 年第 6 期。
② 参见万华炜：《绿色社区》，中国环境出版社 2016 年版，第 112 页。
③ 参见万华炜：《绿色社区》，中国环境出版社 2016 年版，第 111—113 页。

其四，创建绿色学校。为积极响应国家发展改革委印发的《绿色生活创建行动总体方案》要求，到 2022 年，在全国范围内建成一大批绿色学校，在全社会倡导绿色生活理念，推广绿色生活方式，实现生态文明理念深入人心。2018 年 7 月 7 日，生态文明贵阳国际论坛的主题为"走向生态文明新时代：生态优先 绿色发展"，其中一个分论坛以"生态文明 绿色学校"为主题，探讨生态文明时代下的绿色学校创建。分论坛旨在汇聚教育界同仁与各界专家开展交流与合作，深入指导和服务全国绿色学校建设，使学校真正成为集生态教育、人才培养、科技创新和推动绿色社区、绿色城市发展于一体的实验室和引擎。

绿色学校的建设离不开美学工业、美学人才和美学教育，在建设过程中应将宣传绿色发展理念作为首要任务，同时注重目标引领、规划优先、量化评价和平台服务，建设绿色、智慧和面向未来的新校园，将学校作为运行中的绿色发展实验室。生态环境部宣传教育中心主任贾峰提出，绿色学校创建应该将生态文明教育内容纳入学校课程，将学校作为生态文明的示范基地，学校的管理者、老师和学生应携手共同参与到绿色低碳校园的建设中来。

其五，提倡绿色出行。绿色出行通常是人们自觉减少不必要的出行、尽量选择小轿车合乘出行等；绿色车辆选择是指在确实需要购置小轿车时，尽可能选择混合动力、燃气等低排放、低能耗的车型；绿色驾驶习惯是指驾驶机动车的过程中尽可能少急刹车、长时间等待关闭引擎、少按喇叭等。[1] 影响居民出行方式选择的因素有很多，既包括出行者内在的个体心理意识和外在的机动车替代品便利性，也包括个体的性别、教育背景和收入水平，比如个人的年龄、家庭收入、家庭基本情况、时间成本、距离城市远近、城市建筑规模等，还包括出行者的环保意识以及内在的情感，比如对于出行舒服度和可选择方式的感知、对于多样性的喜欢、对驾车的渴望等。研究这些影响因素，有利于帮助绿色出行相关产业的企业管理者更有针对性地进行绿色产品营销，也有利于政府更好地引导城市居民绿色出行。[2]

---

[1] 参见尹怡晓、钟朝晖、江玉林：《绿色出行——中国城市交通发展之路》，载《科技导报》2016 年第 17 期。
[2] 参见李杨：《基于扎根理论的城市居民绿色出行影响因素分析》，载《社会科学战线》2017 年第 6 期。

目前，我国发展绿色出行还存在一些问题，比如，非机动车道被停放的机动车挤占，共享单车乱停放影响通行，绿色出行在与机动车争路中处于弱势地位，等等，步行和自行车在交通系统中发挥的作用逐渐减小，以北京为例，从 1986 年至 2015 年，北京市自行车出行承担率由 62.7% 下降到 12.4%，这主要是因为步行和自行车通行空间受到挤压。2017 年调查数据显示，在行人希望步道得到改善的内容中，排名前三的分别是消除违章占用人行道停放的车辆、步道的宽度和步道的休憩设施。自行车骑行者最希望自行车道在得到改善的内容中，排名前三的也是消除违章占用人行道停放的车辆、步道的宽度和自行车停放设施。[①] 只有让绿色通行获得优先、更加通畅、成为享受，而不是被边缘、受排挤，才能极大地鼓励人们将其作为第一选择。因此，在生态文明新时代里，我们必须开启绿色出行的新时代，让绿色低碳出行成为我们每一位市民的一种生活习惯和生活方式。创建绿色出行行动的方法和措施在于：一是积极开展绿色出行宣传活动。广泛宣传倡导绿色、环保、低碳的生活方式，传播低碳理念，倡导广大人民群众绿色出行，"能走路就不乘车，能乘车就尽量不开车"，选择公共交通、选择绿色出行，公交优先、市民优先、环保优先。二是鼓励更大范围内推广新能源汽车，包括纯电动汽车、插电式混合动力汽车及燃料电池汽车。纯电动汽车无污染、噪声小、能量转换效率高。选择新能源汽车，可以减少碳排放，有利于保护环境，有利于人体健康。三是坚持以人为本的原则，形成各种交通方式和谐共存、有序衔接的城市交通系统。彻底改变大城市交通中重"车"轻"人"的设计思路，树立"慢交通优先"理念，努力打造步行和自行车的慢行交通系统建设。慢行交通系统代表性模式有："步行+自行车为主体"，"步行+自行车+公交均衡"，"以小轿车为主，步行+自行车为补充"。让绿色出行更加畅通无阻和更加便捷。

---

① 参见邱玥：《从"车的城"到"人的城"——从我国慢行交通系统建设看绿色出行回归》，载《光明日报》2017 年 8 月 17 日。

第七章 绿色发展方式与"美丽中国"建设

我国要实现"两个一百年"奋斗目标，必须坚持以经济建设为中心，坚持把发展作为执政兴国的第一要务。长期的粗放型的经济发展模式造成了发展与资源环境之间的矛盾，造成了严重的生态环境问题，付出了巨大的生态代价。因此，建设美丽中国的必要前提是要变革发展观和转换粗放型发展方式，代之以遵循经济规律、自然规律的可持续和协调发展。

一、绿色发展方式与发展观的革命变革

党的十一届三中全会以来，中国共产党人的发展观念先后经历了几次大的变革。在经历了"实践是检验真理的唯一标准"的争论后，邓小平进一步提出了"生产力标准"和"三个有利于标准"，明确肯定社会主义的本质是解放和发展生产力，并根据中国的国情提出"发展是硬道理"的发展理念。在这一发展理念的指导下，中国经济实现了长时间的高速增长，但也在具体实践中造成了高投入、高污染、高消费等环境问题。实践证明，传统经济增长方式属于数量型增长，经济快速增长是以浪费资源和平衡生态环境为代价的，经济、社会、生态的持续性发展能力低。

党的十四届五中全会第一次全面、系统和深入地分析了人口、资源与环境的辩证关系。在党的十四届五中全会上，"可持续发展战略"被写入"九五"计划，意味着发展的持续性问题已经被置于重要的战略地位，这也是"可持续发展"第一次出现在党的文件之中。所谓可持续发展，就是满足当代人的利益不以牺牲后代人利益为代价。为此，我们的应对措施是："在现代化建设中，必须把实现可持续发展作为一个重大战略。要把控制人口、节

约资源、保护环境放到重要位置，使人口增长与社会生产力的发展相适应，使经济建设与资源、环境相协调，实现良性循环。必须坚定不移地执行计划生育的基本国策，严格控制人口数量增长，大力提高人口质量。……要根据我国国情，选择有利于节约资源和保护环境的产业结构和消费方式。坚持资源开发和节约并举，克服各种浪费现象。综合利用资源，加强污染治理。"①

面对我国人口、资源、环境的巨大压力，生态建设与环境保护的任务极为艰巨。党的十五大报告进一步强调："在现代化建设中必须实施可持续发展战略。"党的十六大报告强调指出，必须"把可持续发展放在十分突出的地位，坚持计划生育、保护环境和保护资源的基本国策"，并把提高可持续发展能力作为全面建设小康社会的重要目标，以实现"可持续发展能力不断增强，生态环境得到改善，资源利用效率显著提高，促进人与自然的和谐，推动整个社会走上生产发展、生活富裕、生态良好的文明发展道路"。②尽管我国经济增长取得了令人瞩目的成绩，但是资源环境面临的压力越来越大。党的十六届三中全会提出了"坚持以人为本，树立全面、协调、可持续的科学发展观，促进经济社会和人的全面发展任务，强调市场在资源配置中的基础作用"，将科学发展观作为社会主义现代化建设的理论指导。科学发展观坚持"以人为本"，也就否定了非人类中心主义在伦理观上将人与自然完全等同看待的观点。它注重经济、社会和人的全面发展，人既是发展的主体，又是发展的对象。同时以人为本，也看作人类生存和发展的基础和前提。胡锦涛同志指出："可持续发展，就是要促进人与自然的和谐，实现经济发展和人口、资源、环境相协调，坚持走市场发展、生活富裕、生态良好的文明发展道路，保证一代接一代地永续发展。"③

党的十七大报告指出："建设生态文明，基本形成节约资源和保护生态环境的产业结构、增长方式、消费模式"，并将"全面、协调、可持续"作为科学发展观的主要内容。党的十七大报告还强调，要使"生态文明观念在全社会牢固树立"。这是党的正式文件中第一次使用"生态文明"的概

---

① 江泽民：《正确处理社会主义现代化建设中的若干重大关系——在党的十四届五中全会闭幕时的讲话（第二部分）》，载《人民日报》1995 年 10 月 9 日。
② 《江泽民文选》第 3 卷，人民出版社 2006 年版，第 544 页。
③ 胡锦涛：《在中央人口资源环境工作座谈会上的讲话》，载《光明日报》2004 年 4 月 5 日。

念，把生态环境的重要性提高到了"文明"的高度。2012 年，党的十八大报告将生态文明建设纳入"五位一体"总体布局之中；"绿色发展"第一次正式出现在党的十八大报告中，并成为全国的共识。2015 年 4 月 25 日，中共中央和国务院提出"绿色化"概念，并在党的十八届五中全会上把"绿色发展"确立为五大发展理念之一。

"五大发展理念"具体包括创新、协调、绿色、开放、共享五个方面，表征了党中央对于社会建设规律和发展规律认知的深化，是关于发展的一次深刻思想解放和观念变革，是关乎我国发展全局的一场深刻变革。所谓"深刻变革"，既是指发展观念、发展模式的变革，更是指发展体制和发展机制的变革。这一发展理念的内容既具有对我国发展中存在问题的针对性，同时又是彼此相互影响和相互联系的一个整体。创新发展着眼于社会发展的动力机制，协调发展则关注发展的系统性和平衡性问题，绿色发展强调正确处理人类主体与自然的关系，开放发展针对的是如何处理国内发展与国外发展的关系问题，共享发展针对的主要是解决发展中的公平正义问题。新的发展理念就是指挥棒，要坚决贯彻。五大发展理念是不可分割的整体，相互联系、相互贯通、相互促进，要一体坚持、一体贯彻，不能顾此失彼，也不能相互替代。

当前，社会主义建设进入新时代，包括主要矛盾在内的若干论断也随之发生了变化，美好生活不仅构成了人民群众的当下诉求，也是党中央亟待完成的历史任务，这就意味着必须把发展依然看作我们的第一要务。发展是当代世界的主题，也是当代中国的主题，要实现科学发展，必须搞清楚四个基本问题，即"什么是发展？为什么发展？怎样发展？如何评价发展？"[1] 具体来说：第一，什么是发展。发展，根本上是人的发展，发展就是人的解放过程。发展是有方向的，而方向即包含着目的并导致目的。[2] 工业文明是人与自然分裂与冲突的不和谐发展，以传统发展观作为理论依据的工业文明追求的是唯 GDP 增长，通过肆无忌惮地掠夺生态环境来无限度追求剩余价值和利润，这种发展称之为"黑色发展"，是没有前途的、不可持续的发展，

---

① 王雨辰：《论习近平的创新驱动发展观及其当代价值》，载《武汉大学学报》（哲学社会科学版）2018 年第 11 期。

② 参见丁立群：《发展是什么?》，载《求是学刊》1987 年第 6 期。

这种不以满足人民的需要为目的的经济增长的发展不是"真发展"。真正的发展是科学发展，科学发展观和社会主义生态文明是彻底改变和超越工业文明的发展，是以人为本、造福人民的发展，其目的就是促进和实现可持续发展，并最终实现人的全面发展。人不仅是发展的目的，即坚持"以人民为中心"，也是发展的关键因素。因此，这里所讲的"发展"是指在传统生产方式上的一种模式创新，实现低消耗、少污染甚至不污染的清洁生产、循环经济。第二，为什么发展。经过 40 多年的发展，中国成功走完了现代化"前半程"，经济实力、科技实力、国防实力、国际影响力迈上了一个新台阶。但是，我国仍然面临不少风险和挑战，不平衡、不协调、不可持续问题依然突出，有些还相当尖锐。这就决定了发展不仅是党执政兴国的首要任务，也是解决所有问题的基础和关键。因此，"以经济建设为中心是兴国之要，发展是党执政兴国的第一要务，是解决我国一切问题的基础和关键"①。第三，怎样发展。从表面上看，中国高速增长环境和要素条件有明显的改变，实质上是发展动能需要再造，发展战略需要调整。党的十九大报告已经明确指出了当前的社会建设工作中存在的不足，特别是在生态层面，这就让我们不得不思考，未来的发展该何去何从？到底怎样发展？在面对"怎样发展"的问题上，我们必须坚持科学发展的观点去认识和把握发展的全局。首先，必须遵循经济规律和自然规律的科学发展。科学发展强调发展的科学性，是生态文明建设的保障。实际上，科学发展就是纠正改革开放以来在经济发展中的偏差，纠正社会主义国家与发展中国家在工业化道路上重蹈西方资本主义工业化道路某些病态特征的失误。当前，我国经济发展进入新常态，如果看不到甚至不愿意承认新变化、新情况、新问题，仍然想着过去的粗放型高速发展，习惯于铺摊子、上项目，那就跟不上形势了。在新常态下，经济发展的环境、条件、任务、要求都发生了新的变化，要保持经济健康持续发展，就要遵循经济发展内在规律。在尊重客观经济规律基础上更加注重联系性、系统性、整体性和协调性，更加要求发展的质量和效益。因此，必须以科学技术创新为主导的创新为经济社会发展提供新的动能，通过组织创新放大自由创新空间，让市场机制自主选择、自我组织、自行发展的

---

① 《习近平谈治国理政》第 2 卷，外文出版社 2017 年版，第 234 页。

作用更加充分有效地发挥。其次，发展必须遵循自然规律的可持续发展。可持续发展的本质是发展，发展必须要有新思路。可持续发展主旨思想是发展必须考虑人口、资源和生态环境的承受力和持久支持力，处理好经济建设、人口增长与资源利用、生态环境保护的关系，实现经济发展和人口、资源、环境相协调、相适应，形成良性互动。要实现可持续发展，既要遵循经济规律，又要遵循自然规律；既要讲究经济社会效益，又要讲究生态环境效益。正如习近平总书记所强调的："我们既要绿水青山，也要金山银山。宁要绿水青山，不要金山银山，而且绿水青山就是金山银山。"[①] 为此，必须坚持经济生态化不动摇，在尊重自然、顺应自然、保护自然的前提下推进经济转型升级；必须坚持生态经济化不动摇，努力将"生态资本"转变成"富民资本"，培育新的经济增长点；坚持生态文明体制改革，加强生态文明制度建设，以制度激励人们走绿色发展、循环发展和低碳发展之路。第四，如何评价发展。对于"如何评价发展"的问题，大致有如下观点：一是要用是否实现协调发展和是否以人民需要为中心来评价发展。协调发展既是发展手段又是发展目标，同时又是评价发展的尺度和标准。从发展手段来看，就是要寻求一种经济发展和生态环境相互适应与协调发展的机制，促进人与自然全面协调发展、人与人全面协调发展；从评价发展的尺度和标准来看，能否实现经济发展与人口资源环境相协调关系到发展的质量和效益，关系到发展的持续性；就发展目标而言，应当立足于为人民服务的发展宗旨，贯彻落实一切为了人民的发展理念，实现共享发展和共同富裕，只有依靠建立公平正义的社会制度来保障。二是中国科学院可持续发展战略研究组用定量评估指标体系来评估中国经济社会可持续发展能力，进而评估中国各区域经济社会可持续发展水平，评估中国各省、自治区、直辖市资源环境综合绩效水平，并分析影响资源环境综合绩效水平的因素，探寻如何增强可持续发展能力。三是可持续发展经济学使用的"可持续发展能力"评价标准。可持续发展经济学认为，最能集中体现可持续发展能力的衡量标准是该社会的可持续收入能力。除此之外，还有如下这些：物质资本、人力资本、自然资本的存量及其增量三种资本间的比例及其协调情况；已达到的科学技术水平及其进步

---

① 《习近平关于社会主义生态文明建设论述摘编》，中央文献出版社 2017 年版，第 21 页。

速度；产权和市场制度的完善程度；管理水平及其应变能力；一国经济的国际竞争力；社会内部的稳定性及凝聚力和集体应变能力。可持续收入是以上讲的这些因素的函数，这些因素也受到可持续收入的影响。

二、绿色发展方式与人民对美好生活的向往

改革开放以来，我国虽然已经取得了相当的经济建设成绩，但就人均生产总值来看，仍处于发展中国家之列。中国还有七千多万贫困人口，这些情况表明，中国人民要过上美好生活，还要继续付出艰苦努力。我们现在所要做的一切的一切，就是发展。发展仍是解决我国所有问题的关键。只有全面深化改革，加快转变经济发展方式，才能推动经济持续健康发展，才能壮大我国经济实力和综合国力，人民才能幸福安康，才能过上好日子。

（一）绿色发展方式的内涵与特点

在人类发展的历史长河中，我们认识到，工业文明所依赖的发展方式被当作传统发展方式，即传统"三高三低"的经济增长方式。过去的 60 多年，中国基本沿袭西方工业文明的经济发展模式——以化石燃料为基础、以汽车为中心的一次性经济，这种以牺牲生态环境为代价的经济发展模式不仅威胁着中国经济可持续发展，也对人类的生存和发展造成了巨大的威胁。必须努力推进工业文明的经济模式与发展方式向生态文明的经济模式与发展方式转变。

传统发展方式的错误理念在于，把经济视为可以游离于外部生态环境的孤立系统，认为经济可以凌驾于生态之上，[①] 认为经济可以无限制增长，与此相联系，消费水平也可以无限制提高。因此，必须坚持科学发展观，树立绿色发展理念，调整经济结构，提升生产力水平，反思传统发展方式的偏差和失误，彻底变革传统发展方式。绿色发展方式是对那种盲目追求 GDP 以损害甚至破坏生态环境的发展模式的否定。这不是一种简单的否定和替代，

---

① 参见［美］赫尔曼·E. 戴利：《超越增长——可持续发展经济学》，诸大建、胡圣等译，上海世纪出版集团 2006 年版，第 57 页。

而是在思维方式和价值观上实行绿色的变革，重新思考人与自然的和谐关系，彻底变革传统发展方式。绿色发展方式在我国的提出与确立，是中国共产党和政府在探索工业化进程中解决环境问题实践的结果，是反思传统发展方式的结果，是逐步深化认识中国特色社会主义生态文明建设与实践的结果。

发展方式的绿色变革是生态文明建设与经济建设融合发展的现实诉求。2017 年 5 月，中共中央政治局专门就推动形成绿色发展方式和生活方式进行集体学习。在党的十九大报告中，习近平总书记把"形成绿色发展方式和生活方式，坚定走生产发展、生活富裕、生态良好的文明发展道路"作为基本方略的重要内容，以习近平同志为核心的党中央作出的新思想新部署，加快推动绿色发展方式的形成。

绿色发展是一种新的发展模式，是在传统发展模式基础上的一种模式创新，是建立在生态环境容量和自然资源承载力的约束条件下，将环境保护作为实现可持续发展的一种新型发展模式。所谓绿色发展方式就是追求人类社会全面进步的发展方式，是尊重、顺应、保护自然的可持续发展方式，是维护人与自然和谐共生的发展方式。绿色发展方式是一项复杂的系统工程，其形成需要全社会共同努力。不同国家的不同发展时期，人们对绿色发展方式的认识理解和态度是不同的，推动形成绿色发展方式呈现出来的特点也不同。根据中国自然资源和生态环境的现实情况，不平衡发展需要结构性改革来解决，通过改革来补齐短板，加快推动形成具有鲜明中国特色的绿色发展方式。新时代中国特色社会主义绿色发展方式的特点主要表现在如下几个方面：一是绿色发展方式是一种以生态文明为导向的经济发展方式。以西方工业文明为导向的发展方式，是以生态与经济相脱节为特征的，形成典型的"三高一低"，即高（资源）消耗、高（排放）污染、高（碳）排放和低产出，这种经济发展方式必然形成高增长、高代价的经济发展态势，导致环境问题日益严重。以掠夺自然、控制自然、损害自然为核心的高投入、高消费经济发展模式，是没有前途的。绿色发展方式是对工业文明的传统发展方式的根本变革，是以人与自然和谐共荣、生态与经济相融合，并强调生态凌驾于经济之上的新型经济发展模式。绿色发展方式更加重视生态环境这一绿色生产力要素，将人类的一切活动放在自然界良性循环运行的大格局中考量，以增加人类绿色福利为根本目标，以实现人与自然和谐为根本宗旨的经济发展方式。二是绿色发展要求打破经济与生态的互斥性关系，将二者的协调共进纳入社会发展的目标考核系统。环境和自然资源是人类赖以生存和发展的基本载体，生态环境和自然资源是经济社会可持续发展和全面发展的基础，如果这个人类生存发展条件破坏了，环境污染了，生态恶化了，必将影响经济社会的可持续发展。绿色发展方式强调"自然规律先于经济规律"，把"尊重自然规律、按自然法则办事"作为首要原则。绿色发展方式既强调生态与经济在时间轴上的纵向协调，要为子孙后代留下天蓝、地绿、水净的家园；也强调同一时间点上的空间各方面的横向协调，就是把生态文明建设纳入"五位一体"总体布局，强调把绿色发展理念融入经济社会发展的全过程和各个方面。三是绿色发展方式注重经济发展与生态环境保护和谐共进。发展是硬道理，发展是基础。习近平总书记反复强调："我们要的是有质量、有效益、可持续的发展"。"发展是党执政兴国的第一要务"。"以经济建设为中心、以科学发展为主题……全面推进经济建设、政治建设、文化建设、社会建设、生态文明建设"。① 为此，我们必须坚定走生产发展、生活富裕、生态良好的文明发展道路，促进经济发展和生态环境保护共赢共进，必须依靠绿色科技创新。以科技创新为战略支点，加快推进传统产业的转型升级，加快新型产业的培育，为生态文明的绿色经济发展提供科技支撑。

（二）"人民美好生活"的时代意蕴及其实现路径

党的十八大以来，党中央对认识中国特色社会主义与人民对美好生活向往的关系越来越清晰了。习近平总书记在党的十九大报告中多次提到"美好生活"的重要性和必要性，他指出，"中国特色社会主义道路是实现社会主义现代化、创造人民美好生活的必由之路"，他反复强调，"把人民对美好生活的向往作为奋斗目标，是执政党治国理政、全心全意为人民服务的根本宗旨"。近年来，"美好生活"成为网络热词，也成为学术界研究的理论热点。不同学者从不同视域来探究美好生活的时代意蕴、表现特征和实现路径。

---

① 《习近平关于社会主义经济建设论述摘编》，中央文献出版社 2017 年版，第 8、7 页。

第一，"美好生活"的时代意蕴及时代特点。"美好"是一种价值评价，是"生活"的价值诉求和实践指引，"生活"是"美好"的物质基础。（1）"美好生活"的时代意蕴。美好生活是人的一种感性的自我享受的"常态自在"生活，即一种"受动中能动"的日常生活；美好生活是人的一种灵性的自我价值实现的"积极自由"生活，即一种不断充实和拓展精神生活空间的道德生活。① "美好生活"与幸福内在的一致，皆指向人们肯定、愉悦和优质的生活，是一种良性且理想的生活方式。② 在当代中国，美好生活需要的应有之义应包含人的自由发展、人的自我实现。③ 美好生活具有物质、自然生态、社会和精神等多方面的丰富内涵。美好生活需求是人民群众在解决温饱问题和进入小康社会以后，对物质文化需要提出的更高要求。④ 中国特色社会主义进入新时代，"人民美好生活需要日益广泛"⑤，人民群众不仅对物质文化生活的要求提高了，对生态环境方面的要求也日益增长。这就充分表明了人民美好生活需要的内涵是多样的、丰富的。（2）"美好生活"的时代特点。新时代美好生活需要充分体现人民性、全面性和品质性⑥的特点。一是具有人民性的显著特征。有学者认为，人民性是"美好生活"的基本特点，人民性核心是人民的根本利益，"美好生活"集中展现最广大人民的根本利益，具有鲜明的人民性。⑦ 也有学者认为，"美好生活"是人本性与人民性的统一。一方面，美好生活体现了以人为本，以人的生活为本，以促进人的全面发展为本；另一方面，美好生活突出强调的是广大人民的美

① 参见寇东亮：《"美好生活"的自由逻辑》，载《伦理学研究》2018 年第 3 期。
② 参见沈湘平、刘志洪：《正确理解和引导人民的美好生活需要》，载《马克思主义研究》2018 年第 8 期。
③ 参见陈新夏：《人的发展视域中的美好生活需要》，载《华中科技大学学报》（社会科学版）2018 年第 4 期。
④ 参见李春华：《文化生产力：满足人民群众对美好生活需要的重要力量——国家哲学社会科学成果文库入选成果〈文化生产力与人类文明的跃迁〉展示》，载《思想政治教育研究》2018 年第 2 期。
⑤ 习近平：《决胜全面建成小康社会　夺取新时代中国特色社会主义伟大胜利——在中国共产党第十九次全国代表大会上的报告》，人民出版社 2017 年版，第 11 页。
⑥ 参见汪青松、林彦虎：《美好生活需要的新时代内涵及其实现》，载《上海交通大学学报》（哲学社会科学版）2018 年第 6 期。
⑦ 参见张三元：《论美好生活的价值逻辑与实践指引》，载《马克思主义研究》2018 年第 5 期。

好生活。① 马克思、恩格斯认为，从事物质生产劳动的人民群众是历史的创造者，因此，在发展过程中，"必须坚持以人民为中心的发展思想"②。"以人民为中心"的发展思想就是要真正依靠人民，并且以不断发展社会生产来达成人民的美好生活诉求，在实现全体人民共同富裕的历史实践中致力于人的全面发展与社会全面进步的协调并进。③ 习近平总书记强调："全面落实以人民为中心的发展思想，不断提高保障和改善民生水平。""全党同志一定要抓住人民最关心最直接最现实的利益问题，坚持把人民群众关心的事当作自己的大事"④。二是具有全面性的基本特征。基于马克思的哲学视角，美好生活是指基于人的全面发展，与人的本质相一致的生活方式，并通过这种生活方式呈现出人的发展状态。⑤ 基于经济、政治、文化、社会、生态五个维度，新时代美好生活内涵全面而丰富，包括：经济高质量发展，人民获得感倍增；民主权利有效保障，社会公平正义感增强；精神文化丰富多彩，文化自信增强；社会和谐有序，安全感日益提高；人居环境优美，社会幸福感提升。⑥ 基于党的文件精神来看，"美好生活"既包含个人获得感、幸福感、安全感，也包含社会为满足个人获得感、幸福感、安全感提供的条件。"美好生活"是一个系统性、全面性、综合性的概念，具有全面而多层次的特点。

第二，"美好生活"的美好愿景。"美好生活"是一种超越现实的期望，一种美好的向往。从我国现阶段的发展来看，"美好生活"已经上升为中国特色社会主义话语体系中的一个核心概念，追求和实现美好生活，自然就成为新时代党治国理政的根本理念之一。习近平总书记指出："我们的人民热爱生活，期盼有更好的教育、更稳定的工作、更满意的收入、更可靠的社会

① 参见洪大用：《全面把握美好生活的基本特征》，载《山东干部函授学院学报（理论学习）》2018 年第 8 期。
② 习近平：《决胜全面建成小康社会　夺取新时代中国特色社会主义伟大胜利——在中国共产党第十九次全国代表大会上的报告》，人民出版社 2017 年版，第 19 页。
③ 参见张怡丹：《新时代美好生活观的总体性思想初探》，载《厦门特区党校学报》2020 年第 3 期。
④ 习近平：《在党的十九届一中全会上的讲话》，载《求是》2018 年第 1 期。
⑤ 参见张三元：《论美好生活与人的全面发展》，载《理论探讨》2018 年第 2 期。
⑥ 参见包月强：《新时代美好生活的内涵及其实现路径》，载《济宁学院学报》2019 年第 12 期。

保障、更高水平的医疗卫生服务、更舒适的居住条件、更优美的环境，期盼孩子们能成长得更好、工作得更好、生活得更好。人民对美好生活的向往，就是我们的奋斗目标。"① 这是对当代中国人对"美好生活"美好愿景的生动描绘，这次讲话明确提出了"满足人民的美好生活需要"是一切工作的出发点和落脚点。党的十九大报告阐述了中国特色社会主义进入新时代，"人民美好生活需要日益广泛，不仅对物质文化生活提出了更高要求，而且在民主、法治、公平、正义、安全、环境等方面的要求日益增长"。同时，党的十九大报告把"美好生活"的途径形象概括为"幼有所育、学有所教、劳有所得、病有所医、老有所养、住有所居、弱有所扶"。增强人民获得感的关键在于增强改革的普惠性、让人民群众公平公正地享有发展成果，让广大人民群众过上好日子。什么样的"日子"算得上是"好日子"？等等。② 现实中，百姓的生活诉求就是生活中的点滴，呼吸上清新的空气，喝上干净的水，吃上放心的食品，望得见绿，能沐浴明媚的阳光，欣赏朗星晴空、晓风残月，倾听鸟儿的欢唱，享受宁静，记得住乡愁。一片祥和、宁静、快乐、和谐的美景。

第三，"美好生活"的创造。一是坚持发展。发展是基础，没有发展一切无从谈起。"中国人民要过上美好生活，还要继续付出艰苦努力。""发展依然是当代中国的第一要务，中国执政者的首要使命就是集中力量提高人民生活水平。""带领人民创造幸福生活，是我们党始终不渝的奋斗目标。"着力实现共享发展、绿色发展，增进人民福祉。绿色发展创造绿色生活，绿色生活是美好生活的重要内容。为此，我们必须改善环境、保护环境，只有把生态环境建设好，才能为人民创造良好的生产生活环境。把环境保护好了，把绿水青山保护好了，才能更好发展经济，才能加快经济的发展。绿色发展既是理念又是举措，只有扎实推进生态环境保护，建设良好生态环境，才能让人们过上幸福美好的生活。二是大力推行绿色生活方式和消费方式。习近平总书记指出："绿水青山是人民幸福生活的重要内容，是金钱不能代

---

① 《习近平谈治国理政》第 1 卷，外文出版社 2018 年版，第 4 页。
② 参见习近平：《决胜全面建成小康社会　夺取新时代中国特色社会主义伟大胜利——在中国共产党第十九次全国代表大会上的报告》，人民出版社 2017 年版，第 47 页。

替的。你挣到了钱，但空气、饮用水都不合格，哪有什么幸福可言。"[1] 坚持绿色发展是实现人民对美好生活向往的根本保障。[2] 绿色发展是人与自然和谐的持续健康发展，是坚持人民主体地位和以人民为中心的发展，是构建资源节约型、环境友好型、人口均衡型和生态安全保障型社会的科学发展。狭义的绿色发展体现为生态文明建设。广义的绿色发展涉及多领域多层面，体现在绿色经济、绿色政治、绿色文化、绿色社会等诸方面的发展，融入并渗透到经济、政治、文化、社会、生态文明建设等全方位和全过程。[3] 只有坚持绿色发展，加快推动形成绿色发展方式和生活方式，才能形成良好的生产、生态、生活空间格局，为人民创造良好的生产生活环境。三是坚持劳动创造美好幸福生活。建设美好生活的关键是在党的领导下解放和发展生产力，实现财富分配的公平正义，实现共同富裕。坚持劳动创造美好幸福生活，坚持以解放和发展生产力为建设美好幸福生活的基础。幸福是奋斗出来的。人世间的一切幸福都需要靠辛勤的劳动来创造。"幸福不会从天降。好日子是干出来的。""上级部门要深入贫困群众，问需于民、问计于民，不要坐在办公室里拍脑袋、瞎指挥。"[4] 美好的生活不会从天而降，要创造美好生活，实现美好生活，必须通过劳动去奋斗去创造，"撸起袖子加油干"。加快补短板，促民生、惠民生。目前，我国的优质生态产品属于短板，这就要求我们尽力补上生态文明建设这块短板，切实把生态文明的理念、原则、目标融入经济社会发展各方面。

第四，"美好生活"的实现。实现美好生活愿景需要全社会共同努力，国家和中央政府主要着眼于政策制度设计、宏观规划引导、资源统筹划拨与财政经费支持；各级地方政府主要注重于中央政策制度的因地细化与具体落实，因地制宜制定与执行地方性法规，解决当地人民群众实现美好生活过程中遇到的一些具体难题；社会个人和微观家庭政府的美好生活设计，自身发

---

① 《习近平关于社会主义生态文明建设论述摘编》，中央文献出版社 2017 年版，第 4 页。
② 参见方世南：《以绿色发展实现人民对美好生活的向往》，载《鄱阳湖学刊》2015 年第 6 期。
③ 参见方世南：《以绿色发展实现人民对美好生活的向往》，载《鄱阳湖学刊》2015 年第 6 期。
④ 《习近平关于社会主义经济建设论述摘编》，中央文献出版社 2017 年版，第 229 页。

展实际情况，合理选择确定个人和家庭的生活目标，选择奋斗的路线，建设自己的美好生活。① 实现人民美好生活需要制度推动，必须作出科学的合适的制度安排。比如，贯彻落实新发展理念，建设现代化经济体系，是为美好生活创造物质基础；加快生态文明体制改革，建设美丽中国，提高民生福祉；加强和创新社会治理，健全社会保障体系，完善医疗保险制度，实施健康中国战略，创造生态和谐、身体健康的美好生活；推进发展社会主义民主政治，依法治国，创造自由自主、安全和平的美好生活；推动社会主义文化繁荣兴盛，创造精神充实、意义深远的美好生活。② 只要我们不断努力，通过坚韧不拔的奋斗，每个人都能较好地解决生活中遇到的问题，就能开心愉快地生活。在新时代，中国特色社会主义所迈出的每一步、所有的努力和奋斗，都是为人民美好生活拓展实现路径，都是为了实现中国梦。习近平总书记指出，我们党所做的一切，就是让中国人民过上美好幸福的生活，使人民真正得到实惠，真正得到改善。我们党始终与人民同呼吸、共命运、心连心，永远把人民对美好生活的向往作为奋斗目标，③ 这里讲的"永远"就是一种使命，更是一次庄严的承诺，永远为人民谋幸福，永远向着美好生活而奋斗。

（三）环境民生论

生态环境是经济社会发展的基础。生态环境是经济系统最基本的因素，是最基本的内生变量，这可以从马克思主义著作和研究论点中找到答案。马克思、恩格斯从多视角研究了自然环境是人类及人类社会存在于发展的自然生态基础问题。马克思主义历来认为，人不能脱离外部自然界及生态环境而生存，但是人绝对不是消极地适应自然，而是能够认识、掌握、遵循自然规律，从而利用、控制、调节、改造外部世界，实现人生存与发展的目的。因此，我们要牢牢地记住，人们在利用自然界时不要把自己放在"征服者"

---

① 参见陈开江、朱海嘉：《"五位一体"总体布局视域下新时代中国人民美好生活的内涵与实现路径》，载《社科纵横》2019 年第 7 期。
② 参见龚天平、孟醒：《美好生活的基本元素》，载《南通大学学报》（社会科学版）2020 年第4 期。
③ 参见习近平：《决胜全面建成小康社会　夺取新时代中国特色社会主义伟大胜利——在中国共产党第十九次全国代表大会上的报告》，人民出版社 2017 年版，第 1 页。

的地位，"相反地，我们连同我们的肉、血和头脑都是属于自然界和存在于自然之中的"①。生态环境作为经济系统的内生变量，与经济系统之间具有相互联系、相互制约的生态平衡性。每一个子系统都具有其内部自组织性功能结构特征，如果这种组织结构被破坏了，就可能导致生态经济系统无序运动。因此，"管理好我国的环境，合理地开发和利用自然资源，是现代化建设的一项基本任务"②。"合理开发资源，加强生态环境保护，是经济可持续发展和社会全面进步的基础。在任何地方、在任何时候，都不能用当前的发展去损害未来的发展，更不能用局部的发展去损害全局的发展。"③ 党的十四届五中全会、党的十五大报告、党的十六届三中全会和四中全会都强调，对于发展经济和环境生态保护的把握关乎科学发展观的坚持，党中央提出的"生产发展、生活富裕、生态良好的文明发展道路"，科学地指明了经济、社会和生态三者的辩证统一关系。

环境就是民生。任何时代的民生问题都根植于特定的社会生态环境之中。我国发展过程中，新旧环境问题交替，呈现的特点就是发展频率快、影响面广、社会反响强烈。这些重大的环境事件，既是重大经济问题，也是重大社会和政治问题。因此，对于环境问题而言，我们必须认识到问题的严重性和紧迫性，除了转变发展方式，我们没有其他的路径可以走；换句话说，曾经的那种竭泽而渔的发展方式已经不能适应当前人民群众对美好生活的诉求，重视环境问题就是重视民生问题，如果不能较好地解决当前愈发凸显的人地矛盾，就无法满足人民群众的美好生活的期许。习近平总书记从人们最关心的民生问题出发，提出了"环境就是民生"的基本观点和基本理念。环境是重大的民生问题。人民最关心的问题是：能否喝上干净的水、能否呼吸上新鲜的空气、能否吃上安全的食品……就是要保护环境、改善环境质量，环境质量提高了，人民群众的身心健康就有了保障，生活会更美好；民生问题做好了、改善了，人民群众的生活水平就会提高，环保意识也能增

① 《马克思恩格斯选集》第4卷，人民出版社1995年版，第384页。
② 《新时期环境保护重要文献选编》，中央文献出版社、中国环境科学出版社2001年版，第20页。
③ 《新时期环境保护重要文献选编》，中央文献出版社、中国环境科学出版社2001年版，第531—532页。

强，从而推动环保发展。持续改善生态环境就能增进民生福祉。"保护生态环境就是保护生产力，改善生态环境就是发展生产力。良好生态环境是最公平的公共产品，是最普惠的民生福祉。"① 这科学地道出了环境保护与经济建设的关系必须统筹兼顾，环保工作是民生工作的重要部分。自党的十八大以来，习近平总书记多次强调了生态文明建设之于人民福祉和中华民族伟大复兴的关键意义，充分体现以习近平同志为核心的党中央非常重视生态文明建设，并把生态文明置于人民福祉的高度，认识到了人民群众与民生福祉的重大意义。生态文明建设可以使人民群众公正地享受发展成果，可以改善民生，可以增进人民群众的福祉，可以使社会更加公平和谐。由此可知，衡量人民群众福祉的核心就是人民生活质量。提高人民生活质量，就会增进人民群众的福祉。

为环境民生注入活力，树立如下两个理念。具体说：一是大力建设良好的生态环境。良好的生态环境本身就是生产力，就是发展后劲，就是核心竞争力。因此要把保护环境放到突出的位置，将环境保护和民生问题紧密关联，树立保护环境就是促进民生的发展理念。小康全面不全面，生态环境质量很关键。关于生态问题、环境问题，习近平总书记作了一系列的重要论述，"小康要全面，生态是关键"正式成为全社会的普遍共识。保护好环境，才能解决生产力可持续发展中处于关键地位的资源要素问题。二是打造守护绿水青山。绿水青山不仅是金山银山，也是人民群众健康的重要保障。绿水青山既是自然财富，又是社会财富、经济财富。因此，既要保证金山银山，更要守护绿水青山，二者是等价关系，良好的生态环境可以转换为直接的经济效益，为此，必须牢固树立绿色发展理念和人与自然和谐共生的理念，坚持将生态治理作为社会建设的重要维度，树立大局观、长远观、整体观，坚持节约资源和保护环境的基本国策。把绿色循环低碳发展作为基本途径，把深化改革和创新驱动作为基本动力，推动形成绿色生产方式和绿色生活方式，使青山常在、绿水长流、空气常新，让人民群众在良好的生态环境中生产生活。

_____

① 《习近平关于社会主义生态文明建设论述摘编》，中央文献出版社 2017 年版，第 4 页。

（四）为人民群众提供丰富的生态产品

党的十九大报告提出，"我国社会主要矛盾已经转化为人民日益增长的美好生活需要和不平衡不充分的发展之间的矛盾"。人民美好生活需要内容广泛，不仅有物质文化需要，还有环境方面的需要。也就是说，支撑现代人类生存和发展的基本产品，既有物质产品、文化产品，还有生态产品。人类经济的演化已经从人造资本是经济发展限制因素的时代进到了生育的自然资本是限制因素的时代。中国特色社会主义进入现时代，物质产品和文化产品的短缺时代已经宣告结束，生态产品的短缺严重制约着我国生产和人民生活。

生态需要是人民美好生活需要的重要部分，而生产产品则对应于人们的生态需要。生态产品主要是指良好的生态环境，这些都是人类生活的必需品，人人都需要消费，当然人人都应该保护。随着人民生活水平的提高和生态环境的恶化，老百姓对优质生态产品的需求越来越迫切。然而，生态产品是我们当前最稀缺的产品，是短板。究其原因：一是供给主体不明；二是缺乏财政补贴激励机制；三是企业没有很好履行环境社会责任。正是在这样的背景下，党的十八大报告集中论述大力推进生态文明建设，其中在提到加大自然生态系统和环境保护力度时强调，要"增强生态产品生产能力"。这是党对可持续发展理念的延伸，体现了党和国家对自然生态系统和环境保护的重视。习近平总书记强调，"要实施重大生态修复工程，增强生态产品生产能力"。增强生态产品生产能力的着力点在于重视生态系统修复功能，增强生态系统的自我更新能力，让自然生态系统休养生息。由于生态系统总体上是公共所有或公共享有，所以，生态产品生产具有非营利性质，生态产品的供给不能依靠市场化运行机制，而需要政府制度安排，更多的生态产品由政府来制造和提供。比如，制定鼓励绿色投资的政策、实行生态补偿制度等。要想提高人民生活质量，更好满足人民美好生活需要，必须不断增强生态产品的生产能力。

三、绿色发展方式与美丽中国建设

党的十八大报告首次提出建设美丽中国，党的十九大报告指出，"坚持人与自然和谐共生。建设生态文明是中华民族永续发展的千年大计。必须树立和践行绿水青山就是金山银山的理念，坚持节约资源和保护环境的基本国策……建设美丽中国，为人民创造良好生产生活环境"①。美丽中国是人民对美好生活的向往，是生态文明建设的美好愿景，是中国建设生态文明的目标。习近平主席在 2019 年中国北京世界园艺博览会开幕式上发表重要讲话，深刻总结了中国推动生态文明建设的生动实践，深入阐释了弘扬绿色发展理念的深刻内涵，向世界展示了建设美丽中国的坚强决心，指出建设美丽中国已经成为中国人民心向往之的奋斗目标。

（一）"美丽中国"和"美丽中国建设"

"美丽中国"作为一个特定的历史概念，涵盖的内容极其广泛，不仅指自然环境层面、人文层面和社会层面的美丽，而且融入了时代内涵、伦理要求。其拓展研究深入到了生态学、经济学、政治学、旅游学、伦理学、心理学、教育学等学科，综合研究的趋向越来越明显。一是从"五位一体"的角度来全面把握"美丽中国"。"美丽"与"中国"相结合，表达出一种奋斗目标，"美丽中国"代表的是人与自然和谐共生关系。"美丽中国"是中国的大美，"美丽中国，是时代之美、社会之美、生活之美、百姓之美、环境之美的总和"，"美丽中国是科学发展的中国，是可持续发展的中国，是生态文明的中国"，"美丽中国是生态文明建设的目标指向，生态文明建设是美丽中国的必由之路"。科学发展观不仅为生态工作提供了理论指导，同时也是在实践中常提常新的科学论断，美丽中国建设作为科学发展观的必然要求，同时也是发展和完善科学发展观和解决制约科学发展资源环境约束的有效途径。② 二是多维度、多视角来阐释"美丽中国"。"美丽中国"是一个内涵非常广泛的美好夙愿，是绿色经济、和谐社会、生态文明、健康中国的总称，是全球可持续发展、绿色发展和低碳发展的中国实践，是对保护地球生态健康和建设美丽地球的智慧贡献。美丽中国，美在科学发展，美在生态优良，美在和谐共

---

① 习近平：《决胜全面建成小康社会　夺取新时代中国特色社会主义伟大胜利——在中国共产党第十九次全国代表大会上的报告》，人民出版社 2017 年版，第 23—24 页。
② 参见周生贤：《建设美丽中国　走向社会主义生态文明新时代》，载《环境保护》2012 年第 23 期。

生，美在永续发展，最美的是人。

"美丽中国"是社会主义生态文明建设美好愿景的形象表达，具体表现就是人与自然和谐共生，天蓝、水净、空气新鲜。美丽中国建设是美丽中国梦的重要内容，党的十九大报告强调，"实现伟大梦想，必须进行伟大斗争。""实现伟大梦想，必须建设伟大工程。""实现伟大梦想，必须推进伟大事业。""伟大斗争，伟大工程，伟大事业，伟大梦想，紧密联系、相互贯通、相互作用，其中起决定性作用的是党的建设新的伟大工程。推进伟大工程，要结合伟大斗争、伟大事业、伟大梦想的实践来进行"。[①] "美丽中国"是对"建设什么样的生态中国、怎样建设生态中国"这个基本问题的中国表达，中国理念和中国梦想，将指引中国实现生态文明的时代转向。[②] "美丽中国"既体现了自然之美、生态之美、人与自然和谐之美，又体现了舒适宜居的自然生存环境之美，同时又是完美的自然环境和社会环境相结合的表征。

建设美丽中国，需要我国人民的共同努力。为了达到生产发展、生态良好、人与自然和谐、人民生活和谐幸福这样一种完美的社会状态，我们应该且必须注重保护环境，坚持科学发展观的统筹兼顾的根本方法，将生态环境保护工作贯彻于社会发展的始终，扭转先污染后发展的既有理念，为子孙后代留下天蓝、地绿、水清的生产生活环境。着力解决突出环境问题，打赢污染防治攻坚战，打赢蓝天保卫战。加大对生态系统保护力度，提高生态系统服务功能。

（二）美丽中国建设路径

实现绿色发展不能只争朝夕之功，因为生态优化是一个系统工程，需要多方面共同协调和有序推进方可实现。因此，需要多头并举来建设"美丽中国"，这就要求要搞好顶层设计。

第一，建设美丽中国应当遵循的若干原则。美丽中国概念内含生态美丽的维度，其与全面建成小康社会应该是同步推进的，既要金山银山也要绿水

[①] 习近平：《决胜全面建成小康社会　夺取新时代中国特色社会主义伟大胜利——在中国共产党第十九次全国代表大会上的报告》，人民出版社 2017 年版，第 15、16、17 页。

[②] 参见卢彪：《"美丽中国"的核心价值追求》，载《绿色科技》2016 年第 12 期。

青山,通过大力形成绿色生产方式和生活方式,实现经济繁荣、生态良好、人民幸福,为实现中国梦作出不可替代的贡献。具体要把握的重要原则有:一是坚持人与自然和谐共生原则。生态文明的本质内涵在于人与自然的共生共荣和协调发展,这不仅是社会主义现代化建设的时代要求,也是实现中华民族永续发展的根本保障。二是努力践行习近平同志关于生态文明建设的重要论述,这直接影响着美丽中国建设。三是坚持尊重自然、顺应自然、保护自然的法则。人因自然而生,人与自然是共生共荣的,对自然的伤害最终会伤及人类自身。四是坚持改革创新。完善生态文明建设的动力之源,培育经济发展的绿色生长点。五是坚持绿色发展、循环发展、低碳发展的基本途径。六是充分发挥政府的主导作用,鼓励包括企业主体在内的多方参与,构建全民共同参与的绿色发展局面。

第二,必须坚持以习近平生态文明思想为指引。习近平生态文明思想指引着中国人民实现人与自然和谐共生的伟大美丽中国梦。习近平总书记所提出的"绿水青山就是金山银山"就是生态文明建设之路。这条道路最难的就是如何对生态经济进行建设。这条绿色发展道路,是生态文明建设内生发展之路的新探索。浙江"两山"发展之路实践证明,"绿水青山不仅可以变成金山银山",而且还破解了在传统工业经济系统内无法解决的诸多难题,找到了自然资本增殖与环境改善良性循环的生态经济新模式。习近平总书记强调,坚持绿色发展理念,努力探索生态文明的绿色发展之路。"绿色发展之路",是一条立足于中国实际、具有中国特色的发展道路,其基本实现途径就是绿色发展、循环发展、低碳发展。因此,任何经济活动不仅不能以牺牲生态环境为代价,而且必须坚持把生态经济优先发展放在首位。走绿色发展之路,建设生态文明,实现人与自然和谐发展是非常重要和紧迫的,这既是实现可持续发展的前提和保障,也是社会主义现代化建设的本质要求。

建设美丽中国,就是要建设人与自然和谐共生的生态文明,这也是实现美丽中国梦的重要内容。习近平总书记所说的"美丽中国梦",不是虚幻的,而是具体的、现实的、可实现的社会主义美好蓝图。加强绿色发展和经济发展的紧密结合,坚持不懈的绿色经济创新实践发展,必将会把人类生存与生活方式引向更好的、更高的、更合理的境界。坚持生态优先绿色发展理念,做强做大绿色产业。积极发展绿色产业,尤其是要"积极推广生态农业技术，发展无公害农产品、绿色农产品和有机农产品生产"，积极"推广清洁生产，降低工业能耗，培育资源节约型、生态环保型产业"，着力构建现代产业发展新体系，夯实绿色经济发展的产业基础。现代产业发展新体系是习近平总书记关于经济结构调整的一个基本观点，包括着力发展高效生态农业、坚持走新型工业化道路、大力发展现代化服务业等重要内容，主要任务是对现有产业体系进行优化升级，减少产业发展对环境的干扰和破坏。

坚持生态优先绿色发展，必须高度重视绿色创新。"抓创新就是抓发展，谋创新就是谋未来"。抓绿色经济发展，关键在于关注绿色创新工作，即把发展绿色经济作为社会建设的主要驱动力，这是实现发展绿色化的关键；换言之，对于绿色创新的关注，实际上抓住了牵动绿色发展的"牛鼻子"。因此，我们必须"积极利用高新技术、先进适用技术和'绿色技术'改造传统工业"，为绿色经济发展提供技术支撑。只有实现了这些新技术的创新，才能使产业更新换代不断加快。坚持自主创新的同时，要善于根据我国国情，将国外先进的适合我们的绿色技术、低碳技术和相应产业都引进来，促进我国绿色经济的发展。

建设美丽中国，必须加强国际合作。美丽中国与美丽世界建设密切关联。"一花独放不是春，百花齐放春满园"。生态环境保护是全人类共同的责任，发展绿色经济是全球面对的共同任务，需要世界各国积极开展双边和多边合作，携手共进，为人民群众的美好生活和中华民族的伟大复兴而奋斗。

第三，坚持"以人民为中心"的发展思想。新时代提出了新发展理念，发展是第一要务，必须是以人民为中心的发展。"绿色发展，就其要义来讲，是要解决好人与自然和谐共生问题"。坚守人民这个中心，就是一切依靠人民，一切为了人民，发展成果由人民共享。要想人民之所想，要急人民之所急，将工作要点置于那些人地矛盾突出以及生态环境恶劣的领域，注重以绿色发展引领经济建设，坚持生态利民、生态惠民，将优质的生态环境纳入美好生活的考察范畴。同时想民之所想，着力解决老百姓重点关心的问题，让老百姓吃得开心、喝得放心，生活在优美的环境中。发展经济是为了民生，保护环境一样是为了民生。随着收入水平的上升，人民群众对环境问题的敏感度越来越高，容忍度越来越低；社会舆论对生态环境的关注度也越来越高，环境问题的"燃点"越来越低。这就是问题所在、发展方向所在、发展着力点所在。"以人民为中心"的发展是追求经济效益、社会效益和生态效益等多重目标的有机统一。人民在追求物质富裕的同时，也非常向往优美的生态环境、舒适宜居的生存环境。习近平总书记在多种场合反复强调"良好的生态环境是人类生存与健康的基础"，还强调要"把人民健康放在优先发展的战略地位，努力全方位全周期保障人民健康"①。

在未来推动绿色发展的过程中，既要"高质量发展"，也要"生态文明保障"；既要"提高收入水平"，也要"生态环境改善"，以绿色发展理念为引领，推动生态文明建设迈上新台阶，为中国乃至世界人民提供更丰富、更高质量的生态产品，

第四，转变经济发展方式是实现美丽中国的基础。党的十九大报告指出："我国经济已由高速增长阶段转向高质量发展阶段，正处在转变发展方式、优化经济结构、转换增长动力的攻关期"，美丽中国呼唤着科学发展的到来。习近平总书记指出，"发展才能自强，科学发展才能永续发展"，"坚持科学发展，努力实现更高质量、更有效率、更加公平、更可持续的发展"。② 为改善人民群众生活创造物质条件，打下雄厚物质基础，不断满足人民日益增长的美好生活需要，为实现美丽中国而奋斗。

创新发展方式是实现美丽中国的基础。近年来，我国生态文明建设取得了显著成绩，环境质量得到了前所未有的改善，但由于粗放型发展方式导致生态环境历史欠账存量很大，旧问题还没解决新问题又难控制，并且我们倡导的生态修复工程一时难以收到效果，一些地方对经济发展与环境保护认识不够深入，行动举措还跟不上形势，传统发展方式在一些地方根深蒂固。为此，必须厘清发展思路，树立科学发展观，树立人与自然和谐共生理念，切实践行"两山理论"，关注生态环境的建设和保护，实现生态与经济融合发展、城市与乡村融合发展。

科学技术决定着各民族前途命运，建设美丽中国，必须大力发展先进的、科学的、尖端的技术。习近平总书记强调："我们能不能实现'两个一

---

① 习近平：《把人民健康放在优先发展战略地位》，新华网，2016 年 8 月 20 日。
② 《习近平关于社会主义经济建设论述摘编》，中央文献出版社 2017 年版，第 7、10 页。

百年'奋斗目标、能不能实现中华民族伟大复兴的中国梦，要看我们能不能有效实施创新驱动发展战略。"①因此，建设美丽中国，必须大力推进生态文明绿色发展，推进生态和经济的高层次协调发展，以至实现融合发展。加大绿色科技创新投入，提高绿色科技创新成果转化，加强生态文明绿色发展宣传教育，切实转变生产方式、生活方式和消费模式，创新生态文明绿色经济发展，推动绿色发展技术与生态产业融合发展，绿色科技在节能减排、污染防治、环境保护中都发挥着重要作用。目前，一些发达国家通过设置绿色技术壁垒，打"生态牌"来遏制发展中国家的发展。我国生态环境、生态安全问题也是十分严峻的，必须发挥科学技术的作用，以应对自然灾害现象的预测和预防、保护生物多样性。大力推动形成绿色生产和绿色生活，倡导绿色消费，促进绿色出行，促进居住绿色化。通过创新发展绿色科技、绿色产业、绿色食品、绿色交通，走出一条绿色创新发展道路，为科技中国、生态中国奠定基础。

第五，推动制度创新，用生态文明制度护航美丽中国建设。制度问题"更带有根本性、全局性、稳定性和长期性"，"制度好可以使坏人无法任意横行，制度不好可以使好人无法充分做好事，甚至会走向反面"。②由此可见，制度问题是事关全局的问题，建设"美丽中国"的关键在于制度的改革与创新。美丽中国是一个整体性概念，不是一个政治口号，是包含生态文明理念、生态机制、生态行为模式、生态文明制度等多种因素在内的一个有机整体。制度建设要注重整体性与全面性、系统性与衔接性、继承性与创新性，为生态文明建设和美丽中国建设提供制度保障。高质量的绿色发展对生态文明制度机制提出了更高的要求，只有在健全完善的制度驱动下，美丽中国才能建成。

一是切实推进社会主义生态文明的制度建设，以体系化和系统化的生态文明制度保障美丽中国的建设。实行最严格的制度、最严密的法治，为生态文明建设保驾护航。要建立系统完整的制度体系，以"硬约束"来强化生态环境长效机制建设。同时，也要加强制度中的"软约束"建设。将立法

---

① 《习近平关于科技创新论述摘编》，中央文献出版社 2016 年版，第 31 页。
② 《邓小平文选》第 2 卷，人民出版社 1994 年版，第 333 页。

制度和政策导向倾向于绿色生产及其消费的扶持。二是将着眼点置于成果的考核层面，通过完善的考核机制推进绿色产业发展。优化领导干部考核制度，注重将生态领域相关指标纳入考核的体系范畴，会同会计和审计等部门建立健全核算体系，确保生态责任不仅能够落实到个人，同时也能够实现终身责任追究。三是关注体制和机制的创新问题，特别注重将创新动力内化于建设过程，时刻牢记并践行"两山理论"，将生态建设融入政治经济体制改革的过程之中，建立和完善社会主义生态市场经济体制，在保证人民群众的美好生活的同时，注重从生态环保层面提升群众的幸福感。吸纳社会资本投入生态建设。完善对重点生态功能区的生态补偿机制，将诸如碳排放、排污权和水权交易制度等纳入统筹工作，完善各个界别和层次的河流管理体制，切实落实责任监管，建立以水体质量为中心的检测、保障和考评制度。健全耕地草原森林河流湖泊休养生息制度。

第 三 编

人与自然和谐共生关系与德法兼备的
生态治理观研究

第八章　生态危机的本质与生态治理

进入 20 世纪以来，生态环境危机日益向全球扩散和发展，生态环境的恶化不仅对各国的可持续发展造成严重威胁，而且损害了人们的身心健康。面对全球范围内生态危机日益严重的趋势，人们开始反思生态危机产生的根源和本质，并试图找到解决方案，在理论界形成了"深绿"、"浅绿"和"红绿"三种绿色思潮，它们在对生态危机本质的探讨、生态价值观及生态治理模式等方面存在根本理论分歧，形成了三种完全不同的生态治理观。

一、当代生态思潮对生态危机本质的探索

当代生态思潮按照其理论基础主要可以划分为"深绿"、"浅绿"和"红绿"思潮。"深绿"思潮通常是指以生态中心主义为基础的生态主义思潮；"浅绿"思潮是指以现代人类中心主义为基础的生态思潮；"红绿"思潮则主要是指倡导用马克思主义理论分析生态问题形成的生态学马克思主义思潮。其中，"深绿"和"浅绿"思潮的共同特点是抛开制度维度，单纯从抽象的生态价值观来谈论生态危机的根源和实质，是一种西方中心主义性质的生态文明理论；以生态学马克思主义为主要内容的"红绿"思潮或者以历史唯物主义为底蕴，运用阶级分析法和历史分析法来分析生态危机的根源及其实质，将价值观维度、制度维度与政治维度三者统一起来，是一种非西方中心主义的生态文明理论。

（一）"深绿"思潮对生态危机本质的探讨

"深绿"思潮先后经历了动物解放论、动物权利论、生物中心论和生态中心论四个发展阶段。它把近代主体性哲学世界观和人类中心主义价值观看

作是生态危机产生的根源，反对建立在以这种世界观和价值观为基础的科学技术的运用，主张只需要在现有资本主义制度的框架内，确立有机论哲学世界观和生态中心主义价值观，生态危机就能得以解决。在生态中心论者看来，由于近代人类中心主义者把人看作是宇宙的中心、唯一具有内在价值的存在物，把人之外的存在物仅仅看作是服从人类需要和利益的工具，造成了人和自然之间紧张关系，进而产生了严重的环境破坏和生态危机，生态危机的本质就是人类生态价值观的危机，因而只有重建人类生态价值观才能从根本上解决生态危机。

生态中心论重建生态价值观的核心是颠覆传统的人际伦理学和主观价值论，改变人类对自然的工具性态度，把道德关怀的对象拓展到人类之外的自然上，树立"自然价值论"和"自然权利论"的生态价值观。它们借助功利主义伦理学、道义论伦理学以及生态学科所揭示的整体性规律，一方面批判基于人类中心主义价值观的人际伦理学只考虑人类自身的利益，而忽视人类之外的存在物的需求和利益，使人类丧失了对自然的敬畏，强调应当突破其把道德关怀仅限于人与人之间的做法，把道德关怀的范围拓展到人类之外的动物、植物和所有存在物上；另一方面它们强调自然本身具有的独立于人的需求之外的内在价值以及维系其自身生存发展的权利。依据现代生态科学所揭示的生态整体性规律，人类不过是生态系统中的一员，并不具备比其他物种更多的优越性和更多的权利；人类也并不是宇宙唯一的主宰者和评价者，更不应该把自然仅仅看作满足人类需要的工具，而应该承认并尊重自然的内在价值。以生态中心论为理论基础的"深绿"思潮强调，只有确立了这种以"自然价值论"和"自然权利论"为基础的生态价值观，恢复人类对自然的敬畏，才能最终解决生态危机。

这种生态中心主义批判近代将人类和自然机械地对立起来的机械自然观，主张把人类与自然的关系看作是一种相互联系、相互作用的共生关系，坚持有机论和整体论的自然观。他们把自然看作是"一种未被污染的、未被人类之手接触过的、远离都市的东西"①，即人类文明之外的"荒野"，

---

① ［美］詹姆斯·奥康纳：《自然的理由：生态学马克思主义研究》，唐正东等译，南京大学出版社2003年版，第35页。

认为人类科学技术的进步破坏了自然、造成了生态危机。因此，所谓保护自然就是要避免人类利用自然和改造自然，将人类的生存权和发展权与保护自然对立起来，将人类文明与生态保护对立起来，将生态文明理解为人类顺应自然的一种自然主义的生存状态。生态中心主义所坚持的这种自然观本质上是与人类实践和社会历史脱离的抽象自然观，这只不过是将从人类中心主义价值观对人类利益的偏执转换到了自然这一端，本质上依然没有摆脱二元对立的思维方式，反映了其理论反对工具理性的浪漫主义和乌托邦性质。

"深绿"思潮注重从价值维度探讨生态危机的本质并建构了其生态文明理论，他们把生态危机的根源归结为单纯的生态价值观问题，忽视了生态危机产生的社会制度根源，没有认识到资本主义制度、生产方式以及资本所支配的全球权力关系才是当代生态危机产生的真正根源，社会制度和生产方式对于人类如何看待自然、处理人与自然的关系会产生决定性影响，而生态价值观只能起到强化或弱化的作用。生态危机并不仅仅是生态价值观的危机，而是反映了人类之间在生态资源占有、分配和使用上的矛盾利益关系。具体而言，这种矛盾利益关系体现在民族国家内部和民族国家之间两个层面：在民族国家内部，主要体现为不同地区、不同人群在生态资源的占有、分配和使用上的矛盾冲突；从民族国家之间的层面看，就是不同国家在生态资源的占有、分配和使用上产生的矛盾冲突，主要体现为西方发达国家与发展中国家在全球生态利益上的矛盾冲突。从历史和现实两个维度来看，西方发达国家都应当为当前全球的生态危机负主要责任。从历史维度来看，以资本积累为基础、率先实行现代化的西方发达国家，在资本逻辑的驱动下，通过殖民扩展开拓所谓世界市场，对被殖民国家的自然资源进行大肆剥削和掠夺，引发了日益严重的环境问题，欠下了对被殖民国家"生态债务"，即发达国家"掠夺第三世界国家的资源、破坏环境、占有环境剩余空间来堆积废物由此而形成的债务"①。从现实维度来看，发达国家通过制定国际政治经济规则，建构以西方为中心的国际政治经济秩序，通过控制工业品和自然资源之间的价格差异和制造绿色贸易壁垒，持续剥削发展中国家的生态资源，将污染产

---

① ［英］麦克尔·S. 诺斯科特：《气候伦理》，左高山等译，社会科学文献出版社 2010 年版，第 117 页。

业和生产废料向发展中国家转移，进一步加深了民族国家之间的矛盾。更有甚者，他们还指责是发展中国家的快速发展造成了当前的生态危机，要求发展中国家与发达国家承担同样的治理责任，损害发展中国家的发展权和环境权，其本质是为资本推卸环境治理应当承当的责任和义务。

（二）"浅绿"思潮对生态危机本质的探寻

西方"浅绿"思潮认为当前全球生态危机的根源在于人口过快增长、现代技术的内在缺陷和自然资源的无偿使用，而不是"深绿"思潮所批判的人类中心主义价值观。它们在系统修正近代人类中心主义价值观的基础上，主张在现有的资本主义制度框架内，通过技术革新、自然资源市场化和制定严格的环境政策等路径解决生态环境问题。

在"浅绿"思潮看来，人口的过快增长不仅导致自然资源的快速耗费，而且也导致了贫困问题日益突出，由此形成为了生存不得不过度开发自然资源的恶性循环；同时，在不断满足资本追求经济增长这一目标的驱使下，杀虫剂、洗涤剂、塑料、橡胶等对环境具有高度影响的化合物和化学品的不断出现和使用，日益破坏了地球的生态平衡。另外，它们认为人类将自然看作是上帝的无偿馈赠，把自然作为工具用于满足自身无限度的需求与欲望，从而导致了生态危机的发生。人类和自然之间形成了控制和被控制、利用和被利用的工具性关系，导致人类过度开发、滥用自然资源，从而引发了人与自然之间关系的紧张和严重的生态危机。

在价值观方面，"浅绿"思潮反对"深绿"思潮对人类中心主义价值观的全盘否定，强调所有物种都是以自己的利益为中心的，不会仅仅为了别的物种的福利而存在，维护人类自身的整体和长远利益才是生态运动的内在动力，因此，如果否定了人类中心主义价值观，那么生态运动就失去了其价值和导向。它们认为近代人类中心主义把人类看作是宇宙的中心、自然的主宰和唯一具有价值的存在物，是一切价值的源泉，并且认为人的任何感性欲望都应当得到满足，这实际上是把人类中心主义价值观狭隘地解释为"人类统治主义"和"人类沙文主义"，必然会造成人类和自然的关系紧张并引发生态危机。因此，要否定的不是人类中心主义价值观本身，而是这种狭隘而不合实际的近代人类中心主义价值观。"浅绿"思潮以反思近代人类中心主义价值观的理论缺陷为基础，通过修正、丰富人类中心主义的内涵，形成了"现代人类中心主义价值观"。

具体而言，"浅绿"思潮从以下三个方面对近代人类中心主义的理论缺陷进行了修正。一是美国学者默迪从生物进化论的角度，提出人类之所以比地球上的其他存在物具有更大的价值，主要是因为人类不仅处于生物进化的顶端，而且拥有比其他生物更强大的创造潜能，这也意味着人类对保护地球生态系统应该负有更大的责任；二是澳大利亚学者帕斯莫尔提出了"开明的人类中心主义"观念，他主张区分"人类中心主义"与"人类专制主义"的不同，强调人类为了自身的长远发展，应该克制自己日益膨胀的物欲，有责任地改造和支配自然，以维护地球生态系统的平衡；三是美国学者诺顿将人类中心主义分为两种——"强式"和"弱式"，提出抛弃前者，采纳后者。强式人类中心主义就是把满足人类的所有感性偏好作为价值标准，而不关注这种偏好的合理性；弱式人类中心主义则是把满足人类个体的理性偏好，即经过理性思考后所呈现出的合理需要作为价值标准。诺顿认为，只有坚持这种弱式人类中心主义价值观，要求人类像贵族保护其臣民一样承担起保护自然的责任，才能避免生态危机的发生。

基于上述观点，"浅绿"思潮强调资本主义制度和生产方式有能力解决现有的生态危机，因此不需要通过变革制度和生产方式来解决生态危机，只通过革新技术、自然资源市场化和制定严格的环境政策等方法来解决生态环境问题，实现可持续发展。

总的来看，"深绿"和"浅绿"思潮对生态危机的根源和本质的探讨既有差异也有共同点。具体而言，以生态中心论为基础的"深绿"思潮把生态危机的根源归结为近代主体性哲学世界观和人类中心主义价值观，反对建立在这种价值观基础上的现代科技及其运用，认为只要在资本主义的制度框架内，确立有机论哲学世界观，抛弃人类中心主义价值观并确立生态中心主义价值观，人类就可以解决生态环境问题；"浅绿"思潮则认为生态危机的根源并不在于人类中心主义价值观，而在于近代人类中心主义偏狭的"人类专制主义"倾向，导致了人类对自然的无度利用和滥用，由此他们主张对近代人类中心主义价值观的理论缺陷进行修正，建立一种更加开明的基于人类"理性偏好"的现代人类中心主义，从而避免生态危机的发生。"深绿"和"浅绿"思潮虽然存在上述差异，但它们的共同点也非常明显，一方面，它们都试图抛开制度维度，从生态价值观的角度抽象地探讨生态危机的根源及其本质，具有明显的抽象文化价值决定论色彩；另一方面，它们都没有看到生态危机的产生与资本主义现代化和资本全球化之间的内在关联，脱离历史维度和政治维度来分析生态危机的根源及其解决途径，客观上成为西方资本主义国家推卸其在全球生态治理中应尽的责任与义务的理论推手，具有浓厚的西方中心主义色彩。上述两种建立在生态中心主义和现代人类中心主义价值观基础上的绿色思潮对于人类反思自己的实践行为、认识生态危机的严峻性具有积极的理论借鉴意义，但仅从价值观批判入手，回避导致生态危机发生的政治和制度因素，使得他们难以发现造成生态危机的真正根源，更无力从根本上解决日益严重的全球生态问题。

（三）生态学马克思主义对生态危机本质的分析

生态学马克思主义是 20 世纪 70 年代兴起的西方马克思主义新流派，他们阐述了马克思主义理论对认识生态危机本质的重要意义，明确把历史唯物主义作为自己的理论基础，主张运用历史分析法和阶级分析法来探讨生态危机的根源，强调变革资本主义制度和生态价值观对于解决生态危机的重要性，被西方称为"红绿"思潮，从而区别于"深绿"和"浅绿"思潮。

在生态学马克思主义看来，人与自然的关系本质上是人与人之间的关系，唯有将人与人之间的关系处理好，才能真正处理好人与自然之间的关系。他们因此主张将历史唯物主义作为其分析生态问题的理论基础，形成了价值观维度、制度维度和政治维度三者统一的生态文明理论。生态学马克思主义认为，历史唯物主义在分析生态问题上具有以下两方面优势：一是它发现了社会制度和社会组织的变化对于人类社会和自然界物质与能量交换关系的决定性影响；二是它看到了人类对自然的认识同样也取决于一定社会制度和社会组织的性质。他们一方面运用历史唯物主义的基本原理和方法，始终坚持从资本主义制度和生产方式入手探寻生态危机的根源，强调资本主义制度、生产方式和资本所支配的全球权力关系才是生态危机的根源，明确提出了"资本主义制度在其本性上是反生态的"命题；另一方面，他们对生态中心主义和人类中心主义价值观的抽象性进行了批判，通过重构生态价值观，把对资本主义的生态价值观批判与制度批判有机地结合起来。基于以上认识，生态学马克思主义建构了自己的政治哲学，主张将生态运动引向激进的阶级运动，将生态运动与社会主义运动结成联盟，破除资本主义制度和全球权力关系，建立一种生态社会主义社会，从而从根本上解决生态危机。

生态学马克思主义坚持和发展了历史唯物主义的历史分析法和阶级分析法，在回应西方绿色思潮对历史唯物主义的挑战中，进一步阐发了历史唯物主义的生态学意蕴，将自己的生态理论称为"反对资本主义的生态学"，强调生态危机产生和发展的根源是资本主义制度和生产方式，因此要从根本上解决生态问题，就必须全面变革资本主义的制度基础和生产方式。如奥康纳提出了"第二重矛盾"概念，即资本主义社会中存在的生产力、生产关系与生态条件之间的矛盾，指出生态危机是资本主义社会内在矛盾发展的必然结果。这里所讲的"生产条件"主要包括工人的劳动、资本主义生产所必需的公共条件以及自然条件三方面的含义。在奥康纳看来，由于马克思当时身处资本主义发展早期阶段，劳动力、土地、自然资源等生产条件还很丰富，因此马克思主要关注了劳动力的供应问题，较少论述资本主义生产所需的自然条件。而当代社会生态危机产生并且日益严重，就需要探讨资本主义生产所需要的外部自然条件，特别是空间和都市问题。通过对"生产条件"这一概念外延的扩大，奥康纳把分析的重点从马克思所提出的"第一重矛盾"转向了"第二重矛盾"，提出资本主义生产必然会破坏其生产条件，最终导致生态危机。这主要体现在以下三方面：第一，资本主义在其逐利本性的驱使下不断要求扩大生产，从而加重了对自然资源的消耗，引发与自然的有限性之间的矛盾，引发生态危机；第二，第二重矛盾的运动会导致生产成本的上升，必然导致资本主义生产难以持续；第三，资本主义发展的不平衡和联合发展必然推动生态危机向全球拓展。

与奥康纳不同，高兹和福斯特试图从资本主义制度的本性，特别是生产方式的特点出发来分析生态危机产生的必然原因。在他们看来，追求资本的高回报率是资本主义生产的目的，而资本主义制度的本性就是维护这种资本对利润的追求，其结果必然导致人类社会和自然界之间物质交换的断裂，引发生态危机。莱易斯和本·阿格尔则从资本主义依靠扩大生产和制造消费来维持其统治合法性的视角探讨了当代西方生态危机产生的必然性。具体而言，他们指出，在资本的驱动下，资本主义持续不断地扩大生产规模，并宣扬与之相适应的消费主义价值观和生活方式，依靠向人们提供越来越多的可消费商品，最终形成受广告操纵和资本支配的异化消费来实现其统治的合法性，这将不断强化业已存在的生态危机。

通过对资本主义制度和生产方式本质的分析以及对资本全球扩张现实的观察，生态学马克思主义者得出了"资本主义制度和生产方式本质上是反生态的"这一结论。从制度根源揭示生态危机的本质是西方生态学马克思主义和西方绿色思潮的重要区别，也体现生态学马克思主义对马克思主义理论的继承和发展。

对生态危机的产生根源和本质的探讨是人类寻求有效的生态治理路径，解决生态环境问题的基础。通过上述分析，我们发现生态危机虽然表现为人类与自然关系的危机，但其本质则在于人与人之间利益关系的危机，这种危机根源于以资本积累为原动力的资本主义制度和生产方式以及由资本支配的全球经济体系。正是这种资本支配的全球权力关系造成了不同民族国家、不同地区和人群在自然资源占有、分配和使用上的不平等，人为造成了人与人之间的环境不正义，使得生态危机在全球范围内愈演愈烈。生态危机的这一本质决定了真正意义上的生态治理理论不能单纯考察人类与自然的关系，而必须深入考察人与人的关系，重点从制度革新和生产方式变革的角度，探寻生态危机的解决之道。

二、生态治理观的分类与特征

基于对生态危机的产生根源和本质的不同认识，"深绿"、"浅绿"和"红绿"思潮在如何开展生态治理、解决生态危机的问题上展开了激烈的争论，形成了三种不同的生态治理观，本质上反映出无政府主义、自由主义和马克思主义三种不同的理论本质。

（一）"深绿"思潮的生态治理观

以生态中心论为基础的"深绿"思潮主张回归一种有机的自然观和世界观，但将自然片面理解为荒野，过于看重"地球有限性"，从而将人的生存和发展与生态保护对立起来，将生态文明理解为顺应自然的一种自然主义生存状态，这种对生态文明的浪漫主义理解引发了一种片面反对经济增长、技术运用和现代文明的激进的环境运动。在生态治理问题上，生态中心论者主张单纯通过生态价值观的重塑、生态自治和生活方式的变革来解决生态危机，主要形成了生态主义和生态无政府主义两种观点。生态主义把人类中心主义价值观看作是造成当代生态危机的根本原因，因此把确立"自然价值论"和"自然权利论"、实现生态价值观的变革看作是解决当代生态问题的关键。生态自治主义者则把生态运动、无政府主义和社会主义结合起来，把实现社区自治等地方性变革看作是解决生态危机的关键。他们一方面认同生态中心主义的价值观，主张确立生物圈的平等主义价值观，反对经济增长和科学技术的运用；另一方面他们反对通过激进的阶级运动来解决生态危机，主张通过生态社区自治和生活方式的变革，建立一个以超越国家、直接民主、治理分散化、社区和地方自治为主要特征的人类与自然和谐共生的绿色社会。生态主义和生态无政府主义二者的共同点是反对大规模技术的运用，憎恨物质主义，脱离资本主义制度、生产方式和生产关系，仅从价值观和个人生活方式的变革来探讨解决生态危机的途径。

（二）"浅绿"思潮的生态治理观

以现代人类中心论为基础的"浅绿"思潮将人口过快增长、技术滥用，尤其是把自然看作是上帝免费的馈赠这种价值观作为生态危机的根源，主张在现有的资本主义制度框架内，通过对人口增长的限制、发展替代技术、实行自然资源市场化等方法来解决生态环境问题，是一种自由主义的生态治理观。具体而言，"浅绿"思潮的生态治理观主要包括以下四方面内容：第一，控制人口增长，实现人口增长与自然资源之间的平衡。在它们看来，人口增长与生态危机的关系牵涉政治、经济、文化等多种因素，由于发展中国家人口爆炸问题严重，要减少人口问题对生态环境的影响，除了实行节制生育之外，更重要的是提高发展中国家的经济发展水平和政治治理能力，为底层民众提供生态可持续的经济发展方案。第二，强调技术革新和替代技术应用在生态治理中的作用。与"深绿"思潮以生态系统的有限性为理由，排斥科技进步和创新不同，"浅绿"思潮主张有内在缺陷的现代技术的运用才是生态危机产生的根源，那么开发有利于生态保护和可持续发展的新技术便是解决生态危机的重要途径。第三，实行自然资源的市场化，有效避免人类对自然资源的滥用，解决生态环境问题。哈丁提出了著名的"公地悲剧"，指出由于公有自然资源是免费的，导致了人类为了个人利益的最大化滥用自然资源，最终毁灭了公地，因此，只有不再将自然资源作为满足人的需要的免费工具，实现自然资源的有偿使用，才能避免公地悲剧的发生。第四，"浅绿"思潮强调资本主义制度和生产方式具备解决生态问题、实现人与自然和谐发展的潜力，主张通过推进现代化的超工业化解决生态问题。具体而言，就是在技术创新的基础上，通过革新环境政策，从污染预防和污染补偿机制两方面规范人类对自然资源的使用，提高企业排污的成本，强迫企业在追求利润的同时兼顾生态保护，实现资本主义社会的可持续发展。综上所述，以现代人类中心主义为理论基础的"浅绿"思潮的生态治理观不承认资本主义制度和生产方式是当代生态危机产生的根源，其生态治理的目的在于维系资本主义经济社会的可持续发展，而不是从根本上解决生态环境问题，因此我们将之划归到自由主义的理论谱系。

（三）生态学马克思主义的生态治理观

生态学马克思主义者以对"深绿"和"浅绿"思潮的生态治理观的批判为基础，建构了独具特色的生态治理观。他们对"深绿"思潮的生态治理观的批评主要包括以下三方面：首先，关于生态危机的根源，虽然与人类的生态价值观存在一定联系，但其本质在于人与自然之间物质和能量交换关系的中断，而这种交换过程总是在建立在特定社会制度和生产方式基础上的劳动中进行的。因此，生态学马克思主义批评他们脱离制度分析单从价值观维度探讨生态问题是不现实的，具有浪漫主义的乌托邦色彩。其次，生态学马克思主义批判"深绿"思潮所津津乐道的"自然价值论"和"自然权利说"缺乏严密和科学的论证，不仅倡导神秘的自然道德，而且将人类生存和发展的权利与生态环境保护完全对立起来，把生态文明看作是人类社会向自然状态的复归，完全与工业文明对立起来，这种做法根本无法真正解决生态环境问题。最后，他们批评"深绿"思潮将地方的生态危机与资本的全球化扩张完全割裂开来，指望脱离对资本主义所支配的全球经济政治体系的改造，仅仅通过生态社区自治等地方性生态运动来解决生态问题，这也是自欺欺人和不现实的。

对于以现代人类中心主义为理论基础的"浅绿"思潮，生态学马克思主义则批评它们不仅找错了生态危机的根源，而且也开错了解决生态危机的药方。生态学马克思主义认为，"浅绿"思潮脱离资本主义制度的根源谈"人类的整体利益和根本利益"，必然是抽象的，也是无法实现的。一方面，生态学马克思主义反对"深绿"思潮把生态文明理解为向自然生存状态复归的观点，虽然它们同生态学马克思主义者一样，都坚持生态治理应该立足于人类的整体利益和根本利益，但它们忽略了生态危机产生的制度维度，主张在现有的资本主义制度框架和全球经济政治体系下，通过变革人类生态价值观来解决生态问题，实现可持续发展。这意味着所谓人类的整体利益和长远利益本质上不过是资本的利益，而可持续发展本质上也不过是资本主义工业文明的可持续发展。另一方面，虽然"深绿"思潮看到了全球化过程中人类共同和整体利益不断增加的发展趋势，但没有看到资本驱动下，发达资本主义国家与发展中国家之间利益冲突日益突出的趋势。发达国家资本的输出和建构不公正的国际政治经济秩序对发展中国家进行资源掠夺和产业转移，把人类共同利益当作借口侵害发展中国家的发展权和环境权，进一步强化了发展中国家和发达资本主义国家之间存在的生态利益冲突，因此人类中心主义者所谓的人类整体利益和长远利益是抽象和虚伪的，以此为基础的生态治理也必然流于空谈而无法产生实际效用。

生态学马克思主义还对"浅绿"思潮关于生态危机根源的探讨和以此为基础的生态治理路径进行了激烈的批评。现代人类中心主义将生态危机的产生原因归结为人口增长和技术运用，将生态危机的主要责任归结为发展中国家的人口爆炸，无视发达国家资本积累和全球扩张对落后国家自然资源的掠夺和破坏，不符合人类社会发展的历史和现实，是为发达资本主义国家推卸其在全球治理中应该承担的责任提供借口。同时，科学技术的发展本身与生态危机无直接关联，重要的是分析技术运用背后的价值指向和社会政治基础。"浅绿"思潮一直倡导在资本主义基本经济政治框架内，通过技术革新发展替代能源和技术来解决生态危机，实际上没有改变资本对自然的掠夺性利用的本性，其结果很可能会加剧资本对自然的攫取，无益于从根本上解决生态问题。

通过对生态中心论和现代人类中心论的批评，生态学马克思主义者形成了自己的生态治理观，主张通过制度和价值观双重变革，变革资本主义制度、生产方式、生活方式和价值观，建立生态社会主义社会，从根本上解决生态危机。在生态学马克思主义看来，资本主义制度和生产方式从根本上是反生态的，是造成生态危机的根源，因此制度变革是根治生态危机的前提和基础。资本主义制度之所以是当代生态危机的根源，原因在于：首先，资本主义生产体系从根本上来说是靠资本驱动的，从根本上是服务于资本的逐利本性的，因此其生产目的在于生产交换价值、创造高额利润，而不是使用价值、满足人类真正的需要，在资本的驱动下资本主义生产体系必然会不断向外扩张，消耗更多的自然资源，破坏生态环境；其次，为了支撑资本的扩大再生产，销售更多产品、获取更多利润，资本主义宣扬物欲至上的价值观和消费主义的生活方式，将人类的幸福和满足诱导到超出基本需要的消费领域，满足资本不断膨胀的逐利本性，这必然会带来技术的非理性运用和对自然的更大消耗，强化生态危机的发展趋势；最后，当代全球性生态危机的产生和发展与资本主义现代化和全球化的历史是同步的，在资本趋利性的驱动下，资本主义不仅不断对外扩张，殖民掠夺落后国家，而且通过发达资本主义国家主导和支配的国际政治经济秩序剥削发展中国家的自然资源，将生态环境污染通过产业转移和国际分工移植到发展中国家，造成了全球性的生态危机。

因此，生态学马克思主义主张将生态运动与社会主义运动结合起来，通过以变革资本主义制度和全球权力体系为主旨的激进阶级运动，最终建立生态社会主义社会。他们批评激进环保运动忽视生态危机产生的阶级基础和制度根源，将环境保护同人类特别是工人阶级从事生产的权利对立起来，造成了生态运动与社会主义运动之间的矛盾，无法有机结合起来。生态学马克思主义由此强调，生态运动和社会主义运动之间需要消除误解和敌对，共同反对资本主义，从而破除资本主义制度和全球政治经济体系，实现建立在生态保护原则基础上的生产正义和经济发展。

在这种生态社会主义社会里，生产的目的是满足人类真实的生存需要，而不是赋予商品交换价值，获得高额利润；生产活动不再以成本收益分析的经济理性为基础，而是遵循旨在实现人与自然和谐共生的生态理性，这就需要在进行制度变革的同时，实现价值观的变革。这种价值观变革主要包括三方面含义：一是重新阐释人类中心主义价值观的内涵，主张以全人类的集体利益和长远利益为核心，以满足穷人的基本生存需要为本，实现人与自然和谐共生的新人类中心主义。二是构建符合人类和自然可持续发展的新的技术伦理观。近代以来，科学技术被看作是控制自然、改造自然，推动经济发展与社会进步，为人类的需求与欲望服务的工具，从而造成了技术的非理性使用甚至滥用，破坏了人与自然的和谐关系，引发了日益严重的生态环境问题。生态学马克思主义因此主张要把技术从使自然服从人的非理性欲望的工具转换为控制人的非理性欲望的工具，使得技术的进步与人的全面发展相一致，避免非理性、浪费性生产对生态环境的恶劣影响。三是建立科学、理性的自然观，要求人类在运用科学技术改造自然的过程中充分考虑自然的限制和技术风险，尊重自然的本性，恢复人类对自然的敬畏，即超越狭隘的人类中心主义，从而实现人类与自然的和谐共同发展。

三、生态治理的主要模式和得失

基于对生态危机本质的不同认识，"深绿""浅绿"和生态学马克思主义形成了不同的生态价值观，并以此为价值指导探索出三种不同的生态治理模式。以生态中心主义价值观为核心的"深绿"思潮将世界观和价值观的重塑看作生态危机解决的关键，形成了德治主义的生态治理思路，构建了以生态区域自治为基础的生态自治主义治理模式。以现代人类中心主义价值观为基础的"浅绿"思潮则主张在资本主义制度框架内靠经济技术政策革新来解决生态危机，形成了技术主义的生态治理路线，塑造了生态资本主义的治理模式。而以马克思历史唯物主义为指导的生态学马克思主义则试图克服单纯的德治主义或技术主义路线，主张通过对资本主义制度和生态价值观的双重变革来彻底解决生态危机，形成了指向生态社会主义的治理模式。

（一）"深绿"的生态自治主义治理模式

"深绿"思潮主张众生平等的生态中心主义，认为生态危机产生的根源是近代主体性世界观和人类中心主义价值观，所以生态危机的解决首要的是确立有机论的哲学世界观和生态中心主义价值观，推崇以此为基础的合生态规模的人类社会形态，主张以"生物区域"或"生态社区"为基础的生态区域自治主义治理模式，呈现出明显的无政府主义倾向。

通常认为生态自治主义的哲学基础是"深生态学"，它的创立者是挪威哲学家阿恩·奈斯，他提出了生态自治主义的两大终极规范和七个理论信条。其中，两大终极规范包括：第一，承认人类和其他所有生命形式都拥有自我价值与潜能，而不仅是为了他者的存在而存在；第二，以生物为中心，将权利扩展至所有生命，人类必须将其自身理解为自然的生物圈的一部分，与其他物种和谐共生。七个理论信条主要包括：主张关系性实在；原则上的生物平等主义；多样共生原则；反对等级的基本立场；抗拒污染和浪费；主张复杂性而非复杂化；地方自治与非集中化。这为生态自治主义的社会政治运动提供了哲学价值观基础。

阿恩·奈斯之后，布赖恩·托卡提出了更加激进的生态中心绿色运动主张。托卡强调，绿色运动所依托的生态中心主义世界观强烈反对社会分层及其统治和控制等级，质疑和挑战现代生活中的各种不平等基础，包括土地所有权、传统的权威机构、技术进步、主导性统治制度等，致力于对现代社会进行一种全面彻底的重建。他在《绿色选择：创造一个生态未来》一书中详细阐述了绿色运动的四大理念：（1）深生态学。他阐述了由于对增长的迷恋和工业主义所主导的工业文明的危害，号召重建生态区域精神，全方位改造农业、能源、交通等现代生活的方方面面。（2）社会正义与责任。他认为非正义的甚至剥夺性的新殖民主义的经济社会秩序是导致各个国家和地区之间严重不平等的根源，因而需要将对人类基本需求的满足下降到适当层面即城镇或乡村这类地区性社区，具体而言就是基于生物区域和社区自治实现分散化治理，从而消除社会中各种形式的差别和不平等。（3）政治经济民主。托卡主张在生物区域性社区中创建一种人们面对面直接作出各种公共决策的非集中化民主，以此替代现实社会中的各种民主制度，并将这种地方性民主的政治转型和地方化生产的经济转型视为绿色运动战略的两个侧面。（4）和平与非暴力。托卡信奉非暴力原则，主张针对核武器竞赛、全球环境污染等不同形式的公民非暴力不服从抗议，在所谓的绿色社会变革中秉持对一切武力或者暴力采用审慎或排斥态度。托卡相信以这四大理念为基础的生态精神正在外化为生态女性主义、生态区域主义、重建社区活动等不同的绿色运动形式，推动了绿色社会政治运动的发展。

罗伯特·古丁在对欧美绿党政治的理论基础进行批判的过程中，提出了实现价值理论与行动理论内在统一的绿色政治理论。古丁认为，绿色价值理论和绿色行动理论虽是独立的两个方面，但二者是内在统一的，不能偏废。具体而言，绿色价值理论告诉我们什么是有价值的，而后者则要探讨如何实现这些价值。在绿色价值方面，古丁主张绿色价值不能仅仅从自然本身或者人类利用的角度来单方面理解，而是应该从自然与人的关系中来理解自然的价值。在绿色行动方面，他强调，这不仅仅是策略或者路径问题，而是原则性问题，即论证哪些行动才是符合绿色价值、值得追求的。这些原则性问题主要包括分散化、平等主义、反等级制、反集中化、非暴力以及"全球思考、地方行动"等。

安德鲁·多布森则在其代表作《绿色政治思想》一书中以不同意识形态比较为基础，赋予了生态主义独立意识形态的地位，并系统阐发了生态主义的社会政治理论。多布森之所以将生态主义看作一种独立的意识形态，是因为他认为生态主义一方面不像环境主义所主张的那样认为生态危机可以在不改变价值观或生活方式的情况下仅靠环境管理而得到解决，而是坚信只有以根本性的方式重新界定人与自然的关系以及深刻改变现有的社会与政治模式，才能从根本上解决生态问题；另一方面，对人类中心主义的反对和对增长极限的坚持这两个生态主义的核心主体，在自由主义、保守主义等意识形态中基本都没有涉及。在多布森看来，生态主义作为一种意识形态，主要包括对现实状况的批判、对未来可持续社会的设想、走向未来生态社会的战略与路径三个不可分割的部分。在对人与自然关系重新阐释的基础上，多布森重申了一种生态（生物）中心主义的自然主义立场，并以此为价值观指引，勾画了未来的可持续社会的蓝图。他强调，未来生态社会的构架需要坚持两个前提：一是基于地球资源的有限性，即使在绿色科技不断发展的情况下，生产和消费也是有极限的，不可能无限增长，因此无论是否愿意，个人都必须约束自己的欲望、缩减消费；二是可持续社会作为当下消费社会的一种替代选择，将会重建人与自然之间的关系，从而提供比物质消费更深刻的价值实现方式。

综上所述，到大约 20 世纪 90 年代中后期，虽然在理论和实践方面存在差异，但以上述学者为代表的一批理论家已经基本阐明了一种生态自治主义的政治理论。无论是安德鲁·多布森的"生态主义意识形态"、托卡的"绿色政治"还是罗伯特·古丁的"绿党政治"都设想了一种以人与自然和谐共生、基层自治和分散化为基本特征的能够最大限度保持自然生态价值的未来社会和政治模式。他们把欧洲中世纪的寺院或修道院看作一种有生态意识的社会生活范式，认为它提供了一种经过历史检验的、分散化的、自给自足的、基层自治的社会政治模式，能为现代社会在现有国家秩序下进行生态化转型提供典范。在现实社会中，他们将"生态社区"、"生态公社"、"生态村"等各种形式的生态区域看作是最接近生态自治社会理想形态的共同体形式。

"生态区域主义"自 20 世纪 70 年代末开始在北美的绿色运动中兴起，80 年代开始扩展到欧洲的绿色运动和生态政治理论中。它明确将深生态学作为其理论基础，坚持自然价值论和生物中心主义的世界观，强调"地球第一"原则，主张生态保护的优先性，倡导人类要尊重并适应自然的本性和变化。具体而言，生物区域主义者主张：按照生物区划分自治区域，由不同的人类社区在生物区中通过广泛的基层政治参与进行自主治理，并建立基于生物区域划分的邦联制度，从而保证人类社区与自然生态区域的和谐共生。其重要代表人物吉姆·多奇对生态区域主义作了如下界定："一种分散的、自决的社会组织方式，一种尊重与遵循生物整体性的文化，一种欣赏与促成其成员的精神发展的社会。"①

按照多奇的阐释，生态区域主义包含三大维度：对自然的尊重、无政府主义、生物区域主义精神。生态区域主义的第一个维度，是对自然生态系统的尊重，将自然界作为人类物质与精神生活的源泉。基于对自然的尊崇，将生物类属与比例、土地类型、地理环境、河流与流域、精神气质、文化类型等多种因素结合起来，构成了一种特定的区位感和生活气质，这就是所谓的

① Jim Dodge, *Living by Life-Some Bioregional Theory and Practice*, London: Longman Press, 1998.

生物区域。而对这些生物区域属性的尊重则构成了生物区域主义政治模式的基础。无政府主义是生态区域主义的第二个维度，因此生态区域主义、生态自治主义常常也被称为生态无政府主义。社会生态学的创立者、著名无政府主义理论家默里·布克金借助自治、分散化、邦联和互助等理念，通过把反等级制、后稀缺、自发性等概念引入自身的理论中，从而把无政府主义改造成了生态无政府主义或社会生态学。多奇曾指出，要看到无政府主义在基层自治、政治分散化和平等主义方面的积极意义，而不要简单理解为混乱和反动；生态区域主义将无政府主义因素嵌入生态主义中，也意味着这种治理只能局限在较小范围内，而政府只能是小规模政府，才能体现生态区域的生态特性和文化气质，而这些在当前美国乃至全球的现有社会结构中都是难以实现的。许多生态自治主义者认为，生态区域或生态公社、生态村等还包含着一种精神甚至宗教气质。多奇将这种精神叫作"灵性"，即对所有形式的生命的深切关爱，并将之看作是生态区域主义的第三维度。生物区域主义秉持泛灵论立场的生态中心主义，认为人类不过是自然万物之一，人类精神与自然界存在着天然的统一性，失去了其他生物，那么人类将不复存在，出于这种自私的理由，他们十分看重对所有其他生物体的感知和关爱，并倡导通过宗教或实践形式表达出来。鲁道夫·巴罗也十分强调生态社区实践中的精神或宗教意蕴，并将之作为生态公社或社区的重要功能，认为其发挥着"文化催化剂"的作用。

综上所述，"深绿"思潮以生态中心主义为哲学基础，对现代工业社会的反生态性进行了激烈的批判，同时探讨了一种以生态区域自治主义为现实形态的生态社会，逐步勾画出了绿色社会的未来蓝图。在他们看来，这种绿色社会以生态区域和地方自治原则为基石，是一种超越当下民族国家形态，能够真正实现人与自然和谐共生的后现代社会。具体而言，它具有如下几方面特征：第一，人类与自然界的其他生命形式有同等的权利，得到同等的尊重，人类与自然和谐共生；第二，绿色社会是一种以生态区域自治和区域间平等组成邦联为现实形态的分散社会，这种相对自足、规模适度的以生态区域划分为基础的社会将会逐步替代当下的大规模集中化的现代工业社会；第三，绿色社会是以基层生态社区为基本单位的直接民主社会，由于社会中心随着政治经济结构的分散化而下移至生态区域，社区内的居民将通过直接参与公共讨论和直接投票来进行公共事务的决策，而不再遵循少数政治精英和代议机构的议定。随着具有示范效应的生态社区逐渐兴起并向整个国家、全球推广，生态社区将取代国家成为新的政治主体，形成一个绿色、开放、自治、合作、和谐的后现代新社会。关于如何实现这种绿色新社会的问题，生态自治主义者在激烈批判现存制度和文化的过程中逐渐形成了一种依靠示范性生态区域推广和个人生活方式改变，从而逐步超越现代化制度和文化的渐进改良道路。比如多奇就认为，各种类型的生态区域可以尝试运用抗拒和更新两大战略，所谓抗拒主要指对破坏自然生态系统的现有经济政治制度与人类活动方式的主动抗争，其中最重要的方式是改变每个人的生活方式和消费理念，而更新则主要指人类要用自己的行动亲身参与到自然生态系统的复原或新生中。

对于这种当代社会的激烈批判与温和改良之间的鲜明对比，生态自治主义者给出了自己的解释。他们宣称，真正有意义的社会变化应该基于个人生活方式、消费理念以及对自然的态度的改变；对民族国家的超越可以依赖这种或革命性或渐进性的变化，而不仅仅是推翻或替代它。因此，生态自治主义者认为，完成这一任务最有效的方法就是建立以生态区域为基础的自治公社或自治区域，发行内部货币，实行自给自足的经济体系，建立全面自治的生活社区，从而逐步破坏当前的经济社会结构和文化基础，实现所谓的全面解放。他们将之称为形象预示法，也就是一种示范性的方法，这种方法的代表案例就是在美国兴起的"第四世界"运动。由此，"深绿"思潮将自治主义与无政府主义不断强化，逐渐抛弃了集体运动、议会民主以及传统政治的阶级斗争等手段，在远离社会现实与理论目标的渐进改良道路上越走越远，也实际上关闭了借助现实主流政治路径走向绿色社会的道路，呈现出浓郁的乌托邦色彩。

对于生态自治主义的这一内在缺陷，罗依·艾克斯曾评论说，生态中心主义的哲学价值观与探寻实现理想生态目标的制度结构并不是一个问题。毋庸置疑，在所有的绿色思潮中，生态自治主义是最具有生态中心主义价值倾向的，它不仅对近代人类中心主义价值观进行了激烈批判，而且也对造成生态危机的经济政治结构进行了批判，甚至要求废除国家、等级制和权威。由于强烈的生态原教旨主义色彩，导致了其社会政治理念与政策主张具有与现实世界的根本对立或不可调和性质，他们因此不仅对现代工业社会和工业文明进行彻底的批判和解构，而且有重构现代文化价值观和社会经济政治结构的强烈愿望。然而，在如何实现这种解构与重构的目标时，大多数生态中心主义者要么不加区分地反对一切国家形式，没有看到资本主义政治经济结构的反生态性；要么反对一切等级制和权威结构，一味主张生态区域的简单划分和基层自治，具有浓重的无政府主义倾向。相比较于政治经济制度的变革或革命，生态自治主义者更关心的是如何依靠文化革新和个人生活方式的改变实现缓慢的社会改良。这使得其最终发展成为一种独具特色的激进主义生态文化理论，怀揣着对未来绿色社会的美好想象和所谓直接行动的乌托邦理想，逐渐游离于现实政治之外。

（二）"浅绿"的生态资本主义治理模式

"浅绿"思潮以现代人类中心主义为哲学基础，将人类对自然的无节制使用和破坏性活动看作是生态危机的根源，相信当下的资本主义经济政治制度可以克服或者实质性减缓地球的生态环境危机，因而他们主张在现有的资本主义制度框架内，将市场原则扩展至自然资源领域，采用市场机制、技术革新、政策改进等措施来解决生态问题，形成了以经济技术手段革新为核心的生态资本主义治理模式。

生态资本主义是西方绿色运动与绿党政治普遍采用的诸多政治战略之一，也是当今世界主流的生态治理模式。其基本观点是，自然生态系统是一种"自然资本"，基础设施资本、金融资本等其他人为制造的资本只能通过开发、驯化自然资本才能增值。因此，它倡导一种生态友好的经济政策和经营模式，并探寻一种基于生态资本主义对自然资源的价值、资本分析来解决生态危机、保护环境公共产品、提供生态公共服务的创造性政策工具。不可否认，生态资本主义作为当代西方国家的主流环境政治流派，在促进西方的绿色政策变革、绿色经济发展和可持续社会建立方面有着突出的贡献。它走出了"要经济增长还是要生态环境"的二分法，也没有执着于彻底变革当代资本主义工业社会的经济社会结构，而是致力于在现有经济政治制度架构内探寻解决生态问题的切实手段和政策。因此，它通常被视为一种注重实效的、建设性的、非意识形态化的现实政治战略，从而区别于主张激进变革的

"深绿"和"红绿"思潮。

通常认为，"浅绿"思潮的生态资本主义理论，主要包括生态现代化、绿色国家、环境公民权和环境全球管治等主要流派。其中，最有理论影响力、在西方乃至全球环境保护政策革新实践中运用最广泛的是生态现代化理论。生态现代化理论对传统经济学中经济增长与环境保护不相容的理论假定进行了反思，将关注的重点从环境问题的事后处理和政策法律监督转向如何通过市场手段预防和克服生态环境问题。生态现代化理论特别强调市场的优先作用，但并不是要完全消除政府的作用，仅依靠纯粹的市场机制，而是通过纠正"市场失灵"或"政府失败"创造一种经济发展与生态保护良性互动、相互促进的制度框架。在具体的环境治理政策方面，它们倡导更多使用以市场为基础的经济工具如环境税、生态标签、排放许可证和排放交易等来实现环境保护和经济发展的双赢目标。这种对市场机制的强调使得生态现代化理论与主导经济全球化与欧洲一体化进程的新自由主义经济哲学相兼容，因而其相关政策主张迅速被欧洲各国政府、欧盟以及联合国环境与发展委员会等国际组织所接受，并得到了国际自然保护联盟等许多温和的环境非政府组织的支持。

生态现代化的基本初始内涵就是把资本主义的基本经济原则——市场原则扩展应用于各种形式的自然资源中，赋予自然界中的某些要素及其组合以资本价值，并主张通过成本核算和技术革新在商品的生产、分配、流通、消费等各环节中体现和实现这些生态资本的价值，从而将传统生产所导致的环境污染外部性内部化，最终实现经济效益与生态保护的双赢。基于以上理论基础，它设计了一系列以市场机制为基石的生态治理政策，主要涵盖以下四方面内容：第一，通过清晰界定环境权利，明确空气、土壤、水、矿产等生态环境资源的产权归属，来实现生态环境保护的目标；第二，在生态环境资源产权明晰的基础上，通过向企业征收排污费或环境税的方式，迫使企业对生产过程中产生的污染物付费，从而将对生态环境造成损害的负外部性内化至企业的成本和商品价值中，然后通过企业产品的生态成本和市场竞争的优胜劣汰机制实现生态环境资源的优化利用；第三，将排污权作为一种可以交易的商品，通过在某一特定地区的排污主体间推行自由排污权调剂和交易的方式，来达到控制某一地区污染排放总量的目的，广泛推行排污权交易制度大大降低了政府的直接干预，通过排污主体之间的市场化交易可以倒逼或者促进企业革新生产流程、研发新技术，积极实施清洁生产，主动降低污染物排放量，从而确保实现地区污染排放总量目标，推动经济社会绿色发展；第四，倡导推行清洁生产和循环经济，通过不断革新清洁生产和资源循环利用的技术和工具，以最少的生态环境资源消耗获得最大的经济产出，用最弱的环境损害来实现经济和社会效益的最大化，将源头控制与过程治理相结合，达到对生态环境的有效治理，从而实现经济增长与生态环境保护之间的协同并进。

　　然而，在现实的生态治理实践中，由于生态环境资源的复杂性和特殊性，加之市场机制本身存在缺陷，使得运用市场机制解决生态环境危机的政策实施面临诸多困难。首先，如果缺乏有效的外部约束，单纯使用市场调节机制，可能会激化和加剧个体（包括企业）逐利性与环境保护公益性之间的矛盾。亚当·斯密曾指出，各个人都不断努力为他自己所能支配的资本找到最有利的用途，人们考虑的不是社会利益，而是他自身的利益。在生态环境治理中，如果没有来自法律法规等外界的严格管控，企业基于其"经济人"的本性，为了追求利润最大化，就可能会以损害环境为代价来发展生产，加剧环境污染和资源损耗。市场机制必须与法律规章等外在约束形成合力，才有可能遏制这种个人和企业唯私的本性，从而缓解个体私利与生态环境公益之间的矛盾。其次，由于生态环境资源的特殊性和复杂性，界定一些生态环境资源的产权所需的技术难度较大或者成本较高，导致很难在经济上确定环境污染责任者的边际个体成本与边际社会成本之间的差额，从而可能出现因交易成本过高而导致的市场失灵现象。在实际操作中，影响生态环境与资源价格的定价因素十分复杂，一方面要考虑环境资源本身的特性，如大气、公海等属于整个人类共有的资源，确定产权边界困难重重，而湖泊、河流等资源虽可以界定其产权边界，但维护成本高昂；另一方面又要考虑地理特征、国家主权及国际关系等有形因素和代际传递、生物多样性特征等无形因素，要做到定价合理并充分体现其真实价值非常困难。最后，利用市场机制消除外部性存在的困难和障碍。一方面，现实中的生态环境问题通常具有跨地域和跨代际的特点，涉及多种主体的复杂利益冲突，这往往难以通过单一的产权界定和简单的市场调节机制来解决；另一方面，在环境外部性消除过程中，需要以信息发布和交换作为议价基础，各利益相关方为了维护自身利益的最大化，往往会采用发布错误信息的方式来掩盖真实的生态环境损害状况，增大社会的外部成本，不利于生态环境问题的有效解决。

无论是从上述的理论分析，还是从各国的生态治理实践来看，由于生态环境资源本身的复杂性特征，以及市场自身的有限性，市场无法替代国家或政府解决所有的生态环境问题。由于生态环境资源本身具有的公共性特征，以及生态环境治理的跨部门、跨区域、跨代际的复杂性，使得国家和政府的调控和介入具有必要性；同时，在消除外部效应的过程中，法律规章和行政管制也具有不可替代的作用。具体来说，政府在生态治理中主要发挥了制度供给、公共产品供给、协调冲突与促进合作三方面功能。第一，政府在生态治理中的首要作用是提供制度供给，推动企业、社会与政府的合作共治，从而使经济社会发展与生态环境保护相协调和平衡，推动国家的绿色发展和转型。政府制度供给的方式主要包括顶层设计、经济和环境领域的宏观调控、制定各类制度并协调其有效实施、实施环境保护监督、处理各类矛盾和纠纷等。政府在生态环境保护中，要通过有效的制度供给和实施，真正起到"掌舵"和"导航"的作用，从而动员起社会和民间的巨大热情和力量来为保护环境"划桨"。① 第二，提供生态公共产品和公共服务。具体来说，政府是公共利益的代表，理应承担提供公共产品和服务的职责。根据布坎南等人的观点，不同公共产品的公共性具有差异，根据这些差异，其供给和生产可以进行分离。在生态环境治理领域，生物多样性、清洁空气等纯公共产品，其具有绝对的非排他性，因此应该由政府全权提供；城市污染治理、垃圾处理等准公共物品，则可以依据其消费的可分割性，明确产权或价格，运用政府采购、合同外包、特许经营等方式，利用市场调节机制实现责任者和生产者的分离，从而实现准公共产品的高效和充分供给。第三，促进公共利益、调节社会冲突、维护社会正义。由于生态环境问题的复杂性、跨域性特点，加之双重外部效应的存在，生态问题的利益相关方往往是多元的，其矛盾和冲突也十分激烈。政府作为公共利益的代表和具有强制力的公共权力机

---

① 参见肖建华等：《走向多中心合作的生态环境治理研究》，湖南人民出版社 2010 年版，第 32 页。

关，理应成为利益相关者利益冲突的协调者和仲裁者。政府通过协调各利益相关者之间的关系，使之形成合力，建立稳定协调的合作伙伴关系，共同实现经济发展与环境保护的双重目标。针对大气污染、水污染、气候变化等跨国跨域跨代际的复杂环境问题，政府还需要协调处理各个国家、各部门、各地方政府之间的关系，推动建立跨国、跨域的生态合作协调机制，共同治理生态环境问题。

不可否认，采用"命令—控制"型的政府管制模式来解决生态环境问题，确实具有快速、高效，甚至是立竿见影的效果。如马克斯·韦伯所言，"从纯粹的技术观点来看，官僚体制可以高效率达成所欲的工作"①。但是，由于政府本身并不能总是代表公共利益，有可能出现个体唯私和小集团利益至上倾向；政府及其官员存在寻租和腐败现象；政府本身行政能力不足；信息收集人员和机构覆盖度不够；企业与公众的不合作等原因，导致政府在生态治理过程中普遍会遭遇信息收集困难、公共性偏移、其他治理主体的离散等问题。因此，如果将解决生态环境危机的责任全部归于政府，往往会造成既无法克服市场失灵问题又会走向政府失败的另一个极端。

由此可见，无论是单独的市场机制还是政府管制，都有可能出现失败或失灵。在生态治理环境保护领域，政府和市场二者不可偏废，将二者的优势互补结合、协同发挥作用才能保证生态治理的效能。世界各国的生态治理历史和实践也证明，单独依靠市场或政府的作用，均不能完全达到解决生态环境问题的目标。如果继续无视市场和政府以外的其他主体参与生态治理的能力和作用，将市场机制或政策革新作为唯一有效的手段，就无法使社会组织、环保非政府组织、社区和公民个体等社会力量参与生态治理，无法达成持续巩固国家和全球生态安全的长远目标。正如丹尼尔·A. 科尔曼所说："权力下放的主张是，最贴近环境而生活的人最了解环境，有关的决策权和监护权应当掌握在他们手中。为行之有效，权力下放的原则必须应用于政治和经济的权力领域，以此作为加强基层民主运动的一部分。"②

随着公民个体、各种环保非政府组织越来越多地参与到各类生态治理活

---

① ［德］马克斯·韦伯：《经济与社会》（下），林荣远译，商务印书馆1997年版，第296页。
② ［美］丹尼尔·A. 科尔曼：《生态政治——建设一个绿色社会》，梅俊杰译，上海译文出版社2002年版，第119页。

动中，"浅绿"学者自 20 世纪 90 年代末开始探索绿色国家理论、环境公民权理论以及全球环境管治理论，将关注点从过去的市场调节和政策革新转向激活更多社会或国家力量参与生态治理的理论和实践机制上。绿色国家理论最早由澳大利亚学者罗宾·艾克斯利在其《绿色国家：重思民主与主权》一书中提出，"现代民主国家对内实现其规制理想和民主程序与生态民主原则的契合，对外作为主权国家担当起生态托管员和跨国民主促进者的角色"①，并试图用绿色国家逐渐替代现有的资本主义国家形态。从实践上看，绿色国家理论与生态现代化理论对欧洲 20 世纪 90 年代以来的绿党政治及其传统政治的绿化具有重要推动作用。1995 年至 2005 年，芬兰、法国、意大利、德国等欧洲国家的绿党纷纷与其他党派组成全国性联盟政府，经历了所谓的"执政十年"。从理论上看，绿色国家理论引起了人们对于民主理论的重新思考，基于绿色国家的建构需要，"绿色民主""生态民主"成为新的理论增长点，学者们纷纷从生态自治、社区重建、生态审议民主、生态协商、绿色主权等各个方面丰富了这一理论的探讨。环境公民权理论和全球环境管治理论则是基于对当下生态治理实践的深入观察，分别就如何发挥公民参与在生态治理中的作用，以及如何解决跨地域、跨国的环境污染问题，建立全球生态治理框架提出了理论解释和可能方案。

在具体的生态治理模式上，"浅绿"阵营也认识到：一方面，生态治理要充分挖掘和释放市场调节和政府管制两种机制的潜能，充分发挥其治理效用，防止市场失灵和政府失败；另一方面，也要充分认识市场和政府作用的局限性，不断进行制度创新和实验，探寻更有效的治理机制和手段，构建新的生态治理模式。美国、德国、英国等国家率先探索一种跨越公私界限，实现市场、政府与社会三方有效合作的新治理模式，并将其运用于生态环境治理领域中，大大提高了治理效能。这种多方合作的生态治理模式具有以下几方面特征：第一，强调市场、政府和社会多个治理主体的共同参与和责任分担。不同于传统的市场调节和政府管制模式，这种多方合作的生态治理模式将政府管制、市场机制、公众参与等多方主体的作用充分发挥、取长补短、

---

① Robyn Eckersley, *The Green State*：*Rethinking Democracy and Sovereignty*, The MIT Press, 2004.

优势互补，从而形成一种新的多元主体责任共担、合作共赢的生态利益实现机制。第二，在治理手段上，强调行政、市场、法治等多种方式组合运用。多方合作的生态治理模式试图超越市场—政府的二元思维模式，既充分发挥政府管制的强制力和集中性优势，又注重激发市场机制的高灵活度和强应变能力的特性，同时积极利用公民个体、各类环保组织熟悉地方实际、参与路径短、信息掌握更真实充分等特点，综合运用行政、法律、经济、舆论等各种手段，将市场化、强制性和自愿性路径相结合，在多主体的协同配合中以更小的成本投入换得更大的生态效益产出。第三，这种合作治理模式要求转变政府角色和行为方式，摒弃传统的家长制管制方式，让渡和转让部分权力和责任，向设计师和中介者角色转变，鼓励和激发市场、社会团体等其他主体更好地发挥优势和潜能。首先，政府要充分尊重市场在资源配置中的决定性作用，充分发挥市场的竞争机制、供求机制和价格机制在生态环境资源利用、补偿和保护方面的有效调节作用；其次，需要确定政府和市场的边界和作用范围，根据生态环境问题的不同性质、生态公共产品和服务的不同类型，采用不同的合作治理方式；最后，通过制度设计，建立一套行之有效的激励、引导机制，激发公众积极、有序地参与到生态治理中来。第四，强调以问题为导向，分类施策，建立动态灵活的多元决策机制。由于生态环境问题的复杂性和跨域性，需要对不同地域、规模和利益相关者不同的环境问题匹配合适的治理主体和有效的决策机制，将成本承担与收益获得的主体对称，从而实现整体问题的局部化和外部效应的内部化，提升生态治理效能。

毋庸置疑，作为一种实用主义的主流绿色政治社会理论，"浅绿"思潮的生态资本主义，特别是生态现代化理念与战略不仅在世界范围内广泛传播、应用与发展，而且它所倡导的绿色增长、政策革新、市场调节等治理手段也为众多欧美国家以及发展中国家广泛使用，对于欧洲的绿党政治以及全球各国生态治理实践产生了巨大的影响。然而，我们也要看到，生态危机本质上是人与自然、人与人之间关系的双重危机，因此要从根本上解决生态环境问题，既要尊重自然生态的本质和规律，又不能忽视生态问题背后的制度和社会根源。"浅绿"思潮对现有的资本主义制度体系盲目自信，相信通过绿化国家、绿化政策与绿化市场就可以从根本上解决生态环境问题。在"浅绿"运动发展过程中，为了使其主张在现实政治中能够被广泛应用，特别是能够为绿党政治提供理论支持并获得选举优势，其不断弱化甚至抛弃价值批判，始终回避制度批判，逐渐蜕变为实用主义的渐进改良路线，完全丧失了对资本主义制度反生态本质的批判向度，也放弃了制度重构的可能，这也决定了其不可能从根本上解决生态环境危机。

（三）生态学马克思主义的生态社会主义治理模式

相较于以生态中心主义价值观变革为核心的"深绿"运动和以经济技术手段革新为核心的"浅绿"运动，"红绿"始终坚持以对资本主义经济政治结构的替代为其生态政治理论的核心，其中最具代表性的就是生态学马克思主义。它们认为反生态、非正义的资本主义制度和生产方式以及由此带来的对科技的非理性使用和消费观、需求观的异化是造成生态危机的根源。因此，生态学马克思主义主张通过制度和价值观的双重变革，构建以实现社会正义和人的自由全面发展为核心特征的生态社会主义，从根源上彻底解决生态危机。

虽然生态学马克思主义内部在政治观念和政策主张方面存在着诸多争论，但它们都对西方主流绿色政治（绿党政治及"浅绿"的生态资本主义理论）对资本主义制度的维护及其对于经济技术政策革新的迷信进行了激烈批评，同时也对"深绿"的生态自治主义（生态无政府主义及其深生态学价值观）对于纯价值变革和生物区域自治的过度推崇表示怀疑。在政治理论层面，生态学马克思主义包括两个密切关联的部分：一是对生态危机产生的根源——资本主义政治经济结构及其导致的技术滥用和消费、需要异化进行全方位批判；二是在批判的基础上探索一种替代当今资本主义经济政治结构、走向新型绿色社会（生态社会主义）的道路和战略。从这种意义上说，这种它们的生态社会主义理论不仅仅是旨在解决当下生态环境问题的一种治理理论，更是一种面向未来的颠覆性的革命理论，兼具解构与重构的双重意义。基于对生态危机的本质和根源的探讨，生态学马克思主义都强调必须把制度变革与价值观变革结合起来，形成了独特的生态治理策略和生态政治战略。不同的理论家从不同的角度对这一问题进行了探讨，产生了丰富的理论成果。

在《西方马克思主义概论》一书中，本·阿格尔强调生态危机的彻底解决既需要改变高度集中的资本主义经济结构，同时又需要树立正确的劳动观、需求观和消费观，促进文化价值观的变革，从而实现从资本主义向生态社会主义社会的过渡，提出了较全面的生态社会主义治理策略和变革战略。他提出了"分散化"和"非官僚化"两个重要概念，并将之作为对当今资本主义高度集中的生产体系和官僚化的管理体制的替代方案。阿格尔认为，由于资本主义集中化生产过程中大规模技术的非理性使用，导致了管理模式日趋官僚化和权力关系的逐渐极权化，并以此支撑资本对利润的无尽追逐，这将会进一步强化生态危机。同时，这种集中化的生产体制和官僚化的管理机制，将工人阶级隔离于生产的决策和管理之外，使他们无法体会到劳动的创造性和欢乐，使劳动日益破碎化和机械化，最终蜕变为异化劳动，产生了劳动—闲暇二元论思想。据此，阿格尔提出"通过使现代生活分散化和非官僚化，我们就可以保护环境的不受破坏的完整性（限制工业增长），而且在这一过程中可以从性质上改变发达资本主义社会的主要社会、经济、政治制度"①的观点。所谓"分散化"和"非官僚化"就是通过强调工业生产的分散化和中小规模技术的使用，缓解人与自然之间的紧张关系，建立一种既能满足人的真正需要，又不损害生态环境，使人与自然和谐共生的经济发展模式；同时通过创新工人民主管理的方式，让工人阶级参与生产决策与管理，成为劳动过程的真正主人，从而摆脱异化劳动和劳动—闲暇二元论思想。他强调，类似于"深绿"所强调的那种单纯的小规模技术运用并不可能导致真正的社会变革，只有把"分散化"和"非官僚化"二者结合起来，才能真正促使工人阶级从资本主义制度的生产过程和权力关系中解放出来。

以"分散化"和"非官僚化"的生态社会主义政治社会结构为前提，阿格尔强调建立稳态经济模式的重要性。稳态经济模式最早由威廉·莱斯提出，后来在生态学马克思主义理论家中获得了较普遍认同。所谓稳态经济模式，是指一种既能够满足人类的基本生活需要，又不损害自然生态环境，从而使人和自然和谐共生的经济发展模式。要建立这种稳态经济模

————————
① ［加］本·阿格尔：《西方马克思主义概论》，慎之等译，中国人民大学出版社1991年版，第499—500页。

式，需要作如下变革：第一，改变当代资本主义对经济社会生活的干预方式，控制对自然资源的消耗、缩减消费，并通过财富的重新分配保证社会稳定；第二，满足人的基本需要，但这种需要满足不能对自然生态系统造成损害；第三，倡导新的生态道德价值观，反对科学技术的非理性使用，尽量增加产品的循环利用率和减少废物排放；第四，实现人类幸福观、需要观和劳动关系的转变，实现劳动—闲暇一元论，使劳动成为人类幸福和自由的源泉。

从文化价值观的变革上看，阿格尔提出了"期望破灭的辩证法"。他指出，由于生态系统的有限性制约，"异化消费"不可能持续，使得人们靠沉溺于消费中体验幸福与自由的期望必然会破灭，这就是所谓的"期望破灭的辩证法"，而社会变革的动力也正蕴含于此。具体而言，文化价值观的变革有三个步骤：首先，由于有限的生态系统无力承载经济的无限增长，为异化消费提供商品的工业生产体系必然会缩减；其次，生产的缩减导致商品供应的减少，这就迫使人们开始重新思考自己的需求，并最终改变那种把需求等同于消费、消费等同于幸福的观念；最后，对需求观、消费观和幸福观的重新思考，可以改变异化消费观和需要观，树立劳动—闲暇一元论，将劳动看作是自由和幸福的源泉。

威廉·莱斯在《自然的控制》和《满足的极限》两部著作中指出当代生态危机的根源在于资本主义制度下形成的"控制自然"观念以及在此基础上形成的科学技术滥用和异化消费，因而重构需要、商品和满足之间的关系，进而建立一个"较易于生存的社会"和生物多样性伦理，是解决生态环境问题的关键。生态学马克思主义都强调技术运用的制度条件决定了技术使用的方向，反对抽象地谈论技术运用的不良后果，莱斯的独特之处在于他深入分析了"控制自然"的观念被纳入资本主义现代价值体系，并和资本主义制度相结合，使科学技术沦为资本控制自然和控制人的工具的过程，并将之看作资本主义现代化造成人自身的异化以及人与自然关系异化的根本原因。莱斯因此坚决反对"浅绿"那种主张把生态危机看作是一个简单的经济外部性问题，进而把解决生态危机的希望寄托于资本主义制度体系下自然资源的市场化调节的做法，而是强调资本主义制度与生态危机的必然联系，主张通过社会制度变革来解决生态环境问题。同时，莱斯考察了当代资本主义高度集约化的市场布局中人的需要与商品消费二者之间的辩证运动及其对生态环境的破坏性影响，强调必须破除当代西方资本主义社会盛行的将人类的满足和幸福等同于对消费的消费主义价值观，厘清需要、消费、商品和幸福之间的关系，建立一种新的需要理论，进而找到克服异化消费、解决生态问题的办法。以这两方面的分析为基础，莱斯提出了"较易于生存的社会"的概念，以此来替代追求经济无限增长、技术大规模运用和生产高度集约的当代资本主义社会。

莱斯将傅立叶和马克思看作是"较易于生存的社会"的思想来源，并从三方面对其进行了描绘。第一，在消费主义盛行的资本主义社会，为了满足人们不断增长的消费需求，大规模和高度集中化的生产模式和管理模式不断被强化，对生态环境造成了持续破坏。因而，"较易于生存的社会"要求抛弃现代社会所谓的以消费主义为核心的理想生活方式，通过社会政策的改变，建立关于幸福的新标准。第二，"较易于生存的社会"不再过度关注经济增长，而是将关注的重点转向如何通过资源的重新配置和社会政策的革新，使满足人类需求的问题不再被仅仅归结为消费活动。莱斯认为资本主义高度集中的生产模式和管理方式阻碍了人的自主性、创造性和责任感的发展，必须用能源消耗较少的生产模式以及人们可以直接参与决策的管理模式加以替代，从而激发人们的自主性和创造性，体现自我价值，将需要的满足归于生产劳动之中。第三，"较易于生存的社会"并不主张将人们拉回到穷乡僻壤的艰苦生活中，也并不认为必须消灭商品和市场，而是反对当代资本主义社会将商品和消费作为需要满足的唯一方式，因此它本质上是在现有的制度框架内，降低商品消费对人类需求的决定性影响，并通过技术革新将人均能源及物质消耗降到最低限度。

奥康纳在对资本主义社会的二重矛盾的批判的基础上提出了其生态社会主义变革战略，他认为资本主义的二重矛盾决定了其在生态上是不可能具有可持续性的，同时也是非正义的。在奥康纳看来，资本主义的非正义性主要体现为其经济生产的目的是实现交换价值而不是使用价值，其生产的原动力是对剩余价值和利润的无限追求。因此，生态社会主义应该从根本上改变资本主义社会的生产关系，而不是交换关系，最终实现"生产性正义"。对于如何实现这种生态社会主义，奥康纳认为"目前的关键问题是怎样使环境运动转变成促进激进的社会经济变迁的重要力量"①，将西方绿色激进思潮、生态运动与社会主义有机地结合起来，将"全球性地思考，地方性地行动"和"地方性地思考，全球性地行动"结合起来，最终达到"既是全球性地又是地方性地思考和行动"。由于当代世界生态危机的产生发展与资本的全球扩张与国际分工存在必然联系，"地方性"生态危机往往是"全球性"生态危机的一个链条或组成部分，因此奥康纳特别注重"全球性行动"的重要性，强调生态运动不应该像"深绿"或"浅绿"运动那样拘泥于社区、都市或乡村的基层自治行动，而要特别反对那些导致生态问题扩散的全球性企业或机构，从而触及资本的全球权力体系。奥康纳反复强调，只有走生态运动和社会主义互补的生态社会主义道路，生态危机才能从根本上得以解决。他指出，生态社会主义"使交换价值从属于使用价值，使抽象劳动从属于具体劳动，这也就是说，按照需要（包括工人的自我发展的需要）而不是利润来组织生产"②，对生态社会主义的主张回归到了马克思主义对资本主义生产关系的生产正义性的批判，真正体现了社会主义的本质。

福斯特则既强调制度变革的重要性，同时也强调建立新的生态道德价值观的必要性，并主张制度变革与价值变革对于彻底解决生态危机问题是缺一不可的。在制度变革方面，福斯特进一步发展物质变化断裂理论，强调在资本主义制度框架下，技术进步、生产规模扩大、自然资源利用效率提高与对生态环境的持续破坏是同一历史过程，其根源在于资本主义以追求资本利润为目的的生产方式会不断要求经济的无限增长，从而破坏人与自然之间的关系，因此，必须变革生态不可持续的资本主义制度，才能从根本上解决生态危机。如何才能实现这种制度变革，重塑生产、消费与生态之间的关系呢？针对生态运动与工人运动之间的分化导致生态运动无法取得进展的现实，福斯特主张应当转换当前生态政治的战略，寻求环保运动与工人运动之间的共同点，建立同盟关系。这种转换战略可以从社区和国家政府两个层面得以实现：从社区基层政治层面看，要求生态运动要在保护自然生态与保护工人生

---

① ［美］詹姆斯·奥康纳：《自然的理由：生态学马克思主义研究》，唐正东等译，南京大学出版社2013年版，第19页。

② ［美］詹姆斯·奥康纳：《自然的理由：生态学马克思主义研究》，唐正东等译，南京大学出版社2013年版，第525—526页。

存发展权利之间寻求一种平衡，消除工人阶级与生态环保主义者之间的敌意，从而坚决破除任何以攫取资本利润为目的的破坏自然生态的行为；从国家政府层面看，主张通过激进的生态革命和社会革命，切断国家与资本之间的联姻，建立一种基于民主化的国家与民众之间的合作关系、以社会公正和可持续发展为基石的生态社会主义社会。

在价值观变革方面，福斯特从个体道德和社会正义两个方面阐述了生态价值观重建对于解决生态危机的重要意义。从个体道德角度，他对资本主义"支配自然"为核心的道德价值观进行了激烈批判，认为它在科学技术和工业文明的支撑下，形成了人类对自然的掠夺关系模式，并导致了全球范围的生态环境问题，因此必须建立一种新的生态价值观，将自然看作是人类不可分割的一部分，反对利己主义的人类中心主义，实现人类和地球生态系统的和谐发展。从社会正义角度，福斯特批判资本主义以追求利润最大化为生产目的，而不是为了满足人的基本需要，同时还通过主导不公平的国家政治经济秩序对发展中国家进行资源掠夺和环境破坏，这是不正义和不道德的。因此，生态运动应该探索一种以人为本和生态协调的新社会形式，特别是要保障穷人的基本生活需要以及长期的生态利益，实现生态正义。

走向生态社会主义是生态学马克思主义理论家对未来绿色社会的构想，也是其政治哲学的理论终点。虽然他们对生态社会主义的具体描绘有所不同，但总的来看都具有如下共同特点：第一，从生产目的来看，生态社会主义是追求生产正义性的社会，是社会主义价值理念的真正体现。这要求变革资本主义生产目的的不正义性，使生产的目的重归生产价值而不是交换价值，改变资本主义社会的需求结构，创造一种使人类需求摆脱资本追求利润的原初动力和消费主义的控制，建立"较易于生存的社会"。第二，在经济发展模式上，生态社会主义追求的是一种以实现人与自然和谐共生的稳态经济模式。这里所谓的"稳态经济"并不是指简单排斥技术运用、经济发展和人口增长的经济，而是指通过技术革新和制度变革实现经济和自然和谐发展的经济模式。第三，生态社会主义对当代高度集约的资本主义生产方式官僚化的管理模式进行了激烈批评，强调在生产和管理过程中实现"分散化"和"非官僚化"，建立使工人直接参与经济决策和管理过程的民主模式。第四，从生态道德价值观来看，生态社会主义倡导基于人类真实需要的消费观、需要观和幸福观，树立人的自由和幸福源于劳动而不是消费的价值观念。

综上所述，无论是以生态中心主义为价值基础的"深绿"思潮，还是以现代人类中心主义为价值指引的"浅绿"思潮，都主张在现有的资本主义经济政治结构中，寻求生态危机的解决之道，分别提出了德治主义的价值观革新方案和技术主义的经济技术政策改革策略，虽然作为西方绿色政治的主流，对缓解全球生态危机起到了一定的积极作用，但其理论具有典型的西方中心主义和自由主义倾向，无法突破反生态的资本主义制度和不公正的全球经济政治秩序，因而难以从根本上解决生态问题。西方生态学马克思主义运用马克思历史唯物主义的基本方法，将生态危机的根源归结为资本主义制度本身的反生态性和不正义性以及由此产生的异化需要和异化消费观，主张制度革新和价值观重塑双管齐下，建立人与自然和谐共生的生态社会主义社会，从而从根源上彻底解决生态环境问题。

第九章 德法兼备的社会主义生态治理观

伴随着科学技术日新月异的进步，人类步入了工业文明和现代生活，但人与自然的和谐、共融关系也遭遇了前所未有的挑战，人类赖以生存的生态环境遭到了严重破坏。生态环境之好坏，关乎人民福祉与民族命运，关乎人类命运和全球未来。面对当前日趋严重的生态危机，人类必须重新审视人与自然的关系。如何在人与自然和谐共生的价值诉求中，选择一条适应新时代发展的生态治理之路已迫在眉睫。为了避免生态环境继续遭到破坏，为了还原和重建人与自然的和谐共生关系，思想家们提出过多种多样的生态治理观。其中既有科技主义的，也有单一的德治主义的或单一的法治主义的等，不一而足。与思想家们曾经提出过的生态治理观不同，社会主义生态治理观一方面在治理手段上强调科技创新是生态治理的重要方法，另一方面在治理理念上走向了德法兼备。下面将从产生背景、主要内容和理论特质等方面对德法兼备的社会主义生态治理观做些基本分析。

一、德法兼备的社会主义生态治理观的历史考察与时代语境

对于德法兼备的社会主义生态治理观的产生背景，可以从两个方面展开讨论。一方面是追根溯源，这种讨论旨在揭示这种生态治理观得以产生的历史缘由；另一方面是现实考量，这种讨论旨在揭示这种生态治理观得以产生的时代语境。先看第一方面的讨论。

（一）德法兼备的社会主义生态治理观的历史考察

社会主义生态治理观本是一个现实话题，但是这绝不意味着讨论这个现实话题就可以撇开历史。思考和解读社会主义生态治理观，离不开对中华民族历史文化的认知，也离不开对西方社会治理文化的回望。正是在悠久的历史长河中，我们可以寻找到理解这个现实话题的重要线索。本来，一切历史都是当代史。历史并不是陈旧的古董。真正的历史是活的历史，充满生机与活力。并且，历史总是会惩罚那些无意忘记或有意忽略历史的当代人。没有历史的民族不能从时间里得救，因为历史是永恒的描绘。当代人必须严肃认真地去面对历史。从这个意义上说，考察历史本身就可以构成讨论现实话题的背景、理解时代问题的语境。我们完全不能想象一套生态治理的良方会"从天而降"。习近平总书记指出："设计和发展国家政治制度，必须注重历史和现实、理论和实践、形式和内容有机统一。"① 关于生态治理问题的讨论，必须具有历史思维。历史思维注重以史为鉴、知古鉴今、古为今用，倾心于从事物的历史展开与历史联系来把握事物发展规律。历史思维就是一种面对当代问题展现出来的一种历史眼光、历史意识。有了这样的历史眼光、历史意识，对当代问题作决策、拿方案的时候，就能够自觉地遵守历史规律、汲取历史经验，从而就能从容面对当下，顺利走向未来。

中国的历史向我们呈现出来的治理路径是由德治向法治行进的历史。在历史之初，中国社会是以血缘关系为基础的宗法社会。由于宗法社会的正常运转遵循的是以血亲意识为主导的礼俗习惯，走的是内在控制的路子，所以把道德看成是比法律更有效、更重要的控制方式。中国宗法社会主要依赖道德观念加以维系；每个人首先考虑的不是遵从国家的法律规范，而是如何在实际生活中履行道德伦理义务。中国社会从夏朝和商朝开始就强调推进仁义、教化天下的德治主义的思想，并最终形成了以孔子、孟子为代表的儒家关于道德教化是通达善治社会的重要途径的文化价值观。其在治理观上的核心观念是"为政以德，天下大治"。这是一种道德治理观。所谓道德治理，

---

① 习近平：《在庆祝全国人民代表大会成立 60 周年大会上的讲话》，载《人民日报》2014 年 9 月 6 日。

就是指依靠统治者自身道德修养的影响力、社会风气优良和百姓安分守己来进行治理。这种治理又称为德政。在孔子德治思想中，他把是否"仁义"作为判断君子和小人的标准，判断治世与乱世的标准。儒家认为，只有坚持德政，国家才能长治久安，百姓才能安居乐业，民族才能避免纷争。上至一国之君下至地方官吏乃至平民百姓都必须注重道德修养。为君之人，如果德寡，则不能保证人心归顺，国泰民安；为官之人，如果德寡，就无法协助君主治国理政；百姓如果无德，则会作奸犯科，扰乱社会秩序。只有以德为尚，才能扬善惩恶，治而有序。汉文帝厚赏诸侯、重农轻赋、宽刑减法、举贤重谏、勤俭节约、慎战和亲、亲民爱民、反躬自省、惠德于民，称得上是传统社会以德治国的典范。

儒家将仁政思想推及自然，强调珍惜生命，仁爱万物，以时养杀，以时禁发，强调天人协调，敬天、尊天、顺天，否则为不孝。曾子曰："树木以时伐焉，禽兽以时杀焉。夫子曰：'断一树，杀一兽，不以其时，非孝也'。"[1] 在儒家看来，天地、万物、人是一个"大家庭"，但人作为有道德意识的家庭成员，对待天地万物负有高度的道德责任和伦理义务，我们要像对待长辈那样以恭敬之心对待自然物。如果违反时令，断树杀兽，财物就会匮乏，从而难以尊亲养亲，因此为不孝。《孟子·公孙丑上》说："有不忍人之心，斯有不忍人之政矣。以不忍人之心，行不忍人之政，治天下可运之掌上。"《孟子·尽心上》说："君子之于物也，爱之而弗仁；于民也，仁之而弗亲。亲亲而仁民，仁民而爱物。"儒家主张，不仅要亲亲、爱人，而且要从亲亲、爱人出发推及天地万物。因为人与天地万物一体，同属一个生命世界。很明显，"人皆有不忍人之心"的仁爱观构成了儒家生态治理思想的道德基础。

可以看出，儒家强调的主要是德治而非法治，认为如果为政者只会拿三尺竹简上的法律条文，去硬性规范和苛求百姓，而不施行道德教化，想要达到善治是不可能的，这就决定了圣明之君应当慎用刑罚而注重德政。因为如果一味拿强制性政令去训导百姓，用刑法去整肃百姓，那么百姓只会为了避免受责罚而被迫恪守规矩，但会丧失本不该丧失的羞耻心；只有用道德对百

---

① 《礼记·祭义》。

姓进行教化与引导，并辅之以礼制对百姓的约束与规范，百姓才形成既能拥有羞耻心，又能走向自律的良好品格。朱熹对此观点曾加以注解："愚谓政者，为治之具。刑者，辅治之法。德礼则所以出治之本，而德又礼之本也。此其相为始终，虽不可以偏废，然政刑能使民远罪而已，德礼之效，则有以使民日迁善而不自知。故治民者不可徒恃其末，又当深探其本也。"[①] 根据朱熹注解，我们可以更为明确在孔子"德主刑辅"的思想中，"德"之于"刑"的优先地位。"德主刑辅"的治国理念是中国历史上占主流地位的政治统治思想。桓宽在《盐铁论·申韩》中说："法能刑人，不能使人廉；能杀人，不能使人仁。"这就是说，法律可以惩罚人，但不能使人仁爱与廉洁。《群书治要·淮南子》也认为："法能杀不孝者，而不能使人为孔、墨之行；法能刑窃盗者，而不能使人为伯夷之廉。孔子养徒三千人，皆入孝出悌，言为文章，行为仪表，教之所成也。"这依然是说，依据法律尽管可以将人处以死刑，但是不能让他们成为有德之人，有德之人是教育的结果。《群书治要·淮南子》还指出："不知礼义，不可以刑法。"这就是说，如果不懂得礼义廉耻，即使有了好的法制，也难以实现国家的长治久安。实际上，中国传统社会对法律没有那么强烈的渴求，律师被称为讼师，地位很低，而"对簿公堂"被视为可怕又可耻的事情。在上述文化价值观的引导下，中国传统社会充满了对法律及其官司的不信任甚至嫌弃和厌恶。

历史上，法家虽然提出了"不分亲疏""不别贵贱""一断于法"等法治思想，但法家的法治思想远没有成为中国传统社会主流治理方式。相反，由于人与人关系的伦理道德是中国传统文化的起点和重心，由于在古代中国德治思想过于强势，中国古代即使有法治，但也只是作为德治的辅助，且立法总是基于道德礼教伦常。结果，法治观念难免伦理化、道德化、人伦化，法律问题从人伦关系着眼给予处理，本来就很稀薄的法治思想也就免不了受到德治思想的规训与改造。结局是，将道德与法律等同，将"犯法"等同于"犯伦理"，走上了借法律的外在形式推行德治的道路，最终形成了"德治一体"的局面。

由于中国传统社会是以血缘关系为基础的宗法社会，这使得其倡导的道

---

① 朱熹：《四书章句集注》，中华书局 1983 年版，第 54 页。

德具有以自然血缘为基础的自然化的特征，比如"仁德"就立足于自然的"亲亲之爱"和伦常之情，这必然使道德拘泥于血缘宗法关系，具有浓浓的经验性。这不仅违背了道德超自然的本性，而且也必然使道德成为经验之物和相对之物，成为一种私德，而排斥法律的公平正义所追求的公共性道德，即公德。这也是为什么中国古代伦理学推崇"百善孝为先"的根本原因，因为孝本质上体现了父母与子女的血缘亲情的经验，从而遮蔽并解构了公平、平等、正义观念，间接支持或配合了专制等级制度，导致中国旧有的道德既不能走向公德，也无法保证国家的长治久安。在某种意义上可以说，中国历史上的德治不仅自身具有反道德性①，而且必然具有拒绝法治的倾向，这也就是为什么儒家要强调"亲亲相隐"的根本原因。《论语·子路》中记载："叶公语孔子曰：吾党有直躬者，其父攘羊，而子证之。孔子曰：吾党之直者异于是。父为子隐，子为父隐，直在其中矣。"② 叶公告诉孔子说，在他的家乡有一个非常正直的人，那个人的父亲偷了羊，儿子发现之后就告发了自己的父亲。这本来是符合法律基本原则的，体现了对法律的尊重。但是孔子却回答叶公说，在我的家乡关于正直的标准正好与你不同：如若父亲替儿子隐瞒，儿子替父亲隐瞒，正直就存在于互相隐瞒之中了。从孔子的辩解不难看出，孔子眼中的正直或者仁爱，就是建立在孝悌的基础上的。只要以血缘关系为纽带，即便触犯了法律，也要以人伦孝道为优先原则，互相包庇。

随着中国资本主义的萌芽和发展，如何制定保证资本主义自由发展的法律保障和民主成为近代国人关注和思考的问题。具有启蒙思想的近代人率先对封建的忠君观念进行了批判。中国社会及其文化价值观念在明代中叶以后慢慢发生着变异和革新，已显现出跨入近代社会之门的某些征兆，不仅产生了具有资本主义性质的工场手工业和工商业，而且出现了不同于政治城市、军事城市的工商业城市，这些都暗中侵蚀着旧制度、旧文化的基础。戴震的《孟子字义疏证》对礼教的深沉谴责，"异端之尤"李贽对封建时代的精神偶像孔子的挑战，傅山将"至高无上"的孔子与先秦诸子所作的等量齐观，

① 参见戴茂堂等：《伦理学讲座》，人民出版社 2012 年版，第 199—205 页。
② 《论语·子路》。

都有巨大的观念转型意义。方鹏的《矫亭存稿·风俗》、归有光的《贞女论》、毛奇龄的《禁室女守志殉死文》、俞正燮的《贞女说》、黄宗羲的《明夷待访录》和唐甄的《潜书》等不仅有对封建社会的"节烈观"的批判，而且提出了反对君主唯我独尊和君主独占天下的抑君论。黄宗羲坚决反对专制暴君以一己之人私充天下之大公，反对"君为主""天下为客"的专制政治关系。黄宗羲指责君为天下之大害，唐甄谴责自秦以来凡为帝王者皆贼。从抑君论出发，他们都要求以"有治法而后有治人"的法治先行主张来反对人治的专制统治。

但整体上看，由于缺乏强劲的经济、政治、文化助力，到 19 世纪上半叶，中国社会依然只是徘徊在中古故道，尚漂浮在十五六世纪以来西方世界已经开始的近代化浪潮之外。黄宗羲虽设想以立法、议政的形式来限制绝对君权，但缺乏人民主权与社会契约的背景和根基，因此不仅没有达到西方意义的民主理论，而且最终还是把希望寄托在"复三代之治"的仁德君主身上，其本质是一种传统意义上的民本思想，而非现代意义上的民主思想。伴随着鸦片战争的失败和以救亡图存为目的的西学东渐运动的展开，早期的改良派将西方法律思想传播到中国，要求设立议院，实行君主立宪。到了戊戌变法时期，康有为、谭嗣同批判传统的纲常名教，提出了资产阶级平等、自由的法律观念。梁启超指出："立宪国必以司法独立为第一要件。"梁启超甚至提出："法治主义，为今日救时唯一之主义。"孙中山在《三民主义·民生主义》中指出："民主就是政治中心，就是经济中心和种种历史活动的中心。"这些思想都为近代中国法律意识的确立带来了曙光。可惜的是，他们除对西方的法律思想做了一些简单的宣传介绍外，不可能对这些思想作出深入的分析，因而也就不能使这些思想在中国大地深入人心。在权衡德与法二者之轻重时，张之洞指出："牧民之道，德第一，法次之。"① 革命派直接推翻了清王朝的专制统治，共和的形式是出现了，可是承载这一共和形式的社会文化还是承载君主专制的那个老底子。"新瓶旧酒"而已。直至 1910年，梁启超在《敬告国中之谈实业者》中还在感叹："中国则不知法治为何物也"，"今中国者，无法之国也"。五四新文化运动在批判反思封建专制统

---

① 《张文襄公全集》卷一一三，公牍二八。

治的基础上，进一步展开了以科学和民主为主要内容的思想启蒙运动，但由于启蒙者自身和时代条件的限制，五四新文化运动依然没能实现对大众展开完整意义上的法律观念的启蒙，法律意识淡漠的情形没有得到根本的改变。

1949 年新中国的成立，为中国逐步走上法治化道路创造了条件。1949 年颁布的《中国人民政治协商会议共同纲领》和 1954 年颁布的《中华人民共和国宪法》开启了中国法治化的征途。但是，由于受经济发展水平和封建思想的影响，不仅依法治国的观念相当淡薄，而且按"长官意志"办事的现象时有发生。这主要体现在：在经济活动中，虽然建立了某些合同制度，但视缔约为儿戏、无视合同规约的现象时有发生；在政治生活中，有关勤政廉政的法律法规出台不少，但花样翻新的"情感投资"导致了公共权力的腐败。由于民主选举制度不健全，法律约束机制不完备，民主生活依旧缺乏法律化、制度化的保证，法律的权威性、公正性严重扭曲、变形。党的十一届三中全会开启了发展社会主义民主、健全社会主义法制的新征程。邓小平针对法治精神淡漠的现实，强调应当加强法制，并使民主制度化、法律化，才能保障人民的民主权利。正是根据时代需要加强社会主义民主法制建设的要求，我国制定和颁布了现行宪法，使得我国法制建设有了根本的依据与基础。党的十八大把"依法治国"看作是党领导人民治理国家和党治国理政的基本方略。2013 年 2 月 23 日，习近平总书记主持中共十八届中央政治局第四次集体学习时讲话指出，必须全面贯彻落实党的十八大精神，全面推进科学立法、严格执法、公正司法、全民守法，坚持依法治国、依法执政、依法行政共同推进，坚持法治国家、法治政府、法治社会一体建设，不断开创依法治国新局面。当代中国人越来越相信，不全面依法治国，国家生活和社会生活就不能有序运行，必须坚持依法治国、依法执政、依法行政共同推进，坚持法治国家、法治政府、法治社会一体建设，实现科学立法、严格执法、公正司法、全民守法。

如果说中国社会的治理观走的是从德治逐渐走向法治的路线的话，西方社会的治理观则走的是从法治逐渐走向德治的发展路线。德治和法治是社会治理的两种形式，与中国封建社会主要采取德治的形式不同，西方社会主要采取的是法治。采取法治的社会治理观把法律的地位看作是至高无上的，强调只有在法治原则的范导下，行使权力、追求自由、追求幸福才是合理的。

在法律范围内行使权力不但不会侵犯自由权利，而且还会维护自由权利，维护社会秩序的正常运行。法律高于任何权力，任何权力都必须纳入法律的监督和控制之下。只能在法律许可的范围内并依据法律实行社会管理，即"法无授权不可为"；而且法律禁止一切伤害社会每个成员自由权利的行为，最大限度地保护每一个成员的自由权利，即"法无禁止即可为"。"法治"的英文表述是 rule of law（法律的统治），而不是 rule by law（用法律统治）。

西方法治思想大致经历了三个阶段，分别以自然、神学和权利为关键词。西方法治思想的源头可追溯到古希腊。古希腊的智慧之神雅典娜是一个大法官，在法庭上主持正义、主持法纪。生活在开放型的海洋环境而腹地又相当狭窄的希腊人挣脱血缘纽带的羁绊进入文明社会后，不仅保留了氏族社会主权在民的直接民主思想，而且建立了以地缘和财产为基础的城邦民主制，其典范就是雅典城邦的民主制。早在伯里克利时代，梭伦就将法律视为城邦最大的需要和幸福；毕达哥拉斯则强调"服从法律是最高的善，而法律本身（'好的法律'）则是最大的价值"[①]；苏格拉底认为，凡是合乎法律的就是正义的，"守法与正义是同一回事"[②]；柏拉图在《法律篇》中肯定法治的意义，认为只有设计一套完善的法律制度，才能够避免政体的腐败堕落。在一个国家，如果法律没有任何权威，那么这个国家就注定覆灭；亚里士多德强调优于"一人之治"的法治既意味着"依法而治"，又必须是"良法之治"。法治的意义在于法律获得普遍的服从，而这种法律又必须是好的法律；法律和国家的目的都在于追求正义，法律则是判断正义与否的标准。斯多葛学派把自然与法结合起来，强调以理性为基础的自然法既是判断正义与否的标准，同时又具有永恒的性质和最高的权威。在中世纪，基督教神学巩固了自然法与上帝的联系。法制观念在中世纪的教会法中占有很重要的地位。教会法不仅支配人们的日常生活，同时也规范着大多数土地所有、契约往来、财产继承等社会关系。每一个教会团体和世俗团体都制定法律，建立司法制度，实行法治，接受法律的约束。基督教的"摩西十诫"是所有基督信仰宗教的基本戒律。其中，孝敬父母、禁止杀人、严禁奸淫、反对

---

① 转引自［苏］涅尔谢相茨：《古希腊政治学说》，蔡拓译，商务印书馆1991年版，第33—34页。

② ［古希腊］色诺芬：《回忆苏格拉底》，吴永泉译，商务印书馆1984年版，第164页。

偷盗、不可作伪证、不可贪恋人的房屋、妻子、仆婢、牛驴和其他的一切等都体现出明显的律法性。阿奎那特别重视法律，尤其重视永恒法。他把永恒法看成是神的智慧，看成是其他一切法的根据。1215 年约翰王在贵族追逃下被迫签订的《大宪章》，既是世界法治史上最早的经典文献，也是英国法治原则确立的重要起点。英国也因此成为欧洲个人政治自由程度最高的国家。

在近代，西方国家的政治哲学和立法实践受到源远流长的自然法理论的直接影响，民主等理念成为普遍的立法原则。民主是近代西方政治的核心概念，其基本含义是公民当家作主，公民决定国家大政，公民选举掌握国家大政的领导人。没有人权、平等、自由，就没有民主政治。重视人的价值、强调人的尊严是民主政治的核心理念。西方的"民主"是建立在自然人权（天赋人权）之上，是绝对地服从于自然人权的"民主"。西方许多近代政治哲学家认为，每个人的权力都是天赋的，人在自然状态中都是自由和平等的，生命、自由和财产是个人不可剥夺、不可转让的基本权利，任何人都不得侵犯他人的生命、自由和财产。不论智愚贤不肖，都应平等地受到法律保护。

霍布斯认为，法规高于道德。他认为，在自然状态下，人与人便处于永久战争状态，根本不能实现自我保存。于是，出于自我保存的考虑，人们便基于自然法相互订立契约，把保障社会和平和个人安全的权力转让给最高统治者，这样就建立起公共权力机关——国家。最高统治者不是订约的一方，自然不受契约的约束。最高统治者是国家的灵魂、普遍的意志，拥有至高无上的绝对权力，人们必须绝对服从。否则，就等于违反契约，违反自己的意志，是不正义的。他主张，凡最高统治者命令的、准许的，都是对的、善的；凡最高统治者否定的、禁止的，都是错的、恶的。洛克认为，法律上许可的行为在道德上都是善的，反之则是恶。洛克认为，自然法即人类的理性保护人享有生命、自由、财产等自然权利。洛克还进一步主张建立立法权、执行权和对外权三权分立的政治体制。爱尔维修提出，法律管控一切，一个人的善良乃是法律的产物，一个民族的美德和幸福也依赖于法律的完善，而造成各个民族的不幸的是他们的法律不完善。爱尔维修认为"人们善良乃是法律的产物"，"一个民族的美德和幸福并非其宗教神圣的结果，而是其法律明智的结果","法律造成一切"。斯宾诺莎则强调，在社会状态下，个人必须服从国家，接受法律的约束。也只是因为愿意"服从"国家的法律，公民才被认为"配享"国家的权益。孟德斯鸠强调，为确保人的生命、自由、财产等自然权利，国家的三种权力（立法权、行政权和司法权）必须分属三个不同的机关。一切拥有权力的人都容易滥用权力，这是万古不变的道理。为防止权力的滥用就必须以权力制约权力。

应该说，在西方，法律在治国理政中具有最高的权威，但是，法律只能从外在方面规范人们的现实行为，却无力解决人的内在自由问题。正是法律固有的上述局限，导致了当代西方德性主义思潮的复兴。当代西方德性主义思潮的复兴表达了对于道义的力量和精神的价值的肯定。德性主义思潮强调，所有的道德规则和道德行为都来自德性。因此，在社会治理过程中，不应当以行为的规则为中心，仅仅强调人们对外在法律的遵守与服从。德性主义思潮认为，只有大力培育行为者的优良品德和人格，才能走向善治。

可以看出，古代西方走的是法治的道路，而当代西方却开启了复兴德性伦理的运动；古代中国走的是德治的道路，而当代中国却把法治确定为治国理政的基本方略。之所以发生上述变化，是因为单纯的德治和法治都有其固有的缺陷。只有把德治和法治有机结合起来，社会治理才能走向完善。真正完善的社会治理观应当是德法兼备的社会治理观，应当坚持依法治国和以德治国有机结合。

（二）德法兼备的社会主义生态治理观的时代语境

经过长期的奋斗和努力，全国各族人民迎难而上，开拓进取，解决了诸多长期想解决而没有解决的难题，办成了诸多长期想办而没有办成的大事，中国特色社会主义进入了新时代。从中国特色社会主义承担的历史使命看，新时代确立了全面建成小康社会的目标，确认了我国发展新的历史方位，也成为我们讨论一切问题包括德法兼备的社会主义生态治理观这一问题的时代语境。

一方面，"新时代"意味着经过 40 多年的改革开放，中国特色社会主义道路、理论、制度、文化焕发出"新生机"、"新活力"，国际影响力、感召力进一步提高，民族自信心、自豪感显著增强。事实上，当今中国，科技实力、国防实力、综合国力和人民群众生活水平快速提升，不仅很多方面已经跻身世界先进行列或在世界主要国家中名列前茅，而且对世界经济增长率的贡献居全球前列，极大地推进了世界的经济增长。这些进步是深层次的、根本性的，这些成绩是全方位的、开创性的，所有这一切都标志着中华民族实现了从"站起来"到"富起来"再到"强起来"的伟大跨越。

另一方面，"新时代"也意味着我国经济社会在迅猛发展中出现了许多深刻的阶段性"新特征"、"新问题"，社会主要矛盾已经转化为人民日益增长的美好生活需要和不平衡不充分的发展之间的矛盾，发展问题不仅没有完全解决，而且有些问题更加突出。其中特别尖锐的问题之一就是生态平衡遭到干扰，生态系统的结构和功能严重失调，产生了难以弥补的生态创伤，积累了非常复杂的环境难题。中国的现代化建设取得了突出的成就，但也付出了沉重的环境代价。目前来看，我国总体上是缺林少绿、生态脆弱的国家。并且，水土流失、土地荒漠化、森林和草地资源减少、生物多样性减少等生态创伤、环境难题进入一个高强度频发阶段，严重威胁到人的生存和发展。中国经济社会发展的资源环境制约和压力越来越大，可持续发展受到严重威胁，生态文明建设水平不高，这一切都是我国必须尽快解决的突出短板。针对上述问题，以习近平同志为核心的党中央多次提出我们应该尽力补上生态文明建设这块短板，切实把生态文明的理念、原则、目标融入经济社会发展各方面，贯彻落实到各级各类规划和各项工作中。

2007年，中共中央第一次在自己的政治纲领中明确提出了建设生态文明的战略任务。生态是生物天然的存在样态，文明是人类的象征。综合来看，生态文明是标志着人与自然关系的哲学范畴。生态文明的核心是人与自然关系的和谐。生态文明是按照"资源节约型、环境友好型社会"的要求，按照人口资源环境相均衡、经济社会生态效益相统一的原则，以维系人与自然和谐共生关系为宗旨，以建立绿色生产方式和消费方式为内涵，走以科技创新为主导的发展道路。生态文明是以人与自然、人与人、人与社会和谐共生、良性循环、全面发展、持续繁荣为基本特征的文明新形态。生态文明是当今世界的共同关切，是人类发展的必由之路。当代中国的发展过程中面临着资源约束趋紧、环境污染严重、生态系统退化的生态文明问题，再加上我们在生态环境方面欠账太多，这就要求我们必须把生态文明建设放在突出地位，抓紧抓好。生态文明建设是新时代中国特色社会主义事业的重要组成部分，是全面建成小康社会、发展中国特色社会主义的重大战略。中华民族要实现永续发展，必须抓好生态文明建设。生态文明建设正处于压力叠加、负重前行的关键期，已进入提供更多优质生态产品以满足人民日益增长的优美生态环境需要的攻坚期，也到了有条件有能力解决生态环境突出问题的窗口期。在生态文明建设这个问题上，不得犹豫，别无选择。党的十八大以来，以习近平同志为核心的党中央把生态文明建设纳入中国特色社会主义事业总体布局，坚持把生态文明建设作为统筹推进"五位一体"总体布局和协调推进"四个全面"战略布局的重要内容，坚持节约资源、绿色发展和保护环境的基本国策。站在新的历史方位，抓好生态文明建设，关键的问题是确立好生态治理观。生态文明建设的"重中之重"是生态治理。要展开有效的生态治理必须首先坚持中国特色社会主义发展道路，全面贯彻落实党的十八大确立的把生态文明建设放在突出位置，融入经济建设、政治建设、文化建设、社会建设各方面和全过程，树立尊重自然、顺应自然、保护自然的生态文明理念，坚持节约资源和保护环境的基本国策，优化产业结构和践行绿色生产方式和生活方式。而对于如何开展生态治理，人们提出了不同的解决思路和方案，这些思路和方案关涉的核心是生态治理中到底是以德治为主，还是以法治为主，还是德法兼备。

要解决好上述问题，必须首先解决好法律与道德在生态治理中的作用和关系问题。对于法律与道德作为两种不同的治理方式的关系问题，人们存在着意见分歧，并没有达成完全一致的看法。

主张法律与道德或法治与德治各自不同、相互独立、彼此外在，没有关系，从而走向关于依法治国与以德治国的差异性研究的"德法独立论"是一种有代表性的观点。在依法治国与以德治国的差异性研究中，德法独立论者往往竭力弱化法治与德治、法律与道德之间的关联，而强化法治与德治、法律与道德之间的差异。在德法独立论者看来，法律与道德在调控方式上彼此独立、相互区别，没有关联。其中，法律调整行为关系、治理社会秩序依赖国家强制性力量来实施；道德调整行为关系、治理社会秩序依赖社会舆论、个人良心等非强制性力量来引导。二者相互区别。对于二者的区别，有人指出："道德是以善恶评价的方式来评价和调节人的行为的规范手段和人类自我完善的一种社会价值形态和社会意识形态之一，它依靠社会舆论、传统习惯习俗和内心信念良知的力量来调节人们的行为、实现对社会的调控作用，道德有着与法律规范截然不同的特性。"①

的确，法治与德治二者在规范社会生活、调节个人行为、管控社会秩序等方面存在明显的不同。其中，法治强调的是合法性，刚性的法律是治理的主要依据，国家机关是治理活动的主要承担者。与此不同，德治强调的是合德性，柔性的道德是治理的主要依据，个人良心是治理活动的主要承担者。如果说，履行法律义务是法治体现出来的强制性；那么，德治以自由意志的选择性来体现出自我决定、自我规定的自由力量。可以说，法治的"强制性"与道德的"选择性"之间的差异反映出德治与法治的根本差异。

但这种根本差异是建立在它们都是规范人的生活世界的形式这一关联之上的。法律与道德处于一个关系链条中，彼此之间只有一条"小小的"看不见的分界线。并且，正因为道德与法律彼此关联又互不相同，在国家治理中才都各有其不可或缺的重要地位和功能。康德主张将法律的法则与伦理的原则作出区分，认为前者只涉及外在的行为和这些行为的合法性，后者才是决定我们行为、判断行为是否具有道德性的原则。"前一种法则所说的自由，仅仅是外在实践的自由；后一种法则所说的自由，指的却是内在的自由。"② 这也就是说，法律的法则考虑的只是外在行为，而伦理的原则却必须考虑行为的动机。从康德的这种理解出发，我们提出规范人的生活世界，必须德法兼备，而不可以在德治与法治之间顾此失彼。诚如有研究者所说："人类法治史表明，没有道德的法治，法治必然沦为政治权力的奴隶。而没有法治的道德，道德自身也维持不了多久。"③ 在当代语境下，强调依法治国，绝对不是说不要以德治国；强调以德治国，也绝对不是说不要依法治国。依法治国与以德治国之间并不构成相互否定、相互抵消的关系，而是相辅相成、相得益彰的关系。治国理政同时需要法律与道德的力量。这两种力

① 曲谦：《法律与道德的一致性和互补性是德治法治并举的理论基础》，载《河北法学》2003年第1期。
② ［德］依努尔曼·康德：《法的形而上学原理——权利的科学》，沈叔平译，商务印书馆1991年版，第14页。
③ 范进学：《法治需要道德的支柱》，载《法制日报》2001年3月4日。

量不仅应该契合，而且应互生互长。如果缺少道德，不仅法律的铁笼难以真正建立，而且即使有铁笼，也可能不是铁的，也可能不堪一击。因此，应该始终注意把法治建设与道德建设紧密结合起来，把法治与德治紧密结合起来。

当生态创伤、环境难题进入高强度频发阶段之后，生态治理不再仅仅是环保政策问题、环保技术问题，而是社会问题、经济问题、制度问题、文化问题等诸多问题的集合。产生这些问题，既有制度性的因素也有价值性的因素，既有体制方面的原因也有观念方面的原因。因此，解决生态创伤、环境难题，开展生态治理，绝非单一的法治或德治所能奏效，必须做到德法兼备、德法协同、德法共治。道德规范和法律规范应该互相结合，统一发挥作用。德法兼备的社会主义生态治理观的确立是新时代社会主义生态文明建设的必然要求，是对当下高强度频发的环境问题的积极回应与现实考量。

前面已经说过，"新时代"意味着我国经济社会在迅猛发展中出现了许多深刻的阶段性"新特征"、"新问题"，社会主要矛盾已经转化为人民日益增长的美好生活需要和不平衡不充分的发展之间的矛盾，发展问题不仅没有完全解决，而且有些问题更加突出。这样的"新特征""新问题"是社会主义生态治理必须面对的时代语境。在生态文明建设中，坚持德治与法治共治、道德与法律协同，是与时代语境热切呼应的。化解新时代生态文明建设面临的"新问题"，不能走简单的实用主义的道路。也就是说，在治理思路上，不能是道德管用的时候就选取德治，法律管用的时候就选取法治。"治理"不同于"管理"，管理与治理有原则区分。"管理"强调政府是管理社会的唯一主体，而政府本身并不是被管理对象。"治理"的主体不仅包括政府，还包括社会组织和公民个人，而且政府也是被治理的对象。尽管我们现有的国家治理体系和治理能力总体上适应我国国情和发展的需要，也有独特的优势，但历史上，由于没有注意治理与管理的原则区分，曾经放下了严重的错误。所以，当今中国提出推进国家治理体系和治理能力现代化，应该说是历史的必然选择。在国家治理体系和治理能力现代化框架下，提出社会主义生态治理必须坚持德法兼治，也体现了时代的逻辑必然性。面对生态治理中存在的突出矛盾和新的特征，从现代化的高度看，必须是德法兼治，法律和道德协同并举，而不是德治或法治的单向治理。

二、德法兼备的社会主义生态治理观的主要内容

（一）当前流行生态治理观的主要内容

面对生态创伤、环境难题，中国生态治理方法一直在不断改革和创新，这印证了国家对生态文明建设的坚强决心。生态文明建设与生态综合治理是一个涉及价值导向、文化观念、生活习惯、消费模式等诸多方面的系统工程，学术界因此形成并提出了各式各样的生态治理观，展示了解决环境问题的多元思维路向。其中，法治化、科技化、德治化这三种生态治理观最为流行。回顾与总结当前流行的生态治理观，对于我们构建德法兼备的社会主义生态治理观具有特别重要的启示与导引作用。

1. 法治化生态治理观的主要内容

与德法独立论相异，在关于德治与法治之间关系的研究中，也有不少人认为德治与法治并不是各自独立的，而是相互关联的。在对这种相互关联的方向的理解中，很多人认为，因为法治比德治更有治理效能，更为价值优先，所以关联的方向是从道德向法律关联。我们可以把这种观点称为"法律优先论"。[①] 在价值排序中，法律优先论在承认法律与道德密切相关的前提下，推崇法律的权威性和强制力，认定法律代表了最高权力意志，法治居于主要或根本的地位，当之无愧地应当成为治国理政的根本方略，理所当然地应当成为社会调控的主要手段。[②] 有人在研究国家治理现代化时指出："在'怎样治理'上，主要有法治、'政'治、协商共治、能治和自治，而法治是治国理政的最基本的方式。"有人还进一步指出："'国家治理现代化'旨在运用法治来治国理政，来治理国家（政府）公共权力，把

[①] 参见戴茂堂、左辉：《法律道德化，抑或道德法律化》，载《道德与文明》2016 年第 2 期。
[②] 相关论述可以参见曲谏：《法律与道德的一致性和互补性是德治法治并举的理论基础》，载《河北法学》2003 年第 1 期；许思义、李婷：《"依法治国"与"以德治国"的关系——兼论坚持依法治国的根本治国方式》，载《江淮论坛》2005 年第 6 期。

国家（政府）公共权力关在制度的笼子里，这有利于克服政府主导体制的弊端。"① 有人从历史的角度出发，通过对古代孔子德治思想的分析，认为过去的传统道德治理模式有其时代局限性，已然不适应现代化框架下的社会大环境，与德治相比更应强调法治的优先性，法律治理模式应放置于道德治理之前，并指出："随着时代的发展，古代德主刑辅的思想必须随之改变，形成以法治为主，德治为辅的现代国家制度。"② 尽管法律优先论并不是专门针对生态治理而提出来的，但是坚持法律优先论的学者很容易走向法治化生态治理观。

法治化生态治理观肯定法律，相信没有规矩，不成方圆，相信法治作为一种规范是维持着整个生态平衡的重要基石。法治化生态治理观的基本特征是把生态治理纳入制度化、法治化轨道，主张通过法治调节人同自然、经济发展与环境保护的关系，将生态治理与法治牢牢地捆绑在一起，相信法治对于生态治理的制度保障功能，强力强调法治是生态综合治理的重要路径和生态文明建设的重要抓手，充分肯定法治在生态治理中的根本性和权威性意义与价值，认为法治也是当前全面依法治国的现实需要和关键环节，不仅有利于缓解当下的环境危机，更能够福泽后代、促进社会可持续发展。在法治化生态治理观看来，发展生态文明，必须坚守法治精神，让法治作为生态治理的最后一道防线。各级政府机关和管理部门应从环境与发展综合决策着手，强化环境保护、环境安全等标准的硬约束，按照和运用国家和当地的环保政策以及环境法律法规，调控社会生产生活行为，在经济社会发展与环境保护之间做好协调，抵制一切损害环境、破坏生态的活动与行为，鼓励环境友好型行为与活动。法治化生态治理观强调，各级政府要抓紧修订环保相关法律法规，提升环保执法水平，严惩破坏生态、损害环境的活动与行为。对不符合环境标准的企业，要严格执法，该关停的要坚决关停。要大幅提高违法违规成本，对造成严重后果的要依法追究责任。

有学者主张开展生态文明法制建设的研究，倡导了法治主义的生态治理

① 韩庆祥：《从哲学视阈理解"国家治理现代化"》，载《马克思主义与现实》2015年第3期。
② 刘娜娜：《孔子德治思想评述》，载《学理论》2018年第3期。

观，并提出了"生态法学"的概念。① 随后学者们从多角度对生态文明与法治建设的关系进行了探索，但一致认定生态治理应重视法治，生态文明的建设只有依靠法律的硬性规定才能顺利进行。王灿发认为，良法是善治之前提。"立良法"是生态法治的根基。"立法的目的是保护及改善自然环境，好的环境不得变坏，而坏的环境要改善。"② 有学者将生态与法治关联在一起，提出"生态法治观"这一概念，生态法治观强调既要遵守自然生态之规律，也要尊重经济社会发展之规律，主张人与自然共生共荣、共同进化。陈凤芝认为，中国生态法治建设的根本路径是借鉴西方发达国家相对完善的生态法律保障体系。③ 有学者不仅将生态文明诉诸法制建设，而且将生态文明与法治文明等量齐观，既主张生态文明必须依法而治，又主张美丽中国必然是法治中国。④ 学术界普遍认为，2018 年《中华人民共和国宪法修正案》将"生态文明"写入宪法序言及正文部分，标志着我国法治发展正式迈进绿色法治现代化治理之路。将"生态文明"写入宪法，旨在通过法治现代化带动生态环境治理现代化，最终实现国家治理现代化。有学者将环境与法治相提并论，将法治发展与环境发展解读为正相关关系，并指出："经济不发展，环境难发展；社会观念不发展，环境亦难发展；法治不发展，环境更难发展。"⑤

在西方，也有人支持生态治理走法治之路。在 1962 年出版的《寂静的春天》一书中，蕾切尔·卡逊首先阐述了人类生存所受到的生存威胁，开始了人类对生态文明问题的思考。美国的罗伯特·考特托和马斯·尤伦在《法与经济学》中从法治的角度针对生态问题提出具体的解决方案。日本作为环保大国，努力从法律上积极推进地球环境保全，构筑给环境以最小负担的可持续发展社会，在生态法治建设上取得卓越的成效。

在当前生态危机背景下，我国立法水平与生态治理的需求还存在着一定

---

① 参见刘文燕、刘滨：《生态法学的基本结构》，载《现代法学》1998 年第 6 期。

② 王灿发：《论生态文明建设法律保障体系的构建》，载《中国法学》2014 年第 3 期。

③ 参见陈凤芝：《生态法治建设若干问题探究》，载《学术论坛》2014 年第 4 期。

④ 参见侯佳儒、曹荣湘：《生态文明与法制建设》，载《马克思主义与现实》2014 年第 6 期。

⑤ 江国华、肖妮娜：《"生态文明"入宪与环境法治新发展》，载《南京工业大学学报》2019 年第 2 期。

差距，我国必须及时推进生态立法，以满足不断变化的生态建设需求，以保护中国的绿水青山。这是无可厚非的。不过，法治化生态治理方案明显强调了在生态文明建设中法律的威慑作用，而忽略了道德的教化功能。法治化生态治理中的"重法轻德"现象，与片面地将生态当作是生态治理的"对象"、当作是生态治理的"客体"有关，与错误地将生态治理理解为对生态加以治理有关。其实，生态治理的核心是对人的行为的治理，因为人的行为才是产生环境问题的根本原因。因此，有效解决各种环境问题就要从治理人的行为入手。人在生态治理中既是治理主体，又是治理对象。生态治理的实质既要从合法性上限制人破坏环境的行为，又要从道德性上倡导敬畏环境、聆听环境、尊重环境。康德的道德律把"自律"与"他律"对立起来，提出了对行为的"合法性"和"道德性"两种不同的评价方案，并且认为后一种方案是更为优先、更为重要的方案。这对于反思法治化生态治理观具有重要的借鉴意义。一个好的行为不仅要合法，而且要出于对道德律自身的敬重。如果行为者的主观内心掺入了欲望的动机，尽管行为在客观效果上符合道德律的要求，那也不能算是道德行为。称得上是道德的行为不得有半点功利的目的，只能是基于纯粹道德的动机，出于义务而发生。这就是说，生态治理即便具有合法性，但未必具有道德性。生态治理除了必须合乎法律之外，还得合乎道德并上升到道德的层次。所以，邓晓芒提出，可以将法权义务看作道德义务的模型，让法权意识成为对道德意识的一种训练或导引，最终从法律中锻造出道德，从他律中领悟出自律。在某种意义上说，法治化生态治理观恰恰颠倒了法治化与道德化之间的关系，是反其道而行之。

2. 科技化生态治理观的主要内容

回望历史，第一次科技革命大约发生在英国工业革命时期。英国工业革命始于 18 世纪 60 年代，终于 19 世纪 40 年代。起初是棉纺织领域的技术革新，最终是大机器替代手工，机器制造业机械化。在第一次科技革命中，机器产生出减少人类劳动和使劳动更有成效的神奇力量。应该说，第一次科技革命留给历史的大多是积极记忆。这是因为人远不如他们操作的机器及其产生的总体力量那么强大，所以人渴望在机器的帮助下从繁重的体力劳动中解放出来，不断获得自由。如果说第一次科技革命更多的是作用于生产资料和解放人的体力的话，那么当今的科技革命则大大解放了人的脑力，并使科学技术比之于第一次科技革命更深刻地展现出神奇的力量。随着科学技术神奇力量的不断展现，社会生活的一切都向科学技术方面发生了深刻的变化，都深深地打上了科学技术的烙印。可以说，社会竞争在很大程度上就是科技竞争。谁能在科学技术前沿阵地领先，谁就能在经济社会发展中处于优势。当今社会几乎为科学所宰制，变成了技术社会。适应时代的挑战，科技强国正成为中华民族自立于世界民族之林的必由之路，"科学技术是第一生产力"的观念越来越深入人心。科学技术是经济增长的源泉和保证，科学技术促进了企业经济效益的增长，科学技术规划成为经济发展战略的中心。这一切都导致社会生活对于科技的依赖性以前所未有的速度增长。

也正是在这种背景下，科技化生态治理观应运而生。科技化生态治理观的基本特征是将生态治理方案科技化，主张生态治理的核心与关键是科学治理、技术治理，寄希望于用科学技术一劳永逸地解决生态问题。科技化生态治理观，认为生态治理的关键就是要遵循生态规律和经济规律，正确处理好科技进步与环境保护之间的关系。科技化生态治理方案明显偏于工具性，而疏于价值性。在科技化生态治理观看来，环境治理的内容包括空气污染、河流污染、土壤沙化、噪声污染等方面，涉及社会、经济和自然环境等所有领域，环境治理的目的就是要借助科技手段解决环境污染和生态破坏所造成的各种环境问题，保证环境安全，实现社会经济的可持续发展。

在科技化生态治理观看来，尊重科技是保护生态环境的根本之策，走科技化治理之路是最可靠的绿色生态战略。这是一个"技术万能"的时代。在这样的时代，人们普遍认为，保护生态环境，必须发展绿色科技，走持续创新之路和产业化的绿色发展道路。从科技的维度看，开展生态治理，重点在于节约资源、降低消耗、开发新能源，转变生产生活方式。具体而言，比如发展循环经济，加强水源地保护，严守耕地保护红线，提高矿产资源综合利用水平，科学谋划国土空间开发，科学布局生产空间、生活空间、生态空间。有学者指出，要实现可持续发展，必须"兴办绿色产业"，发展"绿色技术"，即"有益于保护生态和防治环境污染的科学技术"[1]。还有学者指

---

[1] 《陈昌曙文集·可持续发展卷》，科学出版社 2016 年版，第 93 页。

出，"生态文明的实现只能依托于技术路径"①。具体来说，就是要正确处理好经济发展同生态环境保护的关系，借助于科学技术的手段更加有效地推进生态环境治理，实现人与自然的和谐发展。

科技化生态治理观持有者对于科学技术充满了乐观主义态度和信心。持有者认为，人类历史的进步在很大程度上是借助于科学技术的神奇力量而实现的。科学技术曾经在历史上创造了一个又一个伟大的奇迹，而科学技术的这种创造力也不断地强化着人们对于科学技术的信心与好感。这种信心与好感进而转化为对于科学技术的乐观主义态度。当前，生态环境问题如此复杂、如此尖锐，很多的人也自觉不自觉地寄希望于借助科学技术的神奇力量加以解决。这实际上是生态治理问题上的科学决定论、技术统治论。但是，任何事物都具有两面性，科学技术也不例外。科学技术是一把"双刃剑"。一方面，它造福于人类，为人类认识自然、走向自由提供了巨大的帮助；另一方面，它也凸显了人与自然之间的紧张关系，导致了人与自然的对立甚至对抗。正是科学技术打破了人与自然之间的平衡，并催生了人以主体的姿态对自然进行过度甚至掠夺性开发，进而带来了生物圈和技术圈的深刻矛盾。这种矛盾反过来又伤害人，伤害人赖以生存的生态空间。这就要求，我们重新审视科学技术，而不再是一味盲目地去欣赏和接受技术万能论，简单地去坚守乐观主义。如果说文化观念是推动生态治理的"软实力"和理念的话，那么，科学技术至多是推动生态治理的"硬实力"和工具。相比于硬实力，软实力作为深层性的精神力量和价值引导对于推动生态治理具有根本性的意义，从来都不可以忽略。

3. 德治化生态治理观的主要内容

德治化生态治理观与法治化生态治理观不同，在理论上是与法治化生态治理观对立的。如果说法治化生态治理观强调法律在生态治理中的有效性与优先性的话，德治化生态治理观肯定道德在生态治理中的有效性与优先性。

法治化生态治理观认为，在生态治理中，法治以其巨大的威慑力对于可能产生的犯罪行为加以阻止；法治还以其巨大的惩处力对于已经产生的犯罪行为加以惩治。而德治化生态治理观却认为，通过威慑力和惩处力产生的效

① 陈多闻：《中国古代生态哲学的技术思想探析》，载《自然辩证法研究》2017年第9期。

应是暂时的且具有不确定性。事实上，对于生态环境的破坏很多时候并不是缺少法律，而是缺少对于法律的尊重与信仰。对于法律只有尊重和信仰在先，才有自觉遵守与维护。而一旦有了对法律的尊重与信仰，那就意味着将法律内化于心，法律也就成为心中的法律，而心中的法律几乎就是道德律了。在这个意义上说，不是如有些学者①所说的，道德必须借助于法律的支持，必须法律化，相反，是法律必须道德化；道德具有模糊性，必须借助于法律来确认，相反，是法律具有不确定性，必须借助于道德良心来实现。这才是必须面对的关键。

由此可见，道德法律化的问题在于对法律本身过于乐观，而对道德本身又过于悲观。道德法律化的必然结局是道德成为法律的"附庸"甚至被解构。其实，不能将法律神化，更不能无视法律建立以及发挥作用的道德前提。如果没有坚实的道德素养奠基，法治的推行与落实可以说难之又难。道德法律化思想必然遭致道德理想主义者的反抗。在道德理想主义者心中，道德与法律相比，代表了更高的人生境界，是一种层次更美好的规范。其实，道德具有独特的价值空间，道德的独特价值不仅是法律所不能替代的，而且对于法律本身构成了精神支撑。道德的独特价值在生活世界都有体现，在生态治理中当然也不例外。在生态治理中强调道德的治理功能便形成了德治化生态治理观。

德治化生态治理观的基本特征是将生态治理方案道德化，主张生态治理的核心与关键是道德治理、伦理治理，寄希望于通过深入实施公民道德建设工程、引导广大人民群众自觉践行社会主义核心价值观、树立良好道德风尚、争做社会主义道德的示范者、良好风尚的维护者等方式彻底有效解决生态问题。"生态问题既是一个政治问题，它关涉国家治理的有效性与合法性；也是一个伦理问题，它关涉国家治理的合伦理性与善性……国家治理必须基于生态道德价值观念、生态道德体系来构建秩序。"② 在德治化生态治

---

① 参见陈安金：《法律道德化：意义及其限度》，载《浙江学刊》2004年第4期；程明：《试论道德的法律化及其限度》，载《北京师范大学学报》2007年第2期；李辉：《道德法律化的必要与限度》，载《中山大学学报》2004年第4期；王淑芹：《道德法律化正当性的法哲学分析》，载《哲学动态》2007年第9期；刘云林：《道德法律化的学理基础及其限度》，载《南京师范大学学报》2001年第6期。

② 孙欢、廖小平：《国家治理的生态伦理意蕴》，载《伦理学研究》2017年第5期。

理观看来，生态文明建设的根本在于作为道德主体的人类拥有保护自然生态系统的价值观念，追求天人合一、万有相通、民胞物与的至善境界，对生态系统给予伦理关怀。对于生态治理来说，法治并不如想象的那样完美。因为法治总是外在强制性，在积极引导这方面产生的效力和作用并不是很强。守法只有内化于心，获得情感认同，才会成为一种自觉自愿的行为，才会产生持久、健康的精神力量。人内心如果没有德性，其实也就很难知道如何运用法律。"守法道德事实的全部过程都是靠道德主体的行为完成的，没有道德主体就不可能把规范性事实转化为现实中'活的法律'。换言之，如果法律规范离开了个人自觉的行为就不可能发挥其应有的效应，这种外在的法律规范必须通过道德主体内在的道德意识才能对人的行为起作用，从而保证守法环节的有效贯彻。"① 如果没有对于法律的内心认可和良心认同，知法犯法、执法犯法甚至蔑视法律的权威等现象就在所难免，就一定会有人抱着侥幸心理去钻法律的空当，肆意破坏生态环境。由此看来，为了保证生态治理行之有效、行之高效，道德教化不可或缺。

人如果太多地接受了一种所谓的自然思维，必定会将自然物化，也就是将自然理解为一种客观的物质。接下来，人就会将自己主体化。于是，就构成主客二分。在主客二分的框架下，自然就成为人的对象、对立面，成为人取之不尽的消费对象、占有对象、开发对象。如果对象性思维不变，人即便是提出所谓保护自然，也不过是打着保护自然的幌子，最终的结果和目的依旧是基于人自身的利益，去强迫环境、切割环境以满足人的功利之心。正是在这个意义上，我们认为，必须重新构建人与自然的关系、主体与客体的关系。否则，难免落入生态平衡破坏、自然环境污染的困境。其实，自然不是人面前简单的对象、不是主体面前简单的客体。自然是一个充满生机和活力的世界，人与这样的世界完全可以是"不同而相通的"，自然完全可以人化，人也完全可以自然化。必须将道德关怀扩大到自然万物之中，必须仁爱万物，爱护生态，并且像爱护自己的眼睛一样爱护生态。生态治理必须坚决避免疏离、征服、控制与强迫生态。认清应以民胞物与的仁爱态度对待环境这一点，肃清人与自然之间关系的传统偏见，恐怕是我们讨论生态治理、环

---

① 刘同君：《守法伦理的理论逻辑》，山东人民出版社2005年版，第155—156页。

境治理的学术前提。在这种前提下，我们就能理解，生态治理的有效方案绝对不能把自然生态放在一边，更不能把人推上前台。生态治理必须深入生态的底部和内部，必须是基于自然或生态的治理。也就是说，生态治理的真正重心是生态，生态治理是"为了生态的治理"。长期以来，生态治理的逻辑起点被当成是治理。其结果是，越治理，生态问题越突出。总之，不是"为了治理而治理"。法治化生态治理往往强调治理，结果走向了规范与操纵。与此不同，德治化生态治理观强调关怀、强调仁爱，结果走向了对生态的敬重和爱护。离开道德谈生态治理，是生态治理中的"自言自语"和"主人独白"，必然导致生态治理中的重法轻德。

（二）德法兼备的社会主义生态治理观的主要内容

生态治理的具体方法可以说千千万万，但从理念上去看，一个完善的生态治理观必须为生态治理找寻普遍有效的良方。过去的生态治理观或片面强调法治，或片面强调德治，并不具有整全性和普适性，难免走向片面或单一。当然，这样说，又绝对不是否定法治和德治本有的重要性。对于法治和德治的重要性，习近平总书记分别作出过深刻论述。对于生态治理而言，法治非常重要。习近平总书记明确指出："只有实行最严格的制度、最严密的法治，才能为生态文明建设提供可靠保障。最重要的是要完善经济社会发展考核评价体系，把资源消耗、环境损害、生态效益等体现生态文明建设状况的指标纳入经济社会发展评价体系，使之成为推进生态文明建设的重要导向和约束。要建立责任追究制度，对那些不顾生态环境盲目决策、造成严重后果的人，必须追究其责任，而且应该终身追究。"[1] 很多人误以为，在生态治理中，法治是唯一的决定力量。其实不然，习近平总书记同样非常重视道德的力量。他认为，道德"具有基础性意义"，崇德修身是"第一位的"，"德是首要、是方向"，无德不仅国"不兴"而且人"不立"。[2]

在这里，着力想要表明的是，在生态治理中，单方面强调法律或道德，最终都很难收获综合效果、取得整体效应。单方面的法治比较接近传统意义

---

① 《习近平谈治国理政》第 1 卷，外文出版社 2018 年版，第 210 页。
② 《习近平谈治国理政》第 1 卷，外文出版社 2018 年版，第 172—173、168 页。

上的管理。然而，从治理现代化的维度考察，生态治理不能是传统意义上的管理，必须由传统意义上单一的主体治理结构转变为由政府、企业、公民、社会组织等共同治理的多元化主体结构。这种转变就要求将制度性因素和观念性因素整合起来，让"德"与"法"真正做到协同兼备，让法治与德治真正做到协同推进。"对于一个社会来说，任何目标的实现，任何规则的遵守，既需要外在的约束，也需要内在的自觉。"① 对于社会主义生态治理来说也不例外。德法兼备的生态治理观的本质就是外在制度硬性约束与内在道德自觉的统一，既要在全社会树立爱护生态资源和保护环境的生态文化和生态道德，提升人们坚持生态文明理念的道德自觉，又要通过制定严格的生态制度、生态法律法规在外在方面硬性规范人们的实践行为。

应该承认，法治与德治作为最基本的治理手段，在生态治理中都有极其重要的功能和意义。生态治理问题既是一个法治问题，它关涉生态治理的合法性；但也是一个道德问题，它关涉生态治理的伦理性。这是毋庸置疑的。在当下中国，无论是从德治的维度还是从法治的维度来推进生态治理，都有大量的工作可做。有了法律就一定能够保证遵纪守法吗？如果是这样，已经有了很多生态方面的法律，破坏生态环境的事情为什么屡禁不止？如果没有对于法律的认同，法律不过是一纸空文，也就失去了任何约束力。法律再伟大、再有力量，也抵挡不住道德的滑坡。由此可见，法律只能当成是做人的基本的道德底线。

坚持依法治国与以德治国相结合、德治与法治相协同，意义更加突出、作用更加重大。必须倡扬德法兼治，让全民法治意识和道德自觉得到同步提高。因为法律可以以其强大的威慑力而"安天下"，可以为生态治理提供"准则"，道德可以以其特有的感召力而"润人心"，可以为生态治理提供"基石"。德治治心，法治治行。依法治国是治国理政的基本方针，但依法治国既不能代替也不能否定以德治国，法律要靠人来实践，法律的有效实施有赖于道德的滋养。追求环境治理现代化，必须坚持"两手齐抓"。只有法治与德治并举同行，环境治理才能走向新时代。

习近平总书记指出："必须坚持依法治国和以德治国相结合。法律是

① 习近平：《之江新语》，浙江人民出版社2007年版，第13页。

成文的道德，道德是内心的法律，法律和道德都具有规范社会行为、维护社会秩序的作用。治理国家、治理社会必须一手抓法治、一手抓德治，既重视发挥法律的规范作用，又重视发挥道德的教化作用，实现法律和道德相辅相成、法治和德治相得益彰。"① 德治的自律引导作用可以将作为法律外在表现的条文规约内化为法治精神，法治的他律监督作用可以为生态道德观的落实与践行提供外在强制力。德法兼备说的是依法治国和以德治国必须紧密结合，法治建设和道德建设必须紧密结合，他律和自律必须紧密结合，是突破生态文明建设旧思路、探求生态综合治理新方向的路径选择。正是在德治与法治这种张力关系的选择中，习近平总书记强调了法治和德治必然相辅相成、相互促进，并在一种辩证思维中确立了德治与法治的张力结构，最大限度地扩展了治理的效能。

三、德法兼备的社会主义生态治理观的理论特质

在生态文明建设中，德法兼备的社会主义生态治理观具有鲜明的理论特质。

（一）德法兼备的社会主义生态治理观是立足民生的生态治理观

当下的中国，惠民问题、民生问题已经成为一切工作的中心。实现社会的公正和民众的幸福是中国特色社会主义孜孜以求的价值目标，更是党的十八大最响亮的政治宣言。社会主义生态治理观不是一句空洞的口号，它的落脚点在于民生。是否有助于增进人民福祉、改善民生，是考察社会主义生态治理成效的一面镜子。具体而言，民生问题既是社会主义生态治理的出发点，也是社会主义生态治理的落脚点。也就是说，造福人民、为民服务、人民至上是社会主义生态治理的出发点和落脚点。党的十九大更是把解决民生问题当成是中国共产党人的"初心"和"使命"。应该说，党的十八大以

① 《习近平谈治国理政》第 2 卷，外文出版社 2017 年版，第 116 页。

来，民生问题比较自觉地成为国家治理的大方略和立足点。"民生"是习近平总书记系列重要讲话中的高频词。关于"中国梦归根到底是人民的梦"的论述，更是牢牢把握了人民群众对美好生活的向往。因为，通过发展社会生产力，让人民过上更加美好的生活，促进每个人的自由而全面发展，就是最大的民生，最大的实惠。

当然，民生是一个发展变化的概念，在不同阶段有着不同的内涵和外延。一般来说，民生问题起初总是体现为衣食住行方面的需求与满足，这是因为衣食住行所代表的物质生活需求的满足是基本民生、基础民生。随着社会的进步，民生被赋予新的内涵。如果说，在远古时期，民生更多的是衣食问题；在农耕文明时期，有了"耕者有其田""居者有其屋"等新要求；那么，在现代社会，民生工作面临的宏观环境和内在条件都在发生变化，民生不再仅仅指基本物质生活条件的满足，民生的核心就是民众生活得更加美满、更有尊严。①

当今时代，环境危机对民生工作构成了巨大的挑战。在这种情况下，德法兼备的社会主义生态治理观更是应该立足民生、体现民意、指向幸福。可以说，立足民生不仅是社会主义社会鲜明的政治品格，而且是社会主义生态治理的根本目标和行动逻辑。事实上，当今时代，人民群众不仅有基本的生存需要，更有对美好生活包括对美好生态环境的向往。人民群众的需要呈现多样化多层次的特点，优美环境和洁净空气等也构成了民生的重要内容。这是因为具有了环保意识、生态意识的人民群众对环境问题有了前所未有的关注，生态质量成为人民群众幸福指数中的主要参考因素，环境问题直接关联着人民群众的生存权和发展权以及生活质量。由此，我们必须树立生态治理的目标是为了人民、生态事业的建设要依靠人民、生态治理的成果由人民共享的理念。习近平总书记指出："环境就是民生，青山就是美丽，蓝天也是幸福。"经济无论有多么发达，如果没有好的生态环境，一切都将毫无意义。所以，我们必须把生态文明建设摆在全局工作的突出地位，既要金山银山，也要绿水青山，努力实现经济社会发展和生态环境保护协同共进，不断满足民众所享有的生态文明建设和生态综合治理的权益。生态治理究竟坚守

---

① 参见戴茂堂等：《中国公众文化需要满足调查》，湖北人民出版社 2016 年版，第 4—5 页。

什么样的原则、秉持什么样的理念，最重要的是增进民众福祉、促进民众全面发展，有助于民生的改善。在社会主义社会，民生是生态治理的最高裁决者和最终评判者，也是德法兼备的生态治理观的原则和理念。着眼于改善民生来开展生态文明建设、生态综合治理，就是最大的民意。

保护生态环境就是保护民生，改善生态环境就是发展民生。良好的生态环境是最公平的公共产品，是最普惠的民生福祉。对人的生存和发展来说，金山银山当然需要，但绿水青山是民生的新内容，是金钱换不来的。如果没有良好的生态环境，再高的 GDP 也将变得毫无意义，幸福也将无从谈起。习近平总书记指出："我们要利用倒逼机制，顺势而为，把生态文明建设放到更加突出的位置。这也是民意所在。……我们一定要取舍，到底要什么？从老百姓满意不满意、答应不答应出发，生态环境非常重要；从改善民生的着力点看，也是这点最重要。"① 具体来说，德法兼备的社会主义生态治理观坚持始终把民生作为根本政治立场，把民众利益摆在至高无上的地位，让生态建设和生态治理的成果更多更公平惠及全体民众。德法兼备的社会主义生态治理观在坚持人与自然关系和谐的基础上，坚持以人民为中心，坚持以人的全面发展为价值取向，努力维护人民合法权益，促进社会公平正义，不断增强人民群众获得感、幸福感、安全感。应当发挥我国建设生态文明制度优势，把生态文明建设与人的新的存在方式和美好的生活追求有机结合起来。立足民生作为德法兼备的社会主义生态治理观的根本出发点和落脚点，是区别于其他一切生态治理观的根本标志。检验社会主义生态文明建设和生态综合治理的成效，最终要看民众生活是否真正得到了改善，民众权益是否真正得到了保障。

（二）德法兼备的社会主义生态治理观是关切中国文化传统的生态治理观

德法兼备的社会主义生态治理观既不简单地认为人类中心主义价值观是环境问题产生的根源，也不简单地认为科学技术的进步是破坏环境的罪魁祸首。人类中心主义价值观和科学技术与生态环境之间并不直接构成矛盾关

---

① 《习近平关于社会主义生态文明建设论述摘编》，中央文献出版社 2017 年版，第 83 页。

系。人类中心主义和科技进步表面上看好像是环境问题的原因，其实根本原因是背后不完善的资本主义价值体系。早在 18 世纪后期，随着机器大工业时代的到来，西方资本主义国家就给人们展现出对环境不友善的一面，并引发严重的生态危机。"大量生产—大量消费—大量废弃"是资本生产的逻辑。按照这样的逻辑，资本主义必然竭力利用自然、破坏自然，甚至去掠夺发展中国家的资源，追求资本的利益最大化。资本的最大目的就是增值，环境的保护需要长远的计划及健全的制度，而资本主义的发展则重视短期利润的积累。在资本追求利润本性的驱使下，资本主义制度及其生产方式不仅造成了人类社会和自然界物质变换关系的断裂，而且还强化人与自然的紧张关系和二元对立。可以说，资本主义的利益需求与保护环境之间难免产生巨大冲突。资本主义价值体系才是生态危机的根源所在，追求短期利益的价值观念才是环境大规模遭到破坏的真正原因。然而，一百多年来，资本主义价值体系在世界文化中一直占据着强势地位。当前，西方发达国家依然掌控着今日世界文化的主导权，拥有最大影响力的文化品牌（如以好莱坞为代表的影视文化、以圣诞节为代表的节庆文化）。这些文化品牌成了西方发达国家输出它们文化价值观、推销它们的意识形态、社会制度、发展模式的绝好工具。在这种情况下，我们尤其需要具有一种文化自信，有一种对中国历史和现实的关切，既要看到中华优秀传统文化的巨大智慧，又要看到中国改革开放的巨大成绩。国家的治理理念、治理能力跟这个国家本身的文化传统密不可分，中国开展国家治理体系和治理能力现代化建设，必须借鉴中华优秀传统文化。

文化传统是不能忘怀的。一个不记得"来路"的民族是没有"出路"的民族。每个国家、每个民族都有自己特殊的历史、特殊的传统、特殊的文化。正是这种特殊性，使得我们可以断定，每个国家和民族的道路都是由自身内部因素主导生成的。任何一个国家的文化，都有其既有的传统、固有的根本。彻底背弃自己的传统，就失去了价值文化之根，以至于完全放弃了自己的特色，放弃了自己本身。雅斯贝尔斯在《历史的起源与目标》中就极力主张要珍惜自己的文化母体，因为正是这一文化母体，给自身未来的发展提供不竭的精神动力。每个国家和地区在纳入全球化轨道时，都会从本国的国情和传统出发，理性地加以应对，都会在积极融入全球化进程之时维护本国的根本利益，保持自身的传统优势，从而在世界文化和全球价值中寻找和确认自己的独特位置。任何道路、理论和制度，都离不开文化的滋养，离开了特定的文化土壤，道路、理论、制度就如同无源之水、无本之木。文化具有极强的渗透性，道路、理论和制度通过一定的文化形式就能更好地内化为价值追求、外化为行为准则。文化自信是继理论自信、道路自信和制度自信之后的更基本、更深厚的自信。生态治理如果继续走西方工业化之路，将是一条高成本且充满风险与不确定性的艰难道路。从本质上讲，德法兼备的社会主义生态治理关切中国、聚焦国情，是一种历史担当，也是一种理论自信，更是一种文化自信。

具体到生态治理这个问题来说，我们要做的就是充分吸收历史上丰厚的文化资源，并站在历史的高度，结合我们独特的社会制度和先进的价值观念，将以人类短期利益为中心的唯人类中心主义转化为长期的理性的人类中心主义，将科学技术的发展与生态环境保护真正紧密结合，真正平衡人类与自然的关系，让人与自然能相互依存、相互包容。就人与自然的关系而言，"人与天地万物为一体"可以概括中国价值观的基本态度。在中国人看来，根本性的任务不是从外部以征服者的姿态去占有自然，而是顺应自然，感受天地自然的内在本性。"天地与我同根，万物与我一体。"天地万物都是一"气"所化，天地万物的运行是一"气"的聚散生化的无穷过程。这就是中国人对天地自然的感受。中国古人"以自然为善"，竭力打破人与自然之间的界限。道家认为，人与自然相类相协，通为一体。老子说："人法地，地法天，天法道，道法自然。"天地人三者一道贯通，人伦效法自然，自然被人伦化，形成主客混融、天人合一的局面。天人合一观念拒绝将人与自然二分与对置，而是注重人和自然界的相融相合。这明显地区别于西方式的征服自然。德法兼备的社会主义生态治理观充分展示了对于中国文化的高度关切。它既着眼于当今中国生态环境的实际，又对中华优秀传统文化中的"天人合一"思想进行现代化转向，继承并发展马克思主义关于人与自然关系的理论。德法兼备的社会主义生态治理观以"生命共同体"理念为基础，既具有历史继承性又具有当代优越性，展现了世界生态治理中的中国声音、中国力量、中国立场。

中华文明传承五千多年，积淀了丰富的生态智慧。从孔孟到程朱陆王都主张超越的天道与内在的性命即天理与人欲是统一的，具有对人与大自然之间在情感的直接体验上畅通无碍的本原信念。在这里，自然被伦理化，笼罩在伦理本位的神圣光圈中，成为伦理秩序的体现物。中国古代哲人们就可以毫不费力地把移情这种最自然的心理现象，扩展为一个规模宏大的天人感应的世界观。"天人合一""尽其心者，知其性也；知其性，则知天矣""天地与我同根，万物与我一体""只心便是天，尽之便知性，知性即知天。当下便认取，更不可外求"等质朴睿智的自然观强调天、地、人是相互感通、相互涵摄的和合的生态整体，蕴含着丰富的人与自然和谐共生的生态思维，给社会主义的生态治理观的建构提供了深刻警示和启迪。在几千年的历史演进中，中华民族创造了灿烂的古代文明，形成了关于国家制度和国家治理的丰富思想，包括德主刑辅、以德化人的德治主张，孝悌忠信、礼义廉耻的道德操守等等。这些思想中的精华是中华优秀传统文化的重要组成部分，也是中华民族精神的重要内容。其中，基于"尊道贵德"而产生的传统"德主刑辅"观念内涵丰富，是新时代德法兼治观念的重要来源和文化基因。弘扬德法兼治观念，从传统"德主刑辅"观念当中可以继承的思想主要有以下两点。

其一，继承"德主刑辅"观念蕴含的德治在治国理政上的价值优先性思想。在德治与法治之间，儒家明显选取了德治而不是法治，主张依靠统治者自身的道德修养、社会道德风尚的优良和百姓的安分守己来进行治理。在儒家看来，国家的安危、社稷的兴衰取决于是否实行德治与仁政。"德主刑辅"中的"德主"表达的就是德治具有价值优先性。没有德，就无以惠济天下，正己修身；有了德，其国政就可不严而治，其教化就可不肃而成；以德为先，就能扬善惩恶，治而有序。因此，应加强道德教化而远离严刑峻法，应"彰明仁德，慎用刑罚"。今天，阐扬走向治理现代化，必须正视并继承"德主刑辅"观念里蕴含的德治在治国理政上的价值优先性思想。

这里需要强调的是，很多研究者常常以为，中国古代社会没有法律。究竟有没有法律呢？其实，准确的表述应该是，中国古代社会有法律，如《唐律》、《清律》等等，只不过中国古代法律有其鲜明的特殊性，这种特殊性就是以"法"释"礼"、融"礼"于"法"、礼法合一。儒学的精妙之处就在于把对外在的等级制度的遵循转化为对内在的道德伦理意识的自觉要求，从最基本、最一般、最亲近的家庭关系入手，并以家国同构精神推而广之，由血统而政统。秦始皇所开创和确立的以皇权为核心的郡县制帝国政治体系，其理论根据主要来自法家学说。从根本上看，自秦至清长达两千余年的郡县制帝国历史就是先秦法家政治理想持续恒久的政治实践过程。只不过，在中国历史上，相比于德治，法治始终没有优先性。

其二，继承"德主刑辅"观念蕴含的弱化意义上的德法兼治思想。"德主刑辅"观念提倡"为政以德"，但并不忽略"刑"的职能，并不拒绝"严刑酷法"，而是主张法德二者交替使用，宽猛相济，缺一不可。中华优秀传统文化不仅有灿烂的德治思想，而且也有独到的法治理念。这也是培育和弘扬德法兼备的社会主义生态治理观必须关切的。班固说："无教化，去仁爱，专任刑法。"①《管子·任法篇》说："君臣上下贵贱皆从法。"《韩非子·难势》说："抱法处势则治，背法去势则乱。"《韩非子·奸劫弒臣》说："夫严刑者，民之所畏也；重罚者，民之所恶也。故圣人陈其所畏以禁其邪，设其所恶以防其奸。是以国安而暴乱不起。"孔子将道德教化制度化为一种礼制形式，使得道德名目能够更好地在民众间推行。强调以制度特别是礼制规范来补充德治构成了中国古代治国理政的一个重要方面。《礼记·祭统》说："凡治人之道，莫急于礼。"礼的内容几乎包罗万象。有为人君之礼，为人臣之礼，为人子之礼，男女之礼，少长之礼，主客之礼，生子命名之礼，婚嫁之礼，祭祀之礼，等等。大至治理国家、求学问道，小至婚丧嫁娶、衣食住行，都有礼的规定。据《论语·颜渊》记载，齐景公问政于孔子。孔子将君、臣、父、子的自身定位与相互关系列出，明确其责任与义务，认为只有各司其位、各谋其职、各尽其责，制度明确，才能更好地治理国家。齐景公对孔子的观点十分认同，并表示如若君不像君、臣不像臣、父不像父、子不像子，即使粮食再富余，自己也是吃不到的。从两人对话中，我们可以找到关于君臣之忠、父子之孝等德治精神上"仁"的论证，也可以看到为政的讨论中孔子将其视为制度化德治——"礼"的建议。孔子提倡"德"，但并不忽视"刑"的作用，而是以"仁"为内在精神内涵，"礼"为外在制度化表现形式，将"德""刑"二者的先后顺序做了调整和

---

① 《汉书·艺文志》。

排列。当统治者的"以德服人"效果不尽如人意的时候，孔子认为可以"以力服人"。"刑"作为"德"的后备力量，有力地支撑着"德治"的顺利推行。外在的礼制秩序只不过让家国有序有了可能，而要把这种可能转化为现实，则不是一件简单的事。外在的礼制秩序只有转化为内在的道德信念才能促进君子人格和德治理想的实现，而这就需要道德教化。道德教化就是要唤醒人们的仁爱之心，使其自觉地接受和服从外在的礼制秩序。《论语·八佾》说："人而不仁，如礼何？"《论语·颜渊》说："克己复礼为仁。"儒学正是以"仁"释"礼"，力图将外在规范化为个体的内在自觉。

就生态治理而言，我们要在去粗取精、去伪存真的基础上，继承和弘扬中华民族在长期实践中培育和形成的优秀传统文化，引导人们向往和建设高水平的生态文明。一方面，要加强道德建设，尊道贵德，弘扬中华民族传统美德，提升全社会思想道德素质；另一方面，也要加强法治宣传教育，引导全社会树立法治意识，使人们发自内心信仰和崇敬宪法法律。要坚持把全民普法和全民守法作为依法治国的基础性工作，真正成为社会主义法治建设的忠实执行者、自觉守护者。在某种程度上，毫无疑问可以说，中华优秀传统文化蕴含了德法兼备的思想元素。《论衡·非韩》把这一德法兼备的思想表述得颇为明晰："治国之道所养有二，一曰养德，一曰养力。养德者养名高之人，以示能敬贤；养力者养力气之士，以明能用兵。此所谓文武能设，德力具足者也。事或可以德怀，或可以力摧，外以德自力，内以力自备。……夫德不可独任以治国，力不可直任以御敌也。"所以，有学者指出："孔子主张德治，但是并不排斥政刑，而是提倡德主刑辅、宽猛相济。"① 众所周知，"刑"是春秋时期法家思想的核心概念。法家倡导通过"严刑酷法"使国家统一、社会安定。儒家提倡"为政以德"，法家强调"严刑酷法"，这两者看似对立水火不容，但综合在一起恰恰是德法二者协同共治、缺一不可。中国两千多年的历史中从来就是"礼义"、"法度"并举，"教化"、"刑罚"兼施，儒法相济为用、并行不悖、互为应援。即所谓"阳儒阴法"。正如有学者指出的："孔子主张德治，但是并不排斥政刑，而是提倡德主刑

---

① 刘丹忱：《孔子的德治思想》，中国政法大学出版社 2018 年版，"序"。

辅、宽猛相济。"① 不过，"德主刑辅"观念中刑还只是德的附属物、后备力量，因此刑与德并没有达到相济为用、并行不悖、互为应援的状态，至多只是蕴含了一种弱化意义上的德法兼治观念。而这种德法兼治观念已经反对了治理观上的单向思维，为现代治理中德治与法治相辅相成提供了启迪。进一步说，今日之法治与德治和中国历史上的法治与德治相比，谈论的语境已经发生了巨大的变化。我们必须对于中国历史上的德治与法治思想进行创造性转化和创新性发展。

社会主义生态治理观强调生态治理是关乎中华民族伟大复兴和中华民族永续发展的千年大计，但并不拒绝开展全球对话。近些年来，由于世界一体化进程增速，由于全球化加速推进，使得全世界变成了一个"地球村"。这极大地突破了固有的封闭意识和地域观念，为各种不同文化、民族之间相互理解、相互认识创造了条件，也为形成共同体意识创造了条件。在这种情形下，对话就意味双赢多赢、对抗就意味自我孤立。因此，社会主义生态治理观强调要有中国精神、中国风格，但同时也强调要有全球眼光、世界意识。随着全球对话的空间越来越广阔，全球眼光、世界意识还将不断增强。

习近平总书记指出：全球化视角"引导人民更加全面客观地认识当代中国、看待外部世界"②。就生态治理来说，全球化促成了中国与世界更加紧密的相互依存性，但也对中国提出了立足于全球的高度、立足于人类命运共同体的维度来理解并治理生态问题的要求。只有通过最广泛的对话，只有国际社会携手同行，生态问题的全球治理才有希望。因此，构建德法兼备的社会主义生态治理观，不仅要立足于国情，也要立足于全球。如果忽视了这一点，无异于让我国的生态治理孤立于世界。当然，也唯有自觉与世界对接，才能真正让世界了解中华优秀文化特有的生态智慧与魅力，并让中国的生态智慧在世界舞台上展示出其特有的风采。唯一的选择只能是，自觉地将德法兼备的社会主义生态治理观纳入全球化背景下来构建。习近平总书记提出并倡导的"人类命运共同体"，对于构建通过协商解决不同国家、不同民

---

① 刘丹忱：《孔子的德治思想》，中国政法大学出版社 2018 年版，"序"。
② 习近平：《胸怀大局　把握大势　着眼大事　努力把宣传思想工作做得更好》，载《人民日报》2013 年 8 月 21 日。

族间的生态利益矛盾的全球治理观，具有特别重大的意义。在全球生态治理上，中国始终是积极的建设力量。进入 21 世纪，中国由被动参与国际社会发展到积极主动地融入国际社会之中，承担了应有的国际责任，包括认真参与国际规则和规范的制定与修改，扮演了一个负责任大国形象。联合国秘书长潘基文 2016 年 9 月 4 日在杭州表示，G20 杭州峰会在推进可持续发展议程和气候变化问题上取得历史性突破，中国向世界展示了卓越的行动力和领导力。只有各个民族共同承担起全球生态危机的责任，彼此达成平等、尊重、团结、协作之意愿，人类与自然共生共存的美好蓝图才不再是"虚幻的理想"。

（三）德法兼备的社会主义生态治理观是德治优先的生态治理观

德治与法治均有一个"治"。这个"治"本身就可以将德治与法治贯通起来。就生态治理来说，德治与法治各有所长、相辅相成、缺一不可。也就是说，生态治理必须德法兼备。在德治与法治之间，强调德法兼备、协同推进，指的是不能顾此失彼，不能相互替代，但不意味着德治与法治是简单的并列关系。在德治与法治的结合与协同中，德治具有价值优先性。如果说前面所做的历史考察与现实考量是从事实上证成了德治与法治必须协同共治，那么在这里将进一步从理论上澄明这种协同共治又不是在德治与法治之间做等量齐观甚或是机械相加，而是主张德治相比于法治具有价值优先性。

德治与法治在价值上谁更优先，长期以来没有达成共识。存在两种代表性观点：一种代表性观点认为，法治与德治彼此没有关联，各自价值独立，不存在谁更优先的问题。如有学者指出："道德和法律……二者之间并不存在必然的、本质的内在联系。"① 这种观点有意无意地夸大了道德与法律之间的价值独立性，放大了法治与德治之间的差异性，从而既取消了谁更优先的问题，也取消了德治与法治协同的可能性，最终必将导致国家治理体系陷入非此即彼的二元对抗中。另一种代表性观点认为，法治与德治相辅相成，

---

① 杨孝如：《道德法律化：一个虚假而危险的命题》，载《西南师范大学学报》2003 年第 3 期。

关系明显，但二者存在优先性问题，其中大量学者在价值取向上倡导从德治向法治关联、从道德走向法律即道德法律化，认为法律是更优越的治理方略。如江畅教授就指出："在现代法治社会，法律是国家治理的首选手段，具体体现为'依法治国'、'依宪治国'，对违反法律的一切行为，都要依法严厉打击和制止。"①

究竟该如何衡定法律的价值呢？究竟该在什么意义上来确认法治的首选地位呢？人不能无法无天。法律既是合格底线，也是违规红线，因此法律表达了做人的最低要求。正因为它是最低要求，所以，守法的"应该"程度或强度反而就是最高的。一个人如果连守法都做不到，那就叫无法无天，既不可接受，又不可原谅。如果违反了这一最低要求、基本要求，那么后果将是极其恶劣和严重的。也就是说，从后果来看，不守法的结果是极其可怕的，不守法的代价是极其巨大的。一个人如果不能履行法权义务这一底线要求，就应该用强制性的法律加以惩罚。习近平总书记指出：必须"牢固确立法律红线不能触碰、法律底线不能逾越的观念"②。谋划生态工作不可不运用法治思维，处理生态问题不可不运用法治手段。在这个意义上，我们承认在生态文明建设与生态综合治理中，法治是基础性的，非常关键。法律不仅是治国的"重器"，而且是生态治理的"重器"。习近平总书记深刻论述道："只有实行最严格的制度、最严明的法治，才能为生态文明建设提供可靠保障。"③ 习近平总书记还指出："建设生态文明，重在建章立制，用最严格的制度、最严密的法治保护生态环境。"④ 由此可见，法治在生态治理中的确具有举足轻重的地位和作用。

法治对于生态治理的意义集中体现在两个方面：其一，利用法律具有的强大威慑力使得生态环境免遭破坏和侵犯。法律本身具有鲜明的特征，其特征在于法律具有巨大的威慑力。如果没有一个强有力的法律，有意犯法之人便会有恃无恐地破坏和侵犯生态环境。其所以没有那么多人有恃无恐地破坏

① 江畅等：《当代中国主流价值文化及其构建》，科学出版社 2017 年版，第 354 页。
② 《习近平谈治国理政》第 1 卷，外文出版社 2018 年版，第 149 页。
③ 《习近平关于社会主义生态文明建设论述摘编》，中央文献出版社 2017 年版，第 106—107 页。
④ 《习近平谈治国理政》第 2 卷，外文出版社 2017 年版，第 396 页。

和侵犯生态环境，其实是迫于法律具有的强大威慑力。面对这种威慑力，人在与生态环境打交道的过程中，便自觉地将自己的行为限定在合法的范围之内。在这个意义上可以断言，生态治理的路径尽管很多，但法治是不可或缺的。其二，利用法律具有的惩处力使得破坏和侵犯生态环境的人受到应有处罚。按照"谁犯法谁负责"的原则，法律会让破坏和侵犯生态环境的人受到应有的处罚、付出必要的代价。无论是法律的威慑力还是法律的惩处力，都能减少生态犯罪，促进生态治理。只不过，法律的威慑力对于生态治理的促进是直接的，法律的惩处力对于生态治理的促进是间接的。之所以说法律的威慑力可以直接促进生态治理，是因为威慑力可以直接打消犯罪者的犯罪念头；之所以说法律的惩处力可以间接促进生态治理，是因为惩处力与打消犯罪念头之间有一个中间环节，那就是对于付出的代价、遭受的惩处有一个反思或计算过程。

仔细思考，可以发现，法律具有强大的威慑力和惩处力，还只是一种理论上的申论。现实的情形要比理论上的设想复杂很多。一旦让理论回到现实本身，很快就会发现，对于很多人来说，法律并不具有威慑力，也不产生惩处力。先看第一种情况。显然，生活中有不少人对于法律的威慑力是视而不见的。如果法律真的对所有人都有威慑力，怎么还可能有胆大妄为的人肆意践踏法律呢？怎么还可能有那么多的人无法无天、徇私枉法呢？显然，法律的威慑力对于有些人可以产生效力，但并不必然对所有人产生效力。这就表明，现实生活中，法律的威慑力是一个有限性概念，而不是一个必然性概念。对于那些没有环保意识、没有法律精神的人来说，他们随时都可能破坏和侵犯生态环境，法律的威慑力对他们是完全无效的。再看第二种情况。显然，生活中有不少人对于法律的惩处力也是视而不见的。如果法律真的对所有人都有惩处力，那些曾经被法律惩处过的人怎么可能继续践踏法律呢？怎么还可能有那么多的惯犯、重犯呢？对于顽固不化、不思悔改的惯犯、重犯来说，法律的惩处力是全然无效的。这同样表明，现实生活中，法律的惩处力是一个有限性概念，而不是一个必然性概念。

法律面临的这种尴尬与困扰，"倒逼"着我们去思考道德的特征与优势。道德的特征与优势恰好可以从法律的尴尬与困扰中去体会。道德的特征与优势之一在于感召。道德与国家机关无缘，从不具有威慑力，但道德强调良心，强调感化，强调召唤，强调从内心深处产生力量。如果说，法律是从外部产生力量，那么，道德就是从内部产生力量。这种力量是更高层次的力量。正因如此，道德可以用德性的力量为自己开辟前行的道路。在生态治理中，拥有了这种力量，就会真正对生态环境产生关怀和关爱。如果巧用道德的感召力，就会产生意想不到的生态治理效果，至少可以避免守法的被动性与消极性，避免法治过程中可能产生的明知故犯、知法犯法。道德的特征与优势之二在于引导。道德并不具有强制性的惩处力，但却拥有引导力。如果说，惩处往往是对已经发生的事件的处理。那么，引导却是事先的疏导。拿生态治理来说，不是等到破坏和侵犯生态环境的事情发生了，然后给予处置；而是一开始就引导人们热爱生态、热爱环境，让人觉得破坏和侵犯环境是恶的、是羞耻的，让人根本上就不愿破坏和侵犯生态环境。这两个方面就展示出德治相比于法治的价值优先性。

平常，我们强调法治重要，大多是从"事实上"作出的推论。也就是说，在事实上，守法是做人的底线，如果连底线都不去坚守，那做人就彻底失败了。一个人如此，一个国家也是如此。试想一下，一个国家如果完全没有法律精神，连基本的法律都不去遵守，那这个国家就会彻底失去秩序。在这个意义上，我们可以反推，加强法治，极端重要。

我们强调德治重要，却不是从事实上作出的推论，而是从"价值上"作出的期许。邓晓芒教授指出："法律和道德相比，法律比道德更实在，更具有可操作性——法律是不讲理想的，它以人性恶为前提，而道德是讲良心的，它促使人心向善。那么法律就有这样一个问题，它不管你去遵守、去实践的目的是什么，只要你守法就够了，它不会去追究你是出于道德还是出于恐惧。一个很不道德的人，有可能是一个很守法的人，法律只要求他守法就够了，每个人的内心它是不追究的。"① 从价值上考量，人生不应满足于仅仅做一个守法的公民，而是应该追求更高的道德良心，这才是首要的方向。习近平总书记指出："养大德者方可成大业。"②

经过事实与价值的辨析之后，我们就不难理解为什么不能接受法治的价

---

① 邓晓芒：《哲学起步》，商务印书馆 2017 年版，第 326—327 页。
② 《习近平谈治国理政》，外文出版社 2014 年版，第 173 页。

值优先性，为什么不能走向道德的法律化。相反，我们主张德治的价值优先性，主张法律的道德化。这种主张主要基于以下几点考虑。

第一，法律本身存在合法性问题。法律自身必须拥有价值基础，否则就面临合法性的质疑。而道德恰好是可以为法律奠定价值基础的。法律本身不是自足的，法律只有反映基本的道德要求，才能成为良法。而道德可以为法律成为良法提供价值保证、评价标尺。

第二，法律的位阶在下端。前面已经说过，在位阶上，法律只是做人的底线。也就是说，守法是每个人的基本义务。也正是因为这样，法律不能解决安身立命的大事。所以，富勒专门区分"愿望的道德"与"义务的道德"。这种区分的意义在于指出，善的生活愿景才是人生的上端，才是人生的最高境界，而法律不过是确立一个社会有序展开的最低原则。显然，法治应当上升为德治，人应该有走向上端的憧憬和愿望。"将来一旦目的国实现，国家和法律就会消亡，而法治就会让位于德治。马克思的共产主义就是这样讲的，资产阶级法权就会消亡，将会没有法，也不会有权利，自由也就不再体现为权利了。自为的自由、立法的自由本来是说每个人的自由都应该是合法的，它是每个人合法的自由，但是在将来的共产主义社会里没有法了，也没有军队、警察、监狱、法庭了，那么这个社会靠什么来维系呢？靠道德和羞耻感。那将是一个'德治'社会。""在将来的理想社会，有了新型的自由道德，应该能够做到这一点（建立自由王国——引者注），国家、法律都会消亡，人与人之间的关系单凭自由的道德来支配就行了。"①

第三，法律本身期待被道德认同。再多的法律，如果不被认同，就不过是写在书本上的文字，就不能发挥任何作用。认同的过程就是将法律内化的过程。只有内心认同了人与人之间的道德义务，我们才能更好地理解带有强制意味的法律规则、才能更好地公正执法。支持公民遵纪守法的力量来自对于法律本身的认同。而认同了的法律就是心中的法律，就是道德律。与法律的外在强制性相比，道德的力量更加持久且深入人心。难怪关怀伦理学家把法律的胜利在最终的意义上理解为道德的胜利。法律只有内化于心，才能外化于行，最终化为强大的现实力量。

---

① 邓晓芒：《哲学起步》，商务印书馆 2017 年版，第 323—324 页。

第十章　德法兼备的社会主义生态治理观的价值取向

当下我国正在加快生态文明体制改革，加大力度推进生态文明建设，建设人与自然和谐共生的现代化。在这一过程中，以治理体系和治理能力现代化为保障的生态文明制度体系，是极为关键而重要的环节。生态文明建设方面的治理体系和治理能力现代化，即是生态治理体系和治理能力现代化，它必须在科学合理的生态治理观，即社会主义生态治理观的指导下进行开展。社会主义生态治理观具有极为明确的价值取向，这就是环境正义。本章拟就社会主义生态治理观与环境正义的关系问题进行探讨。

一、环境正义：生态治理的价值取向

（一）生态治理、生态文明与生态治理观

"治理"一词，顾名思义，即整治、清理，它本是 20 世纪 90 年代才流行起来的一个政治学、政治哲学、公共管理学等领域的概念。其含义与当今人们使用极多的"全球化"概念一样，极其宽泛，而且富有弹性。目前，这一概念已渗透于各个学科或领域，比如经济学、管理学里的企业或公司治理，政治学、法学里的国家治理、政治治理、政府治理，社会学里的社会治理、社会组织治理，哲学、伦理学里的文化治理、道德治理，等等。它在我国的流行，是党的十八届三中全会提出，要把"推进国家治理体系和治理能力现代化"作为我国全面深化改革的总目标，从而成为政治的热门话题。有学者将其定义为"政府组织和（或）民间组织在一个既定范围内运用公

共权威管理社会政治事务，维护社会公共秩序，满足公众需要"的活动，治理与统治两者的区别在于："其一，权力主体不同，统治的主体是单一的，就是政府或其他国家公共权力；治理的主体则是多元的，除了政府外，还包括企业组织、社会组织和居民自治组织等。其二，权力的性质不同，统治是强制性的；治理可以是强制的，但更多是协商的。其三，权力的来源不同，统治的来源就是强制性的国家法律；治理的来源除了法律外，还包括各种非国家强制的契约。"①

生态治理是生态环境领域的治理，也称环境治理，是指在生态文明建设过程中，以生态环境保护为目标，以政府为主导、企业为主体、社会组织和公众共同参与、法治为保障，对生态环境进行整治、清理、修葺、美化的活动和过程。生态治理包括一系列体制机制，具体说来，污染防治、生态修复、绿色发展、绿色生活、监管体制、环境风险防控等生态文明体制机制都可归入其中。生态治理是国家治理体系和治理能力现代化的重要组成部分。国家治理体系是指广泛渗透于国家经济、政治、社会、文化、生态环境等诸多领域的一系列有机联系、相互协调和动态的、整体的制度系统和运作程序，其目的是使社会权力规范化运行，以便维护公共利益和公共秩序。国家治理体系既包括国家的行政体制、经济体制、社会体制，也包括文化体制和生态文明体制。而生态文明体制相对于国家治理体系而言就是生态治理。如果说治理的理想目标是善治，即公共利益最大化，那么生态治理的理想目标就是生态环境善治，即生态环境最优化、清洁化、美丽化。

生态环境最优化、清洁化、美丽化，即是生态文明。生态文明是一个无论从理论逻辑角度推导还是从历史逻辑角度梳理都可以得出的概念：从理论逻辑上看，文明可分为物质（经济）文明、政治（制度）文明、精神（文化）文明、社会（生活）文明、生态文明，生态文明在此表现为文明的一个维度或部门；从历史逻辑上看，文明可分为原始文明、农业文明、工业文明、生态文明，生态文明在此表现为文明的一种类型或形态。从内涵上看，党的十九大报告将其诠释为，坚持"人与自然和谐共生"的原则，树立和践行"绿水青山就是金山银山"的理念，坚持"节约资源和保护环境"的

① 俞可平：《推进国家治理体系和治理能力现代化》，载《前线》2014 年第 1 期。

基本国策，形成"绿色发展方式和生活方式"，坚定走"生产发展、生活富裕、生态良好"的文明发展道路。而对于生态治理，报告将其诠释为，"统筹山水林田湖草系统治理，实行最严格的生态环境保护制度"①。这表明，生态文明建设的核心在于制度，途径在于生态治理。也就是说，生态文明是生态治理的目标，生态治理则是生态文明的通达路径。这样看来，生态文明与生态治理其实是一个问题的两个侧面，生态文明建设的过程其实就是生态治理的过程，反之亦然。

生态文明的实现途径只能是生态治理。文明是人类物质创造、精神创造、制度安排等一切活动的最终成果的展示和体现，但这种展示和体现并不是自然而然地呈现出来的，而是人类为了满足需要而充分发挥主体能动性并通过艰苦卓绝的奋斗之结果。文明具有生成性，需要人们去创造和建设。有人认为，文明是一个自然演进的过程。这种观点是值得商榷的。海德格尔曾举例说，一块石头在山上，它就是一块石头；但如果摆在展览窗里，也许就变成一件文物。② 即是说，一块存在于荒野中的石头并不能直接说是文明，只有打上了人类劳动的烙印，才能说是文明。因而文明一定是人类在一定的历史时期内有意识、有目的地创造即人为建构的东西或现象，是人的自觉活动的结果。同理，自然演进的大自然或生态系统本身也并不直接就是文明，要使其成为文明，就需要人类对其进行建设，如果其遭到破坏，就需要人类对其进行治理。事实证明，人类进入工业文明时期后，在资本逻辑、技术逻辑和单纯的经济增长逻辑支配下，地球生态系统遭到严重损毁以至于造成了严峻的生态危机。要遏制这种危机的进一步恶化，扭转其发展态势，实现生态文明，必须对生态系统进行保护和修复，对环境污染进行防治，对生产方式、消费方式、生活方式做出改变，加强自然生态监管，即进行生态治理。除此以外，别无他途。

任何治理都必须在一种正确、恰当的治理观的牵引或指导下，才能成为一种善治，生态治理同样如此。牵引生态治理成为生态环境善治的治理观就是生态治理观，即那种贯穿于指导政府、企业、社会组织和公众个人的整治、

① 习近平：《决胜全面建成小康社会 夺取新时代中国特色社会主义伟大胜利——在中国共产党第十九次全国代表大会上的报告》，人民出版社 2017 年版，第 23、24 页。

② 参见王凤才：《生态文明：生态治理与绿色发展》，载《学习与探索》2018 年第 6 期。

清理、修葺、美化生态环境，以便实现生态环境保护这一目标的整个活动和过程中的治理意识和价值观念的总和，它包括生态治理价值原则、价值规范和价值理想，是生态治理的精神灵魂。首先，生态治理观为生态治理提供价值理据。生态治理在方式上多种多样，但无论哪种生态治理要获得价值合理性和正当性，都需要某种生态治理观为其奠定价值基础，得到该种生态治理观的认肯。正是这种以价值论据为基础的生态治理观，对生态治理进行坚定的和令人信服的辩护，使得有效的、合理的生态治理得以持续进行和开展，从而确保了一个具有牢固的价值基础的人与自然和谐共生的生态系统。其次，生态治理观为生态治理提供价值动力。生态治理观在为生态治理提供价值理据的同时也构成生态治理的价值动力，从内在精神层面助推其有效开展。可以说，没有对生态治理观的把握，也就无法正确把握生态治理；没有生态治理观的有效作用，生态治理将会失却必要的精神动力。韦伯曾揭示，任何经济发展都建立在一种内在的以伦理力或道德力为主导构成的人文力或文化力的基础之上。其实这一结论完全可以推而广之于人类的一切活动，包括生态治理。对于生态治理来说，生态治理观影响生态治理的思路和感觉，是政府、企业、社会组织和公众进行生态治理的行动指南。可以说，生态治理观是人们的生态治理思想和行为的"模塑剂"；是治理主体和治理主导者、参与者所组成的生态治理共同体的"黏合剂"；是激励人们的生态治理行为的"兴奋剂"。最后，生态治理观为生态治理提供价值定向，从而使生态治理在正确的轨道上行进。任何生态治理都有自己的价值目标，价值目标揭示生态治理到底是为了什么、为了谁而治理，比如是绿化国家以满足人民的优美生态环境需要，还是为满足少数人的优美生态环境需要；是保障人民特别是弱势群体的生态权利，提升人民的生态福祉，还是为了小集团特别是强势群体生活水准提高；等等。价值目标正确，生态治理方向一定正确。生态治理观体现了政府、企业、社会组织和公众对善恶对错好坏判断和选择所坚持的标准，可以作为一种规范和控制机制，引导和塑造治理主体和治理参与者的生态治理观念、态度和行为选择。生态治理观既表现为一种价值规范，也表现为一定价值目标。作为价值规范，它可以约束生态治理行为；作为价值目标，它则可以引导和指示生态治理发展方向。因此，生态治理观是生态治理的精神指南，同时也构成以生态治理为有效途径的生态文明建设的精神指针。

（二）生态治理观与环境正义

在合理、正确的生态治理观引领下的生态治理，是为了保护生态环境，建设生态文明。生态文明既是人与自然和谐共生的文明，也是人与人和社会协调同存的文明；生态治理既是人与自然之生态关系的治理，也是人与人和社会之社会关系的治理；生态治理观应该引领这两种关系的治理，其中关键在于引领后一种关系的治理，而后一种关系恰恰就是环境正义。因为环境保护的终极价值目标是保障人民的生态权利，维护环境正义，生态文明本质上是奠基于权利公平、机会公平、规则公平为主要内容的社会公平正义之上的文明，是维护环境正义的文明，因而生态治理必定是维护环境正义的治理。在此意义上，环境正义构成了生态治理观的价值取向。

第一，环境正义是生态治理的价值原则。环境正义最先并不是从生态治理意义上出现的，它作为一种环境事务领域的大事件，最先缘起于美国。学界一般认为，它是 20 世纪 60 年代兴起于美国的"现代公民权利运动"，与随后 70 年代同样兴起于美国的"环境保护运动"相结合的产物。其直接促发原因是反有毒废弃物（包括排放选址、土地使用、对当地居民健康的影响等）运动。比如，20 世纪 70 年代末美国纽约州罗伊斯·格布斯（Lois Gibbs）带领社区居民抗议胡克化学公司在其生活的洛夫运河（Love Canal）区域掩埋化学废弃物案例；1982 年北卡罗来纳州瓦伦县（Warren County）发生的一家公司拟在该地区修建聚氯联苯填埋场而引起当地居民和美国其他地区民众类似抗议的事件，它促使美国会计总署在美国南部八州开展调查，结果表明有色人群不成比例地承受了环境污染，它也是环境正义的标志性事件，因为它第一次将种族、低收入群体受损、环境污染结果等因素整合成一种抗议性运动，而阐述该事件的著作《必由之路：为环境正义而战》明确提出的"环境正义"概念，则使更多的人开始关注环境正义诉求，从而为美国环境正义运动开启了帷幕。

受这些抗议运动的影响，美国一些组织开始关注有色人群生活地区的环境问题，调查了有毒废弃物填埋地点、污染工业选址等情况，并向社会揭示和公布了大量非常残酷的事实，这使美国种族歧视问题和环境不正义现象更加引起社会关注。1987 年，美国基督教协会种族委员会发布了主要关于有害物质排放与种族歧视问题的《美国的有毒废弃物和种族》研究报告，这是唤起公众关注环境正义问题的最有影响力的文件之一。报告用大量的事实与证据揭示了美国的环境不正义现象，建议政府在资源和技术方面，通过制度安排，向低收入群体和有色人群倾斜，保障全体社会成员公平享用环境资源，公平担负风险。

虽然当下环境正义已经远远超出了其兴起时的初衷，但我们可以从其兴起时所关注的核心问题来发现其基本追求，即公平享用环境资源的权利与公平担负环境污染和风险的义务。这种基本追求也同样反映到生态治理上，生态之所以要治理，表面上看，是因为人与自然生态关系出了问题，实质上是因为人与人和社会之社会关系出了问题。正是因为人与人和社会在环境权益和环境义务上的不平等，导致环境不正义，这又使得人与自然生态关系失衡。因而生态治理实质上是对这种不平等的环境权益划分和环境义务分配关系进行治理，是为了维护人与人和社会公平使用环境资源的平等关系，增进环境事务上的公共利益，形成环境资源使用的健康的公共秩序，这种关系、利益、秩序的达成就是环境正义。这样，环境正义就转化成为生态治理的价值原则，构成引领生态治理行动的生态治理观的内在的、核心的价值精神。

第二，环境正义是生态治理公共政策的价值规范。生态治理的核心在于制度建设，关键在于抓住重要环节。生态治理要达成优良效果，制定环境公共政策是一个必不可少的举措。"政策是国家、政党或者其他社会政治集团为了实现一定历史时期的路线和任务而制定的国家机关或者政党组织的行动依据和准则。"① 环境公共政策既属于制度建设的重要内容，也属于生态治理的重要环节，而尽可能地保证这种政策的公平正义性就是该套政策应具备的首要品格。环境正义之所以成为一个当今人们的显性价值诉求，首先是由于相关个人或人群感受到，在环境资源使用与环境污染和风险划分方面受到不平等对待，从而提出的权益诉求，即社会中的相关个人或人群希望自己能够获得公平的份额。这就必须通过制定公共政策来对此进行必要的协调。如果公共政策没有做到无偏无倚，那么社会中的相关个人或人群就会视这种政策之提供者（主要是政府）为不公正、不合格的。"人们就会想知道，为何

---

① 江畅等：《当代中国主流价值文化及其构建》，科学出版社 2017 年版，第 337 页。

他们应该作出要求于他们的牺牲，这些牺牲与要求于他人的相比差异如何。如果要让那些受政策影响的人们相信那些要求他们作出的牺牲是值得的，政府将不得不采用正当合理的正义原理以设计其环境政策。"①

环境公共政策究其根底是关于环境资源使用与环境污染和风险划分方面的制度或政策安排，它是指向社会所有成员的，因而判断其恰切性、合理性的核心标准就是社会成员能够平等享有环境资源使用权益和公平担负环境保护义务。正由于它与社会所有成员相涉，因此它必须做到无偏无倚、公正平等。如果它对相涉的任意一方做出无任何可以公开的理由的不合情理的偏袒，且没有得到其他人的认可和同意的话，那么它就是非正义的。而"环境公共政策将不得不蕴含绝大多数人认为是合情合理的环境正义原理"②。如果它是在环境正义原则之指引下制订的，无论是分配原则还是分配程序都能够做到一致，那么它就是正义的、合理的。然而，现实表明，环境污染和风险往往是生活于贫穷落后地区的人群和相关弱势人群担负得更多，环境资源使用权益也往往是生活于富裕发达地区的人群和相关强势群体享受得更多，城乡差别、地区差别、群体差别巨大。这大都是因为不正义的环境公共政策造成的。因此，环境公共政策必须以环境正义为价值规范，否则，社会成员就会在环境事务上冲突不断，甚至还会出现社会撕裂。

第三，环境正义是生态治理的价值实现。所谓价值实现，是指一定价值目标通过实践活动从精神层面的原则和规范转化成为实践层面的现实，主要表现为该种价值目标对于实践活动的主导力、嵌入力、影响力，表现为价值主体对于该种价值目标的践履状况。对于生态治理来说，环境正义不仅构成它的价值原则和价值规范，也构成它的价值实现，而这又具体地体现为：其一，生态治理的起点以环境正义为优先选择；其二，生态治理的评价包括对居于主导地位的政府和作为主体的企业、作为参与者的社会组织和公众的评价以环境正义为优先标准；其三，生态治理价值转化的工具以环境正义为优先规范；其四，从环保教育和传播上看，生态治理价值实现以环境正义教育

---

① ［美］彼得・S. 温茨：《环境正义论》，朱丹琼等译，上海人民出版社 2007 年版，第25 页。

② ［美］彼得・S. 温茨：《环境正义论》，朱丹琼等译，上海人民出版社 2007 年版，第26 页。

为优先方法。总之，环境正义标志着生态治理取得了卓越的成效和优良的后果。环境正义能否达成，达成到何种状态，与生态治理的价值实现是直接的正相关关系：前者是后者的必要条件。生态治理其实就是实现环境正义的行动。如果说生态治理在内容上主要包括污染防治、生态修复和绿色发展的话，那么环境正义则贯穿于这些内容的方方面面。只有当人们在环境资源使用权益上达成了平等，在环境污染和风险分配上达成了公平，即环境正义时，人们才能爱惜环境资源并合理使用之，才能尊重自然、顺应自然、保护自然，才能说明生态治理的价值得以实现，而人与自然和谐共生也才有可能；相反，如果人们在环境资源使用权益上不平等，在环境污染和风险分配上不公平，即环境不正义时，就必定出现不遵循自然规律地开发利用自然并伤害自然的现象，必定导致生态治理的价值失败，从而导致人与自然的和谐关系遭受破坏。在此意义上，环境正义构成生态治理的价值实现与否的基本标尺。

二、环境正义的本质

环境正义是环境事务领域里的正义，是社会正义向环境和生态治理上的延展。但正义又是一个极其复杂的问题，是自古希腊哲学即开始讨论并贯穿两千多年哲学伦理学发展史的核心问题，如今也是社会哲学、政治哲学、政治伦理学等正在聚力探讨的重大问题。虽然人们对于正义用力甚多甚巨，但仍然莫衷一是、见仁见智。由于人们对正义的含义和具体内容没有统一的见解，也由于这一概念本身并不是抽象的，而是体现为一个具有极为突出的历史性特点的范畴，这些都导致对正义概念进行明确、可以普遍公度地界定，其困难程度不可谓不小。但话说回来，正义之作为正义，它毕竟应该也有一般性的规定和内涵。

（一）"正义"辨析

1. 正义意味着平等

从一般性含义来看，表示平等是正义的基本功能。现代意义上的"正义"一词，是由古希腊文"orthos"演变而来，其最初的意思是表示那些被放置到同一水平直线之上的事物或东西，随着时间的演变，人们把它加以引申，用来表示"真实的、公平的和正义的"①　现象或东西。在西方伦理思想史中，思想家们对正义有着莫衷一是的看法，如梭伦从其执政需要出发认为，所谓正义，就是无论是平民集团，还是贵族集团（他们是对立的双方），都应该对自己的需要和欲望进行节制，互相妥协，这样才能使得在经济利益方面双方都能保持平衡，使得在政治地位方面双方都能达致平等。如果形成了这样一种状况，那么就做到了正义。在毕达哥拉斯看来，从量上看，正义与数相关；从质上看，正义指的是那些同自身能够保持或维系一致的事物，而维持现状、遵守秩序则是社会性质或意义方面的正义。在《理想国》中，柏拉图认为，正义指的是每个层次或岗位上的人各司其职，各尽其责。伊壁鸠鲁则把正义解释为一种人们为了保全生命、免于伤害的约定。近代哲学家康德则认为，正义与自由同一，二者可以贯通使用。边沁和约翰·穆勒则从功利主义角度认为，功利才是正义的真正根基。霍布斯、洛克则提出，正义与守法同一，两者互为规定。法国思想家卢梭指出，正义离不开自爱与他爱，而他爱又产生于自爱。虽然思想家们对于正义概念有着截然不同的认知，但就这种基础性的概念而言，还是能够达成基本共识，那就是在一般意义上，人们可以把正义看作为平等的表达。阿马蒂亚·森在讨论了思想发展史上的多种关于正义言说的观点和理论后说，凡是获得拥护和支持的任何一种有关社会正义的规范性思想或理论，大都会"要求在某些事物上实现平等"，虽然它们的理论形态多样、观点纷繁，比如，有理论主张要有平等的自由，有理论申言要有平等的收入，有理论宣扬要对每一个人所拥有的权利或具有的效用平等看待，这些理论为了坚持各自观点甚至会争执不下，但有一点是共同的，那就是"它们都具有在某些方面……要求实现平等的共同特征"②。下面我们以亚里士多德、罗尔斯和诺奇克关于正义的观点来说明这一点，之所以以他们三人为讨论对象，是因为在西方伦理学史上，他们三人关于正义的观点最有代表性和典型意义，通过讨论他们三人的

① ［法］拉法格：《思想起源论》，王子野译，生活·读书·新知三联书店1963年版，第59页。
② ［印］阿马蒂亚·森：《正义的理念》，王磊等译，中国人民大学出版社2012年版，第272页。

正义观，我们可以得出一些具有启发性的结论。

首先是亚里士多德的正义观。亚里士多德在《政治学》中明确指出，只要我们谈到正义，要确定其真实含义，那么这就主要意味着正义是"在于'平等'"①，他还说，根据人们的普遍性认识，正义是关于某些东西或事物的应该平等或所获得的应该均等的观念。在亚里士多德看来，平等这一维度上的正义实质上是一种特殊意义上的正义，其所针对的对象主要是社会成员彼此之间的关系，这种正义主要有分配的正义、矫正的正义以及交换的正义这样三种类别。用他的话来说，分配的正义也就是几何性质的正义，它指的是社会物质财富、社会政治权力和其他的能够在个人间予以分配的事物即共有物的分配必须遵守的准则。分配的正义准则又可分两类：一是数量必须相等，即一个人所得到的相同事物在数目和容量上与他人的所得必须相等；二是比值必须相等，即根据各人的真价值，必须按比例分配与之相衡称的事物。这实质上是要求将各人应得之物归于各人，即将正义寓于平等，把平等当作研判正义与否的尺度。这一界定被后来的许多伦理学家所认同。如古罗马时期的乌尔庇安对正义如此定义，正义是一种永恒化的不变意志，它表示让每一个人都能"得其应得的东西"②，西塞罗也曾在如此意义上描述正义，只不过把正义界定为一种人类精神取向，后来托马斯·阿奎那也在实质意义上坚持了这一理解，不过他稍加了些改动，把正义规定为人类的一种行为习惯。矫正的正义则是算术性质的正义，它指对人们交往过程中出现的那些不正义的行为所进行的裁决、惩罚与矫正，它体现为人与人之间在进行经济交往以及签订某种契约时所应该遵守的准则（包括禁止损害和给予补偿这些民法准则）。其实质内核在于将各人之所应失亦归之各人，其实这也是寓正义于平等。交换的正义则要求人们在商业交换中遵循平等与互惠，即等价物、等值物之间进行交换，这关注的依旧是平等。

其次是罗尔斯的正义观。罗尔斯对正义的理解也是从平等这一维度上进行的。他说，无论如何，正义都总归是要表达某种平等要求，"作为公平的正义"这一原则是相对于这些人的，这些人有两个特点：一是他们希望拥

---

① ［古希腊］亚里士多德：《政治学》，吴寿彭译，商务印书馆1965年版，第153页。
② ［美］E. 博登海默：《法理学：法律哲学与法律方法》，邓正来译，中国政法大学出版社1999年版，第264页。

有推促自己利益的自由；二是他们都拥有理性，出于这两点，他们"将在一种平等的最初状态中接受"① 这一正义原则。任何个人和团体都会在这一"无知之幕"后选择正义原则，按"最大最小值"的规则来选择制度安排。由此，他给出了合乎此种正义观的两个基本原则。②

罗尔斯阐明的正义原则虽然是两个，但其实是三个，即"平等自由原则""差别原则""机会公平原则"。其中自由原则要求实行平等的自由；机会公平原则注重公平机会，要求同等看待所有人；差别原则将社会弱势群体单独提出来，要求对他们进行平等对待。这些原则合起来则表达了一个基本观念：所有的"基本善"即社会公共品，在分配时都应讲究平等，除非对某些或一切社会公共品的不平等分配实施起来会对那些处境最不利者有利。这样的基本观念蕴含的核心价值就是我们所说的平等，只有如此这般的平等，才可以被看作是正义的。

最后是诺齐克的正义观。在罗伯特·诺齐克看来，所谓正义，应该以尊重个人权利为规定。他指出，在正义问题上，目前人们包括罗尔斯在内，所讨论的主要是分配正义，但是，他们所提出的这些关于分配正义的原则几乎全是模式化的，即或者根据某个人的需要，或者依据某个人的边际产品，或者以某个人的道德功绩为标准，或者按照某个人的努力程度，或者以前此四项之权重总和，来给予每个人相应的分配份额。在他看来，问题并不在于此，而在于财富的持有正义与否，即财富的获得和转让是否正义，以及违反头两个正义原则时如何矫正。于此他提出了获取的、转让的和矫正的这样三大正义原则。对于第一个正义原则，诺齐克认为，任何个人都是自主、分立的个体，都应对自己身体拥有绝对所有的权利，在此基础上，他理应对自己之劳动具备所有权。个人只要经由劳动，形成劳动同自然界无主之物的结合，即获得劳动成果，或从自然界取得一定劳动资料，只要这种行为没有让未实现占有者的情况变差变坏，那么这种获得就应该是正义的。当然，万一这种占有让一些人的境况变坏或变差，那么实现占有者就应当给予这些人相应的补偿，否则就属于不正义。对于第二个正义原则，诺奇克认为，如若转

---

① ［美］约翰·罗尔斯：《正义论》，何怀宏等译，中国社会科学出版社 1988 年版，第11页。
② ［美］约翰·罗尔斯：《正义论》，何怀宏等译，中国社会科学出版社 1988 年版，第302页。

让（例如交易、赠予、继承等）是个人自愿的，那它即是正义的。但是我们怎样能求证转让属于自愿进行呢？在他看来，只要相应的转让没有形成侵犯转让者所有权的事实，那转让即是自愿的。因此，诺奇克事实上既没有认可效用的平等，也没有认可罗尔斯的公共品持有的平等，但是他要求权利的平等，即主张无论是谁，与他人相较，都不被允许拥有较多的权利。因此，在他那里，应该将权利平等与否确定为评判正义与否的唯一标准。

2. 个体正义与社会正义

以正义的主体这一角度视之，正义具有两大类别：个体正义和社会正义。美国哲学家艾德勒曾说过，正义关乎两个领域，其中之一是关涉个人同他人以及个人同那些团体性、组织性较强的社区，也就是国家之间的关系的领域，之二是关涉国家同组成"国家人口的人之间的"① 关系的领域，在他那里，国家是指拥有政府的形式、法律，以及组成了相应的政治机构和一定规模的经济组织。政治哲学家罗兰·克莱曾这样阐释正义，一是从美德方面理解正义，即它是指某个人行使的正当性行为，这种行为表现于日常生活，比如让每个人都拥有其该拥有的东西；二是从制度方面理解正义，即它是指人们以它为标准来评价"社会的基本政治、经济和社会机构"②。万俊人教授也曾给予正义之社会维度和个人维度这样两个维度的解释。③ 简而言之，正义既是指社会制度之平等性，同时也是指个人行为与正当性相合。

因而，正义既指向个体正义的维度，同时也指向社会正义的维度。就第一个维度来看，正义指的是，个体作为行为主体而具有的一种优良品性和根本的行为准则，具体表现为行为主体在人际交往中能够遵守那些客观的制度规范以及伦理准则，能够用它们来约束自身的行为，为人正直，举止得体。由此可以看出，正义的这一维度更为关注行为主体自身的道德品质，是个人

---

① ［美］艾德勒：《六大观念》，郗庆华译，生活·读书·新知三联书店 1989 年版，第224 页。

② ［德］乔治·恩德勒等主编：《经济伦理学大辞典》，李兆雄、陈泽环译，上海人民出版社2001 年版，第 164 页。

③ 万俊人的解释是："其一是指社会基本制度安排和秩序的公平合理，以及由此形成的对社会成员的普遍公正要求和行为规范；其二是指个人的政治美德，以及作为这种政治美德之基本表现的公民的社会正义感和公道心。"（万俊人：《道德之维——现代经济伦理导论》，广东人民出版社 2000 年版，第 115 页）。

道德境界发展到一定程度或水准的重要表现；就第二个维度来看，正义指的是，人们立足于平等原则，对某些社会表现、社会交往以及特定的社会框架所做出的道德评判和伦理裁断，是人们对某种社会所具有的性格、所订立的制度和法律等在平等性和程度方面所提出的要求，也是据此而做出的判断之具体表现。该类正义偏向于社会的基本架构和基本制度。因为社会正义最为核心的问题是"社会主要制度"必须平等化地对那些最为基本的权利和与此相应的义务进行派分，对那些通过社会合作而产生的益处的划分方式做出决定。在此，必须明确指出的是，对正义作这样两个维度的区分是相对意义上的，实质上，二者之间紧密相连，它们之间不仅相互依存、相互促进，而且相互渗透、互为表里。在社会共同体中，假如没有具备正义的第二个维度即社会正义，那么正义的第一个维度即个体道德品性无论有多优秀也于事无补；与之相对应，正义的第二个维度在程度上愈高，那么这种社会氛围将会愈加有利于正义的第一个维度在水准上攀升，如此对于那些违反正义规则的人（当然这样的人也只是少数）而言，他们也将陷于困窘甚至难以立足于社会。

（二）"环境正义"分析

1. 环境正义的内涵：正义在环境事务上的体现

作为一般性的原则或理念，正义可以向社会系统的各个领域延伸，比如向经济领域延伸，即呈示为经济正义；向政治领域延伸，即呈示为政治正义；向社会生活领域延伸，即呈示为社会正义；向文化领域延伸，即呈示为文化正义；向生态环境领域延伸，即呈示为环境正义。在此意义上，所谓环境正义，是正义在环境事务上的体现，或者说，是指环境事务上的正义。

按照内容，人们一般把正义理解为分配正义和程序正义。分配正义是指将可分配之物在人们中进行分配后的结果应该是平等的，程序正义是指有关机构在进行分配决策时应对同等情况下的他人一视同仁、没有歧视或无理由的偏袒。与此相同，环境正义也分为环境分配正义和环境程序正义。其中环境分配正义是指环境善物和环境恶物在不同人群、不同地区如何公平、合理分配，公平、合理即为正义，否则即为不正义。按照英国政治哲学家戴维·

米勒的说法，环境善物是指"被赋予积极价值的环境的一切方面"①，如"清洁的空气、清洁的水、未受污染的土地"② 等；环境恶物是指与环境善物相对立的反面，即被赋予消极（或负面）价值的环境的一切方面，如被污染的空气、水、土地及有毒废弃物，物种多样性减少、全球气候变暖、臭氧空洞等。我国的环境恶物具体表现为"生态系统脆弱，污染重、损失大、风险高的生态环境状况"③。环境善物惠民、利民、为民，满足人民日益增长的优美生态环境需要；环境恶物害民、损民、毁民，伤害人民日益增长的优美生态环境需要。

环境程序正义是指各种与生态环境保护相关的包括环境善物和环境恶物分配的决策的制定程序，程序公平、正当即为正义，否则即为不正义。其主要内容包括决策制定的基本原则、参与决策的人员、优先考虑的议程、决策的基本方式等的确定。按照 R. 安兰德的说法，环境程序正义必须做到如下几点：环境决策必须以相互尊重和对所有人的正义为基础；要使少数族群和低收入阶层更好地参与到决策过程中来；所有民族在政治、经济、文化和环境方面都拥有基本的自决权利；所有各方都拥有权利平等而公正地参与各个层面的决策；任何一方都不能宣称自己比其他各方更有智慧而在决策方面享有特权。④

值得交代的是，环境善物和环境恶物是环境伦理学角度的划分或表述，如果从环境政治学角度看，环境善物表现为环境资源使用权益，环境恶物则表现为环境污染和风险。因此，这两种表述只是不同的说法，实质上则是一致的。相应地，环境正义也就是社会成员在环境资源使用权益上的平等享有和在环境保护义务上的公平担负。就环境分配正义和环境程序正义的关系来看，前者是后者的主要目标，后者是前者的重要保障。整全的环境正义就是这两者的统一，这是环境正义问题在分配维度的体现。

---

① 王韬洋：《环境正义的双重维度：分配与承认》，华东师范大学出版社 2015 年版，第 71 页。
② 王韬洋：《环境正义的双重维度：分配与承认》，华东师范大学出版社 2015 年版，第 73 页。
③ 习近平：《推动我国生态文明建设迈上新台阶》，载《求是》2019 年第 3 期。
④ 参见甘绍平、余涌主编：《应用伦理学教程》，中国社会科学出版社 2008 年版，第 226 页。

2. 环境正义的本质

根据历史唯物主义基本原理，任何正义都不过是一定社会关系和社会交往秩序在人们思维上的反映，是处于一定社会关系和社会交往秩序中的人们对这种社会关系状况所作出的合理与否的评价和判断。正义以人与人、人与社会的交往、互动为基础和前提，是这种交互作用的结果。如果没有人与人、人与社会的交往、互动，就不可能形成社会关系，没有社会关系就不会产生相应的价值判断，没有价值判断也就没有自由、平等、正义、伦理、道德等价值符号。因此，正义终归基于社会现实，出于社会现实。马克思和恩格斯说："人们在生产中不仅仅影响自然界，而且也互相影响。他们只有以一定的方式共同活动和互相交换其活动，才能进行生产。为了进行生产，人们相互之间便发生一定的联系和关系；只有在这些社会联系和社会关系的范围内，才会有他们对自然界的影响，才会有生产。"① 因此，社会交往关系是正义的本质性内容。

环境正义作为环境事务上的具体化的正义，如同一般正义一样，也不过是某种社会关系的反映，即以社会交往关系为本质性内容。虽然环境正义发生于环境领域，以环境资源和环境保护为对象，看起来是人与自然生态关系的反映，但这只是其表面现象，其实质则反映的是人与人、人与社会的关系，自然生态不过是人与人、人与社会关系的中介，其结构状态是人—自然—人（社会）。学界有人认为，环境正义首先是人与自然生态关系的正义，即人类应该对动植物讲究正义，公正、合宜地对待它们，考虑其利益。只有如此这般，我们才能合理解决动物问题，并实现环境正义。我们认为，这种观点并没有认清环境正义的实质。环境正义只能是人与人、人与社会关系的正义。

作为一种社会关系的环境正义，与一般正义一样，也是以利益关系为核心的。利益关系即人与人、人与社会之间围绕利益而发生的社会关系，也称经济关系。马克思说："人们的生活自古以来就建立在生产上面，建立在这种或那种社会生产上面，这种社会生产的关系，我们恰恰就称之为经济关系。"②

---

① 《马克思恩格斯文集》第 1 卷，人民出版社 2009 年版，第 724 页。
② 《马克思恩格斯文集》第 8 卷，人民出版社 2009 年版，第 139 页。

而"每一既定社会的经济关系首先表现为利益"①。正义是人与人、人与社会的利益关系的反映，环境正义同样也是如此。它不过是人们因环境资源使用权益和环境保护义务分配而发生的社会关系的反映，是人们关于环境资源使用权益和环境保护义务公平分配的价值诉求。

（三）环境正义的形式及其两个场域

环境正义作为衡量人与人、人与社会之间环境资源使用权益和环境保护义务分配状况的尺度，按照不同标准，可以进行不同类型的划分。一般而言，学界从内容、主体角度将其分为三种形式，即环境人权、代际正义、代内正义。

所谓环境人权，即人类的每一个成员拥有生活于正常、健康、适宜的自然生态环境的基本权利。作为一项直接影响人类的每一个具体成员的生存、发展的根本性人权，一种直接影响整个人类社会之持续生存、发展的基础性价值，它本是于 1960 年由西德的一位医生首次提出的，这位医生当时向欧洲人权委员会控告，那种倾倒垃圾于北海的行为是侵害人权的行为。他提出，任何人，作为一个公民，都拥有在正常、健康的生态环境中生活的权利。从此人们开始探讨人权体系中是否要吸纳环境人权的问题。联合国 1972 年于斯德哥尔摩人类环境会议通过的《人类环境宣言》中说："人类享有自由、平等、舒适的生活条件，有在尊严和舒适的环境中生活的基本权利。""在人口密度正在增长或人口已过密以致对环境或发展已产生了各种不良影响的地区和人口密度较低以致不能改善人类环境和不发达的地区，都应实施对基本人权没有偏见且由有关政府认为是适当的人口及其统计政策。"这表明，环境人权已经被当作基本人权体系的重要内容之一。此后，环境人权也被许多国家的宪法和法律作为公民之基本人权而固定下来。而许多人权研究学者在讨论人权的分类时，也都将环境人权当作一个基本类别，予以凸显和申扬。比如，法国瓦萨克提出"三代人权"说，第一代人权是个体自由权和政治参与权，第二代人权是社会分享权，第三代人权是发展权和环境权；德国哈斯佩尔提出人权的三个层面，第一层面是政治与公民权

---

① 《马克思恩格斯文集》第 3 卷，人民出版社 2009 年版，第 320 页。

利，第二层面是社会、经济与文化权利，第三层面是发展权和环境权。① 正义是当今社会制度和社会合作体系的第一美德，环境正义是正义价值体系的重要构成，它显然不能拒斥环境人权，因此对环境人权的维护和保障是环境正义的必要内涵。因为环境正义是环境资源使用权益和环境保护义务上的对等、公平分配，而这种对等、公平分配恰恰正是环境人权的核心关注点。环境人权意味着两方面：一方面是公民都拥有使用良好环境资源的权利，这包括环境享有权，即人享有在适宜良好环境中生活的权利，这是保证人生存与发展的首要前提；环境监督权，即人有对污染、破坏环境的行为进行监督、检举和控告的权利；环境参与权，即人拥有参与公共环境事务、环境管理全过程的权利；环境知情权，即人拥有获取相关环境信息的权利，这是人所享有的基本政治权利在环境事务中的延伸。② 这要求政府、公共权力部门、企业等把环境信息和环境对公众生活状况的影响等方面，按公众要求及时公布，立法机关也要把公民参与环境管理的权利纳入法律法规，而执法机关则要对此予以切实监控和执行。总之，国家要通过法律制度、公共政策等切实保障公民的环境人权。另一方面，环境人权也意味着环境保护义务的对等、公平分配。环境人权相对于公民个体来说，本身确实是一种权利，但是这种权利相对于政府、公共权力部门、企业等来说又是一种义务，这些部门对这种权利的不对等、不公平分配，恰恰是对人权的侵害，而这种侵害显然是一种环境不正义。

代际正义是指当前活着的本代人与尚未出生的未来世代人之间在环境资源享用权益上的公平分配与环境保护义务上的公平划分，它本质上是本代人对未来世代人之环境和生活质量上的责任担当。虽然本代人有理由享用地球上的环境资源，但地球环境资源是整个人类共同拥有的财富，并不能为本代人所独占，未来世代人虽然尚未出生，但也是整个人类群体的组成部分，因而本代人应该为未来世代人保管好地球环境资源；同时，本代人已然造就了一股强大的能力，这种能力的发挥可能永久改变甚至损坏地球，以至于对未来世代人的环境和生活质量造成深远影响，尤其是这种能力还使得本代人可

---

① 参见甘绍平：《人权伦理学》，中国发展出版社 2009 年版，第 12—16 页。
② 参见龚天平等：《生态经济的道德含义》，载《云梦学刊》2019 年第 1 期。

以足够了解这些影响的后果。因此，环境正义要求环境资源要在代际公平分配，对本代人关于环境资源享用权益方面的决策所导致的后果也要公平分担，即要求本代人公平对待未来世代人。然而，当本代人做环境资源享用权益分配和环境保护义务划分的决策时，未来世代尚未出生，无法出场表达他们的价值诉求，因而本代人也无从知晓其价值诉求，这就使得本代人对他们有了代理义务。但也同时因为本代人并不知晓他们的价值诉求，只能靠猜测或类比想象或同情理解，然而本代人之代内又各有差异，这导致代际正义无法获得一个可公度的标准，从而无法形成一个有效的实施方案。

应该说，罗尔斯正义论为代际正义的实现提供了值得重视的可能性空间。他认为，在一种公平的初始境遇中，代际正义原则能够为各代所一致同意，它是各代在这种状态下，于"无知之幕"之后，作出的关于代际配分基本权利，划分基本义务和那些产生于社会合作的利益的方式。① 正是因为"无知之幕"的设置，所以各代的信息都被遮蔽，都无法知晓自己属于哪一代，无法知晓属于某代的结果将是何样的，无法知晓自己所处社会到底发展到文明的何种状态、"自己这一代是贫穷的还是相对富裕的，大体是农业社会还是大体工业化了的等等"②。由于这些信息被遮蔽，所以一条正义的储存原则就会被处于初始境遇的各代所择取。"如果所有世代（也许除了第一代）都要得益，那么他们必须选择一个正义的储存原则；如果这一原则被遵守的话，就可能产生这样一种情况：即每一代都从前面的世代获得好处，而又为后面的世代尽其公平的一份职责。"③ 这条正义的储存原则就是："每一代都把一份公平的等价物，亦即相当于由正义储存原则所规定的实际资本，转留给下一代（这里我们应该记住，这里所说的资本不仅包括工厂、机器等，而且包括知识和文化、技术和工艺，它们使正义制度和自由的公平价值成为可能）。这种等价物是对从前面的世代所得到的东西的回报，它使

---

① 参见［美］约翰·罗尔斯：《正义论》，何怀宏等译，中国社会科学出版社 2009 年版，第 6 页。

② ［美］约翰·罗尔斯：《正义论》，何怀宏等译，中国社会科学出版社 2009 年版，第 227 页。

③ ［美］约翰·罗尔斯：《正义论》，何怀宏等译，中国社会科学出版社 2009 年版，第 226—227 页。

后代在一个较正义的社会中享受较好的生活。"① 从这一条正义的储存原则，我们可以推导出代际正义有如下具体规范：首先，保护选择的规范，即各代都要对自然文化遗产多样性予以保护，以便不会不适当地限制"后代人解决自身问题和实现自身价值观"，各代都可以共享大致相当的多样性②；其次，保护质量的规范，即各代都要对地球生态环境质量予以维持，以便不会把生态环境质量下降了的地球从前一世代留传给未来世代，各代都有权享受大致"相当的地球质量"③；最后，保护获取的规范，即各代之每一成员都平等地拥有自前代继承而来的遗产之获取权利，后代人的此种权利应当得到前一世代的保护④。

上述规范的实质内涵可以归结为"责任的正义"。代际正义所调节的是环境正义中关于代与代之间关系的维度，代与代的关系虽然是时间维度的关系，但当设置"无知之幕"后，就可以转换为空间维度的关系，因而也可以理解为共同体内人与人的社会关系。代际正义的价值诉求实际是为了整个人类共同体的持存，即各世代在环境资源享用权益上是平等的，前一代不能伤害未来世代满足其需要的愿望和能力，不能毫无顾忌地攫取资源，损坏环境，而应关心未来世代，使他们得以生存，这样人类共同体才能得以维系；否则，当环境正义的代际正义维度缺失，前一世代对未来世代不正义，不承担起对未来世代环境和生活质量的责任，那么不知何时哪些世代之生存将无法维系，他们无法生存，人类共同体就会瓦解。从这一意义上看，代际正义是环境正义的一个必不可少的维度。

代内正义是指某一国家或地区内部不同民族、群体、区域之间，在环境资源享用权益上的公平分配与环境保护义务上的公平划分，即两者之间保持比例协调、对等、相称的状态。它是环境正义最为关键的组成部分，人们谈论环境正义往往首先就是从这一意义上讨论的。环境正义虽然也追求人与自然生态关系的和谐，但这种和谐则由人与人、人与社会关系的和谐所决定，

① ［美］约翰·罗尔斯：《正义论》，何怀宏等译，中国社会科学出版社2009年版，第228—229页。
② 参见余谋昌、王耀先主编：《环境伦理学》，高等教育出版社2004年版，第261页。
③ 参见余谋昌、王耀先主编：《环境伦理学》，高等教育出版社2004年版，第261页。
④ 参见余谋昌、王耀先主编：《环境伦理学》，高等教育出版社2004年版，第261页。

其原因在于前者不过是后者的反映。代际正义以本代与未来世代之社会关系的协调为目标，代内正义则以代内人与人、人与社会的关系的和解为目标。然而，如若代内人与人、人与社会的关系，如环境资源使用权益的公平分配和环境保护义务的公平分担这一正义问题都无法获得令人满意的化解方案，那么代际正义问题又何以获得令人满意的化解方案？就整个人类文明发展来说，环境正义问题在前工业文明时期是没有显现的，因而也就没有代际正义和代内正义问题；在工业文明时期，由于人类受享乐主义、利己主义的支配，以科技理性、市场经济等手段，特别是在资本主义制度的保驾护航下，人类特别是资本主义发达国家肆意掠夺自然，摄取资源，随意排放，污染环境，造成环境危机，这不仅导致代内环境资源使用权益的不公平分配和环境保护义务的不公平担负，也严重威胁到未来世代的生存，因而也使得代内正义和代际正义问题凸显。这样看来，环境正义是要以代际正义为价值诉求，但首先应该以代内正义为价值诉求。正如罗伯特·斯基德尔斯基和爱德华·斯基德尔斯基所言："未出生者的福祉虽然有价值，但其价值要低于活着的人的福祉。"① "对于后代的福祉我们应该承担部分责任，但不会大于为现在的人的福祉所承担的责任。"②

在关于环境正义的讨论中，学界除了将其分为上述三种形式外，还从环境正义场域发生的角度，鉴于其主要出现于国内和国际两个场域，将其划分为国内环境正义和国际环境正义。它们的具体内容一般体现为环境人权和代内正义。

所谓国内环境正义，是指一个国家内部不同地区、民族、群体之间在环境资源使用权益和环境保护义务上的对等、公平分配，特别是富裕地区与贫困地区、先发民族与落后民族、强势群体与弱势群体、男性群体与女性群体之间的对等、公平分配。这是代内环境正义在一国范围内的具体体现。从具体形式来看，这种环境正义一般以城乡环境正义、区域环境正义、阶层环境正义、群体环境正义等得以体现。

---

① ［英］罗伯特·斯基德尔斯基、爱德华·斯基德尔斯基：《金钱与好的生活》，阮东译，中信出版社 2016 年版，第 150 页。
② ［英］罗伯特·斯基德尔斯基、爱德华·斯基德尔斯基：《金钱与好的生活》，阮东译，中信出版社 2016 年版，第 157 页。

　　所谓国际环境正义，是指国家与国家之间，尤其是先发国家与后发国家之间的环境正义。它"要求世界各国在自然资源的开发利用问题上充分体现环境权利和环境义务的对等性，这是推进人类社会实现可持续发展的生态伦理保证"①。国际环境正义是代内环境正义的最主要的表现形式。

三、西方生态治理观的抽象性与环境正义维度的缺失

　　环境正义运动无疑最先起源于西方，特别是美国。但它的出现则是由于人们为了寻求生态治理的合理途径，以遏制日益全球化蔓延的生态危机这一初衷。围绕如何进行生态治理这一核心诉求，西方世界各方人士聚讼纷纭、各陈己见。就是在这一争论的过程中，以生态中心论为基础的"深绿"生态治理观和以人类中心论为基础的"浅绿"生态治理观各自形成两大阵营。两派之所以提供不同的生态治理方案，原因在于他们持有不同的理论立场，对生态危机形成的根源也有不同认知。由此，生态治理方案上也相应出现不同路向，即"单纯的德治主义路向、技术主义路向和政府、市场、非政府组织共同参与的多中心论路向"②。但是，尽管"深绿"、"浅绿"生态治理观所提供的生态治理方案对于生态治理和环境保护不无积极作用，然而由于其西方中心主义的理论立场和抽象的理论局限，特别是环境正义维度的缺失，导致其生态治理方案无法现实化，从而使生态危机难以从根本上得到解决。

（一）西方生态治理观的基本观点

　　西方生态治理观来源于生态思潮。生态思潮产生的现实背景是当下日益严峻的生态环境危机及其全球化蔓延局势，这使得人们对环境资源日益短缺忧心忡忡并聚力于寻求其化解途径。其理论基础则有两个：一是作为科学基础的生态科学。生态科学探究生命系统与环境的相互作用，强调地

---

① 向玉乔：《国家治理的伦理意蕴》，载《中国社会科学》2016 年第 5 期。
② 王雨辰：《论德法兼备的社会主义生态治理观》，载《北京大学学报》2018 年第 4 期。

球生态系统运行、发展的整体性规律，这一理论旨趣使得生态哲学奠基于自然科学之上；二是作为哲学基础的生态哲学。西方自近代以降，哲学上盛行的是强调主客分割的机械世界观和强调高扬人的主体性的所谓主体性哲学，这引起日益繁盛的生态哲学的诘难，这种哲学认为，整个世界是一个不能截然两分的有机整体，其中各成分是相互联系、相互影响并相互作用的。正是在这种现实的强烈促推和理论的强烈呼唤之背景下，西方生态思潮应运而生。生态思潮以反思人与自然的生态关系，寻求生态环境危机的化解之道为基本理论旨趣，以此为基础，主要形成了"深绿"和"浅绿"两种生态思潮。

"深绿"思潮奠基于生态中心论价值观，主张人类从世界观上必须拒斥近代机械世界观，从价值观上必须摈弃人类中心主义，否定奠基于人的需要的主观价值论，将道德关怀的触角延伸到非人类存在物。这种思潮认为，无论自然生态系统对人类有用与否，其本身就是宝贵的、非工具性的，值得人类敬畏；它号召人类把"非人类存在物之生命的繁盛"作为价值目标。比如，阿恩·奈斯就曾提及所有非人类物种都具有"生活与繁荣的平等权利"。在这种思潮里，人类中心主义价值观及在这种价值观支配下的科学技术及其运用是造成当今生态环境危机的罪魁祸首，因此生态环境危机的根本化解之道是撇弃人类中心主义价值观，转向生态中心主义价值观，限制科技运用，减缓经济增长，转换生存生活方式。罗伯特·斯基德尔斯基和爱德华·斯基德尔斯基对此概括道：生态中心主义者指责"经济增长破坏了大自然的本真"，机器生产对大自然犯下暴行，导致"森林和原野的毁坏、动植物的灭绝和江河湖海的污染……地球温度灾难性地和不可逆转地持续上升，它就像一个妖魔控制了大众的想象力。为了避免这场灾难，有人强烈呼吁应放弃经济增长的发展之路，甚至要放弃我们已有的文明"[1]。这种生态危机的化解之道同时也是这种思潮的生态治理理论，从理论性质上看，这种思潮显然"秉承的是单纯的德治主义观点，追求的是保证中产阶级既有的生活质量"[2]。

---

① ［英］罗伯特·斯基德尔斯基、爱德华·斯基德尔斯基：《金钱与好的生活》，阮东译，中信出版社 2016 年版，第 141 页。

② 王雨辰：《论德法兼备的社会主义生态治理观》，载《北京大学学报》2018 年第 4 期。

相较于"深绿"思潮，"浅绿"思潮则持截然不同的观点。该思潮认为，人类中心主义价值观并没有过时，它当然有一些不合时宜的成分，但将这些成分剔除后，就可以为环境保护事业的发展和环境危机的化解作出贡献。为此，"浅绿"思潮对人类中心主义价值观作了以下修正：其一，美国学者默迪借助生物进化论的相关成果，论证了人类是地球上最高级的存在物，具有高于非人类存在物的价值地位，同时又强调，大自然是人类的共同财富，人类作为生物进化的金字塔的顶端，其行为对生态环境系统可以造成比非人类存在物大得多的影响。因此，为生态环境系统和谐持存、子孙后代的利益及人类自身存续的需要考虑，我们应担当起更多的责任，并善加管理，而不能对生态环境系统构成损害。其二，把人类中心主义区分为本体论或宇宙论意义上的人类中心主义和价值论或伦理学意义上的人类中心主义，并批判前者的错误，论证后者的合理性。比如海华德认为，前者是错误的，但后者是不可避免、不可拒斥、值得向往的，因为人类对自己及其同类应当关心，人类与其他存在物一样都有自己的没有理由受到阻止的合法利益追求，人类也只有在知晓如何善待同类时才会知晓如何善待非人类存在物，那些被置于人类中心主义名义下加以批判的观点其实并非人类中心主义，而是人类沙文主义和物种主义。而澳大利亚哲学家帕斯摩尔则认为，目前生态危机的根源并不是人类中心主义，而是"贪婪和短视"，是集团利己主义。他提出了一种"开明的人类中心主义"，即"强调人类的生存与发展必须支配和改造自然，但地球生态系统的有限性客观上要求人们克制自己日益膨胀的物质欲望，以维护地球生态系统的生态平衡"① 的观念，这一观念意味着人类为了生存和发展，当然可以改造自然、支配自然，但这种行为必须贯以责任。其三，美国学者诺顿主张把价值论或伦理学意义上的人类中心主义划分为两种，即"强式人类中心主义"和"弱式人类中心主义"，我们需要撇弃前者，择取后者。根据他的理解，前者是指主张满足人的所有感性偏好即"一个人可以感觉、体验到的任何一种欲望或需要"② 的人类中心主义，后者是指主张满足人的理性偏好即"一种经过审慎的理智思考后

① 王雨辰：《论德法兼备的社会主义生态治理观》，载《北京大学学报》2018 年第 4 期。
② 杨通进：《当代西方环境伦理学》，科学出版社 2017 年版，第 73 页。

才表达出来的欲望或需要"① 的人类中心主义;前者因为不加区分地肯定人的任何偏好,只问偏好的种类及其满足途径,而不问偏好合理与否、应限制与否,这只会导致人们为了满足这种偏好而不惜一切代价地掠夺自然,从而恶化人与自然的生态关系,因而它是不合理的,后者因为既肯定了人的偏好满足的合理性,"还能依据一定的世界观对这种偏好本身的合理性进行评判"②,这使它能够有力地谴责那种大肆攫取自然的行为,从而避免人们随意破坏自然,防止生态危机的产生,因而它是合理的。在"浅绿"思潮里,传统形态的人类中心主义价值观之所以要作出修正,并不是因为它肯定人类改造、支配自然的行为,而是因为它对人类的这种行为作了狭隘的理解,将其视为人类沙文主义和物种歧视主义,导致人类对自然的保护责任被卸却。这样,"浅绿"思潮并不把生态环境危机的根源归结为人类中心主义价值观,而是以人类整体的、长远的利益和资本主义经济的可持续发展为目标,强调通过发挥市场配置资源的决定性作用,制定严格的既有预防又有惩罚的环境保护制度和政策,结合技术创新,从而防范和化解生态环境危机。这种生态危机的化解之道同时也是这种思潮的生态治理理论,从理论性质上看,这种思潮显然"秉承着的主要是技术主义的观点,追求的是资本主义经济的可持续发展"③。

(二)西方生态治理观的局限

西方"深绿"思潮持德治主义路向的生态治理观,"浅绿"思潮持技术主义路向和多中心论路向的生态治理观,前两种路向前文已作交代,至于多中心论路向,美国著名经济学家埃利诺·奥斯特罗姆在探讨气候变化治理时有过如此解释:"'多中心的'意味着许多个决策中心,它们形式上相互独立……它们在竞争性关系中将彼此考虑在内,进入各种契约性及合作性的任务,或求助于中心的机制以解决冲突,在一个大都市地区的各种政治管辖机构可能以一种内在一致的方式,以相互协调和可预测的互动

---

① 杨通进:《当代西方环境伦理学》,科学出版社 2017 年版,第 73 页。
② 杨通进:《当代西方环境伦理学》,科学出版社 2017 年版,第 73 页。
③ 王雨辰:《论德法兼备的社会主义生态治理观》,载《北京大学学报》2018 年第 4 期。

行为模式发挥作用。"① "多中心体系的特征在于不同维度上的多重治理权威，而非单一中心的单位。"② 一言以蔽之，就是让市场、政府、非政府组织等共同参与、相互合作、协同进行生态治理。这些生态治理观看起来似乎相异其趣、各有洞识，但其实本质上都有共同性的一面，对这种共同性我们可以分析如下。

从生态治理观赖以建立的前提即生态环境危机根源的认定和指导生态治理的生态价值观的角度来考量，虽然两种生态治理观对生态环境危机根源的具体认定不同，比如"深绿"思潮认为是人类中心主义价值观以及奠基于此的科学技术的运用，导致生态环境危机，而"浅绿"思潮则认为是近代人类中心主义价值观造成了这种恶果；虽然两种生态治理观提出的生态治理方案也有不同，比如"深绿"思潮主张撇弃人类中心主义价值观，转向包括"自然价值/权利论"的生态中心主义价值观，否弃科技创新及其运用，限制经济增长，以便化解生态环境危机的生态治理之路，"浅绿"思潮则主张采取控制人口规模膨胀、革新技术、把自然资源市场化、推进超工业化等举措来进行生态治理；虽然两种生态治理观对科学技术及其运用和经济增长的看法不同，比如"深绿"思潮认为，尽管可以通过科技进步和创新来消解经济增长和贫困，然而地球生态系统是有限的，科技创新不可能在这种有限系统中保证无限增长，也不可能保证经济社会的可持续发展，"浅绿"思潮则主张以科技创新为基础，制定预防和整治环境的政策，同时让市场、政府、非政府组织等共同参与，建立惩罚和生态补偿机制，从而提升环境效益，治理生态环境。但是，这两种思潮都摆脱不了一个共同的缺陷，即掠过或搁置作为社会共同体的人类与作为社会共同体存在条件的自然生态之间的物质与能量的实际交换过程，而到抽象生态价值观中去追寻生态环境危机的根源及其化解之道。这种抽象性主要表现为如下情况。

任何社会现象都是历史的、具体的、现实的，都是发生于一定社会生产方式和社会制度条件下的，生态环境危机同样如此。而对于这种危机的

---

① 曹荣湘主编：《生态治理》，中央编译出版社 2015 年版，第 172 页。
② 曹荣湘主编：《生态治理》，中央编译出版社 2015 年版，第 173 页。

真实根源及其化解之道，两种生态思潮都无视一定社会生产方式和社会制度约束条件，都不懂得从现实的社会政治视角，而是囿于西方中心主义价值立场和生态价值观视角，去进行分析和归因，由此导致他们的理论不可能正确地、具体地考量人类和自然之间的实际的物质和能量交换过程，同时也陷入抽象的文化决定论泥潭。实质上，如果人们不带偏见地考察和反思人类生态环境危机之产生的历史过程，就可以发现，造成这种后果，无论如何都与资本主义现代化和资本逻辑的强势宰制脱离不了干系。马克思和恩格斯在他们的诸多经典著作中都以无法反驳的事实和理论逻辑，精辟地揭示了资本主义现代化一方面使本国生态环境问题凸显，另一方面又借助于殖民扩张把生态环境问题带给了落后国家。如果人们客观地考察和反思人类生态环境危机之蔓延的现实过程，就可以发现，正是因为资本逻辑的全球化拓展，使得生态环境危机也全球化地野蛮生长，而资本的全球化宰制逻辑是由发达资本主义国家强势输出的，因此，发达资本主义国家要为眼下生态环境危机负责。当然，我们也不能完全否定"深绿"和"浅绿"思潮研探生态价值观的积极的、正面的价值，他们有助于人类反省自身的实践行为。然而，他们也不得不承认，正是由于他们仅仅从生态价值观的层面，而不懂得从生产方式和社会制度的层面，去寻求生态环境危机的缘由及其化解之道，这样，他们实际上把资本在生态治理上的应尽之责给淡化或卸却了。正是由于如此，资本逻辑造成的生态环境危机之恶果被转嫁给了世界上的所有人，特别是发达国家的穷人和发展中国家的人们，这与环境正义原则显然是背道而驰的，因此他们的理论为眼下的生态环境问题难以提供正确、合理的解决方案，而走向了与实践脱节的抽象性泥潭。环境正义就是为了恰适地解构世界上不同民族国家、地区、人群之间在环境资源使用权益的公平分配和环境保护义务的公平分担，即生态利益矛盾问题的，就是为了适宜地处理人类与自然之间实际的物质和能量交换关系问题的，它正是当下生态治理中迫切需要解决的关键问题。而"深绿"和"浅绿"思潮在环境正义问题上则客观上采取了相背的态度，从而恰恰坚持了环境不正义的立场，这样，它们的严重局限和根本缺陷就相当清晰地暴露了出来。

四、德法兼备的社会主义生态治理观
与环境正义

当代中国正在全力加快生态文明体制改革，建设富强民主文明和谐美丽的社会主义现代化强国。这种现代化有其严格的内涵规定，从生态文明角度看，现代化是"人与自然和谐共生的现代化"，而要实现这一价值目标，就要建设生态文明，加强生态治理；而要加强生态治理，又"必须坚持节约优先、保护优先、自然恢复为主的方针，形成节约资源和保护环境的空间格局、产业结构、生产方式、生活方式，还自然以宁静、和谐、美丽"①，要着力于绿色发展、污染防治、生态修复，并配之以生态环境监管体制保障系统。正是在领导社会主义生态治理的伟大实践过程中，习近平总书记坚持把马克思主义关于人与自然关系的理论与中国生态治理的具体实际相结合，创造性地提出"生命共同体"概念，并用这一生态世界观和哲学基础指导生态文明建设实践，从而在此基础上提出了德法兼备的社会主义生态治理观。这种生态治理观具有鲜明的环境正义价值取向。

（一）德法兼备的生态治理观与国内环境正义

树立德法兼备的生态治理观是生态治理的精神前提。"所谓德法兼备的生态治理观，就是要克服单纯的德治主义和技术主义的生态治理观，既要求在全社会树立爱护生态资源和保护环境的生态文化和生态道德，提升人们坚持生态文明理念的道德自觉的同时；又要通过制定严格的生态制度、生态法律法规在外在方面硬性规范人们的实践行为。"② 这种生态治理观的核心是加强制度建设。习近平总书记多次在不同场合指出：生态文明建设必须依靠制度、依靠法治，制度则是指所有有助于生态治理有序开展和深入推进的各种指引性、规约性的规章和行为准则的总和，既包括正式规则特别是法律、条例，也包括非正式规则如伦理道德、习俗惯例，即德法兼备。德法兼备的

---

① 习近平：《决胜全面建成小康社会　夺取新时代中国特色社会主义伟大胜利——在中国共产党第十九次全国代表大会上的报告》，人民出版社 2017 年版，第 50 页。
② 王雨辰：《论德法兼备的社会主义生态治理观》，载《北京大学学报》2018 年第 4 期。

生态治理制度体系主要包括两方面：一方面，要在全社会树立包括生态文化价值观和生态环境道德观在内的社会主义生态文明观，通过这一点在全社会形成节约环境资源的优良社会风尚，让人们从内心深处确立爱护生态环境的道德信念，从外在行为上养成简约适度、绿色低碳的生活方式和道德行为习惯；另一方面，"最重要的是要完善经济社会发展考核评价体系，把资源消耗、环境损害、生态效率等体现生态文明建设状况的指标纳入经济社会发展评价体系，建立体现生态文明要求的目标体系、考核办法、奖惩机制，使之成为推进生态文明建设的重要导向和约束"①。这一制度体系中，无论是作为内在规则的生态环境道德，还是作为外在规则的考核办法和奖惩机制，其实就是维护社会公平正义包括国内环境正义的基本手段，而通过这些手段，以达到优奖劣罚，激浊扬清，弘善避恶，本身又是社会公平正义包括环境正义的本质呈现。因此，环境正义是德法兼备的社会主义生态治理观的价值追求，它主要体现在如下几个方面。

第一，通过保护生态环境，来保障人民绿色福祉，促进和维护人民的环境人权。环境人权实质上就是公民的环境权利。尊重和保障人权是中国共产党和中国政府自成立以来就一贯持守的基本宗旨，无论是革命岁月，还是建设和改革时期，都始终为争取中国人民的生存权、发展权而不懈奋斗，成功地走出了一条中国特色社会主义人权发展道路。党和政府尊重和保障的人权是一个全面发展的人权体系，其中以生存权、发展权为首要人权。同时又把各项人权视作一个不可划割、互依互存、紧密联系的整体予以重视，以保证经济权、政治权、社会权、文化权、公民权等协调发展。在这一人权体系中，环境权是极为重要的构成种类。习近平总书记把保障环境人权视为改善民生的重要内容，他指出："良好生态环境是最公平的公共产品，是最普惠的民生福祉。对人的生存来说，金山银山固然重要，但绿水青山是人民幸福生活的重要内容，是金钱不能代替的。你挣到了钱，但空气、饮用水都不合格，哪有什么幸福可言。"② 2015 年 4 月 3 日，习近平总书记在参加首都义务植树活动时说："植树造林是实现天蓝、地绿、水净的重要途径，是最普

① 《习近平关于社会主义生态文明建设论述摘编》，中央文献出版社 2017 年版，第 99 页。
② 《习近平关于社会主义生态文明建设论述摘编》，中央文献出版社 2017 年版，第 4 页。

惠的民生工程。"① 保障和改善民生其实就是要抓住和把握人民利益，并把它摆在至高无上的地位，让生态治理成果更好更公平惠及全体人民。当前，人民群众对优美生态环境需要已经成为新时代我国社会主要矛盾的重要方面，加快提高生态环境质量已经成为广大人民群众的热切期盼，成为人民最关心最直接最现实的利益。"发展经济是为了民生，保护生态环境同样也是为了民生。"② 以"重点解决损害群众健康的突出环境问题，加快改善生态环境质量，提供更多优质生态产品"③ 即生态来惠民、利民、为民，这就是为了尊重和保障人民的环境人权，实现社会公平正义，维护和促进环境正义。

　　第二，建立生态文明和生态治理制度，强化制度约束，为国内环境正义提供制度保障。正义是制度的首要美德，制度是正义的基础保障；环境正义是生态文明和生态治理制度的优良德行，生态文明和生态治理制度是环境正义的固化机制。习近平总书记极为强调生态文明建设和生态治理的制度化管理，他指出："要深化生态文明体制改革，尽快把生态文明制度的'四梁八柱'建立起来，把生态文明建设纳入制度化、法治化轨道。"④ 这些制度主要包括"资源生态环境管理制度"、"国土空间开发保护制度"、"水大气土壤等污染防治制度"、"反映市场供求和资源稀缺程度、体现生态价值、代际补偿的资源有偿使用制度"、"生态补偿制度"、"生态环境保护责任追究制度"、"环境损害赔偿制度"⑤，要强化这些制度的约束作用。即是说，生态文明和生态治理制度并不是某个单一的制度，而是由一组或系列制度建立起来的综合性的体系，这一制度体系中，那些反映资源稀缺程度、体现生态价值、代际补偿，环境保护责任追究、环境损害赔偿等，本身就是环境正义之内容的基本规定；而强化这些制度约束作用，本身又是为实现环境正义提供手段和保障。

---

① 《习近平关于社会主义生态文明建设论述摘编》，中央文献出版社 2017 年版，第118—119 页。
② 习近平：《推动我国生态文明建设迈上新台阶》，载《求是》2019 年第 3 期。
③ 习近平：《推动我国生态文明建设迈上新台阶》，载《求是》2019 年第 3 期。
④ 《习近平关于社会主义生态文明建设论述摘编》，中央文献出版社 2017 年版，第 109 页。
⑤ 《习近平关于社会主义生态文明建设论述摘编》，中央文献出版社 2017 年版，第 100 页。

　　落实生态文明和生态治理制度体系对于维护和促进环境正义有着关键的意义。生态文明和生态治理制度体系要取得实际效果，包括一系列操作性环节和机制，如完善制度、健全体制、加强监管、推进督察等，建立健全这些环节和机制的目的，就是使生态文明和生态治理制度体系得到真正落实，严格执行，否则就形同虚设。习近平总书记指出："对破坏生态环境的行为，不能手软，不能下不为例。"① 但过去一段时期内，由于实行"以块为主的地方环保管理体制，使一些地方重发展轻环保、干预环保监测监察执法，使环保责任难以落实，有法不依、执法不严、违法不究现象大量存在"②，导致一系列环境不正义现象不断爆发。因此，在生态治理和环境保护事业上，必须对那些破坏生态环境的事件格外警惕，"发现问题就要扭住不放、一抓到底，不彻底解决绝不松手"③。同时，习近平总书记也深刻地认识到，生态治理制度体系的落实的关键又在于领导干部，他指出："生态环境保护能否落到实处，关键在领导干部。一些重大生态环境事件背后，都有领导干部不负责任、不作为的问题，都有一些地方环保意识不强、履职不到位、执行不严格的问题，都有环保有关部门执法监督作用发挥不到位、强制力不够的问题。"④ 生态环境保护事业"决不能让制度规定成为没有牙齿的老虎"⑤。只有在生态治理制度体系得到落实，并建构起"政府为主导、企业为主体、社会组织和公众共同参与的环境治理体系"⑥ 的条件下，生态治理才能取得实效，环境正义才有望实现。

　　第三，通过建立生态补偿制度来实现区域环境正义。在包括资源有偿使用制度、生态环境损害赔偿制度、环境保护公众参与制度等生态文明和生态治理制度体系中，生态补偿制度对于区域环境正义有着关键的意义。生态补偿制度是针对那些有可能对生态环境产生影响的生产、经营、开发、利用的个人、群体、企业或地区，围绕生态治理，采取经济调节和法律保障的方

① 《习近平关于社会主义生态文明建设论述摘编》，中央文献出版社 2017 年版，第 107 页。
② 《习近平关于社会主义生态文明建设论述摘编》，中央文献出版社 2017 年版，第 107 页。
③ 《习近平关于社会主义生态文明建设论述摘编》，中央文献出版社 2017 年版，第 109 页。
④ 《习近平关于社会主义生态文明建设论述摘编》，中央文献出版社 2017 年版，第 110 页。
⑤ 《习近平关于社会主义生态文明建设论述摘编》，中央文献出版社 2017 年版，第 111 页。
⑥ 习近平：《决胜全面建成小康社会　夺取新时代中国特色社会主义伟大胜利——在中国共产党第十九次全国代表大会上的报告》，人民出版社 2017 年版，第 51 页。

式，而建构起来的生态环境管理制度体系，其目的是防范生态环境损坏、维系生态环境系统良性持存和发展。公共物品理论、外部性理论、自然资本论等，是这种制度体系的理论基础。建立这种制度的价值既在于确保生态功能区建设，约束生态环境消费，激励生态环境保护行为，也在于促进区域环境正义。生态环境管理之所以要注重补偿，是因为有关个人、群体、企业或地区在生产、经营、开发、利用环境资源的过程中，对生态环境产生了影响，享受了相应益处，使相关人员必须投身生态环境建设，或者从事环境保护技术研发和使用，或者因其居住地和财产位于重要生态功能区而致使其生活工作条件、财产支配或者经济发展等受到限制，按照协议或法律规定，应当在物质、技术、资金等方面得到补偿，或者在税收上得到优惠。这种补偿就是回报，就是公正原则的要求。习近平总书记对生态补偿制度对于区域环境正义的意义有着精辟的见解。他说：要"用计划、立法、市场等手段来解决下游地区对上游地区、开发地区对保护地区、受益地区对受损地区、末端产业对于源头产业的利益补偿"①。生态补偿制度实际上调节的是区域与区域之间在生态环境上的利益矛盾关系，只有通过这种制度，才能使生态受损地区的环境资源使用权益得到切实保障，才能使区域与区域之间、产业与产业之间在环境保护义务上得以公平分担。

第四，国内环境正义除了上述区域环境正义，还包括城乡环境正义，这也是生态治理中必须采取切实举措，为其实现助力的。改革开放以来，我国经济发展取得巨大成就，城镇化水平不断提高。但是，在这一过程中，我国城乡发展不对等、不平衡程度也不断加深。城市生态环境不断得到改善，但这种改善是以牺牲、恶化农村生态环境为代价的。农村为城市提供了自然资源、土地资源、人力资源、工业原料和衣食住行等生活资料，但同时也出现了水土流失、地力衰竭、植被破坏、物种灭绝、农业面源污染、生态环境退化等不良后果；在生态治理方面，大量污染防治资金、设施、技术等都投入城市，而农村则投入很少甚至几乎零投入。这使得农村与城市在环境资源使用权益的划分上不对等，环境保护义务的分担上也不平衡，这种不对等、不

---

① 习近平：《干在实处　走在前列：推进浙江新发展的思考与实践》，中共中央党校出版社2006年版，第194页。

平衡现象显然是不公平、不正义的，而且也会导致我国经济社会整体发展的不可持续。习近平总书记极为重视乡村生态治理，强调要开展农村人居环境整治行动，以促进城乡环境正义，他指出："强化土壤污染管控和修复，加强农业面源污染防治，开展农村人居环境整治行动。"① "要加大城乡环境综合整治力度，建设美丽城镇和美丽乡村。"② 同时，他也强调农村生态治理要注意与城市区别开来。"搞新农村建设要注意生态环境保护，注意乡土味道，体现农村特点，保留乡村风貌，不能照搬照抄城镇建设那一套，搞得城市不像城市、农村不像农村。"③ "搞新农村建设，决不是要把这些乡情美景都弄没了，而是要让它们与现代生活融为一体，所以我说要慎砍树、禁挖山、不填湖、少拆房。"④ 这实质上反映了习近平总书记对环境正义原则中差异原则的精确把握。

第五，通过保护生态环境，造福子孙后代，以便实现代际正义。代际正义也是环境正义的重要内容。一般说来，代际正义主要关注如下问题，即当某种资源被过度开发和利用时，该如何在当代人与未来世代人之间进行环境资源的公平分配；特别是在不可再生资源的分配上，当代人与未来世代人是否具有相同要求，当代人如若把这些资源消耗殆尽，那么这对于未来世代人是否是不正义的，如果答案是肯定的，又该如何进行补偿；在环境污染的问题上，当代人为了自己的即时利益，把一个被污染了的生态环境留给未来世代，而不消除污染，不尽环境保护义务，这种行为是否是不正义的，如果答案是肯定的，又该如何在环境政策上考虑清除环境污染所发生的时间和资金成本的分配。显然，代际正义所调节的主要是当代人与未来世代人之间在环境资源使用权益上的利益关系。习近平总书记德法兼备的社会主义生态治理观中就蕴含着这种代际正义的思想，他指出："生态环境保护是功在当代、利在千秋的事业。" "建设生态文明是关系人民福祉、关系民族未来的大计。"⑤ 在 2014 年 12 月 25 日中央政治局常委会会议上，他又本着对子孙后

① 习近平：《决胜全面建成小康社会 夺取新时代中国特色社会主义伟大胜利——在中国共产党第十九次全国代表大会上的报告》，人民出版社 2017 年版，第 51 页。
② 《习近平关于社会主义生态文明建设论述摘编》，中央文献出版社 2017 年版，第 77 页。
③ 《习近平关于社会主义生态文明建设论述摘编》，中央文献出版社 2017 年版，第 50 页。
④ 《习近平关于社会主义生态文明建设论述摘编》，中央文献出版社 2017 年版，第 51 页。
⑤ 《习近平关于社会主义生态文明建设论述摘编》，中央文献出版社 2017 年版，第 7 页。

代负责的强烈的历史使命感强调："森林是我们从祖宗继承来的，要留传给子孙后代，上对得起祖宗，下对得起子孙。""必须从中华民族历史发展的高度来看待这个问题，为子孙后代留下美丽家园，让历史的春秋之笔为当代中国人留下正能量的记录。"① 在其他场合，他多次郑重指出："在生态环境保护上，一定要树立大局观、长远观、整体观，不能因小失大、顾此失彼、寅吃卯粮、急功近利。"② 对突破"生态保护红线、环境质量底线、资源利用上线三条红线"，"仍然沿用粗放增长模式、吃祖宗饭砸子孙碗的事，绝对不能再干，绝对不允许再干"③。只有作为当代人的我们本着为未来担当的高度历史责任感，坚持绿色发展理念，持之以恒推进生态文明建设，坚忍不拔开展生态治理，代代相接，驰而不息，久久为功，才能实现人与自然和谐共生，为作为未来世代的子孙后代留下天蓝山绿、水清气净的优美生态环境，也才能实现代际正义。

（二）构建人类命运共同体与国际环境正义

中国国内的生态治理和环境正义问题是习近平总书记德法兼备的社会主义生态治理观关切的重要课题，全球生态治理和国际环境正义问题也是这一生态治理观关切的重要对象。对于后者，习近平总书记创造性地提出推动构建人类命运共同体，并提出以此为理念，国际社会从生态建设方面，最大限度展示诚意，对话协商，聚同化异，合作共赢，平衡不同民族、不同国家在环境权益和环保义务上的矛盾，选择技术创新的生态治理方案和生产发展、生活富裕、生态良好的文明发展道路，化解全球生态环境问题，实现国际环境正义。

"人类命运共同体"，作为一种创造性的理念，是习近平主席于 2015 年 9 月 28 日在美国纽约联合国总部举行的第七十届联合国大会一般性辩论时的讲话中提出的。他指出：打造人类命运共同体，除了要作出伙伴关系、安全格局、文明交流等方面的努力外，还要"构筑尊崇自然、绿色发展的生

① 陈二厚、董峻等：《为了中华民族永续发展——习近平总书记关心生态文明建设纪实》，载《人民日报》2015 年 3 月 10 日。
② 《习近平关于社会主义生态文明建设论述摘编》，中央文献出版社 2017 年版，第 12 页。
③ 习近平：《推动我国生态文明建设迈上新台阶》，载《求是》2019 年第 3 期。

态体系……要解决好工业文明带来的矛盾，以人与自然和谐相处为目标，实现世界的可持续发展和人的全面发展"①。这就意味着，"人类命运共同体"范畴强调，人与自然、人与人是一个不可分割、有机联系的整体，不同民族、不同国家的利益诉求，不能通过冲突对抗的方式，而只能通过协商对话的方式，建立合作共赢、互惠互利、和平安全、开放创新、公正公平的国际经济政治和生态环境秩序，才能得以满足，全球性生态环境问题也才能得以解决，最终使世界成为人与自然和谐共生，人与人协调同存、命运相系的美好共同体。2015 年 11 月 30 日，习近平主席在气候变化巴黎大会上，以这一新理念来审视全球气候治理问题，提出对气候变化等全球性问题，不能"抱着功利主义的思维，希望多占点便宜、少承担点责任"，"应该摈弃'零和博弈'狭隘思维"②，在全球治理包括生态治理中奉行法治、公平正义的环境正义原则，采取资金和技术创新支持、提高应对能力，以建立公平有效的全球应对气候变化机制、实现更高水平全球可持续发展为宗旨的全球生态治理之中国方案。该方案的核心价值精神在于，在全球生态治理中，倡导发达国家和发展中国家承担"共同但有区别"的责任，从而推动建设人类命运共同体。

"人类命运共同体"的生态治理方案，一方面强调全球社会在生态治理上的共同责任，因为全球社会都共同生存于地球，而地球是人类迄今为止唯一的家园，为了保护它以维系人类生存，人类应当通力合作、同舟共济，共同担负生态治理的责任；另一方面强调各民族国家在生态治理上的差异责任，因为发达国家和发展中国家在历史责任、发展阶段、应对能力上是有差异的，因此他们各自对于生态治理的责任是不相同的。此处强调生态治理责任的"有区别"或差异，并没有为发展中国家卸却相关责任，而是由于"发达国家和发展中国家对造成气候变化的历史责任不同，发展需求和能力也存在差异。……发达国家在应对气候变化方面多作表率，符合《联合国气候变化框架公约》所确立的共同但有区别的责任、公平、各自能力等重要原则，也是广大发展中国家的共同心愿"③。而这一点正是环境正义原则

---

① 习近平：《论坚持推动构建人类命运共同体》，中央文献出版社 2018 年版，第 256 页。
② 习近平：《论坚持推动构建人类命运共同体》，中央文献出版社 2018 年版，第 291 页。
③ 《习近平关于社会主义生态文明建设论述摘编》，中央文献出版社 2017 年版，第 132 页。

的内涵规定。正如正义原则包括罗尔斯所言说的自由原则、机会平等原则和差异原则一样，环境正义原则体系不仅包括普遍性、共同性正义原则，而且包括差异性正义原则。同时，"共同但有差别"的生态治理原则，也是由生态环境问题的历史和现实因素共同决定的。从历史角度看，全球性生态环境问题，是由资本逻辑和资本主义现代化所造成的，这不仅使本国出现环境问题，也经由开拓世界市场和进行殖民扩张，把被殖民国家卷入环境问题的泥潭；从现实角度看，资本逻辑宰制、主导着当下的国际经济政治秩序，通过这一机制，它采取不公正、不合理的国际分工，来盘剥和抢夺广大发展中国家的环境资源，同时，它还通过全球化拓展使得生态问题向全球扩散。因此，当代全球性生态环境问题的主要肇始者和担责者，是资本和资本主义发达国家无论如何都推卸不了的。还有一点不能忽视的是，发达国家在经济上发达、技术上领先，在全球生态治理上具有显著的优势和良好的条件，而广大发展中国家与其相较，既要承受主要由发达国家带来的生态环境问题的恶果，也要面临缓解本国贫困问题带来的压力，在应对全球生态治理上处于资金、技术等硬件上的劣势。因此，在生态治理上以"共同但有差别"的责任原则为遵循，对不同民族国家、不同地区和不同人群之间在环境资源使用权益上的划分和环境保护义务上的分担这一矛盾进行合理、恰当的调节，使之平衡，才有望实现环境正义和国际社会公平正义。

习近平总书记提出的构建人类命运共同体的全球生态治理方案，既把国际环境正义原则作为价值取向，也把全球生态治理同世界共生共存共建共享有机结合起来。他多次强调，一方面，各国都应该"积极参与全球环境治理，落实减排承诺"[①]，应该走向绿色循环低碳发展之路，调动企业、非政府组织等全社会资源广泛参与国际合作，发达国家不仅应该落实本国生态环境保护承诺，而且应该向发展中国家转让环境友好型技术，提供资金支持，助力他们发展绿色经济，同时，生态治理也不应该妨碍发展中国家消除贫困、提高人民生活水平的合理需求；另一方面，不同民族国家应坚持对话协

---

① 习近平：《决胜全面建成小康社会　夺取新时代中国特色社会主义伟大胜利——在中国共产党第十九次全国代表大会上的报告》，人民出版社 2017 年版，第 51 页。

商、共建共享、合作共赢的原则，倡导绿色、低碳、循环、可持续的生产生活方式，"构筑尊崇自然、绿色发展的生态体系"①，推动建设一个开放、包容、普惠、平衡、共赢的经济全球化，实现全球经济发展模式从工业文明到科技创新主导的生态文明的转换，从而打造一个"持久和平、普遍安全、共同繁荣、开放包容、清洁美丽的世界"②。

---

① 习近平：《决胜全面建成小康社会　夺取新时代中国特色社会主义伟大胜利——在中国共产党第十九次全国代表大会上的报告》，人民出版社 2017 年版，第 25 页。
② 习近平：《决胜全面建成小康社会　夺取新时代中国特色社会主义伟大胜利——在中国共产党第十九次全国代表大会上的报告》，人民出版社 2017 年版，第 58—59 页。

第十一章　德法兼备的社会主义生态治理观
与中国生态文明发展道路

在生态治理中，法治倾向于底线思维，德治倾向于上线思维。德法兼备的社会主义生态治理观就是要在完善保护生态环境生态法律法规和生态治理制度的同时，又大力加强生态文化观、生态道德观的建设，把外在的刚性的法律制度和内在的柔性的道德自觉有机结合起来，既作为一种具有环境正义价值诉求的发展观指导我国的生态文明发展道路，又作为一种境界论内在地规范人们的实践行为，保证人与自然的和谐关系。德法兼备的社会主义生态治理观呈现为一种发展观与境界论有机统一的特点。基于德法兼备的社会主义生态治理观，可以从世界观、价值观、生态观等多重维度探寻中国生态文明发展道路。

一、德法兼备的社会主义生态治理观与
人同自然和谐共生的哲学世界观

任何道路的建设都需要坚实的理论基础，生态文明发展道路最重要的理论基础就是生态哲学。德法兼备的社会主义生态治理观在世界观上坚持人同自然和谐共生。人同自然和谐共生，从肯定的角度来解读指的是天人合一，从否定的角度来解读指的是超越天人对立以及狭隘的人类自我中心主义。在原始社会中，自然对于人而言是神圣不可侵犯的，人对自然保持一种绝对的敬畏。随着社会的进步，人逐渐突破了自然的束缚，并发现自然并不完全是无法掌控的，自然甚至可以为人所用。于是，人为宇宙的中心的观念应运而生。主体性形而上学在近代的诞生，为弘扬人的主体性提

供了本体论支撑。自然科学和工业文明在近代的蓬勃发展更是为人的主体性给出了经验的证明。近代的主体性形而上学实际上通向了人类自我中心主义——自然只是"一个巨大的工具棚"，人是宇宙中心，人是万物的尺度，一切以人为中心，一切以人为尺度，一切从人的利益出发，人有权占有和利用自然，甚至随心所欲地控制和主宰自然。人类自我中心主义由于对经济和财富的片面追崇，最终导致只重视短期利益，常常忽视了自然生态系统的承载力，总是把大自然看作是取之不尽用之不竭的资源库，肆意索取和破坏。康德把人当成自然的立法者，黑格尔把绝对精神视为自然的主人和创世主。这里都有人类中心主义的影子。人类自我中心主义缺乏保护自然和亲近自然的意识，它所推动的文明的"前进步伐"远远超过了自然能自我修复的速度，引发了严重的生态危机。而这反过来既动摇了人类自我中心主义的立场，又推动了人类重新思考人同自然之间的关系。如果仅仅采用杀鸡取卵的简单粗暴方法，漠视自然的承载力，牺牲除人类之外的物种的利益来达到人类的目的，看似是人类取得了优胜，其实因为它破坏了人与自然的平衡，最终还是让人类自己蒙受了损失。人类中心主义将自然置于人类自身的统治之下，自然的一切价值都归于人类价值，所有的一切都是以人们的需要为第一位。这种价值观使得我们将自然视为私有物，肆意破坏，导致生态问题的频发。因此，人类需要建立一种新型的生态价值观，人类需要在尊重自然的基础上协调好人与自然的关系。

与人类自我主义的哲学世界观不同，人同自然和谐共生的哲学世界观秉承有机论、整体论、系统论的思想立场和思维方式，强调人同自然之间是一种相互联系和相互作用的关系。显然，这种哲学世界观带有很强的生态学色彩。德国生物学家海克尔在1866年出版的《生物体普通形态学》一书中最早提出"生态学"概念，后不断有科学家和思想家将生态学的概念和思想向社会学、文化学等人文学科延伸，最终形成了生态哲学。生态哲学基于生态学的理论和方法，反对把人类与自然理解为彼此外在、相互对抗的关系，而是认为生态是一个相互关联的有机整体。显然，生态哲学是一种崭新的哲学世界观，其核心主张是世界万物处于普遍联系和相互作用的有机场域中，人同自然应该和谐共生。史怀泽（Albert Schweitzer）在《敬畏生命》中提出，要尊敬和敬畏自然万物的生命。斯通在1971年撰写的《树能站到法庭上去吗?》中提议,赋予森林、大海、江河等自然物法的权利。① 1973 年,辛格在题为《动物解放》的书评中呼吁要把道德关怀的对象扩展到动物身上,论证了动物的权利。② 在著名的生态哲学家罗尔斯顿眼里,自然生机勃勃,绝不是僵死无趣的物质实体(physics)、客观实在的物理学意义上的对象。动态和谐的自然给予人类最大的启示就是宽容、就是共生。

历史上,人与自然的关系有一个演变历程。在这演变历程的背后,折射出来的是人与人的关系。这是因为,如何建构人与人的关系直接决定了如何建构人与自然的关系。大致说来,在横向上,人与自然的关系表现为三个层次,一是实践关系,展现出来的是人对于自然的征服、利用等等;二是理论关系,展现出来的是人对于自然的研究、探讨等等;三是审美关系,展现出来的是人对于自然的欣赏和喜爱。在纵向上,人与自然的关系表现为古代的敬畏、近代的征服和当代的和谐三个阶段。古代人们对自然的敬畏主要体现在人们对自然万物同一性问题的追问上,它体现了人们重视对自然的整体性把握和对人与自然和谐关系的追求;近代人们对人与自然和谐关系问题的看法遵循征服自然和改造自然,使人从自然系统中分离出来,形成人与自然对立的思想,笛卡尔和黑格尔哲学体现了这种思维;另外卢梭和费尔巴哈则强调人类来源于自然、依赖自然,只有先处理好人与自然的关系,才能处理好人与人的关系,体现了他们对那种征服和改造自然行为的忧思;现当代生态哲学则重新认识到人与自然和谐的重要性③,将地球看作人类的唯一家园,要求人类以尊重自然、爱护自然的方式参与实践活动,在肯定人类对自然的权利的同时强调人类对自然承担的责任和义务。

马克思主义认为,人类与自然之间不是彼此独立、更不是截然两分的,而是既对立又统一的辩证关系。这种辩证关系体现在两个方面:一是人与自然相互连通,具有亲密性。人源于自然,人不可能离开自然而生活,自然对于人的生活具有很大的影响力,人的生活必须尊重自然规律。人本身就是自

① Christopher Stone, "Should Trees Have Standing? Toward Legal Rights for Natural Objects", in Louis P. Pojman (ed.), *Environmental Ethics: Readings in Theory and Application*, Third Edition, Wadsworth, 1972, p. 241.
② Peter Singer, *Animal Liberation*, The New York Reviewof Books, Section 20 (April), 1973.
③ 参见赵建军等:《人与自然和谐的演变轨迹及原因》,载《自然辩证法研究》2013 年第 4 期。

然界的一部分，存在于自然之中，因此，人绝对不可以用主客二分的态度去统治自然、支配自然。相反，我们必须与自然保持"一体性"①。这种一体性接近于中国传统哲学所说的"天人合一"、"万物一体"，相似于张世英所说的"万有相通"。我们既难以想象一个无人的世界，也难以设想一个无世界的人。强行稀释人与自然的亲密关系，认定存在一个外在于人的自然。在马克思看来，即使有这样的自然，也是非现实的、抽象的、虚幻的，或者说，"它是无意义的，或者只具有应被扬弃的外在性的意义"②。二是人对自然具有实践能力。人绝不是自然被动的奴隶，只能等待自然的奴役。相反，人完全有能力改造自然，人化自然。这就是说，在与自然的实践关系中，人展示着自身的自由意志和自由劳动，实现着人化自然与自然人化的双向运动，实现着自然主义与人本主义的有机统一。

习近平总书记坚持马克思主义的生态哲学思想，继承和吸收中华民族优秀传统文化"天人合一"的观念，十分重视重建人与自然的和谐关系，极力反对西方社会十分盛行的改变自然、征服自然的观念，热衷欣赏中国传统文化中广为流行的天人合一观念。习近平总书记特别重视人与自然之间的共生关系，坚决反对对自然的任何伤害。基于对"共生关系"的理解，习近平总书记提出了"生命共同体"的概念。"生命共同体"强调生态系统的完整性、整全性、完满性、一体性。既然生态系统是整全的、共生的，那么，生态治理就应该从"共同体"的高度出发，让系统内的各个部分相互协调，而不是任意分割。就应该建构全局性的治理观，而不应该条块分割，顾此失彼，头痛医头脚痛医脚。只有如此，才能真正实现人同自然的和谐共生。"生命共同体"概念强调人类与自然的相互依赖关系，拉近了人与自然的距离。既实现了马克思主义人与自然关系理论和中国文化的有机结合，也实现了中国传统文化的创造性转换和创新性发展。

其实，人与自然环境之间的分界线是人为设定的。环境是环绕着人的生活景观，因此，环境是向人敞开的，与人原本没有界限。③ 国内环境哲学家

---

① 《马克思恩格斯选集》第 4 卷，人民出版社 1995 年版，第 384 页。
② 《马克思恩格斯全集》第 42 卷，人民出版社 1979 年版，第 179 页。
③ 参见［美］阿诺德·伯林特：《生活在景观中——走向一种环境美学》，陈盼译，湖南科学技术出版社 2006 年版，第 8—9 页。

陈望衡认为，环境就其本质来说，是人的家园。当我们这样来理解环境的时候，生态哲学也代表了一种新的生态文明观。这种新的生态文明观的核心是将人与自然统一起来，克服了人类中心主义倾向，实现了人与自然的和解。生态文明超越了以往的农业文明、工业文明，致使人与自然的关系达到理想形态。在农业文明阶段，自然是一种异己的强大力量，人与自然之间的关系十分紧张。在工业文明阶段，人在自然面前获得了相对自由。工业文明推进了历史的进步，但也牺牲了环境。克服了各种异化之后出现的生态文明将是"人与自然之间、人和人之间的矛盾的真正解决"，"人类同自然的和解以及人类本身的和解"①。

　　从哲学世界观的视野看，人生关涉真、善、美三个层面。而生态文明也可以纳入人生的三个层面去定位。从横向上看，生态文明与物质文明、精神文明和社会文明相并列。它们彼此关联，又互有差异。

　　一般来说，物质文明是求真的文明。正是对于真的追求，人类发展了科学技术，发展了生产力，缔造了丰富多彩的物质文明。精神文明是求善的文明，正是对于善的追求，人类发展了伦理道德，弘扬了优秀的价值文化和思想风尚。与物质文明求真、精神文明求善不同，生态文明是求美的文明。如果说，物质文明潜在地假定了物质与精神的对立，那么，精神文明同样潜在地假定了精神与物质的对立。差别仅仅在于，物质文明更倾向于物质一方，精神文明更倾向于精神一方。生态文明既不倾向于物质一方，也不倾向于精神一方，而是在物质与精神的平衡中寻求一种人与自然之间的和谐之美。在这个意义上说，生态文明是物质文明和精神文明的"升级"。从结构上看，如果说，真、善、美构成人性的完满，那么物质文明、精神文明加上生态文明则构成文明的"三足鼎立"。从人学的视域看，人不可能没有物质的生活，也不可能仅有物质的生活，人还需要在精神方面来展现自己的生存格局。仅仅局限于物质生活，将物质与精神对立起来，容易走入物质主义泥潭；仅仅局限于精神生活，将精神与物质对立起来，容易走入精神的乌托邦。无论是物质主义还是精神乌托邦，都是以肯定主客二分为前提的，终究还是停留于一种对象性思维方式之中。与此不同，生态文明则以人与自然和

---

① 《马克思恩格斯全集》第 1 卷，人民出版社 1956 年版，第 603 页。

谐共生为哲学基础，恰好展现出了一种主客交融、万有相通、天人合一的新境界，化解了物质与精神之间的对象性关系引发的矛盾与紧张，超越了物质与精神之间的不平衡、不合一，开启了文明发展的新方向、新天地。

二、德法兼备的社会主义生态治理观与以人民为中心的价值观

德法兼备的社会主义生态治理观在价值观上坚持以人民为中心。在哲学世界观上坚持人同自然和谐共生，决不是说要以人同自然的"和谐共生"代替或者遮蔽个人应有的发展。人可以与自然建立一种内在关系，但这种关系不同于科学主义以及实用主义视野中的相互对抗、二元分立的人与自然的关系。在这种内在关系中，人与自然相互开显，相互敞开，相互显现，相互澄明。不仅人因自然而在，而且自然也因人而在。没有自然，人无处安身；没有人，自然没有灵魂。恰是经由人的活动，自然便得以成为人的世界，并展现出来意义。人与自然的内在关系不仅极大地成全了世界，使世界因人而在，而且极大地成全了人，使人因世界而在。因此，把生态危机的问题简单当作人类中心主义的恶果，从而转向生态中心主义的立场也是过于偏激的。毕竟，诚如张世英教授所说："人是世界万物的灵魂。"① 国内学者余谋昌、国外学者罗尔斯顿都批判近代人类中心主义的价值观和机械论、还原论的思维方式，主张自然具有内在价值，主张有机论和整体论的哲学世界观和思维方式。但是他们并没有真正理解并处理好人与自然的和谐共生关系，只不过是从人类中心主义价值观强调人类利益这一极转向强调自然中心主义价值观强调自然利益另一极而已。但是对于何谓自然的内在价值、自然何以具有内在价值却缺乏严密的哲学论证。并且这种自然中心主义价值观潜在地持有着一种对于个人、人类的发展以及科学技术的进步的排斥立场，不仅无力处理生态和谐与经济增长、生态文明与科技进步的辩证关系，而且也必然使人类和自然的和谐关系最终变成人类屈从于自然的一种所谓的虚假至少是原始的和谐状态。

---

① 张世英：《美在自由——中欧美学思想比较研究》，人民出版社 2012 年版，第 3 页。

　　人类与自然关系的性质取决于人与人关系的性质，在很大程度上也涉及人与人在生态资源的分配之间的利益关系。由于人类在与自然界发生物质与能量交换的过程中无一不是在一定的社会制度和生产方式下进行的，因此，生态治理问题不仅要以人与自然的和谐共生关系为基础，还得从生态问题的根源出发直面人与人在生态利益上的矛盾关系，恰当处理互不相同的人在自然资源上的占有、分配、使用等问题。生态治理从表层看是协调人与自然的关系，但从深层看是处理人与人之间的关系。这就意味着，只有合理协调人与人在生态利益上的矛盾，生态危机才可能得到根本解决。由此来看，社会主义生态治理观及生态文明思想必然包含以人民为中心即人民至上的价值追求，以人民为中心即人民至上必然成为社会主义的生态治理观的价值目标。我国经济社会发展过程中，环境承载能力已经被高消耗、粗放型的发展模式严重破坏，环境承载力的破坏不仅使社会经济的可持续发展无以为继，而且已经严重危及人民的利益、人民的福祉。在这种情况下，我们必须正视人民群众对高质量的生态环境日益增长的诉求和向往，努力建设良好的生态环境，切实保护人民群众的福祉和环境安全。

　　拒绝人类中心主义，并不意味着消解人的地位和价值，更不意味着人沦落为工具性的存在物。在哲学史上，"人是目的"，这一命题首先被康德所弘扬。到了当代，诺齐克也明确指出："个人是目的，而不仅仅是手段；他们若非自愿，就不能被牺牲或者被用来达到其他的目的。"① 康德和诺齐克都认为，人具有绝对价值，人的价值不是任何利害功用所能估量的。人类社会要充分而公正地发展，必须充分发展每个个体的独特性和自主权。我们认为，人是目的这个命题也应该成为对中国生态文明发展道路的恰当定位。基于这样一种对人的定位，就应该反对任何人任何社会在确立生态治理原则时以任何理由为借口来把人作为手段而不是目的②。德法兼备的社会主义生态治理始终应当把每个人的发展当成是生态文明建设的基石和起点，努力实现每个人的生存价值。

　　在德法兼备的社会主义生态治理观看来，发展如果脱离了人类自身利益

---

① ［美］罗伯特·诺齐克：《无政府、国家与乌托邦》，何怀宏等译，中国社会科学出版社1991年版，第39页。

② 参见戴茂堂等：《伦理学讲座》，人民出版社2012年版，第83—84页。

必然缺乏内在动力，发展如果以保护生态作为最终目的不可能使人类得到实质性进步。高质量的生态文明建设当然应该包容和肯定个人的自由与价值。因为"文化上的每一个进步，都是迈向自由的一步"①。人的自由而全面发展本来就应当是生态文明建设的最高原则和绝对命令。德法兼备的社会主义生态治理观应当尊重人的个性，给每个人留下开放多元的生态空间，为每个人充分而自由的发展提供最佳的环境条件。然而，自由作为一种权利虽然意味着摆脱约束与限制，但并不等于不要任何限制的任性妄为。真正的自由冲破的只是不合理的限制，而不是取消一切限制，更不是消解社会的公平正义与和谐秩序。事实上，社会的高质量发展恰好要求以公平正义、和谐并举为价值指向，达到彼此互惠和社会共生。这就是说，在社会主义生态治理中，既要尊重每个人的价值，又要使所有人的价值保持和谐一致。换言之，就是每个人都追求公共福利。这就是斯宾诺莎所说的："凡受理性指导的人，亦即以理性作指针而寻求自己的利益的人，他们所追求的东西，也即是他们为别人而追求的东西。"② 因此，从社会文明这个维度看，生态文明建设的核心就是促进人民幸福、保持和谐共生、维护公平正义。促进人民幸福、保持和谐共生、维护公平正义三者彼此是相通的。只有公平正义的生态治理才能最大限度地促进人民幸福，只有人与自然、人与人和谐共生的生态治理才能为人民幸福的充分实现创造最好的条件。

三、德法兼备的社会主义生态治理观与绿色发展的生态观

德法兼备的社会主义生态治理观在生态观上坚持绿色发展。在哲学世界观上坚持人与自然和谐共生。人与自然之关系如此紧密，以至于人几乎会忽略对于自然的深入思考。于是，自然对于人来说，很容易成为"熟悉的陌生人"。人与自然实现和谐共生，除了需要协调好人与人之间的生态利益关系，还需要人类认真深入地思考这位"熟悉的陌生人"。因此，在讨论德法

---

① 《马克思恩格斯文集》第 9 卷，人民出版社 2009 年版，第 120 页。
② ［荷兰］斯宾诺莎：《伦理学》，贺麟译，商务印书馆 1983 年版，第 184 页。

兼备的社会主义生态治理观之前，我们有必要重新提及走向自然、拥抱绿色。从生态文明建设的角度看，走向自然就是拥抱绿色，绿色发展就是真正的发展。这就是习近平总书记指出的："我们要构筑尊崇自然、绿色发展的生态体系。"① 人类可以利用自然，但也要呵护自然，绝对不能凌驾于自然之上，对于自然加以粗暴干涉。我们要解决好工业文明带来的矛盾，以人与自然和谐共生为目标，实现世界的可持续发展和人的全面发展。为此，必须始终坚持和贯彻新发展理念，这种发展理念的关键词就是绿色。不要绿色的发展不是真正的发展，拥抱绿色的发展才是真正的发展。绿色发展理念显然不是一般意义上关于生态的观点和看法，而是关涉人类发展观的重大创新，具有深远的历史意义和现实意义。习近平总书记指出："推动形成绿色发展方式和生活方式，是发展观的一场深刻革命。"②

日趋严重的土地沙化、资源枯竭、环境污染等问题向人类敲响了生存的警钟。这警钟既表明生态问题已然构成人类发展的终极制约，也预告传统的生产方式、消费逻辑已然失效。在生态学中，"消费"意味着人类对自然资源的吸收、占有和利用。从生态哲学的视域看，人类不能无节制地消费自然资源。消费必须适度和节约，否则就是浪费。生态消费追求消费的持续性和可循环，要求人类走健康、低碳、绿色、环保之路，保持人的需求与自然环境的平衡。习近平总书记指出："保护生态环境，要更加注重促进绿色生产方式和消费方式。保护绿水青山要抓住源头，形成内生动力机制。要坚定不移走绿色低碳循环发展之路。"③ 这就警示我们，发展的质量问题已经成为最为严重的现实问题。这也预示，政府要构建新的发展政策、社会要寻求新的发展道路、个人要养成新的发展理念，预示政府、社会和个人多方要合力开展生态治理。

走过改革开放 40 多年的中国取得了历史性成就，发生了历史性变革，综合实力明显提升，对世界的贡献率有目共睹，是世界经济增长的主要动力源和持续稳定器。可以说，中国的大国地位不容置疑。中国已经向小康社会目标迈出了坚实步伐。中国经济如何实现从高速增长向高质量发展的转变是

---

① 《习近平关于社会主义生态文明建设论述摘编》，中央文献出版社 2017 年版，第 131 页。
② 《习近平关于社会主义生态文明建设论述摘编》，中央文献出版社 2017 年版，第 36 页。
③ 《习近平总书记重要讲话文章选编》，中央文献出版社 2016 年版，第 308 页。

全面建成小康社会的关键之关键。奋力谱写从高速增长向高质量发展新篇章，是新时代赋予中国改革发展的历史使命和根本要求。高质量发展是能够很好地与小康社会建设目标实现无缝对接的发展，是体现新发展理念的发展。如果说，高质量发展是新时代赋予中国改革发展的历史使命和根本要求，那么绿色就应该是高质量发展的鲜明底色。

党的十八届五中全会提出了五大发展理念，其中就包括绿色发展理念。如果说市场决定取舍、民生决定目的，那么绿色决定生死。绿色是生命色，绿色已成为时代发展的主色调。显而易见，作为高质量发展的鲜明底色，绿色不只是代表一种颜色，以此作为环保的一个符号，而是代表一种价值，以此作为发展的一种理念。作为一种价值理念，绿色远远超出了单一的自然色彩方面的含义，具有双重文化意蕴：在生态文明这个维度，绿色代表了生态的永继生存与价值优先；在社会文明这个维度，绿色代表了社会的公平正义与和谐有序。

首先，从生态文明这个维度看，高质量发展意味着生态的永续生存与价值优先。以打破生态平衡、造成环境污染为代价换得的"发展"，严格说来是倒退，不是发展，更不是高质量发展。因此，不能将发展简单地等同于GDP。GDP 指的是一个国家或地区的经济中所生产出的全部最终产品和劳务的价值，没有考虑环境成本和资源成本。以自然界主人的身份自居，没有节制地占有自然、掠夺自然，片面追求 GDP，人类已经付出了沉重的代价。我们不能继续付出代价，也付不起这样的代价。为了生态的永续生存，必须将绿色引入 GDP，必须在现在的 GDP 基础上增加对环境因素的考量，扣除由于环境因素带来的损失，让 GDP 成为绿色的 GDP。绿色 GDP 才真正体现经济增长与自然环境和谐统一的程度，代表国民经济增长的净正效应，代表了高质量发展的理念。建设美丽生活，实现永续发展，促进生活空间山清水秀，必须树立绿色理念。农业文明不是绿色的，工业文明也不是绿色的。唯有生态文明才是绿色的。由此可见，生态文明与绿色文明是一而二、二而一的概念。

其次，从社会文明这个维度看，高质量发展意味着社会的公平正义与和谐有序。在社会文明的思想体系中，绿色以公平正义、民主协商、和谐并举为价值指向，"代表一种完整的理论，它与那种片面的、以要求更多生产为牌号的政治学是对立的"①。在社会文明的政策框架下，绿色意味着"以未来的长远观点为指导，以四个基本原则为基础：生态学、社会责任感、基层民主以及非暴力"②。颇有影响的绿党就是以绿色作为文化符号，来追寻社会的公平正义与和谐有序的。由于贫富差距和自然资源的不同，所以，高质量发展必须追求公正性，生态消费必须以法律和道德为尺度规范人类的行为，反对资源丰富地区或经济实力强的人群过度地消费自然资源。如果说，从生态文明这个维度看，高质量发展着力推进的是绿色发展、循环发展、低碳发展，追求的是人与自然的平衡，那么从社会文明这个维度看，高质量发展着力推进的是科学发展、和谐发展、和平发展，追求的是人与他人、人与社会的平衡。生态文明的高质量发展与社会文明的高质量发展是彼此协同、相互关联的。这就是罗尔斯顿所说的："人类的一切价值都是基于其与环境的联系，这种联系是一切人类价值的根据和支柱。"③ 显然，社会文明的核心理念一方面是从人与自然的和谐关系"折射出"人与他人、人与社会的和谐关系，另一方面是从维护生态平衡、保护生态环境"引申出"维护社会正义、实行民主决策、反对非暴力。从社会文明的思想框架看，人与自然关系的不和谐是人与他人、人与社会不和谐的结果和反映，先是社会对个人权利的剥夺，然后才导致人类对自然权利的剥夺。因此，只有率先实现社会的公平正义，才能保障生态优先发展战略的实施。可见，生态文明建设在逻辑上"倒逼"社会文明建设，要求社会解决好公平正义与和谐有序的问题。在高质量发展这个问题上，生态文明之绿与社会文明之绿彼此彰显、相互补充、共生共荣。

所以，建设中国生态文明发展道路，关键在于致力于推动建立一个更加平等、和谐、公正、生态的社会，把绿色理念融入社会文明建设全过程。也就是说，我们要以绿色为引领，建立健全常态化的环境与健康监测、调查、风险评估制度，采取有力措施推动生态文明建设在重点突破中实现整体推进。习近平总书记指出："我们要充分认识形成绿色发展方式和生活方式的重要性、紧迫性、艰巨性，加快构建科学适度有序的国土空间布局体系、绿

① ［美］卡普拉、斯普雷纳克：《绿色政治》，石音等译，东方出版社1988年版，第58页。
② ［美］卡普拉、斯普雷纳克：《绿色政治》，石音等译，东方出版社1988年版，第58页。
③ ［美］罗尔斯顿：《哲学走向荒野》，刘耳等译，吉林人民出版社2000年版，第16页。

色循环低碳发展的产业体系、约束和激励并举的生态文明制度体系、政府企业公众共治的绿色行动体系，加快构建生态功能保障基线、环境质量安全底线、自然资源利用上线三大红线，全方位、全地域、全过程开展生态环境保护建设。"①

四、德法兼备的社会主义生态治理观与中国生态文明发展道路

实践活动是人类活动的基本方式，是连接主、客体的绳索，而实践活动的展开过程实际上也是技术活动的展开过程。在人与自然的交往关系中，科技作为人类认识自然和改造自然的手段，极大地支撑了人类的生存与发展。但是，科技作为一把"双刃剑"，科技的不断发展在深刻影响着人类的生活方式的同时，在一定程度上也导致了人与自然的紧张，造成了生活的异化、生态的危机。面对科技带来的生活的危机、生态的危机，究竟如何去理解科技？有学者提出了解决方案，那就是让科技从过去的单纯追求经济效益转变为更加重视生态和环境的影响、更加关注生态和环境的可持续发展。② 生态危机的产生是由于技术的滥用，生态危机的解决还是靠技术的进步。生态文明建设与生态综合治理并不对科学技术全盘否定，只是对工业文明、近代文明的积极扬弃。因此，科技需要在变革中获得更高程度的发展，以便解决传统技术的局限性、促进人类更好的生存。这就是科技创新。解决"人民日益增长的美好生活需要和不平衡不充分的发展之间"的矛盾，科技创新是关键。所以，在"创新、协调、绿色、开放和共享"这五大新发展理念中，"创新"放在第一的位置之中，成为新发展理念的基础和核心。

当然，新发展理念是一个相互联系、不可分割的有机整体。"协调"发展针对的是粗放型发展方式造成的我国区域与城乡、经济与社会、物质文明与精神文明以及产业结构等多方面发展的不平衡问题，指向的是发展的平衡；"绿色"发展针对的是粗放型发展方式所造成的生态后果，通过绿色低

---

① 《习近平关于社会主义生态文明建设论述摘编》，中央文献出版社 2017 年版，第 37 页。
② 参见梁燕君：《新世纪技术创新的发展趋势》，载《中国集体经济》2006 年第 1 期。

碳发展来保持人与自然的和谐问题，指向的是发展的质量；"开放"发展针对的是发展的国内和国际市场问题，指向的是发展的视野；"共享"发展针对的是发展成果的分配问题，指向的是发展的公正。而"创新"发展针对的主要是发展的异化问题，指向的是发展的动力。创新不仅是经济社会发展的第一推动力，而且也关系到能否在生态治理中取得成功。由于当今世界的整体发展越来越依赖于文化、制度、科学等领域的创新，其优越性表现在掌握引领发展的主动权。基于创新在国家和民族发展中的重要地位，习近平总书记指出："抓创新就是抓发展，谋创新就是谋未来。"① 从科技创新与人民群众的需要看，科技创新只有服务于社会经济建设，只有服务于人民群众的需要，才能真正实现其目的。改革开放以来，我国经济社会建设取得很大的成绩，但也面临着要素投入型发展方式不可持续、产业结构不合理、发展不协调、生态环境问题日益严重等难题，无法满足人民群众对美好生活的需要。科技创新不仅能够有效地化解上述难题，为我国经济社会发展提供新动能，而且能够使我国经济社会可持续、协调和绿色发展，更好地满足人民对美好生活的期待。

中国的现代化建设是史无前例、空前伟大的，不能再走美欧发展的老路。走老路，既消耗资源，又污染环境，绝对走不通。为了避免走消耗资源、污染环境的老路，可以选择的新路就是科技创新。这就是说，要在坚持经济建设为中心的同时，转变经济增长模式，依靠科技创新使得经济增长向集约型、效益型转变，从而保障经济和资源的两全。只有通过科技创新，才能真正实现发展方式的转换，即从粗放型增长发展转换为绿色型可持续发展。我国资源约束趋紧、环境污染严重、生态系统退化的问题十分严重。绿色型可持续发展的优势在于，立足于人与自然和谐共生这一基点，针对资源约束趋紧、环境污染严重、生态系统退化等问题，寻求循环低碳发展，展示出文明发展的新方向、新道路。为了更好地推进生态治理，建设美丽中国，在科技创新方面需要做好如下工作：第一，在全国建立有关可持续协调发展研究智库，制定可持续协调发展的评估系统和可持续发展技术经济体系。第二，发展绿色科技。在工农业中，通过采用生产全过程控制污染技术，实现

① 《习近平谈治国理政》第 2 卷，外文出版社 2017 年版，第 203 页。

污染的最小化。在能源、交通、原材料领域推广节能、节水等能源技术,如少污染的煤炭开采技术和清洁煤技术。生产创新绿色产品,创新发展新能源或可再生能源。第三,加快高新科技发展及其产业化,优化产业结构。第四,完善生态文明治理技术层面相关的法律法规,保障技术创新的持续性发展和良好环境。

德法兼备的社会主义生态治理观一方面把实现经济增长和生态文明建设看作是内在统一的关系,另一方面又强调以科技创新为主导的创新驱动型发展是生态文明建设的主要途径。这种发展不仅是各民族国家的共同发展,而且是以技术创新为基础,以创新驱动为基础的绿色、低碳、循环和尊崇自然的可持续发展。生态文明建设、生态综合治理事关中华民族永续发展和"两个一百年"奋斗目标的实现。众所周知,科学技术就是生产力。从科技创新的角度看,保护生态环境就是保护生产力,改善生态环境就是发展生产力。只有坚持生态文明的发展道路,才能真正建设成人类与自然和谐相处、共生共存的美丽世界。

我们反对单一的科技化生态治理观,但不绝对以技术创新为主导的生态文明发展道路。中国生态文明发展道路必须贯彻"创新、协调、绿色、开放和共享"的发展理念,落实新时代生态生产力观,实现从依靠投入大量人力物力的粗放型发展方式到以科技创新为主导的可持续协调发展方式的转换,最终实现人与自然关系的和谐。习近平总书记指出:"要积极运用全球变化综合观测、大数据等新手段,深化气候变化科学基础研究。要加快创新驱动,以低碳经济推动发展,转变传统生产和消费方式。要以关键技术突破支撑能源、交通、建筑等重点行业战略性减排。要增强脆弱领域适应能力,大力发展气候适应型经济。科技创新只有打破利益藩篱,才能有效服务全人类。"① 关于科技的重要性,习近平总书记指出:"科技是国之利器,国家赖之以强,企业赖之以赢,人民生活赖之以好。中国要强,中国人民生活要好,必须有强大科技。新时期、新形势、新任务,要求我们在科技创新方面有新理念、新设计、新战略。我们要深入贯彻新发展理念,深入实施科教兴国战略和人才强国战略,深入实施创新驱动发展战略,统筹谋划,加强组

① 《习近平关于社会主义生态文明建设论述摘编》,中央文献出版社 2017 年版,第 141 页。

织，优化我国科技事业发展总体布局。"① 关于科技创新对于生态治理的重要性，习近平总书记指出，"生态文明发展面临日益严峻的环境污染，需要依靠更多更好的科技创新建设天蓝、地绿、水清的美丽中国"②。

---

① 《习近平谈治国理政》第 2 卷，外文出版社 2017 年版，第 267 页。
② 《习近平关于社会主义生态文明建设论述摘编》，中央文献出版社 2017 年版，第 71 页。

第 四 编

空间治理与空间正义问题研究

　　人文社会科学的"空间转向"凸显了城市、区域和全球化等问题的重要性，作为核心论域的"空间正义"因其深刻的政治哲学内涵不仅拓宽了国外马克思主义理论版图，而且也为解决滋生于不同地理学尺度的空间失范问题提供了新的诠释思路。"空间正义"同样也是面临着大规模空间重组的我国所必需的介入视角，特别是在经济社会全面转型和进入新常态的当下，我们既不能脱离后福特主义的全球生产范式想象一种狭隘的空间经验，也不可疏于地方性的知识生产而耽于某种他者话语，毕竟作为共同体基础的"地方"才是空间治理和空间正义的本体论依据。据此，一个积极的方案是关注空间批判的理论前沿，审理空间正义的思想脉络和问题谱系，思考如何在坚持历史唯物主义的基础上形成兼具本土色彩和全球视野空间正义理论，以期构建全球人类命运共同体的"中国方案"和发挥我国新型城市化建设之于资本城市化的替代效应。

第十二章 空间正义理论的批判性考察

正义问题既是马克思主义理论关注的重要理论问题之一，也是列斐伏尔等空间理论家讨论的核心议题。马克思、恩格斯针对自由资本主义对世界市场的开辟、城市空间剥夺以及城乡关系异化等正义失范现象展开了批判性分析；随着晚期资本主义社会的来临，福特制的流水线生产开始向灵活的弹性生产方式转变，全球性的资本积累和地方性的地理重组愈发引起了人们对空间问题的敏感性，以至于有些学者将当下的时代状况称为"都市社会"。就我国而言，城市化进程正在前所未有的空间尺度上展开，如何以历史唯物主义为指导，建构中国特色的马克思主义城市理论，彰显基于社会主义制度优势的空间正义，已经成为历史的呼唤和时代的课题。本章拟从西方空间正义理论研究的发展历程、历史唯物主义视域中的空间正义问题、空间正义理论的问题域以及西方空间正义理论的理论得失四个方面展开对空间正义理论的批判性考察，以期在梳理前提、澄清概念以及把握脉络的基础上评价其理论得失，从而为凝聚着地方性生产智慧的全球治理观与新型城市化提供智力支持与实践保障。

一、西方空间正义理论研究的发展历程

（一）空间正义概念的提出

20 世纪 70 年代前后，左翼理论界的"空间转向"逐渐开启。列斐伏尔通过重构马克思的历史辩证法和再生产机制阐发了"空间生产"理论，强调在元理论层面提出一种能够与历史主义分庭抗礼的研究范式，因为在空间

理论家看来，历史主义的研究范式被第二国际理论家降格为带有进化论色彩的庸俗唯物论，既无法体现马克思主义批判性的理论品格，也难以应对资本意识形态空间化转型的现实。列斐伏尔所提出的"空间转向"则强调空间较之于时间的阐释优先性，开拓出一条不同于第二国际的实体主义路向的共时态话语，从而为左翼思潮摆脱自卢卡奇以降的意识形态困境和解放层面的悲观主义倾向提供了理论契约，试图探索当代西方人解放政治的新路向。

"空间转向"虽然是晚近以来才成为流行的话题，但就其起源而言则可以回溯至 20 世纪 60 年代。随着"五月风暴"的日渐式微，激进理论家希冀在历史逻辑中解决的意识形态焦虑问题也宣告失败，福柯和列斐伏尔等人借鉴了结构主义的研究范式，通过挖掘法国启蒙时期的思想资源以及当时流行的诸多社会思潮中的激进性因素，重新整合了实证主义、结构功能主义乃至自由主义日益占据的社会科学主流，试图以空间为元理论契机，打开新的批判理论"地形"。因此，从思想史的层面而言，空间转向并不主张面向思辨的政治退守，而是力图凭借空间的介入重申马克思主义对于当代激进理论谱系的积极意义，可以说，包括空间转向在内的所谓更迭，"都不只是纯粹的理论（逻辑）问题，而且是传统左派政治实践和理论的失败之结果"①。换言之，在"五月风暴"倒逼的话语转型中，代表了西方马克思主义空间一脉的列斐伏尔虽然呈现了某些后结构主义特征，但并未因此而陷入盲从，而是表现出了"突围"的理论努力（阿尔都塞式的结构主义马克思主义亦是如此）。即强调通过历史主义本身的"解构"来重申以资本批判为目标的政治想象，特别是在法兰克福学派的历史哲学研究纲领愈发走向感性解放论和反体系的星丛政治学的时候，空间理论家对于马克思以生产方式为核心的历史性哲学话语的捍卫便更显重要。

就空间思潮本身而言，尽管列斐伏尔等人均不同程度地抱怨马克思主义"缺乏"空间感，但其话语指向并不是历史唯物主义的合法性本身，而是韦伯和涂尔干等社会理论家的"历史—时间"主义的解释学传统，其同样也是西方马克思主义创始人卢卡奇的阶级意识理论的支配性逻辑之一。正如卢

---

① 胡大平：《社会批判理论之空间转向与历史唯物主义的空间化》，载《江海学刊》2007 年第 2 期。

卡奇试图从黑格尔主义那里找寻超越第二国际"庸俗马克思主义"的超越之路一样，当历史性的解放逻辑在总体异化的日常生活中逐渐式微之际，左翼理论家们也就逻辑地转向了空间的认识论向度，力图在新的叙事地平中找寻解放政治的可能性。从现实层面来说，较之于"历史—时间"而言，资本的物化逻辑及其"在场"的消费意识形态显然更具"结构—空间"的亲缘性，这里的"空间"不是牛顿力学体系派生的力学空间，而是表征了对象性关系的感性空间，如果说后者添加了某些前者所不能容纳的东西，那就是社会历史的具体规定性。套用马克思评价费尔巴哈的话说，"当费尔巴哈是一个唯物主义者的时候，历史在他的视野之外；当他去探讨历史的时候，他决不是一个唯物主义者。在他那里，唯物主义和历史是彼此完全脱离的"[1]。而对于空间来说，人们总是习惯于将空间作为纯粹的自然存在物而排除于社会历史的视野之外，其关键是将空间作为马克思的历史辩证法以及社会关系再生产理论的基本视域，"一方面把空间动态化地理解为历史发生的前提与结果，另一方面把历史具体化地理解为具有持存性、共存性形态的社会空间关系存在"[2]。可以说，对于空间的认识论探讨与价值论提升不仅是国外马克思主义理论家面向资本城市化和全球化等空间治理实践的自我调整，也是一次事关叙事类型学的重要转换，虽然空间转向带有明显的后现代主义特征，但不论是对于国外马克思主义发展史的研究，还是洞察资本主义"空间生产"的事实而言，都有重要的借鉴意义。

在解放政治层面，左翼理论家纷纷将正义的研判转向空间领域，包括列斐伏尔的城市权利理论，哈维的辩证时空乌托邦以及到索亚针对聚居在亚特兰大、格拉斯哥等后大都市的经验性研究等，都反映了上述趋势。究其原因，一方面是因为正义所调整的社会关系获取的空间性的表征；另一方面则由于席卷的全球化和都市化浪潮伴生了失范的社会现象，来自理论和实践的两方面原因传统的正义叙事，激进的空间论者开始关注资本空间化的历程与状况，探究资本的空间运作，凝练空间生产的正义归旨。值得关注的是，就正义的理论谱系而言，人们对于正义的理解往往排除了空间维度，例如罗尔

---

[1]　《马克思恩格斯全集》第3卷，人民出版社1960年版，第51页。
[2]　刘怀玉：《〈空间的生产〉的空间历史唯物主义观》，载《武汉大学学报》（人文科学版）2015年第1期。

斯的规范正义论虽然触及了功利主义正义观的时间性偏好，但也只是对上述忽视了未来的责任和想象的正义观做了共时态的批评，而尚未涉及元理论层面的转换与更新，福柯因此强调："我们必须批判好几个世纪以来对于空间的低估。这种情形是源于伯格森，还是更早？空间以往被当作将死的、刻板的、非辩证的和静止的东西；相反，时间却是丰富的、多产的、有生命力的、辩证的。"① 诚然"空间"赋予了我们审读"正义"这张"普洛透斯面庞"的全新视角，但无论是多元主义者试图打破的基于单一性社会主体的传统正义观，还是后现代理论家意欲解构的普适性的平等原则，均暗示了正义概念本身内涵的复调语境。

如果我们将现代性理解为时间逻辑所主导的概念形态，后现代则意味着一种面向空间的结构化的理论偏好，后者拒斥时间线索派生的实体逻辑或必然真理，强调偶然性的哲学范畴或情境化的叙事形态，"空间"恰好构成了这样一种话语载体。从理论效应层面看，空间的介入又不仅是叙事逻辑的转换，而且是涉及元理论的更新或者说是对整个现代性批判路向的重新定位。从列斐伏尔的《空间的生产》到哈维的《正义、自然和差异地理学》，从卡斯特的《城市问题》到索亚的《后大都市》，虽然切入视角不同，但都不约而同地将目光聚焦于资本塑造的历史景观，确切地说是针对资本的全球权力关系、都市生产及其空间治理而言的。正如列斐伏尔所言，资本主义的生产已经由"空间中的生产"转向了"空间本身的生产"，这就意味着资本已着手将式微的现代性（历史）优势转变为共时态的权力结构，但资本支配的全球化或都市化过程并非一个利益均沾的普惠过程，而是充斥着剥削性生产关系的"社会—空间"不平等的生产和再生产过程，这种非正义性不仅体现在空间商品的生产、交换和分配层面，也反映在空间权利的获取和享有层面。可以说，芒福德、帕克以及伯吉斯等西方城市社会理论家关注的空间剥夺、空间隔离、内城衰落以及生态失衡等空间失范现象不仅是城市现代性布展过程中的经验性问题，而且是源自资本主义内在悖论的空间投射，因此，正义不仅是依托于特定生产关系的历史范畴，更是一个空间概念，一个能够超越普遍与特殊、同质与差异、元规范与解构性等二元分裂的场域化范畴，

---

① 夏铸九：《空间的文化形式与社会理论读本》，明文书局1988年版，第392页。

空间理论家一方面继承了经典西方马克思主义立足于近现代哲学断裂点的阐释路径，从青年马克思的异化理论和实践学说层面探寻空间之社会属性的由来；另一方面也将关于空间的人道主义阐释与阿尔都塞以降的（后）结构主义研究方法相结合，试图通过辩证法的逻辑重构，重新激活马克思以生产方式及其批判为核心的解放政治话语。

（二）空间与正义话语的双重建构

纵观人类思想史，象征着健全制度安排与合理价值诉求的"正义"概念贯穿于不同生产方式的始终，马克思认为正义是"一切社会状态所共有的永恒真理"[1]，蕴含着解放政治的维度，罗尔斯也同样认为"正义是社会制度的首要价值，正像真理是思想体系的首要价值一样"[2]，不仅代表了人们对于良性社会秩序的期许，也承载着人们对于美好生活的欲求。随着现代性的降临，资本主义生产方式取代了封建主义的生产方式，促进了生产力发展的同时，也导致了诸多正义失范的现象，但不论是诺齐克基于自由至上主义的所谓"辩护"，还是罗尔斯着眼于个人差异性禀赋的所谓"调整"，在本质层面都没有摆脱康德主义的抽象道德说教；而马克思的唯物史观则从社会基本结构及其制度安排层面出发，建构了一种兼具决定论和能动论内蕴的历史性的道德原则，从而完成了资产阶级抽象正义观的批判与超越。但更为重要的是，马克思的以最后真理为其终点或者说向后闭合的理论体系，永远保持着面向实践的开放性，例如马克思"资本不是一种物，而是一种以物为媒介的人和人之间的社会关系"[3] 的论断不仅影响了结构主义马克思主义有关意识形态的论述，同时也指导了列斐伏尔及其后学对于空间正义的理论建构。

马克思和恩格斯诚然没有关于空间正义的直接论述，但依旧在反对空间研究的形而上学倾向，以及何以从实践唯物论的辩证视角解读空间与社会的双向互动机制层面给出了富于洞见的指引性论述，如社会空间的概念阐释、资本全球化以及空间拜物教等，西方马克思主义也正是得益于上述前提才得

---

① 《马克思恩格斯文集》第 2 卷，人民出版社 2009 年版，第 51 页。
② ［美］约翰·罗尔斯：《正义论》，何怀宏译，中国社会科学出版社 1988 年版，第 3 页。
③ 《马克思恩格斯全集》第 23 卷，人民出版社 1972 年版，第 834 页。

以转入资本的空间意识形态研究。因此，当前广泛存在的空间失范现象并不是经验层面的秩序失衡，而是有着深层次的制度根源，但是西方学者要么偏执于分配正义领域而忽视了生产领域的关注，要么延续着从观念到观念的运思逻辑而摒弃了理论和实践的统一，无法超越正义失范的现象学诊断；唯物史观则将生产和分配正义统一于特定的物质资料生产方式中，试图从剩余价值生产作为基础的经济结构和制度根源层面寻求解放的可能，奠定空间正义实践基础。列斐伏尔等空间论者延续了唯物史观的逻辑理路，"认为马克思以生产方式为核心的历史性哲学话语在后现代语境中完全可以被激活"①，但问题的关键在于对空间概念的取用、辩证法的逻辑结构以及解放政治构想的反思与重构。

　　一般来说，时间和空间是主体须臾不可分离的认识论维度，但出于传统的地理决定论的局限，通常对空间的理解要么是基于物质世界本体论假设的几何学路向，要么是在前康德哲学意义上将其理解为纯粹的自然存在，始终没有剥离感性经验对于空间观的宰制，从而使空间始终隔绝于社会历史的具体规定性。虽然马克思曾经零散地表达过对于感性空间的哲学洞见，但依旧没有外在于历史主义的宏观叙事框架，这就为空间在整个激进哲学的叙事史层面的压抑埋下了伏笔。直到列斐伏尔以及福柯开启的空间转向方才呈现了对历史主义的支配性叙事添加了某些抵抗性成分，特别是在 20 世纪 70 年代前后，日渐丧失了批判力的总体化的时间难以应对资本的物化逻辑，左翼空间论者也开始意识到空间失语对于话语解释力的影响，在列斐伏尔等人看来，经典西方马克思主义试图通过历史哲学的抽象复归来"彰显"马克思主义的批判维度不能不是一次失败的努力，自卢卡奇以降的悲观情绪以及阿尔都塞回溯至"理论实践"的做法都证明了这一点；究其缘由，在于这种基于哲学形而上学的抽象批判已经丧失了具体的"场所"、"地形"或者说"落脚点"。对此，无论是从"空间中的生产"走向了"空间本身的生产"的列斐伏尔，还是将斯特劳斯的文化结构一般性分析推广至权利结构话语的福柯，都意图在空间和社会的互文性关系及其复杂流变的阐释中激活马克思

---

① 刘怀玉：《历史唯物主义的空间化解释——以列斐伏尔为个案》，载《河北学刊》2005 年第 3 期。

以生产方式为核心的历史性哲学话语。

审理空间转向思潮，我们重点关注列斐伏尔代表的理论左翼，不仅是因为列斐伏尔的空间生产理论引发的左翼理论界的话语转型，更在于其对于被官僚制和科层制所破碎化的社会领域所提供的批判路径，特别是在解放政治层面，列斐伏尔对于正义的空间化以及差异性空间生产的论述为抵制资本涵盖不同地理学尺度的空间意识形态策略提供了重要的叙事资源。具体来说，基于空间与社会的联姻，列斐伏尔将空间解读为社会秩序的象征，认为空间本身即意味着自我生产和再生产，面对城市的急速扩张和社会的普遍都市化，列斐伏尔断言资本已经由空间中事物的生产转向空间本身的生产。此外，列斐伏尔基于空间类型学视角，认为包括社会主义在内的任何社会形态都将生产隶属于自身的空间，马克思强调的社会形态更替同时也是空间生产方式的流转，但问题在于《资本论》只是针对自由资本主义的政治经济学预言，其"未完成性"表明马克思"尚未"涉及资本的空间逻辑。在列斐伏尔看来，空间生产的时代意味着空间已经通过社会关系的再生产机制内化为历史辩证法的基本视野，即共时态、流动性"空间化社会存在"凝聚为社会过程的运作基础，不仅参与维系着现有生产方式的持存，也容纳并演绎着生产的矛盾机制，即资本的空间生产面临着"对可以相互交换之断片的需求，以及在前所未有的巨大尺度上处理空间的科学与技术能力"① 的矛盾；虽然列斐伏尔认为社会主义也将生产自己的空间，但他并未给出具体的细节勾勒，微观层面展开探讨，而只是用"支配到取用的转变，以及使用优先于交换"② 的提法笼统地概括。

显然，列斐伏尔的意图在于对历史唯物主义展开空间性"重构"。在他看来，晚期资本主义并不能够像资本现代性那样凭借历史性优势为自身立法，这一点从法兰克福学派揭示的资本主义社会的总体异化中就可见端倪；因此，资本需要奠定新的统治合法性根基，而方兴未艾的城市化和全球化浪潮及其背后的空间逻辑正是资本试图关注的叙事，特别是"五月风暴"以

① ［法］亨利·列斐伏尔：《空间：社会产物与使用价值》，载包亚明主编：《现代性与空间的生产》，上海教育出版社 2003 年版，第 51 页。
② ［法］亨利·列斐伏尔：《空间：社会产物与使用价值》，载包亚明主编：《现代性与空间的生产》，上海教育出版社 2003 年版，第 55 页。

来，左翼理论界明显呈现的从内容（关系）、形式（结构）以及由实体到话语的转换指向的正是空间化了的资本主义生产关系，揭示了资本主义试图通过空间生产来维系自身持存的意识形态本质。因此，列斐伏尔认为需要通过辩证法的"空间化"来"修正"马克思的历史认识论，用他自己的话说，"辩证法又回到了议事日程上了。只不过这已经不再是马克思的辩证法……辩证法不再听命于时间性"①，换言之，空间辩证法不同于黑格尔或马克思式的作为推动原则和创造原则的否定性的辩证法，后者强调的是以"历史—实践"为原则的内容展开，而前者则更多地呈现了共时态的结构主义原则。据此，"肯定—否定—否定之否定"的三段式序列被列斐伏尔替换为"空间实践"、"空间的表象化"、"再现性空间"的三重认识论结构，其理论关键在于引入实践哲学以对抗传统的二元对立的空间观，使得空间能够社会性地进入历史唯物主义的宏观叙事之中，以达到"激活"或"补充"的目的。

列斐伏尔理论阐发打破了西方马克思主义叙事中的存在于历史性（过程）与共时态（结构）中的既有平衡，为后现代主义的话语介入提供了契机。作为理论核心概念的空间生产、差异性、城市权利以及生态正义等也被其后学哈维、索亚所泛化，通过"空间—社会"以及"空间—生产"之间的辩证互释，空间论者揭示了资本如何通过"空间生产"抽象了真实的历史，以及在全球与地方、中心与边缘、总体与碎片化的不平衡矛盾中维系自我存续的理论根源。更为重要的是，空间论者没有放弃马克思的解放政治构想，而是旗帜鲜明地将空间失范的根源指向资本主义生产方式，通过"空间生产"、"历史地理唯物主义"、"三元辩证法"以及"多元异质轨迹"等理论的提出，在为"辩证时空乌托邦"、"生态社会主义"以及"多元行动者联盟"等替代性社会方案提供元理论支撑的同时，也避免了后现代主义者对历史唯物主义的幽灵式的援引，创新了西方左翼理论的话语模式与叙事形态。

在空间理论家看来，后工业社会的资本生产已经从空间中的物的生产转

---

① Henri Lefebvre, *The Survival of Capitalism*, Translated by Frank Bryant, Allison & Busby, London, 1978, p. 14.

变为空间本身的生产，空间不仅能够以商品的形式参与到资本的生产、交换
和分配之中，同时也直接构成了资本主义生产关系的表征维度，构成了支持
资本主义生产条件再生产的"意识形态国家机器"；因此，马克思试图在
"物"的生产关系中寻求的实质正义理应转入空间的考察视野，哈维甚至断
言，空间正义是"反资本主义斗争能够坚持的最好的评价地形"①。从谱系
学的视角看，空间正义的提出改变了传统均质主义的正义观，后者以"天
赋人权"及其派生的均质人性观为基础，认为规范意义上的平等必然会随
实践理性的程度提成外化为社会诸领域中的事实平等，其要义是将社会关系
的合理化期许诉诸进化论的历史逻辑；而空间在能指意义上则表现为一种
"他者"，一种摆脱了均质理论预设的差异正义，较之于前者，空间正义揭
示了均质主义理想和差异性化社会现实的不可通约性，强调以包容差异性的
"重叠共识"替代遮蔽于"无知之幕"下的柏拉图主义或斯多葛学派基于自
然法则（普遍性或均质性）的正义理想。正如后现代地理学家索亚提出的
那样，社会正义不仅仅需要通过进化论意义上的时间来表征，而且具有内在
的空间性维度。② 可以说，空间正义的提出一方面为后福特主义以及都市社
会提供了一个不同于康德的先验哲学或巴什拉的诗学空间的具体化的批判维
度，例如在哈维的《巴黎城记》和索亚的《第三空间》以及《寻求空间正
义》中，即将空间正义的讨论指向了具体的地理场所；另一方面，空间正
义的提出也为马克思主义介入都市社会批判提供了理论敞口，不仅催生了马
克思主义关于城市的批判理论框架，同时也在日益破碎的晚期资本主义社会
现实中激活了解放政治的历史想象。

　　值得关注的是，在对空间展开伦理反思的过程中，理论家不约而同地将
目光聚焦于城市的批判与重构，城市不仅在结果层面展现了现代性空间生产
的具体机制，同时也由于几乎承担了主体日常生活的全部职能而成为矛盾集
中展现的场所。20 世纪中叶以来，社会的复杂转型伴随着现代性与后现代
性的交锋使问题表现得更为复杂，虽然理论家试图用消费、风险或后工业等
概念研判社会的总体特征，但在列斐伏尔看来，上述范畴都只不过是部分地

---

① ［美］大卫·哈维：《正义、自然和差异地理学》，胡大平译，上海人民出版社 2010 年版，
　　第 13 页。
② ［美］爱德华·索亚：《后现代地理学》，王文斌译，商务印书馆 2007 年版，第 67 页。

把握了晚近以来的现代性，而城市革命才是最为恰当的范畴，列斐伏尔断言："城市在社会整体中的重要性，使得社会整体本身发生了动摇。"① 可见，在空间论者眼中，城市与现代性的复杂同构演绎了空间生产时代的主体命运，基于城市空间的正义反思成为空间理论家共同的价值旨趣。

（三）西方空间正义理论的历史性梳理

空间正义理论的梳理必然涉及空间本身的讨论，只有明确了传统空间认识论的不足及其在当代空间论域中的概念流变，才能够对以空间为表征的社会关系的合理化可能展开讨论。人们对于空间的认识经历了漫长的历程，大致来说，包括自然主义、主观主义以及"社会—实践"转向三个认识论阶段。自然主义的空间观包括古希腊哲学以及近代哲学中的空间观，在《物理学》一书中，亚里士多德首先讨论了作为"处所"（topos）的空间。在他看来，"空间被认为是像容器之类的东西，因为容器是可移动的空间，而不是内部物的部分或状况"②。换言之，空间与具体物之间具有不可分割的特性，空间以参照系的方式标识了具体之间的位置关系。就近代哲学而言，随着文艺复兴和宗教改革运动的兴起的是普遍的怀疑精神和经验性的研究方法，笛卡尔的自我意识哲学和培根的实验方法从内外两个向度表现了对于客体世界的关注，对于空间的形而上学叙事也转向了经验性的研究。例如牛顿试图以"绝对空间"统一人们的空间认知，其核心观点和亚里士多德类似，认为空间是均质、静止且独立于主体实践活动，但关键在于空间可以脱离于物质而单独存在，即当空间作标识物体位置的"场所"解读时，物体的位置可以由空间参照系唯一地给出，如果物质消失了，作为背景的空间则依旧存在。可见，这种不以人的意识为转移的客观必然性也正是空间之绝对性的内涵。牛顿的力学时空观左右了千百年来人们的空间认知，这种情况直到爱因斯坦的相对论的提出才有所转变，但无论是牛顿的"绝对时空"还是爱因斯坦的"相对时空"，延续的都是强调对感觉经验进行概括和总结的经验论的哲学路径，而莱布尼茨等哲学家沿着以天赋原则作为逻辑起点的理论路

① ［法］亨利·列斐伏尔：《都市革命》，刘怀玉等译，首都师范大学出版社 2018 年版，第13页。
② ［古希腊］亚里士多德：《物理学》，张竹明译，商务印书馆 2009 年版，第89页。

径，阐发了主观主义的空间观。

在莱布尼茨看来，我们对于空间的想象绝对不能从实体层面出发，因为空间仅仅是在逻辑关系意义上的单子的表象，一种理念的关系构型，即"某种纯粹相对的东西，就像时间一样，看作一种并存的秩序"①。基于"前定和谐"的理念，莱布尼茨认为空间和时间便是决定了事物之间的先验秩序的"纯粹观念"。如果说莱布尼茨的空间观初步呈现了空间的主观内蕴，康德和黑格尔则进一步将这种主观性绝对化。在康德看来，人们之所以能够在后天经验到有关空间的主观感受，是因为人们先天地就具有空间概念的直观形式，用他的话说，"空间是一个作为一切外部直观之基础的必然的先天表象"②。这种主观唯心主义的空间解读招致了黑格尔的不满，按后者的理解，绝对理念是世界的"主宰"，空间不过是绝对理念外化的观念性存在，即用以表征量化的自然界的无差别的"己外存在"，用黑格尔的话说，"自然界最初的或直接的规定性是其己外存在的抽象普遍性，是这种存在的没有中介的无差别性，这就是空间"③。更为重要的是，空间也是时间须臾不可分离的辩证范畴，"空间的否定东西是时间，而时间的肯定东西或差别的存在则是空间"④。显然，黑格尔以辩证的方式扬弃了康德作为纯粹直观形式的空间解读，从而终结了西方传统形而上学的空间观念，但黑格尔凭借辩证理性架构的哲学体系在统一的逻辑和历史的同时，也窒息了主体能动性，空间也随之封闭于观念化的逻辑体系之中；较之于形而上学空间观的日渐式微，自笛卡尔的主体性哲学而发端的空间认识论却日渐蓬勃，其特点是强调主体意识或身体感知对于空间认识的作用，这种基于心理或生理的认识论路向经过海德格尔和梅洛·庞蒂的现象学解读而转入了列斐伏尔的存在论阐释，进而引发了整个哲学社会科学研究范式的变迁。

总体而言，空间理论家们大多从历史唯物主义中汲取激进的思想资源，但从其研究方法、研究主义以及解放政治方案来看，依旧付出了过度诠释的

---

① ［德］莱布尼茨、克拉克：《莱布尼茨与克拉克论战书信集》，陈修斋译，商务印书馆1996年版，第17页。
② ［德］康德：《纯粹理性批判》，邓晓芒译，人民出版社2004年版，第28页。
③ ［德］黑格尔：《自然哲学》，梁志学译，商务印书馆1980年版，第40页。
④ 吴国盛：《希腊空间概念》，中国人民大学出版社2010年版，第55页。

代价，例如索亚就认为，"社会行为的空间偶然性主要被简化为拜物教化和虚妄的意识，在马克思那里从未得到过一种有效的唯物主义解释"①。因此，空间理论家们试图重构历史唯物主义，将经典马克思主义论域中的惰性时空重释为一种积极的因素，作为解读资本权力关系再生产以及开展整治经济学批判的本体论环节，例如列斐伏尔就认为资本的权力规训剥离了空间本有的场景化或经验性内涵，空间成为能够被生产的"社会生产关系的一种共存性的具体化"②，不过空间的生产不同于马克思的商品生产，前者在更为广泛的意义上指向了生命或身体的生产，类似福柯在"生命政治学"中用以描绘权力部署的"装置"概念，空间同样呈现了资本权力对于赤裸生命的处决和征用，空间理论家们试图通过城市生产和消费、财富的选择性集中以及劳动的空间分工等地理表象，透析资本的幸存缘由、危机的空间表达以及解放的政治期许。此外，空间理论家们进一步将马克思的政治经济学批判泛化为涵盖人文地理学、建筑学以及传播学的批判性反思，并通过面向后结构主义的话语联姻，形成了诸多带有边缘性偏好和不平衡特征的政治方案，这些方案大多围绕空间正义或城市权利等政治哲学主体展开，通过揭示抽象的资本逻辑遭遇具体的地理景观时所滋生的空间失范及其悖论，引申出关于可能的解放政治想象。

具体到空间正义来说，虽然人们对于正义的向往古已有之，但前康德时代的空间认知阻碍了二者的有机互动，在相当长的时期内，人们对领土或地理的平等诉求大多是通过社会（城邦）正义等概念而隐含地表达，正义的空间叙事则到了 20 世纪 60 年代才逐渐分离出来。例如在人类早期社会，柏拉图在《理想国》中描绘的"正义城邦"以及亚里士多德在《政治学》中追求的"比例平等"的城市规划都代表了对于空间正义的朴素向往，类似的期许同样呈现在乌托邦主义者傅立叶的"法郎吉"或欧文的"共产村"中，但彼时不发达的社会生产钝化了人们对于空间的形上把握，空间的正义诉求也大多隐匿于生产、交换和分配等更为贴近日常生活的领域之中。如果我们将上述状况定义为传统样态，工业革命带来的生产力发展则赋予了主体

① ［美］爱德华·索亚：《后现代地理学》，王文斌译，商务印书馆 2007 年版，第 192 页。
② Henri Lefebvre, *The Production of Space*, Translated by Donald Nicholson Smith, Basil Blackwell Ltd, 1991, p. 170.

现代性的生存体验，而现代性的降临进一步催生了城市生产，一方面，现代性及其理性主义原则要求主体日常生活的量化和可计算性，而集聚了生产资料并作为主体生存领域的城市空间自然成为最具现代性标识度的范畴；另一方面，作为一种时间意识的现代性意味着传统的揖别，意味着政治上的神学基础的破除、经济上的工具理性和生产主义的兴起以及文化上的主体意识的确立，三者的辩证互动进一步推动了城市功能和形态的更迭。

随着城市地位的凸显，对于空间正义的认识论提升的价值论反思也日益展开，大致来说，主要包括列斐伏尔的"城市权利"思想、哈维的以"城市资源共享"为核心的城市正义理论以及芝加哥和洛杉矶学派的经验性研究等。列斐伏尔的"城市权利"是针对资本碎片化的空间生产策略而提出的。在列斐伏尔看来，城市空间既是资本的权力场，也是解放政治的实践场，作为核心概念的城市权利，不仅意味着城市主体能够自由地接近城市空间，也意味着具有空间生产的自主权。与关注分配正义的西方理论家不同，列斐伏尔更看重生产正义，强调在生产领域内破除资本逻辑对于城市规划的支配，即通过差异化的空间生产破除资本的同一性强制，进而回归真实的都市生活；哈维在《叛逆的城市》中继承了列斐伏尔的看法，即认为城市已经成为反对资本主义斗争的关键领域，"列斐伏尔的结论是，我们曾经知道和想象过的城市正在快速消失，且不可复原。我同意这一点，而且我比起列斐伏尔更明确地提出了这个论断"①。这里，哈维将城市权利刻画为一种以城市建设和改造的控制权为核心且超越了严格阶级划分的集体权利。在他看来，城市的拆毁与重建即是资本吸收剩余资本和劳动的手段，同时也是剥夺城市权利的过程，城市资源本来由集体创造并享有，但现实却是"那些创造出了精彩而令人振奋的街区日常生活的人们输给了房地产的经营者、金融家和上流阶层消费者"②。就此而言，开放的共享原则不仅有利于避免城市资源沦为资本交换逻辑的牺牲品，也能够确保城市主体基于差异性诉求的有机团结，进而孕育城市革命的激进可能。

如果说列斐伏尔和哈维分别从哲学和政治经济学视角阐释了空间正义理

① ［美］大卫·哈维：《叛逆的城市》，叶齐茂等译，商务印书馆 2014 年版，第 8 页。
② ［美］大卫·哈维：《叛逆的城市》，叶齐茂等译，商务印书馆 2014 年版，第 79 页。

论，以索亚和斯科特等为代表的洛杉矶学派则给予了空间正义以经验性透视。该学派视洛杉矶为后大都市的典型蓝本，将索亚的"社会空间辩证法"用于城市危机和出路的探索，不仅丰富了人地关系的辩证内涵，同时对后福特主义和弹性生产条件下的都市发展策略也给予了重要启示。就其空间正义理论而言，洛杉矶学派认为转型时期的城市问题不能独立于生产方式和社会关系加以考察，例如贫民窟、产业空心化和空间隔离等问题背后透显着更为复杂的社会冲突。换句话说，对于空间失范的问题考察不能仅仅停留于空间本身，而是深入到资本主义生产方式的层面，因为空间被社会地生产出来，资本的非正义性必然通过空间的方式加以表征。通过空间以及空间正义源流的梳理，我们发现空间正义理论不仅成为当代人文社会科学中的显学，同时也必将随着都市社会的来临而占据愈发重要的地位。

二、历史唯物主义视域中的空间正义问题

在当前的西方左派话语中，空间已经被诠释为重要的理论生长点。在围绕空间正义形成的诸多理论中，历史唯物主义不曾也不能缺场，不仅因为空间正义问题是城市化和全球化时代所必须面对的重大实践问题，更因为它关系到马克思主义的理论和现实解释力的问题。以列斐伏尔为代表的空间理论家们大多认为历史唯物主义"缺乏"空间向度，这是我们不能苟同的。实际上，马克思和恩格斯作为资本空间批判的开启者，在理论创立早期既已将关于空间的正义想象置于解放政治的方案之中，尽管马克思显露了明显的时间偏好，但对于社会空间生产权的强调始终都是解放政治的建构因素。因此，空间正义的理论诠释和实践塑形必须遵循历史唯物主义原则，以生产方式的考察为基础，以资本主义的制度批判立论，深入探讨资本逻辑及其空间失范的必然性，以期在人与自然、空间和生产的辩证互释中揭示历史唯物主义的空间正义原则。

（一）历史唯物主义的空间发微

空间思潮将"五月风暴"后的理论突围寄托于激进政治与（后）结构主义的联姻，试图以符号性的话语分析替代启蒙以来有关普遍或本质主义价

值的争论，以期在扭转传统社会历史认知的方法论以及挣脱人道主义意识形态束缚，形塑资本批判的谱系图力量。从结果来看，空间转向在改写了经典西方马克思主义将资本物化逻辑的克服诉诸具有生成性内涵的历史主义路径的前提下，将马克思关于生产方式的历史性追问转换为生命政治的微观治理和资本意识形态霸权的抵制，替代性社会方案的寻求也愈发倚重文化霸权的抵制，导致了叙事中的多元主义泛滥和话语革命的兴起。从结构主义这条叙事脉络考察，阿尔都塞对于辩证法的逻辑重构启发了列斐伏尔，前者以"结构因果性"和"多元决定论"等对抗主体及其历史哲学的理论实践，"激活"了历史唯物主义中的结构性因素，诸如都市、地方或景观等空间概念，都被引申为批判的话语资源，但就叙事框架以及问题域的布展来看。就这条叙事线索来看，历史唯物主义不仅没有外在于空间批判的理论图景，反而是在问题域铺陈、方法论架构乃至解放政治规划层面提供了重要的理论支援。

我们将空间转向的起点定位于马克思，并不是要对历史唯物主义进行某种转译或修正，而是认为，"对马克思进行空间化的再解释以及历史唯物主义对晚期资本主义的批判，乃是持续推动社会理论空间化的最核心动力"①。诚然，马克思和恩格斯并没有关于空间的专题论述，但却对空间的社会性以及资本逻辑缠绕的空间命运给予了特别关注。例如在《共产党宣言》、《德意志意识形态》以及《英国工人阶级状况》等文本中，马克思和恩格斯基于空间、社会和生产的辩证互释，对资本空间生产导致的空间失范进行了深刻的考察，明确了资本的全球化和城市实际上是资本凭借着强势的生产主义伦理和工具理性的方法，将感性的生活空间强行纳入商品交换关系，确立并巩固其权力意识形态的过程，用马克思的话说，即"它使未开化和半开化的国家从属于文明的国家，使农民的民族从属于资产阶级的民族，使东方从属于西方"②。到了《资本论》的写作时期，马克思进一步将空间与资本关系、货币关系和人的自由全面发展相关联，从作为经济活动载体的空间、资本流通条件的空间以及获取剩余价值生产的空间三个维度出发，系统诠释了

---

① 胡大平：《马克思与当代激进社会空间理论》，载《北京行政学院学报》2017年第1期。
② 《马克思恩格斯文集》第2卷，人民出版社2009年版，第36页。

资本批判的空间诠释学。马克思的空间理论直接影响了列宁、卢森堡、列斐伏尔以及哈维等理论家，形成了蔚为大观的空间批判理论图景。需要关注的是，历史唯物主义蕴含的空间分析理论在空间转向思潮中却被压抑了，空间理论家们要么缺少历史唯物主义的理论自觉，要么将政治经济学批判的立体结构矮化为一种被动的方法论，完全忽视了马克思和恩格斯对于空间的社会存在论和政治经济学的批判性阐释，以至于在理论层面大多陷入了乌托邦式的规划并最终丧失了介入人类历史演进的能力。

本书无意勾勒马克思和恩格斯本人的全部空间思想，只是从结果层面谈谈这种忽视的弊端。诸多激进的空间理论家们否认历史唯物主义的空间视域，实际上是将马克思基于时代的叙事偏好夸大为知识维度的缺失，这就不仅钝化了历史唯物主义本身的批判力，也使得许多左翼理论家陷入了叙事类型学上的摇摆，并且正是这种摇摆为后现代主义的泛滥提供了氛围。从这个意义上说，不论是列斐伏尔的差异性空间生产，还是哈维的希望的乌托邦，抑或是索亚极具边缘性偏好的地理学政治，都难掩其卢卡奇式的悲观论调——要么因循感性或无意识解放而沦为乌托邦想象，要么以"大拒绝"的姿态堕入犬儒主义的窠臼，始终无法通过资本主义生产方式的批判而通达历史本质主义维度。

（二）马克思主义论域中的空间正义

马克思对于空间正义的论述也主要围绕三个层面展开：资本全球积累与不平衡发展的宏观尺度、城乡二元对立的中观尺度以及主体生存样态的微观尺度，不同层面对应了不同尺度的空间生产，包括全球化、城市化以及主体日常生活空间等，三者相互渗透且互为指涉，共同构成了历史唯物主义空间正义理论的核心内容。

首先，历史唯物主义揭示了资本对于空间的欲望与渴求。无论是资本原始积累时期的全球殖民活动，还是组织化资本主义时期的全球空间生产，都表征了资本借由普遍的商品交换和资本输出权力意识形态的殖民意图。对此，马克思主要从生产力的发展带来交往的普遍化及其推动世界历史和世界市场的形成，以上述过程对落后民族国家和地区带来的剥削和压迫两个层面展开论述。就前者而言，资本增殖依赖于商品的生产和流通，空间的开拓意味着市场的扩大，资本不会满足于狭隘的空间范围，必然会随着商品交换的普遍化、工场手工业的扩大以及机器大工业的发展而走向纵深，马克思将资本的空间属性比作"弹性效应"，即"一种突然地跳跃式地扩展的能力，只有原料和销售市场才是它的限制"①。换句话说，资本的利润机制必然推动其生产活动推进到全球性的空间尺度，进而形成资本主导的全球政治经济秩序和空间结构。

就后者来说，资本的全球扩张即是打破全球交往壁垒，书写世界历史和建构世界市场的过程，同时也是资本在全球层面外化其经济危机的过程。马克思曾指出，私有制的经济关系必然导致生产社会化程度的提升与生产资料私人占有的矛盾，这种充满了矛盾、剥削和压迫的经济关系也会随着空间生产而分布全球，正如马克思所言，大工业的本性决定了劳动的变换、职能的更动和工人的全面流动性。如果说前资本主义时期的流动性主要以暴力的方式推进，空间时代的资本则以兵不血刃的方式延续着剥夺性的积累过程，然而积累形式的转变不仅没有消解资本的剥削本质，反而使得资本的积累方式和统治策略朝着隐蔽化和普遍化的方向发展，类似阿尔都塞对于"意识形态国家机器"的指认，即不是以暴力的方式，而是以意识形态（甚至是象征性）的方式作为其方法论机制。更为重要的是，"意识形态国家机器不仅是阶级斗争的赌注，而且是阶级斗争的场所"②，阿尔都塞实际上运用了无限接近"空间"的隐喻表达了资本所必须掌握的空间生产权，或者用他自己的话说，任何一个阶级若不同时对意识形态的国家机器并在其中行使其文化霸权（空间生产权），就不能长时期掌握国家权力。

问题在于资本的空间生产并不是利益均沾的普惠过程，就其对全球空间的形塑而言，既是全球化的实现过程，也是同质与异质、连续与断裂、凝结性中心和耗散性边缘的生产过程。较之于资本原始积累阶段的血腥和暴力，空间生产时代的资本积累策略变得更加难以甄别和把握。具体来说，资本主义国家以不平衡地理学结构的生产替代了商品和资本输出时代的均质扩张，通过将落后的国家和地区强行纳入充满"中心—边缘"的全球空间，不仅

---

① 《马克思恩格斯全集》第 23 卷，人民出版社 1972 年版，第 494 页。
② ［法］路易·阿尔都塞：《列宁和哲学》，杜章智译，远流出版事业股份有限公司 1990 年版，第 167 页。

吸收了过剩积累的资本，也为资本主义生产关系的再生产提供了前提；但边缘国家（尤其是发展中国家）则基于生产力的劣势而不得不依赖于资本的介入，进而沦为资本积累的空间节点与经济附庸。

其次，历史唯物主义空间正义理论还体现在"城乡对立"的分析之中。在马克思看来，资本主义生产方式的确立虽然推动了城市由古典到现代的转换，但也赋予其动荡不安的特性，特别是就城乡关系的背离以及二元经济结构的形成而言，直接背离了《共产主义原理》中关于城乡融合以及主体全面发展的论述。具体来说，城市由于聚合了特定空间尺度内的生产资料而成为资本的积累中心，但在资本城市空间生产的同时也带来了乡村的落后、衰败和边缘化，大量斩断了土地联系的农民被迫与劳动资料分离，要么沦为农场主的雇佣工人，要么进入城市，成为完全意义上的产业工人。随着传统农业的不断瓦解，乡村作为工业资本的原材料产地和廉价劳动力来源的从属性地位愈发凸显，不仅影响了产业、资源的合理配置，也损害了乡村生态的可持续发展以及乡村人口的全面发展。这就使得资本大工业在瓦解了传统的封建宗法关系衍生的空间桎梏的同时，也将城乡之间的差别以更加隐蔽且更具剥削性的方式凝固下来，用马克思的话说，即资本的城市化"把一部分人变为受局限的城市动物，把另一部分人变为受局限的乡村动物，并且每天都重新产生二者利益之间的对立"①。

马克思立足于唯物史观的立场，在揭示了城乡分离导致的种种空间失范现象的同时，也将城乡融合作为了空间正义的基本原则，"根据共产主义原则组织起来的社会一方面不容许阶级继续存在，另一方面这个社会的建立本身为消灭阶级差别提供了手段。由此可见，城市和乡村之间的对立也将消失"②。马克思也同时指出，城乡分离虽然表征了私有制条件下的社会分工导致的空间失范，但同时也通过肯定分工的方式，明确了城乡分离是人类由抽象的自然规定性迈向具体社会历史规定性过程中的伴生现象，在马克思看来，"分工是迄今为止历史的主要力量之一"③，但问题在于"分工和私有制是相等的表达方式，对同一件事情，一个是就活动而言，另一个是就活动

---

① 《马克思恩格斯文集》第1卷，人民出版社2009年版，第556页。
② 《马克思恩格斯文集》第1卷，人民出版社2009年版，第689页。
③ 《马克思恩格斯文集》第1卷，人民出版社2009年版，第551页。

的产品而言"①。若是从后者涉及的所有制层面考察，私有制及其分工导致的城乡分离实际上疏离了一般意义上的生产活动，将作为特定历史现象的城乡空间分离异化为压迫性的力量，"把一部分人变为受局限的城市动物，把另一部分人变为受局限的乡村动物"②。不仅如此，民族国家内部的城乡分离也会随着资本的空间生产泛化为"代表城市利益的国家"和"代表乡村利益的国家"之间的对立，从而导致国家内部的空间失范延伸至全球层面，进一步加剧了资本剥夺性积累的趋势和强度。

最后，对于日常生活空间的讨论构成了历史唯物主义空间正义理论的微观维度。众所周知，马克思通过感性活动开出的实践论境遇，扭转了近代西方哲学中的主、客二分的叙事路径，消解了隐藏在事物背后的超感性的绝对存在者，将批判的目光回转置生活世界，即主体通过劳动实践所生产的具有生存论内涵感性世界，正如马克思和恩格斯在《德意志意识形态》中指出的那样，"意识在任何时候都只能是被意识到了的存在，而人们的存在就是他们的现实生活过程"③。经过马克思的转译，以往超验的抽象存在论转向了现实的、感性的实践生存论，而作为实践展开维度的空间及其正义内涵，也必然随之从面相课题的直观和被动的理解转为面相生活世界的积极理解。具体来说，关于空间正义的生存论解读首先是从工人阶级生存环境异化的经验性考察开始的。恩格斯就曾实地调查过曼彻斯特和兰开夏郡等工业城市的空间布局，揭示了资本主义城市空间生产和分配的非正义性，"城市人口本来就过于稠密，而穷人还被迫挤在一个狭小的空间"④，"城市中条件最差的地区的工人住宅，和这个阶级的其他生活条件结合起来，成了百病丛生的根源"⑤。在恩格斯看来，空间失范的根源在资本主义生产方式的非正义性，即作为资本人格化的空间资源支配者，全然不顾工人阶级的生存诉求，而仅仅是出于利润的考虑进行空间的规划和配置，空间性地呈现了资本增殖属性和利润机制的非正义性。

---

① 《马克思恩格斯文集》第 1 卷，人民出版社 2009 年版，第 536 页。
② 《马克思恩格斯文集》第 1 卷，人民出版社 2009 年版，第 556 页。
③ 《马克思恩格斯文集》第 1 卷，人民出版社 2009 年版，第 525 页。
④ 《马克思恩格斯文集》第 1 卷，人民出版社 2009 年版，第 410 页。
⑤ 《马克思恩格斯文集》第 1 卷，人民出版社 2009 年版，第 411 页。

马克思也同样在《1844 年经济学哲学手稿》中描述了工人的悲惨处境："人又退回到洞穴中居住，不过这洞穴现在已被文明的污浊毒气所污染，而且他在洞穴中也是朝不保夕，仿佛这洞穴是一个每天都可能离他而去的异己力量"①，如果说恩格斯经验性地指明了资本主义空间失范的现实，马克思则进一步将其提升为以"异化"为核心的生存论批判，即通过实践诠释学的视角，揭示了本应作为人的造物的空间产品，反过来脱离生产者的控制并异化为压制主体能力外在物的过程，而空间异化的滋生根源正是生产资料的私有制，资本以其向来关注的私人利益取代了整个社会的整体利益，进而导致主体及其生存空间的感性关系异化为异己的、外在于主体本身的对象性关系。可见，在《巴黎手稿》时期，马克思即形成了基于异化以及复归的空间生存论表述，而类似于人本主义的哲学表述在后期也进一步升华为资本空间批判的支援性话语。

（三）西方马克思主义的空间正义理论

空间批判的兴起很大程度上影响了当代西方激进思潮的走向，从其代表人物看，包括经典西方马克思主义、晚期马克思主义和后马克思主义阵营的代表人物，虽然各家观点不同，但大多将空间失范的根源归结为资本主义生产方式，在解放政治层面也大多形成了以制度批判为核心的理论方案，为左翼思潮的话语演进提供了重要借鉴。就经典西方马克思主义而言，不论是卢卡奇的阶级意识理论，还是科尔施的总体性理论或葛兰西的实践哲学，都不是隐匿在书斋里的学问，其对于总体性或主客体统一等问题的关注不是为了构建形而上学的概念体系，而是有着鲜明的实践指向，而具体的行动主体当然是城市中的工人阶级，但早期的西方马克思主义者似乎没有专题性地关注城市本身的问题，只是将其作为隐性的叙事前提而加以使用。因此，对于空间正义的追求也就弥散于复归阶级意识、追寻总体性以及夺取文化领导权等革命话语之中。该叙事特征在阿尔都塞和列斐伏尔那里发生了转变，前者对于辩证法的逻辑重构开启了结构主义的话语模式，后者则作为空间转向的旗手而直接触发了新的叙事地平。

---

① 《马克思恩格斯文集》第 1 卷，人民出版社 2009 年版，第 225 页。

在阿尔都塞近乎隐喻的空间表述中，对于意识形态国家机器、结构因果性以及多元决定论的论述不仅直接构成了人本主义及其历史哲学的一个反驳，也同时为地理学的激进转向和法国马克思主义的兴起提供了契机；到了列斐伏尔那里，结构性的辩证法已被进一步泛化为包括空间生产、三元辩证法以及城市权利等核心概念在内的总体性诉求。可以说，列斐伏尔的空间理论引发了激进的理论转向，通过空间、社会与生产的辩证互释，不仅延续了经典西方马克思主义的激进主义传统，也激活了马克思以生产为核心的历史性哲学话语。列斐伏尔的理论关键，在于将空间正义的实现寄托于生产方式的变革，即"一个正在将自己转向社会主义的社会（即使是在转换期中），不能接受资本主义所生产的空间"①。在列斐伏尔看来，资本借由现代性（历史性）优势奠定的合法性基础已经丧失殆尽，针对晚期资本主义社会，资本唯有通过"空间的生产"方可维系自身的持存。因此，对于资本的形而上学批判和政治经济学解剖，必须以空间的历史现象学还原为前提，需要"把注意的目标从空间中的物转向空间自身的实际生产过程上来"②。空间的生产的提出可以说是一次彻底的视域转换，其目的在于填补马克思"从交换价值和社会劳动进而讲到资本的有机构成和基于剩余价值学说的（未完成的）关于生产的理论"③。

在列斐伏尔的视域中，空间既非牛顿力学体系中的经验性背景，也不是康德意义上的先验结构，而是能够被生产和再生产的社会存在。在《巴黎手稿》中，马克思将生产理解为"人的类生活的对象化"，正是在这一有意识的生命活动中，"自然界才表现为他的作品和他的现实"。④ 列斐伏尔延续了马克思在《巴黎手稿》时期的生存论路径，从历史和实践层面出发，将生产理解为能够化解主客体二元对立的总体性概念。进入该论域的空间也就丧失了原有的物性指涉，成为由实践活动所构造的且表征了作为主体本质的社会关系的存在物，用列斐伏尔的话说，"生产者的劳动的那些社会规定借

① ［法］亨利·列斐伏尔：《空间：社会产物与使用价值》，载包亚明主编：《现代性与空间的生产》，上海教育出版社2003年版，第55页。
② Henri Lefebvre, *The Production of Space*, Translated by Donald Nicholson Smith, Basil Blackwell Ltd, 1991, p. 37.
③ 张笑夷：《列菲伏尔空间批判理论研究》，社会科学文献出版社2014年版，第96页。
④ 《马克思恩格斯文集》第1卷，人民出版社2009年版，第163页。

以实现的生产者关系，取得了劳动产品的社会关系的形式"①。因此，空间由容纳生产生活活动客观场所转变为生产关系本身而被生产出来，它不仅是社会关系的抽象过程，更是关乎着主体日常生活的形塑和展开的过程，正如列斐伏尔所言，"空间性的实践界定了空间，它在辩证性的互动中指定了空间，又以空间为其前提条件"②。但问题在于资本主义在生产空间的同时，也会将内涵的矛盾与冲突通过空间的方式展现出来，例如异化劳动会导致本应表征主体感性本质的空间僭越为主体的支配性因素，劳动者不仅时刻面对感性疏离与空间正义缺失的窘境，而且类似的情况还将会随着生产和分工的扩大而不断加剧。

列斐伏尔进一步指出了资本主义面临的空间矛盾。在他看来，马克思揭示的生产力和生产关系的矛盾获得了空间的表达式，包括中心与边缘、使用价值和交换价值的矛盾等，但主要矛盾是同质化和碎片化的空间矛盾。一方面，资本需要在不同地理尺度层面生产反映资本意识形态属性的空间形态，将具体、感性的空间形态化约为抽象的权力空间；另一方面，空间会因为资本分工和交换的需要被无限切割，以满足资本对于"可以相互交换之断片的需求"③。换言之，空间实际上是布满意识形态痕迹的政治斗争场所，抽象空间作为权力意识形态的象征而被不断强化，而在具体的政治经济学过程中，资本又是以碎片化的空间方式展开运作，二者构成了生产力和生产关系矛盾的空间表征。但正如资本无法扬弃自身的经济矛盾一样，资本也无法生产出解放性的空间形态，因此，列斐伏尔将空间正义的希望寄托于社会主义空间的生产。

列斐伏尔进一步从总体人的生成视角阐述了以"差异性"为核心的空间正义观。在他看来，资本主义的空间是一个"各元素彼此可以交换因而能互换的商业化空间……经济空间和政治空间倾向于汇合一起，而消除所有的差异"④，而社会主义空间则能够惠及多元主体的利益诉求，通过交换价

① 《马克思恩格斯全集》第44卷，人民出版社2001年版，第89页。
② ［法］亨利·列斐伏尔：《空间：社会产物与使用价值》，载包亚明主编：《现代性与空间的生产》，上海教育出版社2003年版，第48页。
③ ［法］亨利·列斐伏尔：《空间：社会产物与使用价值》，载包亚明主编：《现代性与空间的生产》，上海教育出版社2003年版，第51页。
④ ［法］亨利·列斐伏尔：《空间：社会产物与使用价值》，载包亚明主编：《现代性与空间的生产》，上海教育出版社2003年版，第55页。

值之于使用价值的从属来对抗资本的空间粉碎化趋势；作为关键词的差异性不是来源于外部，而是源自空间生产本身，"抽象空间内部不断聚集着一种新型空间的可能，我称其为差异空间"①，其关键在于消除了存在于资本抽象空间中的虚假总体性，以面向具体历史性的主客体统一，消除国家政治权力对于空间生产的支配以及空间拜物教宰制的感性本质，进而确保了社会中的个人"有接近一个空间的权利"或者说"都市生活的权利"②。列斐伏尔在《城市权利》一书中指出，资本家阶级已经通过技术理性和知识专门化垄断了城市的空间生产权，将城市空间降贬为交织着多元权力斗争的意识形态场所，完全排除了城市生活的伦理和正义属性。因此，要想破除资本逻辑对于空间生产的钳制，避免城市空间沦为资本攫取理论的异化场所，有必要将城市规划置于总体性的哲学视域，从而避免城市的碎片化生产，重塑城市主体的家园意识。在关于空间正义的论述中，列斐伏尔引入了"城市权利"概念，在他看来，"城市权利不能被构想为仅仅是进入城市的权利或者是回归传统城市。它只能被阐述为城市生活权利的转变和更新"③。可见，列斐伏尔的空间正义理论与其日常生活批判和总替代性政治方案的规划密切相关，不仅体现了西方左翼理论家的话语转型与叙事特征，也表明了历史唯物主义切近现实重大问题时的解释力和穿透力。

（四）晚期马克思主义的空间正义理论

詹姆逊在《晚期马克思主义——阿多诺，辩证法的韧性》一书中首次使用了"晚期马克思主义"的称谓，用以指称那些主张运用历史唯物主义原理解读当代资本主义新变化的马克思主义者。不同于后马克思主义的话语政治，晚期马克思主义试图以兼容后现代的方式寻求马克思主义的新的理论增长点。例如在哈维看来，"马克思经常在自己的作品里接受空间和位置的重要性——但是地理的变化被视为具有'不必要的复杂性'而被排除在

① Henri Lefebvre, *The Production of Space*, Translated by Donald Nicholson Smith, Basil Blackwell Ltd, 1991, p. 52.
② ［法］亨利·列斐伏尔：《空间：社会产物与使用价值》，载包亚明主编：《现代性与空间的生产》，上海教育出版社2003年版，第57页。
③ Henri Lefebvre, *The Right to the City*, Blackwell Publishers, 1996, p. 158.

外"①，而在晚期资本主义社会，空间不仅是资本展开剥夺性积累的常规手段，也是通过全球规训以布展权力关系的惯用伎俩。因此，哈维通过将空间和地理学纳入马克思主义的政治经济学框架形成了"历史—地理唯物主义"，在丰富了历史唯物主义的批判性内涵的同时，也进一步揭示了资本空间生产的矛盾特质。就哈维的空间正义理论而言，是其"历史—地理"唯物主义解放政治学的核心概念。在哈维看来，空间生产时代的资本正义依然延续着经济剥削和政治压迫，变化的只不过是手段和方法。因此，在坚定马克思的总体性革命和解放政治立场的同时，还需要关注空间生产与资本积累的逻辑关联，从空间的视角探索替代性政治方案的可能。但在哈维看来，马克思关于"工人阶级联合"的斗争策略已经显得不合时宜，因为面向空间的资本生产已经通过不同维度的地理学表征阻隔了区域联合的可能性，这即是说，资本的"创造性破坏"、"剥夺性积累"以及"空间修复"等策略塑造了一个不平衡的全球空间样态，一方面维系着资本的剩余价值的生产和自我持存；另一方面也加剧了全球层面贫富加剧和生态恶化等正义缺失现象，用哈维的话说，"资本主义活动的地理景观充斥着各种矛盾与张力，而且面临各式各样技术和经济运作的压力，呈现恒常的不稳定状态"②。可以说，不平衡的地理发展既是资本剥削的先决条件，也是资本空间化的必然结果，集中呈现了资本生产关系的对抗性特征。

　　不平衡性带来的正义失范不仅体现在全球性层面，同样也导致了城市生产和自然环境的危机。具体来说，哈维眼中的全球正义不仅涉及政治经济学过程，同时也是空间生产与调整的结构性问题，然而新自由主义主导的全球化实际上是资本凭借其全球权力关系实现剥夺性积累的过程。与此同时，资本主义国家内部的矛盾现象也会获得更大规模地理学尺度的呈现，通过全球资源的商品化、金融自由化以及财富分配不均等加剧全球和区域间的正义失范。哈维的解决路径是将正义的失范纳入不平衡发展的视域加以考量，一方面，资本试图以全球性空间转嫁其生产危机，但物理形态的空间界限意味着资本的空间生产的不可持续性，何况无限度的地理扩张无法扬弃作为危机根

---

① Harvey, *The Geopolitics of Capitalism*, Macmillian, 1985, p. 143.
② [美] 大卫·哈维：《新帝国主义》，阎嘉译，商务印书馆 2009 年版，第 83 页。

源的私有化和社会分工；所以在另一方面，哈维呼吁抵抗者们不仅应当关注微观层面的城市或身体的抗争，同时也应当在宏观的全球层面争取空间的取用和支配权利。因为随着资本的金融化，资本涌流、财富转移以及商品交换等已经摆脱了地方的限制，而全球性的积累活动必然导致财富占有的极化，只有充分把握宏观和微观二重尺度的空间斗争，方可为不同地理学尺度的抵抗力量建构整合的平台，从而使区域化的阶级斗争泛化为全球性的联合，形塑公正合理的全球空间秩序。

对于城市空间而言亦是如此，哈维一向视其为"一种政治、社会与物质组织形式—如同身体政治—是未来好社会的基础"[1]，但资本塑造的城市不再是以生存为要旨的聚落形态，而是出于资本循环和资本积累的目的所刻意生产的时空节点，城市的形成、扩容、改造甚至消亡依据的不是日常生活的伦理诉求，而是资本积累和商品交换规律的逻辑使然，从这个意义上说，城市的形成和发展就是资本的城市化过程，哈维称之为"创造、榨取和集中剩余产品的装置"[2]。在空间正义的寻求层面，哈维继承了列斐伏尔的理论，认为对于资本城市化的抵抗需要联合多元差异的抵抗主体，特别是在后工业社会时期，统治集团为了消解抵抗力量而致力于构筑一个差异性社会，无产阶级因此需要借由更为灵活的斗争策略以构筑行动者的联盟，与之相应的（城市）空间也应当是以包容差异为前提的普遍主义正义论和特殊主义正义论的辩证统一。显然，哈维带有建构主义色彩的后现代正义观是以后工业时代的资本主义社会现实为基础的，但其空间正义的要旨与其说是对于资本主义生产方式的扬弃，毋宁说是差异政治主体的发现与结合问题，这一方面体现了卢卡奇式的悲观论调和阿多诺的"星丛政治"取向；另一方面也展现哈维试图通过列斐伏尔的"差异性"的回溯而替代在资本主义的革命情结，但他对于革命的主体、中介乃至具体的革命策略却始终语焉不详，这也决定了哈维的解放政治展望依旧难以摆脱浪漫的乌托邦想象。

哈维还将人与自然关系的生态维度纳入了空间正义的考察。在哈维看来，作为社会关系表征的空间包含着社会和环境的二重维度，而资本的全球

---

[1]　Harvey, Paris, *The Capital of Modernity*, New York：Routledge, 2003, p. 64.

[2]　David Harvey, *Social Justice and the City*, Johns Hopkins University Press, 1973, p. 237.

化造成了比以往任何时期都要严重的生态问题，立足于不同生态价值观的行动者们怀着惴惴不安的心情要么耽于行动中的乌托邦正义，要么陷入了独裁主义的精英政治，忽视了那些越轨行为对于嵌入与生活系统的影响。因此，哈维反对流于价值观层面的抽象说教，而是寄希望于在"生命之网"中建立"辩证的时空乌托邦"，前者"假定一个辩证法能够公开而直接地阐明时空动态，还能够描述把我们如此紧密地束缚在当代社会—生态生活这个精致罗网中的多重交叉物质过程"①。由于破除了资本单一化的空间生产模式，时空乌托邦能够容纳"自然"、"环境"和"他者"等要素，将以往作为问题两面的"社会"与"环境"辩证统一于空间生产的过程中，即能够将散落的"战斗的特殊主义"通过制度化的空间秩序泛化为反对资本主义的普遍斗争。"全部有关环境的提议都必然是社会变迁的提议，针对他们的行动总是需要用某种评价体制的'自然'来做具体的例证"②。从这个意义上说，作为替代性方案的时空乌托邦同样也是生态社会主义，它一方面表明了社会主义制度的确立意味着人和自然的关系已经从资本普遍的异化状态中剥离出来；另一方面也向我们展示了"历史—地理"唯物主义的生态敏感性及其对于揭示准资本空间失范的关键意义。可以看出，哈维将空间正义的诉求纳入微观政治的叙事层面，虽然呈现了多元主义的分散化倾向，但在理论结局层面则坚守了阶级政治的总体革命观，正如他所言，我们需要以"一种进化的社会主义视角或其他的替代视角需要去理解环境问题的特定阶级内容和定义，并围绕其决议来寻求联盟"③。因此，无论考察哈维的空间正义理论，还是检视其"辩证的时空乌托邦"理想，都体现了哈维坚定的马克思主义立场。

（五）后马克思主义的空间正义理论

"五月风暴"后期，面对资本主义社会历史条件的变迁，围绕历史唯物主义形成的激进左翼开始了后现代的转型，形成了以拉克劳和墨菲的《霸

---

① ［美］大卫·哈维：《希望的空间》，胡大平译，南京大学出版社 2006 年版，第 195 页。
② ［美］大卫·哈维：《正义、自然和差异地理学》，胡大平译，上海人民出版社 2011 年版，第 136 页。
③ ［美］大卫·哈维：《希望的空间》，胡大平译，南京大学出版社 2006 年版，第 7 页。

权与社会主义战略》为标志的后马克思主义思潮。该思潮遵循了后结构主义的阐释逻辑，在肯定了资本主义生产方式的非正义性的同时，认为以工人阶级为主体的阶级政治已经"丧失"了历史可能性，主张将碎片、偶然以及差异化的革命主体"链接"为基于文化和政治认同的霸权主体，通过话语革命的方式呈现激进的政治诉求。后马克思主义思潮虽然解构了历史唯物主义的诸多核心范畴，但却契合了当前西方民粹主义抬头、阶级政治衰落以及左派知识分子开始分化整合的社会现实，因而也产生了较大的影响。自从该思潮诞生以来，一系列的交锋与诘难盘桓其中，拥趸如德里达者笔耕不辍，批判如哈贝马斯者则认为现代性是一项"未竟的事业"，但无论如何，我们都不能忽视该思潮的理论效应，就空间正义的理论谱系而言，洛杉矶学派的代表人物爱德华·索亚综合了马克思以生产方式为核心的历史性哲学话语和列斐伏尔理论中的后现代主义因素，形成了极具特色的后现代景观学批判。

在索亚看来，只有借助于"空间转向"才能解决西方马克思主义面临的叙事危机，为此，索亚试图在空间和文化等关键词中寻求新的本体论建构，以期在"祛除"历史主义内涵的先验的本质主义逻辑的同时，"扭转"马克思主义的反空间传统。具体来说，索亚在综合吸收了存在主义、结构主义马克思主义和列斐伏尔的三重辩证认识论想象的基础上，形成了包含社会、历史和空间在内的三元辩证法，并据此进一步阐发了他的"空间本体论"。但较之于列斐伏尔的先锋派路径和哈维的政治经济学方法而言，索亚走得更远，他甚至认为如果我们依旧把马克思强调的生产还原为物质的生产，那就无法对"隐藏于资本主义的地理不平衡发展背后的各种更一般的更多层的过程进行概念化并在经验上加以检视"[1]。这里，索亚继承了他的老师列斐伏尔的理念，认为资本主义的生产已经从空间中的生产走向了空间本身的生产，而后者正是资本借以复制生产关系主要手段；进一步说，索亚认为马克思阶级政治已经无法应对资本日益流动化、复杂化和碎片化的统治方式，资本主义生产关系也只能空间性地表征自身，所以我们要从"对都

---

[1]　［美］爱德华·索亚：《后现代地理学》，王文斌译，商务印书馆2004年版，第173页。

市现象的马克思主义分析"转向"马克思主义追问性的都市主义理论"①，即通过将马克思的历史唯物主义"翻转"为后现代的地理景观学并辅之以批判的经验性研究，"建立一种政治化的空间意识和一种激进的空间实践"②。

在空间正义的理论建构中，索亚给出了不同于列斐伏尔和哈维的理解。在他看来，就当前的资本主义国家而言，自由和解放的理念已经不可避免地沾染了保守主义色彩，所谓空间正义也因为区域或空间概念的模糊而显得抽象起来。因此，正义不能仅仅充当某种理想状态的价值表征，更应当作为集结抵抗力量的前提或依托，使得不同地理学尺度的空间主体能够整合为区域化的行动者联盟，为都市空间的民主权利和空间正义而共同斗争。可见，索亚眼中的空间正义和列斐伏尔的论述有着明显差异，如果说列斐伏尔用"差异"表征的解放蓝图依旧是试图赋予空间生产的真实主体以回归"主流"的权利（列斐伏尔称之为"空间权"或"接近空间的权利"），那么索亚虽然也将话语指向了失范的城市空间关系，但他对于前者的关注更多是为了探讨如何通过激进的空间实践将霸权的反抗话语嵌入到深层次的地理脉络，也就是在更宽泛的意义上正义做出界定。其一，面对全球化、区域化和城市化持续勃兴的当下，索亚认为我们需要的不仅是列斐伏尔言说的"进入城市空间的权利"，更是后大都市时代的"进入城市区域的权利"，意味着城市并不构成对抗资本权力关系的空间界限，乡村等尚未城市化的地带也应纳入斗争的视野之中；其二，索亚眼中的城市权不仅仅是城市空间的秩序重建，也是对城市不正义形成过程和关系的批判。③ 因此，需要团结的不仅仅是传统意义上的产业工人，还应包括那些身处边缘地带的被压迫群体和少数族裔，而空间正义恰恰构成了凝聚组织力和战斗力的能指符号。可见，如果列斐伏尔和哈维等学者眼中的空间正义来自社会生产方式的替代，那么索亚则迈向了微观政治学视域中的话语正义，其在本质上是一种协调多元主体联盟的集体行动逻辑，而非马克思意义上的基于物质资料生产的历史性道德规范。

---

① ［美］爱德华·索亚：《后大都市》，李钧等译，商务印书馆 2006 年版，第 132 页。
② ［美］爱德华·索亚：《后现代地理学》，王文斌译，商务印书馆 2004 年版，第 115 页。
③ 参见王志刚：《历史唯物主义与空间政治思想——以索亚为例》，载《天津社会科学》2014 年第 4 期。

三、空间正义理论的问题域

我国正在经历着人类历史上前所未有的城市化浪潮，这种超大尺度的空间重组伴随着转型时期的社会阵痛共同构成了我国空间正义理论的问题域。就理论层面来说，空间正义的凸显本应是都市现代性及其批判理论发展的逻辑使然，但我国对于空间正义的关注很大程度上来自实践的倒逼，在理论和实践的辩证互动中存在时间和空间上的错位；就实践层面而言，我国以往的城市生产往往以数量和规模取胜，较少关注土地资源配置和空间权益等问题，滋生了城乡发展失衡、空间隔离与排斥以及征地拆迁等空间失范问题，聚焦这些问题领域，对于提升空间向度的理论自觉以及实践中的方法论意识都有积极意义。

（一）资本积累与全球空间正义

在全球化过程中，不同国家和地区在参与程度、权责担当以及利益分享层面都体现了不平衡性，如何确保上述过程中的公平和正义成为时下关注的重要问题。马克思主义的全球化理论中包含了深刻的空间洞见，在马克思的视野中，资本的空间生产不仅是开辟"世界历史"的重要手段，也是布展意识形态的权力机制。在《共产党宣言》中，马克思一般意义上勾勒出人类普遍交往活动的空间效应，并将上述由感性的人化空间向世界历史空间转化的过程性考察，纳入资本逻辑及其后果的关注中，呈现了资本生产的空间向度；在《资本论》及其手稿中，马克思基于剩余价值理论的论述，揭示了资本通过时空规划而更新自身存续机制和权力控制模式的具象过程，明确了断裂和差异的地方性生产实际上是资本逻辑的必然后果和内在要求，反映到现实层面，则是一个布满中心和边缘、矛盾与剥削的空间样态。

具体来说，马克思和恩格斯在《共产党宣言》中从三个方面给出了关于资本主义的空间说明：首先，资本的利润诉求驱使着世界市场的拓殖，类似于中世纪那种板结、断裂的僵化空间被打破，随着世界性的市场体系和消费体系的形成，资本主义的工业文明开始了世界历史的书写，无论是物质生活还是精神生活，都被打上了资本的烙印。其次，全球化的动力基础源自资本主义的生产方式，在文化层面则表征为资本现代性基础上的启蒙理性，其结果是资本主义世界体系的形成，即以空间为表征的资本主义生产关系及其意识形态的生产和再生产。最后，资本的空间生产造成了全球性的空间断裂：东方与西方、城市与乡村、工业文明与农业文明处于永恒的对立状态，所谓正义只不过是黑格尔式的主奴关系哲学的外化，即拥有自为意识的独立性主人对于只有依赖意识的奴隶的支配与压迫，这种以包裹于实质不平等的形式平等及其派生的世界秩序构成资产阶级全球正义观的价值基础。与此同时，资本等级化的空间生产也透显出了某种同质性的趋势，即试图将感性、真实的差异性空间规训为符合资产阶级制度安排与道德秩序的抽象空间，任何有悖于自身尺度的理性都将被纳入强制范畴，成为被排除于凝结性结构中心的耗散性边缘。据此，马克思的全球正义话语一方面没有停留于抽象的道德说教，另一方面也没有基于泛化的空间失范现象而先天地加以拒斥，因为在马克思看来，全球化现象不仅涉及经济范畴，同时也是以空间为表征的社会关系的重构和重组的问题，所谓全球化的实质是资本主义凭借其宽泛的生产主义伦理布展其权力关系的过程，作为结果，原本局限于微观地理学尺度的矛盾与问题必然呈现于广义的空间层面，导致国家和地区间的正义失范。因此，只有立足于历史本质主义的叙事维度，将正义的话语建构依托于资本主义生产方式的批判，方可凝练公正合理的全球政治经济新秩序。

在以《资本论》及其手稿为代表的政治经济学批判中，马克思给出了关于全球空间正义的进一步说明。在马克思看来，市场占有的多寡以及交换的普遍化程度是资本主义赖以生存的条件，一方面，因为货币资本只有通过市场的过滤方可向固定资本和可变资本转化，从而为扩大再生产以及资本增殖提供条件。"资本越发展，从而资本借以流通的市场，构成资本流通空间道路的市场越扩大，资本同时也就越是力求在空间上更加扩大市场，力求用时间去更多地消灭空间。"① 马克思在这里实际上给出了一组关于时间和空间的辩证关系，只不过以资本积累为动力的空间生产必然伴随着殖民主义的

---

① 《马克思恩格斯文集》第 8 卷，人民出版社 2009 年版，第 169 页。

强权政治，这既是资本所无法克服的经济危机的空间表征，同时也是其试图通过全球层面的空间规训进而推行商品霸权的惯用伎俩。另一方面，虽然以时间为境遇的积累策略构成了资本维系自身持存的主要手段，但马克思敏锐地捕捉到了资本危机转嫁的新形式——资本的空间生产，即通过空间拓殖消化过剩资本，从而缓解过度积累的危机。实际上，随着世界市场的确立以及全球金融体系的形成，资本也会出现由于过度积累而形成了盈余资本或劳动，这些都是凭借单一的地理学尺度所无法消解的，马克思因此断言"创造世界市场的趋势已经直接包含在资本的概念本身中"[①]，资本内涵的地理学冲动持续促使作为价值尺度的抽象劳动从狭隘的"地方"泛化至广义的全球层面，将原本蕴含丰富差异的感性空间耦合为均质化（经由货币的中介）的地理景观，而随着抽象的资本部类区分完成了对人文地理学差异的同一性强制，资本也就凭借着空间的生产完成了全球性的权力部署。资本的全球化不仅是历史唯物主义的生成语境，同时也构成了后者批判的理论所指，马克思将全球空间正义的实现寄托于资本主义生产方式的扬弃，为破解资本全球化导致的空间失范现象，以及"中国方案"倡导的开放、包容、普惠、平衡、共赢的新型全球化的实现提供了理论依托。

（二）城市空间生产与正义的场域化

对城市理论和空间正义理论而言，城市空间的普遍生产带来了机遇和挑战的并存局面。一方面，城市社会的形成为空间正义的理论自觉提供了实践场域，为正义理论介入日常生活提供了新的研判视角；另一方面，既有的正义理论对于城市生活的伦理观照还有待进一步自觉，系统的城市空间正义理论尚待系统营建。因此，有必要对城市空间正义开展进一步探索，以期推动我国日益形成的城市社会的伦理化和持续化发展。

具体来说，虽然现代意义上的城市形成是晚近以来的事情，但它一经出现，就迅速占据了空间生产的主要方面，以至于我们可以用城市（都市）社会来概括当下的生活世界。从西方来看，城市生产经历了由传统到现代转换，资本利益化、世俗化的伦理系统替代了神秘主义的宗教传统构成了城市

[①] 《马克思恩格斯文集》第 8 卷，人民出版社 2009 年版，第 88 页。

生产的主要力量，前者在塑造现代性空间的同时，也会将内在的矛盾和张力内化其中，正如哈维理解的那样，城市本性和资本特质有深层次的关联，城市问题不过就是资本问题的空间表达式。因此，资本主义国家的城市空间生产往往是多方社会力量的角逐场域，广泛渗透着以资本权力等因素，其结果便是将资本危机空间性地刻画为断裂、碎片、等级或同质性因素，成为正义失范的经济根源。马克思曾经指出，"最一般的抽象总只是产生在最丰富的具体发展的场合"①，面对堆积着庞大商品的资本主义世界，马克思通过"抽象—具体"的研究方法，将概念化、符号化的"资本一般"具象地表征为感性存在物，通过生活化的认识论策略揭示了资本的剥削本质，以历史和逻辑相统一的方式提供了城市空间正义研究的方法论依据。

就当前的资本积累模式而言，随着"福特—凯恩斯"主义的逐渐式微，资本开始倚重弹性生产和灵活的积累策略，城市空间也随之由生活的实践境遇转换为积累的空间节点，融入资本循环的政治经济过程中。在该转向中，作为一种良性、可持续的价值期许的正义及其理解也发生转变，特别是当资本逻辑通过城市的中介而渗透于主体的日常生活，正义的话语基础也从传统的精英主义或社群主义的精英阶层论，转向基于生活世界的生存论诉求，在资本空间生产的语境中，我们将正义的讨论纳入城市的地理学论域，以期通过微观化和场域化的哲学指认，为作为良性秩序的"实体正义"以及作为价值期许的"观念正义"搭建生活化的微观语境。显然，城市（都市）社会的崛起提供了价值认同与情感凝聚的空间基础，城市正义则是以此为前提的问题反思和理念确认。一当城市成为正义的实践场域，正义也将给予城市的存续合法性以价值确认，正如有学者所言，"正义转换史与城市发展史深层互动。在方法论与语境论意义上，正义也就是城市正义，没有城市也就没有正义，反之亦然。正义是一个城市存在与可持续的价值保证，非正义的城市繁荣只能是昙花一现"②。

需要指出的是，城市正义并不独立于社会正义而存在，前者资本批判的场域化的投射，其目的在于历史地确认城市社会发展趋势的基础上，将城市

---

① 《马克思恩格斯文集》第 8 卷，人民出版社 2009 年版，第 28 页。

② 陈忠：《走向微观正义——一种城市哲学与城市批评史的视角》，载《学术月刊》2012 年第 12 期。

的空间和人的主体性塑造等同起来，即把城市的形成及其演化看作主体实践活动的感性结果，马克思从现实性上将人的本质视为社会关系的总和，表征了社会关系的空间及其生产，象征着主体对于自我本质的全面把握。此外，当下的城市正义与在前现代时期的城邦正义有着本质的区别，后者由于生产力发展水平、资源禀赋以及人口数量的限制，只能将话语权围于少数的权贵阶层，然而少数人的正义实际上是以牺牲多数人的公平为代价，例如柏拉图和亚里士多德谈及的城邦正义实际上维护的是基于先赋性因素的集权秩序，未被纳入城邦公民范畴的群体则始终处于他者或边缘的状态。因此，这种惠及少数群体的城邦秩序仅仅是抽象的正义。真正的城市正义则首要地将城市视为生成论、系统论以及关系论意义上的空间有机体，正如马克思提到的那样，"地块随它的主人一起个性化，有它的爵位，即男爵或伯爵的封号；有它的特权、它的审判权、它的政治地位等等。土地仿佛是它的主人的无机的身体"①。这即意味着城市空间不仅能够以可感的方式复现作为主体本质的社会关系，同时也能够表征特定生产方式的权力部署关系，而所谓城市空间正义，实际上是对空间背后所铭刻的生产关系的规约与调整。

（三）网络空间的正义向度

通常情况下，我们将时间和空间理解为实践活动的展开维度，这种基于物质本体论假设的时空观自亚里士多德的《物理学》发端，经过近代法国唯物主义以及德国古典哲学的中介而辗转为马克思哲学变革的前提，开启了实践论、生存论的时空观革命；列斐伏尔等空间论者虽然在马克思的基础上予以了进一步阐释，但依旧是将空间置于相对稳定的叙事结构中展开论述，卡斯特则将目光聚焦于流动空间的阐释，在他看来，"流动不仅是社会组织里的一个要素，流动还是支配了我们的经济、政治和象征生活之过程的表现"②。卡斯特基于网络社会崛起的社会现实，从主体交往活动的"不在场的在场"性出发，对于网络化和信息化背景下的资本、技术和符号之流所生产的空间形态展开研究，形成了独具特色的流动空间和网络社会理论。

---

① 《马克思恩格斯全集》第 42 卷，人民出版社 1979 年版，第 83—84 页。
② ［美］曼纽尔·卡斯特：《网络社会的崛起》，夏铸九等译，社会科学文献出版社 2000 年版，第 505 页。

卡斯特首先就技术理性与空间的关系展开探讨。在他看来，技术不单纯是服务于人类活动的功能性中介，而是成为目的本身。时至今日，方兴未艾的信息技术深层次地介入与主体日常生活，带来了两个方面的改变：一方面，技术理性日益僭越了人类的主体地位，人们再无法以使用者的姿态支配技术，而是成为技术的共在；另一方面，主体的意识结构、生存环境以及感性世界遭遇重构，突出表现为网络空间和生活空间的深度融合：它可以是卡西尔意义上的"抽象空间"，即由二进制的电子数据流所延异的具有"类地方"性质的虚拟空间；也可以是列斐伏尔的三重辩证法指涉的"再现性空间"，即蕴含着解放政治属性但同时又被都市规划者有意遮蔽的零散化的能指想象；在更直接的意义上，它也是卡斯特言说的"流动的空间"。这里的重要区别在于列斐伏尔眼中的空间象征的是脉络清晰、牢固稳定的"强纲领"，反映了资本的利益形态和伦理关系，而流动空间则表现为一种"易碎的绝对"，表征的空间关系也往往按照社会精英和技术垄断者的架构旨趣而显得短暂和不稳定，设计者们不仅比以往更容易摆脱空间关系的限制而攫取更多资源，也更容易通过生产流动空间将那些分散、差异的不均衡性组织起来，卡斯特用"网络社会"描述这种新型社会关系系统。在他看来，网络社会凭借电子网络的瞬时性，不断消解传统意义上的在场性，依靠网络的即时传递，主体交往摆脱了需要物理空间照面的限制，实现了真正意义上的数字化生存；此外，虽然资本的扩张性在马克思时代即已显现，但生产要素的全球交换到了网络化时代方才实现，随着信息化的数字资本的能动连接，不仅资本的生产和交换能够在不同的地理学尺度上共时态地展现，官僚主义的碎片化趋势也从垂直的纵向结构开始了横向的转换，一个深刻的结果，便是地方性的丧失以及以民族国家为基础的认同合法性的消解。

面临崛起的网络社会，卡斯特立足于列斐伏尔的立场，认为空间的形态、功能及意义来自社会关系的赋予，但它又不仅是社会关系的物性表征，更是历史总体的共时态呈现，因此，面临社会的结构性转型，"新的空间形式与过程正在浮现，应该是个合理的假设"①。卡斯特将该变化进一步聚焦

---

① ［美］曼纽尔·卡斯特：《网络社会的崛起》，夏铸九等译，社会科学文献出版社 2000 年版，第 504 页。

于"流动空间"的生产，在他看来，流动是网络社会的根本特性，包括资本、信息、技术以及符号和映像的持续流动支撑着整个网络社会的存续。在流动空间中，除去作为信息通道的电子网络以外，占据不同地理尺度的实体性的数据处理和交换中心以及那些操控数据的尖端技术人才扮演了关键性角色。据此，卡斯特阐发了一种针对"地方"的排斥机制，即那些被称为"地方"的传统空间单元，例如拥有清晰地理边界和空间意义的国家、城市以及社区等，终将无一例外地以数字节点的方式裹挟进全球性的网络空间中，因为在流动的网络社会中，空间的意义全然在于其作为网络节点的价值。随之而来的是传统的中心和边缘秩序的重构，以及寄生于具体空间尺度的历史、记忆乃至身份认同的消解，卡斯特指出，"形式、功能和意义都自我包容于物理临界性之界限内"① 的传统"地方"已经被过滤为丧失了自我指涉能力的积累节点，一方面是资本凭借信息网络的瞬时流动以及资本家利益的全球连接；另一方面则是网络化的空间拓扑对于集体行动逻辑强制，即通过断裂主体间性而推广原子化的生存方式，继而消散一切解放性的政治期许与行动规划。此外，支配网络的技术精英成为新的权力阶层，为了确保空间生产的控制权，他们与技术官僚和政治精英等深度往来，并在城市设计、社区规划乃至社会定价策略方面肆意渲染精英化的象征氛围，从而生产新的空间等级秩序。总之，流动空间的生产体现了电子化和网络化时代的资本的技术逻辑，虽然可经验的感性空间依旧存在，但其与主体的结构性意义却已丧失殆尽，因此，彰显网络空间的正义向度，对于抵制资本主导的全球化和城市化进程有重要意义。

（四）生态正义的空间阐释

"空间"和"生态"已经成为西方左翼学者共同的理论关切，他们一方面试图"回到马克思"，希望从马克思和恩格斯的经典阐释中找寻理论建构的思想资源；另一方面则根据当代资本主义的新变化给出个性化的阐发。例如列斐伏尔以变革空间生产方式前提的总体性生态观，大卫·哈维的生态社

---

① ［美］曼纽尔·卡斯特：《网络社会的崛起》，夏铸九等译，社会科学文献出版社 2000 年版，第 518 页。

会主义思想便是典型，二者的共同特点，在于超越了西方生态主义者拘泥于价值观维度的控诉，旗帜鲜明地将内涵生态维度的空间正义及其实现寄托于资本主义生产方式的扬弃，前者从资本空间生产的非生态化入手，指明了以增殖逻辑为原则的资本空间导致了"自然空间已经无可挽回地消逝了"①。哈维则将基于身体、城市和全球的空间解放构想作为寻求生态福祉的方法论原则，通过生命之网、"埃迪里亚"以及辩证乌托邦概念，揭示了空间、生态与正义的辩证法及其隐喻的社会主义语言。可见，空间论者对于生态正义的论述不仅避免了将自然的敬畏等同于回归乡野的反生产主义的后现代论调，也超越了西方马克思主义者强调思辨色彩的感性解放，将空间批判、生态正义以及解放政治有机结合起来，为不同空间尺度中的生态反思以及解决路径的思索提供了有益启示。

对于生态正义的空间阐释应当回溯至马克思，正是马克思的资本总体性批判时空共轭地揭示了资本的生态异化逻辑，进而注入了空间正义阐释的新的话语资源。首先，马克思在《巴黎手稿》中提出了人与自然和谐共生的思想。在他看来，黑格尔的主奴辩证法虽然在关系维度上揭示了人与自然关系的同构性，但也仅仅基于思辨形而上学或者说劳动的精神形态的片面阐释，其结果便是只承认人和自然的和谐关系（奴隶因改造自然而获得独立意识进而成为新主人的过程），而将人与人的关系作为"恶的循环"并加以消极探讨；但就感性活动的全面意义而言，马克思继承了黑格尔基于劳动而统一了人和自然的总体性视域，但马克思反对黑格尔将自然视为绝对精神之外化的理念论的自然观，认为人类不仅是自然界的产物，也能够凭借感性活动来表征自然，即"人直接地是自然存在物。……人只有凭借现实的、感性的对象才能表现自己的生命"②。与此同时，马克思强调人之本质并不是本能性的定在，而是由实践形塑的关系总和，先于人而存在原始自然正是因为因实践的中介而进入了主体的意义世界体，但关键在于劳动的异化导致原本作为人的无机身体的自然被降贬为生命维系的生产资料，一方面，异化是空间中的异化，指的是发生在特定空间背景中的异化现象；另一方面，异化

---

① ［法］亨利·列斐伏尔：《空间：社会产物与使用价值》，载包亚明主编：《现代性与空间的生产》，上海教育出版社 2003 年版，第 53 页。

② 《马克思恩格斯文集》第 1 卷，人民出版社 2009 年版，第 209—210 页。

也是空间本身的异化，即作为"一切生产和一切人类活动所需要的要素"①的空间，为资本交换逻辑的介入以及空间本身的生产提供现实的可能。据此，马克思为共产主义引申出了自由的生态维度，即通过"人向自身、也就是向社会的即合乎人性的人的复归"②，"使每个人都有社会空间来展示他的重要的生命表现"③。

其次，就空间和生态的关系而言，马克思并没有给出直接性的阐释，而是将二者统一于资本批判的总体性视域，即社会关系的空间表达内含着生态维度，人与自然的和谐追寻也将获得空间向度的呈现中。具体来说，马克思和恩格斯在《德意志意识形态》中确认了人与自然的关系之于劳动的首要地位，在马克思看来，"全部人类历史的第一个前提无疑是有生命的个人的存在。因此，第一个需要确认的事实就是这些个人的肉体组织以及由此产生的个人对其他自然的关系"④。对人与自然关系强调一方面凸显了马克思考察视域中的生态维度，但更重要的是通过批判黑格尔式的"非现实性"，呈现出"物质环境"或者说"生活世界"的重要性，正如马克思批评的那样，"这些哲学家没有一个想到要提出关于德国哲学和德国现实之间的联系问题，关于他们所作的批判和他们自身的物质环境之间的联系问题"⑤。实际上，随着马克思将批判的目光聚焦于生活世界，历史的显性话语也就会透显出隐性的空间维度，这既是实践唯物主义的逻辑必然，也是共时态地切入资本主义国家结构分析的理论要求，关于这一点，我们在《德意志意识形态》中马克思使用的生产、交往、分工、世界历史等带有空间隐喻的概念都可以普遍地观察到。与此同时，也正是通过上述概念群组的中介，前期的感性世界（空间）得以被马克思界划为当下的生活世界（空间），二者也共同构成马克思谓之"一方面是自然关系，另一方面是社会关系"⑥ 的双重空间表征。但马克思此时并没有从劳动（物质变换过程）的角度加以细致甄别，而只是在中介的

---

① 《马克思恩格斯全集》第 25 卷，人民出版社 1974 年版，第 872 页。
② 《马克思恩格斯文集》第 1 卷，人民出版社 2009 年版，第 185 页。
③ 《马克思恩格斯文集》第 1 卷，人民出版社 2009 年版，第 335 页。
④ 《马克思恩格斯文集》第 1 卷，人民出版社 2009 年版，第 519 页。
⑤ 《马克思恩格斯文集》第 1 卷，人民出版社 2009 年版，第 516 页。
⑥ 《马克思恩格斯文集》第 1 卷，人民出版社 2009 年版，第 532 页。

意义上揭示了作为总体性哲学规定的"生活空间"所内含的自然关系维度。

最后，马克思在《资本论》中将"劳动"进一步界定为"人以自身的活动来中介、调整和控制人和自然之间的物质变换的过程"①。这就意味着马克思开始将"自然主义"和"人道主义"的历史性统一，置于狭义历史唯物主义的政治经济学批判视野，即通过对资本主义生产如何颠倒地决定人与社会关系的这样一种情境的指认，揭示了资本的反生态本性，即资本主义的雇佣劳动和对劳动的个人占有形式不仅导致物质变换的断裂，而且"这种分离只是在雇佣劳动与资本的关系中才得到完全的发展"②。究其缘由，在于资本的增殖诉求和利润机制已经内含了"创造世界市场的趋势"③，这既是资本权力关系再生产的空间机制，也是重构作为生产之先决条件的自然空间的过程，马克思就此指出，"有一定空间的生产场所，能够最大限度地逐渐地吸收资本。在进行自然再生产的地方也是这样"④。但问题在于随着生产要素的空间集聚和生产的持续扩大，全球层面的生态压力也逐渐加大，一方面，自然空间向社会、人文空间让渡与转换过程被嵌入了利润诉求，原本感性地、实践地进入人类视野的空间沦为了待价而沽的商品，导致了自然空间面向社会空间的变换机制断裂；另一方面，资本的利润诉求决定了其会在占有的任意空间尺度上推行消费主义生存方式，随之而来的是马克思称为"商品拜物教"的幻象形式以及生活空间的普遍物化，然而不断扩大的商品供给势必造成资本主义生产力与生产关系及其生产条件的矛盾，从而引发资本主义生态危机。因此，无论是就资本超越生态限度的空间生产（例如城市化）而言，还是对于空间资本化带来了生态失衡来说，理应构成空间正义的批判性视域。

四、西方空间正义理论的理论得失

全球化和都市化的问题逻辑凸显了正义的空间向度，以列斐伏尔为代表的理论家试图空间性地破解资本的逻辑变迁和意识形态策略，围绕空间生

---

① 《马克思恩格斯文集》第5卷，人民出版社2009年版，第207—208页。
② 《马克思恩格斯全集》第30卷，人民出版社1990年版，第481页。
③ 《马克思恩格斯全集》第46卷（上），人民出版社1979年版，第391页。
④ 《马克思恩格斯文集》第6卷，人民出版社2009年版，第193页。

产、城市权利、差异政治学以及生态社会主义等议题形成了系统化的空间正义理论，为拓展历史唯物主义的空间维度以及整合不同时空规模的抵抗力量提供了理论借鉴。但理论家们也不免存在疏漏之处，例如本体论的空间化、方法论实证主义化、叙事的后现代化以及解放政治的乌托邦化等。因此，有必要在细致甄别的基础上明辨西方空间正义理论的得失，以期为都市化和全球化背景下的中国特色空间正义理论建构提供理论借鉴。

（一）西方空间正义理论的积极方面

西方空间正义理论的积极方面主要体现在如下三个方面。具体说：

第一，紧扣全球化与城市化的时代脉搏，推进正义理论的反思与重构，为空间生产提供有效的价值规范。资本不仅是一种历史性的生产方式，更是一种空间性的生产方式。通过空间生产，资本不仅完成了全球权力部署并续写了生产关系的再生产，也改变了传统的生产模式、积累策略以及意识形态结构等，特别是随着资本生产技术范式的后福特主义转向，广泛呈现的弹性生产、灵活积累和垂直转包等凸显了资本空间向度，不仅溢出了传统西方左派的叙事范畴，也为历史唯物主义提出了新的问题领域。尽管列宁的帝国主义理论和卢森堡的资本积累论已经相当程度上触及了空间问题，但其面对的仍只是"空间中的生产"时代，而非晚期资本主义的"空间生产的时代"。对此，空间理论家通过空间转向，将问题具体化为元理论层面的叙事策略更新，一方面是基于政治经济学批判的宏观切入；另一方面是强调日常生活视角的微观考察，共同刻画了资本权力运作的地理向度和空间模式。

传统的正义理论大多诉诸历史主义的叙事，强调从历史地把握社会失范现象的滋生根源、表现机制和解决方式，因而突出了正义的时间性维度；空间正义则在元理论层面反思和重构了正义的叙事路向，认为历史主义的正义话语实际上对应的是现代主义的宏大叙事，不仅忽视了关乎着主体性生成生活世界，也为作为反思和批判性话语的正义理论带来了诠释学危机，正如索亚所言，"批判阐释学仍然被笼罩于一种时间性的万能叙事，而不是笼罩于一种可以相比较的地理学概念"[①]。而空间论者肇始的理论转向则改变了上

---

① ［美］爱德华·索亚：《后现代地理学》，王文斌译，商务印书馆 2004 年版，第 16 页。

述传统，在其看来，空间既不是牛顿物理学所派生的绝对时空，也非康德先验感性论意义上的先天直观形式，它甚至不是对应于"时间"而言说的经验维度，而是象征着生生不息的社会历史本身。因此，对于空间的解读就不能脱离于社会形态、生产方式以及社会主体等概念。列斐伏尔也正是在此意义上强调资本生产的"抽象空间"导致了城市社会的碎片化和全球空间的等级化。

在列斐伏尔看来，"抽象空间"具有"同质—碎片—等级"化特征，象征着资本现代性力图呈现的那个普遍且自恰的物化世界，而随着主体的社会关系被替换为以货币为中介的商品关系，丰富的感性空间也异化为视觉主导的景观和符号，沦为资本的权力表征。与此同时，同质化的空间又是以碎片化的方式呈现出来的，例如城市的功能区位划分等，只不过这种规划并不是以主体的需求为导向，而是反映了社会等级的区分，充斥着中心与边缘的对抗。更为重要的是，类似的空间生产"不是在某一政治国家范围内，而是在国际和全球范围内，在全球国家体系范围内的生产"①。这即是说，类似的抽象空间能够在大尺度的地理学层面演绎相同的逻辑，使全球空间沦为充斥了压迫与不平衡的等级空间；但也正是作为尺度极限的"全球"引发了空间生产的悖论，列斐伏尔称为"空间粉碎化"与"在前所未有的巨大尺度上处理空间的科学与技术（资讯）能力"②的矛盾，或者说象征利润和交换价值的消费空间和代表了主体需求的日常生活空间的矛盾。列斐伏尔据此给出了正义的空间形态策略——差异性的空间生产，一个既能对抗同质、碎片和等级化生产策略，也能够赋予主体都市权力的空间形态，"在我们能够感知的范围内，社会主义的空间将会是一个差异的空间"，其实质在于"从支配到取用的转变以及使用优先于交换"③，这就意味着需要把商品交换所抽象和形式化的社会关系，空间性地表征于日常生活的过程和场域之中，通过城市主体的权利赋予，彰显空间的正义维度。显然，列斐伏尔眼中的正

---

① 张笑夷：《列菲伏尔的"空间"概念》，载《山东社会科学》2018 年第 9 期。
② ［法］亨利·列斐伏尔：《空间：社会产物与使用价值》，载包亚明主编：《现代性与空间的生产》，上海教育出版社 2003 年版，第 51 页。
③ ［法］亨利·列斐伏尔：《空间：社会产物与使用价值》，载包亚明主编：《现代性与空间的生产》，上海教育出版社 2003 年版，第 55 页。

义需要"场域化"或者说表达为特定的空间生产方式，这既是其重审"五月风暴"后的左翼解放政治走向的理论成果，也是其反思城市化和全球化浪潮的逻辑必然，列斐伏尔的阐释路径影响了整个空间正义理论的走向，构成了后来者的重要理论资源。

第二，揭示当代资本主义的新变化，丰富空间理论的叙事维度，提升马克思主义的批判力与解释力。当代资本主义发生了诸多变化，包括劳动的新特性、生产的技术范式、金融资本创新以及（逆）全球化等，在晚期马克思主义和后马克思主义者看来，上述变化虽然构成了马克思主义的实质性"挑战"，但重要的是通过话语的"更新"或"重构"展开积极应对。关于这一点，处于经典西方马克思主义和后马克思主义转折点的列斐伏尔体现得较为明显，在列斐伏尔看来，传统的激进哲学大多呈现历史性特征，空间性的缺失不仅使我们无法完整理解马克思通过"资本一般"概念揭示的资本主义生产及其财富幻象的偶然性特征，更无法理解其背后的"抽象—具体"原则对于价值范畴实体之变迁的洞察；在列斐伏尔看来，不同于马克思身处的自由资本主义时期，当下的历史布满了并置的空间碎片，社会关系及其再生产的辩证法虽然演绎了历史辩证法的最高形态，但仍需要被"扬弃"为空间生产的辩证法，唯其如此，方能在坚持马克思辩证法的基础上，破解资本主义持存缘由，进而引申出总体性的正义想象。

如果说列斐伏尔落脚于差异性和城市权力的正义话语尚存马克思的生产主义和总体性革命的特征，索亚则干脆走向了后现代的景观地理学批判，在融合马克思的拜物教理论、阿尔都塞的结构主义以及列斐伏尔的三元辩证法基础上，索亚给出了具有鲜明实证主义和经验主义色彩的区域地理学方案。在他看来，在马克思甚至列斐伏尔那里，作为"隐蔽的上帝"的生产概念"牺牲掉了一切历史和地理的具体性"，[①] 只有走向以批判性的地缘政治学和人文地理学，才能发现和解决资本主义"内在地建基于区域或空间的各种不平等"[②]。据此，索亚反对"全世界无产阶级联合"的阶级政治，试图依靠占据多元政治地形的边缘阶层，将激进的政治运动嵌入深层次的地理脉

---

① ［美］爱德华·索亚：《后现代地理学》，王文斌译，商务印书馆 2004 年版，第 151 页。
② ［美］爱德华·索亚：《后现代地理学》，王文斌译，商务印书馆 2004 年版，第 162 页。

络，进而通过城市权利的概念中介，将城市中形形色色的受空间压迫的群体引向激进的空间实践，从而解决西方激进左派关于革命主体争论的解释学宿命。需要注意的是，虽然列斐伏尔和索亚都将"城市权力"作为空间正义的概念，但前者更多地局限于空间性的话语本身，将其理解为空间生产的参与权；索亚则反对前者抽象的革命隐喻，并将城市权利概念解读为具有凝结效应的生成性力量，例如在索亚看来，非法移民数量众多的洛杉矶有着大量的空间失范问题，而城市权利的概念运用不仅能够在降低政党依赖的基础上链接占据不同政治地形的社群组织，同时也能有利于政治联盟的激进斗争摆脱狭隘的平等主义倾向，从而将斗争延伸至广泛的政治层面。总体而言，索亚灵活包容的联盟策略在某些方面适应了西方的社会现实，但也仅仅是出于经验主义方法论立场的结果；在确切的意义上，索亚不仅没有对建构经验事实的历史过程本身做出非经验性解读，更缺乏深入的劳动过程和生产关系的批判的视角，因此，所谓"激进"的后现代地理学政治也不过是话语革命和乌托邦想象的另一种复写。

较之而言，哈维的学术路径稍显独特，作为晚期马克思主义的代表性人物，哈维试图通过资本积累和空间生产的关系性研究，探索全球化和弹性化时期的解放政治和实现空间正义的可能。值得关注的是，如果说列斐伏尔理解空间正义的前提是将空间作为历史唯物主义的"空场"而加以引入的话，哈维的研究起点则是"在理解空间时引入马克思主义历史叙事的参照点"，类似"内部重构"和"外部反思"的差异决定了哈维的"历史—地理"唯物主义的特殊性。例如在差异正义的理解层面，哈维基于不平衡的地理学指认，强调不同空间尺度的斗争行为及其"意义链接"对于地缘政治的反抗价值，特别是包含着"战斗的特殊主义"的"地方"及其表征的身份政治和文化差异均可视为正义的能指维度。可见，哈维并没有像列斐伏尔那样沿着"尼采—海德格尔"的路标堕入资本的意识形态星丛，而是坚守着总体性的革命诉求和解放政治立场，在宏观与微观、文化与政治、差异与总体的辩证向度中建构了晚期马克思主义的空间正义理论。值得关注的是，尽管上述论者不同程度地遮蔽了马克思的空间理论，但历史唯物主义的方法论原则依旧维系着整个思潮的激进在场，因为不论是作为知识论的批判视角，还是作为现实的切入中介，马克思都保持了敏锐的时空在场性，以生成为内容的历史辩证法自不必说，如果没有马克思对于物化、资本一般以及社会关系的空间化指认，列斐伏尔的空间生产乃至索亚聚焦于空间、知识与权力的三重辩证法都是不可想象的。因此，对于西方空间论者而言，我们应在关注理论所揭示的时代状况的同时，留有必要的警惕性，批判地继承其正义的诉求空间，以期建构具有中国特色的空间正义话语。

第三，为建构本土化的空间正义理论，为构建人类命运共同体和推进新型城市化建设提供理论借鉴。马克思哲学的使命在于改变世界，就处于社会转型时期的我国而言，既需要着力推进社会主义现代化建设的总体布局，也需要关注因发展的不平衡和不充分而滋生的现实问题。就现代性的空间逻辑而言，必然体现为生产要素的空间集聚——城市空间的生产，甚至可以说，城市的形成及其发展演绎了现代性的空间逻辑。但我们也必须承认，城市空间生产是一个系统性和非系统性复杂交织的动态过程，诸多已知或未知的复杂因素盘桓其中，任何因素的变动都有可能导致始料未及的政治学、人类学甚至生态学后果。因此，如何发挥城市的综合效益，使其彰显为正义的空间机体，已经是我们无法回避的问题。特别是在全球化进程凸显以及快速城市化的当下，空间问题已经不独为单独学科领域的关注对象，而是应当纳入全球资本积累和资本城市化的生产关系语境中加以考察。

当前，空间已不复为纯粹的物理性背景，而是马克思言说的"人的现实的自然界"[1]，即生成于主体的感性实践活动并作为"一切生产和一切人类活动所需要的要素"[2] 的对象性的存在物，表征着主体的生存境遇。当前的资本全球化和城市化本质上是资本布展其权力意识形态的过程，通过空间生产，资本不仅实现了生产关系的再生产，同时也将内含的矛盾和冲突泛化置不同的地理学层面。例如全球各地屡见不鲜的地缘冲突与那些摇摆于拆毁和重建之间的都市状况生动地刻画了资本空间生产的非正义性，例如资本在全球空间层面带来的"中心—边缘"的空间形塑、对于落后民族国家的空间剥夺问题以及全球生态问题等，实际上都是资本全球空间生产的必然结果；在城市空间生产层面，资本同样传递了非正义的空间逻辑，例如将商品

---

[1] 《马克思恩格斯全集》第 42 卷，人民出版社 1979 年版，第 128 页。
[2] 《马克思恩格斯全集》第 25 卷，人民出版社 1974 年版，第 872 页。

化的空间纳入资本的交换逻辑导致的空间剥夺、文脉断裂、家园意识缺失以及生态恶化等，对此，不论是马克思和恩格斯本人，还是激进的空间理论家，都对此展开了批判性的揭示，形成了以历史唯物主义为基础的空间正义理论。

就我国而言，中国特色社会主义的制度优势虽然从根本上扬弃了空间失范的可能，但具体到城市化和全球化过程中，初级阶段的基本国情和既有的历史积弊依旧引发了某些空间矛盾和冲突，形成了我国特殊的空间正义问题谱系。例如在计划经济时代，城乡建设沿用苏联体制，空间的生产遭到了严重的意识形态涂抹，标准化的行政手段和福利主义支配原则不仅阉割了总体性治理的可能，也排斥了必要的市场机制，导致了多元利益主体的空间诉求难以伸张；改革开放以后，市场机制的介入虽然为空间的生产注入了现代性的活力因素，但由于权责机构、制度框架的缺失以及发展理念滞后等因素，空间的正义向度仍难以有效贯彻，例如"六失"① 现象即失地、失业、失居、失保、失学以及失身份等现象依旧普遍存在，究其缘由，一方面在于我们尚未彻底摆脱计划经济时代的影响，对于空间的理解也仅仅是更多地停留在物理性层面，忽视了背后的社会关系属性；另一方面，现代性的城市治理体系也尚在形成之中，对于纯粹技术层面的依赖多于总体性的伦理关怀，不仅导致了公共利益和多元主体诉求的对立，加剧了社会资本的引入而带来生态和消费主义问题。因此，以列斐伏尔为代表的空间论者揭示的空间社会化和社会空间化的互生成机制，以及容纳了正义、自然和差异性的空间正义理论理应为我国本土化的理论建构提供借鉴。

（二）西方空间正义理论的消极面向

空间正义的提出意味着人们对于良性秩序的期许，无论是东方国家还是西方世界，都不同程度地面临着空间失范问题，这是需要关注的共性一面；从个性层面来说，空间问题的缘起、发生、演变及其解决需要嵌入具体的历

---

① 任平：《空间的正义——当代中国可持续城市化的基本走向》，载《城市发展研究》2006年第 5 期。

史语境中方可理解。因此，我们不能以共产主义内含之解放维度的"应然"，替代社会主义初级阶段的"实然"，而是应当立足于时代的当下，以习近平新时代中国特色社会主义思想为指导，建构本土化、科学化的空间正义理论，以期为城市空间发展的成果共享提供合理的价值指引和制度安排。这也决定了西方空间理论下列三个消极方面。具体说：

第一，忽视了马克思资本批判的总体性维度，试图以空间化的本体论建构替代马克思时空辩证的叙事向度。空间转向以来，激进的空间论者从哲学、政治经济学、地理学和文化学等层面追踪了资本主义的新变化，揭示了空间生产时代的资本运作逻辑，丰富了资本批判的理论谱系。从理论运思来看，从列斐伏尔的"空间生产"到哈维的"历史—地理唯物主义"，从索亚的"三元辩证法"到梅西的"多元异质轨迹"，明显地呈现了一条由经典西方马克思主义现代性批判到后马克思主义话语政治的转换；在转向过程中，理论家们一方面试图在后工业社会中激活马克思强调的生产正义，另一方面也强调面向资本总体异化的调整和重构，在其看来，空间时代的正义诉求"显得"并不必然面向经济缘由，问题的关键在于将散布在生产、分配、消费、文化乃至私人生活领域的反抗力量结集为大写的主体，这就意味着马克思基于阶级政治的主体统一性被解构为链接"星丛化"主体的问题，虽然都以资本为批判主题，但却呈现了三种不同的正义旨趣：马克思的完整，列斐伏尔的转向以及索亚的碎片，这既是逐渐偏离经典马克思主义的过程，同时也是解放不断走向乌托邦化的积累过程。

以列斐伏尔为例，空间俨然成为其求解正义的核心与中枢，用他自己的话说，"空间在当今构成了我们所关注的理论和体系的范围"①。虽然列斐伏尔将批判的矛头指向了资本主义生产范式，并试图以社会主义的差异性空间生产确保城市权利的复归，但在将理论引向激进的过程中，列斐伏尔却转而批判历史唯物主义的空间"缺失"，以及政治经济学批判的本质主义痕迹，并借以将历史性的解放政治转换至空间层面。列斐伏尔的政治构想虽然显示了历史唯物主义的理论底色，但他实际上是将空间"列为生产的社会关系，

---

① ［法］米歇尔·福柯：《不同空间的正文与上下文》，包亚明主编：《后现代性与地理学的政治》，上海教育出版社 2001 年版，第 18 页。

特别是其再生产的一部分"①，这看似适应了他所说的由前工业社会时代的"被生产的空间"到自由资本主义时期的"空间中的生产"以及晚期资本主义的"空间的生产"，但实际上是赋予马克思的社会关系再生产理论以空间本体化的表达，用他的话说，"如果不曾生产一个合适的空间，那么改变生活方式、改变社会等便是空间，为了改变生活……我们必须首先改变空间"②。进一步说，列斐伏尔对于"生产"概念的理解也深受尼采的影响，即空间的生产指向的不是物质资料的生产，甚至不是生产关系的生产和再生产，而是充盈于身体的能量的积累与消费，列斐伏尔借鉴采用了尼采的权力谱系学视角，试图在区域（化）的微观权力形式（日常生活）的批判性分析中寻求空间正义的可能。然而正如有学者指出的那样，"这就在尼采与海德格尔所初步完成的后现代哲学革命基础上，真正首次实现了哲学基础的一种'空间化的本体论转换'"③。列斐伏尔开启的后现代血统直接影响了从哈维到索亚的理论建构，虽然作为后来者的介入视角各有不同，但在正义的叙事层面则延续了这种后现代主义的乌托邦色彩。

第二，尚未进入马克思政治哲学的本质主义高度，流于历史现象学或者说资本主义的"副本"批判。在马克思的政治哲学语境中，正义不独为消极意义上的行为约束，而是具有解放色彩的建构性话语。在关于正义的论述中，马克思把"承认真理、正义和道德"作为"一切人的关系的基础"④的同时，也将资产阶级正义斥责为"虚伪的空话"⑤，意味着正义既可以被运用为肯定意义上的行为规范，也可以在否定意义上用作推动社会形态更替的批判性环节，这就使马克思的正义理念获得了现实解构与历史建构的双重面向。换句话说，马克思的正义关切不仅以社会失范的经验本身及其蕴含的政治斗争为切入点，而是将讨论回溯到正义之赖以维系的社会基础层面，即讨论正义可以历史地成为可能的问题。遵循马克思的视角就会发现，任何所

① ［法］亨利·列斐伏尔：《空间：社会产物与使用价值》，载包亚明主编：《现代性与空间的生产》，上海教育出版社2003年版，第47页。

② Henri Lefebvre, *The Production of Space*, Translated by Donald Nicholson Smith, Basil Blackwell Ltd, 1991, p. 54.

③ 刘怀玉：《现代性的平庸与神奇》，北京师范大学出版社1988年版，第392页。

④ 《马克思恩格斯文集》第3卷，人民出版社2009年版，第440页。

⑤ 《马克思恩格斯文集》第3卷，人民出版社2009年版，第461页。

谓"天然"的既成事实不过是资本权力所着力营造的结果，所谓后工业社会、消费社会、金融资本等不过是资本逻辑的财富和社会幻象，我们只有从具体的权力建构过程及其社会历史依据入手，方可摆脱经验主义和乌托邦主义的意识形态陷阱，揭示空间失范的社会历史根源。

从内涵层面来说，马克思将正义关联于特定的生产方式，试图在政治经济学批判的总体性视野中，通过揭示作为"特殊的以太"① 的资本及其派生的普遍性的权力配置，求解一种超越了抽象道德说教的规范性道德观念；不同于西方理论家基于自然法的正义理念，马克思认为正义总是关联于特定的生产方式，剥离于生产而谈论的交换或分配正义都只是道德的呓语，只有率先扬弃失范的社会环境和历史条件，方可真正消除社会过程中的权责不对称现象，用马克思的话说，"生产当事人之间进行的交易的正义性在于：这种交易是从生产关系中作为自然结果产生出来的……这个内容，只要与生产方式相适应，相一致，就是正义的；只要与生产方式相矛盾，就是非正义的"②。从外延层面看，马克思的正义理念包含空间维度，虽然没有明确的概念指认，但作为普遍交往之感性维度的空间自然无法外在于实践唯物主义论域内的正义理念，更不用说作为"一切生产和一切人类活动的要素"的"空间"③ 也必然纳入政治经济学批判的论域之中。难以想象的是，马克思关于空间的分析势能竟被遮蔽于空间转向的思潮之中，不论是列斐伏尔还是哈维，都认为马克思"缺乏"空间的视角，将本应基于历史唯物主义的认识论探讨和价值论提升替换为带有转向性质的重构，从而在相当程度上遁入了方法层面的经验主义以及解放层面的乌托邦主义。

第三，对于解放政治前景的悲观，将空间正义的追求诉诸后现代主义的差异政治学。空间理论家虽然从不同角度构想了解放的空间形态，但大多夹杂了一种悲观主义论调，这既是整个国外左翼理论界的共性特征，也是激进的空间一脉游走于历史唯物主义边缘的逻辑必然。具体到列斐伏尔那里，虽然可交换空间的碎片化特征与资本均质化的生产策略的矛盾已经表述得十分清楚，但列斐伏尔并没有从狭义的历史唯物主义视角给予政治经济学的分

---

① 《马克思恩格斯文集》第 8 卷，人民出版社 2009 年版，第 31 页。
② 《马克思恩格斯文集》第 7 卷，人民出版社 2009 年版，第 379 页。
③ 《马克思恩格斯文集》第 7 卷，人民出版社 2009 年版，第 875 页。

析，而是通过黑格尔的辩证法、尼采的狄奥尼索斯精神与马克思的总体人理论的复杂联姻，将本应从劳动过程和生产关系出发的批判性指认转译为尼采意义上的权力谱系学，政治经济学意义上的历史辩证法也随之降贬为杂糅了空间辩证法和节奏分析的日常生活批判理论；这种忽视了哲学、政治和经济三者的交互总体性的转译和杂糅实际上已经疏离了马克思的阶级政治原则，将作为革命主体的给工人阶级泛化为"城市边缘、贫民窟、被禁止的游戏空间、游击战的空间、战争的空间"，这种面向后现代主义的调和姿态也是其始终无法洞悉资本生产的深层本质（利润机制和增殖逻辑）之于浅层表象（空间生产）的复杂投射，并试图转向日常生活和文化批判这类微观政治学视域中寻求空间正义和空间解放的理论根源。

相同的叙事路径也体现在哈维和索亚那里。例如哈维就认为"福特主义"到"灵活积累"的转型意味着马克思意义上的经济剥削及其物化逻辑已经泛化至不同的地理学层面，通过不平衡发展和剥夺性积累，生态、种族、宗教以及性别等压迫也共同指向了阶级压迫，随之而来的是不断加剧的阶级政治和身份政治的矛盾。在哈维看来，多样的人类行为已经营造出光怪陆离的地理景观，文化差异和社会差异深深根植于这种景观之中。在资本循环的同质化倾向下，这种特殊的地理差异也许会被包容，但绝对不会被清除。据此，哈维认为空间正义必须基于不平衡的时空构造而引申，通过地理差异的积极增殖来对抗资本的创造性破坏。与此同时，为了避免堕入普遍和特殊主义的抽象争论，哈维小心翼翼地和后现代主义的绝对化差异保持了距离，他以"战斗的特殊主义"表征那些因不平衡地理发展而分散的抵抗力量，体现了他试图在差异化的后现代主张与普遍的阶级联盟之间寻求张力和平衡的正义诉求。

索亚则在后现代的话语转型中走得更为彻底，通过空间化的本体论转换，索亚重构了历史性的解放政治想象。在他通往真实和想象地方（"第三空间"）的旅程中，空间、社会和时间的三元辩证组合替代了历史本质主义的分析视域，马克思基于生产方式的总体性批判也随之矮化为带有激进和反叛意味的地方意识和地方政治。易言之，索亚批判的不是资本主义的生产关系，而是经由空间表征的那些把社会当作对象而生产出来的失范的权力关系，这也是索亚一再强调女权主义者、同性恋群体和少数族裔等边缘群体的原因。在他看来，"地理历史的不平衡发展已经不断分裂、均质化和等级化，这使得霸权和反霸权、中心和边缘的简单划分愈加复杂难解。更进一步说，这把我们带到了后现代状态"①，而边缘性立场则由于顺应了上述状态而彰显了积极的政治效应：一种基于身份政治的行动者联盟的集结可能。据此，索亚不仅找到了一条将空间正义的寻求引向激进环节的现实路径，也指明了参与斗争的实践主体，这也就不难理解索亚在《寻求空间正义》中缘何赋予城市"穷忙族"和"劳工社区联盟"以积极意义了。但我们也不难发现，索亚的正义期许已经剥离了政治经济学的批判视域，取而代之的是其在个案研究中采取的更具包容色彩的文化学和地理学方法，而这种他者化、异质性的正义叙事也正是索亚疏离于阶级政治而遁入后现代谱系的理论根源。

---

① ［美］爱德华·索亚：《第三空间——去往洛杉矶和其他真实和想象地方的旅程》，陆扬等译，上海教育出版社 2005 年版，第 110 页。

第十三章　习近平生态文明思想中的
空间正义问题

党的十九大以来，以习近平同志为核心的党中央创造性地回答了新时期怎样坚持、建设和发展社会主义的问题，实现了马克思主义理论中国化的本质跃进。一个重大创新，在于将生态文明建设和生态环境保护内化为治国理政的重要维度，形成了"两山理论""美丽中国""人类命运共同体"等生态空间理念，并制定了主体功能区规划、科学布局"三生"空间以及统筹国土空间资源等战略性制度安排。从伦理学和价值论层面回答了发展的动力、目的以及归宿等问题。值得关注的是，当下的生态问题已不独为人与自然的关系问题，而是叠加了发展理念、国土整治以及社会正义的复杂映射，需要从"时空共予性"维度进行综合把握。本章基于马克思的社会空间理论，对习近平生态文明思想蕴含的生态空间思想和空间治理策略展开论述。

一、历史唯物主义视域中的"空间"与"生态"

工业革命以来，资本现代性不仅没有促成人与自然关系的和解，反而引发了异化加深的状态，温室效应、物种减少、大气污染等生产问题已经成为全人类面临的共时态问题。从历史层面考察，文艺复兴和宗教改革通过批判基督教的蒙昧主义和禁欲主义而确证了人的自由和价值。黑格尔就此指出："人从'彼岸'被召回到精神面前；大地和它的物体，人的美德和伦常，它自己的心灵和自己的良知，开始成为对他有价值的东西。"① 从表面上看，

---

① ［德］黑格尔：《哲学史讲演录》第 3 卷，贺麟等译，商务印书馆 1983 年版，第 376 页。

上述运动试图缅怀希腊化时期的文学和艺术作品，但其启蒙旨趣正在于通过怀旧或嗜古的方式，弘扬那些失落于宗教神学的技术理性和人文因素，从而实现自然的彻底祛魅。由此一来，不仅被神秘主义包裹的"先验自然"走向世俗化，宗教代表的"道德知识"和科学所确证的"自然知识"也形成了视野分野。换句话说，宗教只作为恢复人类道德清白的精神慰藉，而操作主义的技术运用则是协助人类获取造物支配权的关键步骤，人们愈发确信，只有将价值理性和道德反思独立于技术理性之外，通过"控制自然"观念支配的发现与操纵，方可取得真正的意义和幸福。

反映到哲学层面，彼时的理论家虽然形成了经验论和唯理论等叙事方式，但在认识论转向或主张塑造理性的生存前提和人性的生活模式方面却达成了一致。作为结果，不仅此前存在于炼金术或占星学中的自然解蔽意识获得了进一步引申，基于天启信仰的日常意识也转向了生活世界的观照，奠定了唯物主义自然观和技术理性弘扬的思想基础；随着自然改造的边际效益持续累加，人们在愈发关注自然的世俗意味的同时，却忽视了行为合法性的前提反思，似乎"通过科学和技术征服自然的观念，在 17 世纪以后日益成为一种不证自明的东西。因此，几乎所有的哲学家都认为，没有必要对'控制自然'的观念作进一步的分析和解剖"[1]。但问题在于技术理性所崇尚的"知识"既不是苏格拉底提出的"善的体悟"，也非柏拉图意义上的作为真理的逻各斯，而是特指能够协助人类改造自然的经验法则；类似霍克海默提出的"主观理性"，它以实证主义的方式排除了任何理性反思的可能，不仅一切关于存在的本体论追问都会因其超验性而被斥责为形而上学，任何不符合标准化定义的内容也都被认为是值得怀疑的，自然界只能以纯粹的经验形态屈从于量的统一性原则。如果说客观理性强调目的本身的价值，而非手段之于目的关系中的价值，那么主观理性则排除了目的性反思的价值视野，将自然理解为人类主体性凸显的背景和映衬。

显然，主观理性支配的自然改造超越了基于"生存"原则的资源取用，其目的是要通过"占有"和"控制"自然。但问题是当人类出于对自然实用性的迷恋而失去自然的敬畏，类似造物主的非理性僭越必然会招致自然的

---

[1]　［加］威廉·莱斯：《自然的控制》，岳长龄等译，重庆出版社 1993 年版，第 71 页。

责罚，恩格斯曾指出："我们不要过分陶醉于我们人类对自然界的胜利。对于每一次这样的胜利，自然界都对我们进行报复。"① 马克思也同样强调自然的先在性地位及其对于确证主体感性本质的对象性意义，"没有自然界，没有感性的外部世界，工人什么也不能创造。自然界是工人的劳动得以实现、工人的劳动在其中活动、工人的劳动从中生产出和借以生产出自己的产品的材料"②。但马克思和恩格斯并没有抽象考察技术运用的生态后果，而是立足于生产方式的本质主义层面，揭示了社会制度与技术运用方向的逻辑关联，特别是通过"交换价值"和"使用价值"的概念剖析，揭示了作为"生产关系"的资本所蕴含的逻辑悖论和资本主义"生产"及其维系条件的矛盾性质。在此基础上，通过消费主义、劳动异化以及"物质代谢"断裂等问题的具象演绎，马克思系统揭示了资本主义生产方式的反生态本性。

马克思曾在《1857—1858 年经济学手稿》中指出，"以资本为基础的生产，一方面创造出普遍的产业劳动，即剩余劳动，创造价值的劳动，那么，另一方面也创造出一个普遍利用自然属性和人的属性的体系，创造出一个普遍有用性的体系"③，这意味着在技术理性和工具主义的伦理强制下，任何存在者都不过是资本这一抽象生产关系的具体表达，包括自然界在内的一切客观内容都被纳入为资本增殖逻辑和普遍交换关系体系中的物化要素，并最终失去了生存论意义上的对象性质。换句话说，一当自然界开始以生产要素的抽象形式表达自身，任何感性的对象性关系都会遭遇物化逻辑的解构，因为"支配着生产和交换的一个个资本家所能关心的，只是他们的行为的最直接的效益。不仅如此，甚至连这种效益——就所制造的或交换的产品的效用而言——也完全退居次要地位了；销售时可获得的利润成了唯一的动力"④。资本以极化的方式呈现了人与自然的辩证关系，加之蔓延的物化逻辑和消费主义生存方式，在固化了资本与生态危机的同构性关系的同时，也加剧了危机表现形式的共时态转化；但具体到环境治理层面，西方国家拘泥于历史现象学的浅表维度，要么将生态问题归结为价值观的危机，主张通

---

① 《马克思恩格斯文集》第 9 卷，人民出版社 2009 年版，第 559—560 页。
② 《马克思恩格斯文集》第 1 卷，人民出版社 2009 年版，第 158 页。
③ 《马克思恩格斯全集》第 30 卷，人民出版社 1995 年版，第 389—390 页。
④ 《马克思恩格斯文集》第 9 卷，人民出版社 2009 年版，第 562 页。

过树立生态中心主义价值观或修正人类中心主义价值观实现人与自然的和谐；要么致力于自然资源市场化、科技进步以及引入非政府组织等，均未触及生态问题的制度根源。因此，不论是德治主义还是技术主义治理路径，关注的主要是资本权力关系的延续性而非人类发展的可持续性，通过生态矛盾和环境危机的空间转移，发达资本主义国家不仅推卸了本应承担的生态责任，也稀释了在全球环境治理中的应尽义务。

马克思对于资本的生态批判遵循时空的统一性逻辑。马克思一方面主张在资本现代性的展开过程中把握人与自然关系的历史变迁，强调从生产方式和制度批判维度揭示生态危机的本质；另一方面也认为自然和社会所构成生态系统需要通过具体的历史地理景观呈现，而资本的城市化和全球化表征的正是这样一种悖论性结构：它不仅在制度和生产方式层面排除了生态和谐的任何可能，更是将这种互斥关系的空间铭刻内化为自身的持存机制，反映了资本空间生产的反生态本性。具体来说，不仅自然界向来具有时空统一性特征，自然的改造活动也需要时空向度的刻画与支持。"在实践上，人的普遍性正是表现为这样的普遍性，它把整个自然界——首先作为人的直接的生活资料，其次作为人的生命活动的对象（材料）和工具——变成人的无机的身体。"[1] 可见，马克思眼中的"空间"并非无质料的抽象形式，而是与"实践"和"自然"之间存在生存论意义上的感性统一性，并能够社会地、历史地嵌入物质资料生产的动态演进过程；但资本的物化逻辑则割裂了自然空间面向社会空间的感性地、历史地生成过程，用马克思的话说，"对于通过劳动而占有自然界的工人来说，占有表现为异化……对象的生产表现为对象的丧失"[2]。可以说，生态和空间具有互释性的表里关系，资本空间生产本质上是自然空间的物化过程，但充斥着"中心—边缘"特征的空间结构也意味着一种摇摆于危机与缓和的生态非均衡性，这也正是马克思和当代左翼空间论者所揭示的关于激进政治地理学的核心内容。

对于空间问题而言，我们不能仅仅视其为物化的定在，而是应当纳入自然与社会的结构性关系之中加以考察。由此一来，空间就不仅是"人化自

---

① 《马克思恩格斯文集》第 1 卷，人民出版社 2009 年版，第 161 页。
② 《马克思恩格斯文集》第 1 卷，人民出版社 2009 年版，第 168 页。

然"的既成后果，也同时表征了生态系统之变迁的过程本身。马克思曾指出，资本主义"创造了这样一个社会阶段，与这个社会阶段相比，一切以前的社会阶段都只表现为人类的地方性发展和对自然的崇拜。只有在资本主义制度下自然界才真正是人的对象，真正是有用物"①。"地方"和"自然"的生态隐喻揭示了马克思资本批判的总体性视角，意味着资本主义生产方式在改写了以往社会关系简单和交往半径狭窄的空间锁闭状态的同时，也带来了不同地理学尺度的环境污染和生态破坏等问题。对此，马克思和恩格斯在《共产党宣言》和《英国工人阶级状况》等文本中有着生动而形象的表述；但问题的关键在于马克思和恩格斯没有将人与自然关系的异化仅仅归咎于技术理性或价值观层面，而是主张将生态问题视为资本异化的历史表象并回溯至社会劳动和生产关系的分析层面，从资本主义的政治经济学过程和全球权力关系层面展开批判性论述。可见，马克思眼中的生态问题显然反映着更为深刻的社会政治经济危机：一方面，资本的生产主义伦理和权力意识形态排除了人与自然的共生可能，包括空间在内的一切自然存在物都将被货币抽象为交换价值的物化表征，资本对于生态的介入也将在不可持续的维度上愈演愈烈；另一方面，在资本的现代性（时间性）优势日渐式微的当下，空间的生产愈发呈现出维系资本存续的历史效应，正如马克思所言，"创造世界市场的趋势已经直接包含在资本的概念本身中"②，意味着作为生产关系的资本本能地表现为空间或地理景观的占有，也正是由于资本的利润诉求和增殖本性的持续渗透，消耗了地球生态系统的自我代谢能力，并酝酿了不同空间规模和地理尺度的生态危机。

二、习近平生态文明思想的空间意蕴

"生态"和"空间"的辩证互释对于理解习近平新时代中国特色社会主义思想具有关键意义。党的十八大以来，以习近平同志为核心的党中央为马克思主义中国化的理论建设作出了历史性贡献，为新时代中国特色社会主义

---

① 《马克思恩格斯文集》第 8 卷，人民出版社 2009 年版，第 90 页。
② 《马克思恩格斯文集》第 8 卷，人民出版社 2009 年版，第 90 页。

的建设和发展展开了不懈探索，创立了习近平新时代中国特色社会主义思想，丰富了中国特色社会主义理论体系的同时，也为社会主义的发展实践提供了具有科学性、时代性、原创性和系统性的行动指南。就其生态文明思想而言，已经形成了一个结构严谨、层次丰富、内容完备且内涵科学的话语体系，从实践智慧、理论视野以及使命担当层面创新了马克思主义的世界观和方法论，推动了马克思主义的当代发展。在新时代的世情、国情与党情下，只有总体、深入地把握该理论的丰富思想与深厚底蕴，方能转化为现代化建设中的生动实践，特别是当前日益严重的生态问题已不独为某个国家和地区的"专属"，而是包含"全球"和"地方"等不同地理学尺度的共时态的理论关切。因此，需要我们在全球生态治理的方法、原则和理路中融入空间性的正义思考，通过时空共予性的阐释维度扭转以往单纯面向历时性生存经验的生态治理策略，习近平生态文明思想则完整呈现了这一科学的理论形态。

发展绿色经济，实现人与自然的持续、协调和可持续发展是新时代中国特色社会主义的题中之义。党的十八大报告首次明确了中国特色社会主义的总依据、总布局和总任务，作出了关于政治、经济、文化、社会和生态建设的战略部署；党的十九大报告则进一步提出了"树立和践行绿水青山就是金山银山的理念"，并将其与资源集约和环境保护等基本国策一道定义为社会主义建设的基本方略，体现了全党对于转变经济发展方式的高度关注。围绕该问题，形成了包括生态本体论、生态价值论、生态方法论以及生态治理论的习近平生态文明思想，从空间视角审视，无论是作为自然资源的物理空间，还是表征社会关系的感性空间，都蕴含了生态的价值诉求：一方面，"人化自然"构成了空间实践的本质，空间正义逻辑地包含正确处理人与自然关系的生态维度，违背生态规律的空间实践必然在基础层面丧失了价值诉求的可能性；另一方面，构建生态文明也进一步推进了空间生产、交换和消费，例如"绿色城市""美丽中国"等理念都体现了稳定的生态系统与空间正义的互文性关系，二者的辩证互释构成了习近平生态文明思想的重要维度，在新型城市化和人类命运共同体理念指导的全球化运动有序推进的当下，为解决生态问题、环境和资源利益分配问题等提供了创新性视角。

就学理层面而言，习近平总书记创造性地发展了马克思的"空间"思想，丰富了中国特色社会主义生态文明的理论维度。根据马克思的理论界划，空间虽然没有占据主流叙事，却也在"社会"与"空间"的辩证互释中留有充分的洞见。例如马克思将资本现代性视为空间扩张的同义语，一方面从宏观视角揭示了资本权力布展同空间生产的互文性关系，为时下流行的"世界体系理论"和"依附理论"等奠定了基础；另一方面也深入到国家体系内部的微观视域，通过城乡对立以及城市空间异化等揭示了资本空间生产的复杂性和冲突性，引导和启发了列斐伏尔和哈维等理论家的都市想象和城市革命。理论的关键之处，在于揭示了空间的社会性和属人性，即马克思在给出"生产关系总合起来就构成所谓社会关系，构成所谓社会"① 之论断的同时，又从"人同自然界的完成了的本质的统一"② 和"时间是人类发展的空间"③ 两个辩证维度定义了"生态"和"空间"涵盖的解放内涵，为"旧世界"向"新世界"的批判性转换提供了总体性的叙事视角。

习近平总书记进一步从空间和生态的辩证互释角度阐发了生态文明的理论构想。他指出："国土是生态文明建设的空间载体。要按照人口资源环境相均衡、经济社会生态效益相统一的原则，整体谋划国土空间开发，科学布局生产空间、生活空间、生态空间，给自然留下更多修复空间。"④ 显然，对于"空间"的概念取用超越了"容器"或"背景"的物质本体论假设，并从人与自然关系的生存论维度界定了生产、生活以及生态等一系列空间形态。具体来说，所谓生存论，从学理上讲是以克尔凯郭尔悲剧化的生存体验为源，在海德格尔的基础存在论中得以彰显的哲学叙事，其在理论形态上虽然顺应了现代性的实践图式、社会结构和文化传统，但却在 20 世纪的一系列哲学转向（特别是语言哲学和后现代主义）的缠绕中陷入了虚无主义的无根状态；马克思的实践哲学则引发了真正的存在论革命，因其对于对象性活动的关注，不仅重构并接续了西方哲学范式所支配的生存论转向，也为生态关系的空间叙事奠定了感性基础。

习近平生态文明思想中所包含的上述内容，特别是"生命共同体"理

---

① 《马克思恩格斯文集》第 1 卷，人民出版社 2009 年版，第 724 页。
② 《马克思恩格斯文集》第 1 卷，人民出版社 2009 年版，第 187 页。
③ 《马克思恩格斯文集》第 3 卷，人民出版社 2009 年版，第 70 页。
④ 《习近平谈治国理政》第 1 卷，外文出版社 2018 年版，第 209 页。

念蕴含的空间分析势能彰显了理论的哲学深度与时代特色。"生命共同体"从万物互联的社会关系视角建构了一个具有正义指向的总体性空间，内在的和谐关系通过"国土"的空间形态具体表达，人、山、水、林、田、湖等诸种有机关联则表征为生产空间、生活空间、生态空间和修复空间等。习近平总书记指出："山水林田湖是一个生命共同体，人的命脉在田，田的命脉在水，水的命脉在山，山的命脉在土，土的命脉在树。"① 显然，"山川河湖"被理解具有生存论结构的空间关系，这种强调"关系"优先于"实体"、"生成"优先于"给定"的生态叙事一方面将自然空间纳入实践的感性范畴，为规范伦理学的介入奠定了理论基础；另一方面则为人类当前所置身的共时态阶段提供了伦理调试的积极可能，特别是空间在直观上虽然具有地理层面的连续性，但其在关系维度上并非均衡的感性范畴，这就需要我们弘扬基于人类命运共同体的空间治理方案，以共建共享的合作理念扬弃科层化的空间分布和弱肉强食的丛林法则，在强调不同国家和地区间的利益共享和利益相关的同时，通过人与自然和谐共生的生态正义促进地区和全球层面的可持续发展。

就生态危机的作用机制而言，习近平生态文明思想继承了马克思对于生态问题的空间揭示。具体来说，我们当下经历着区域化的地方性阶段向人类性和开放性的全球阶段的转换，你中有我、我中有你的差异性交融意味着任何国家和地区都无法剥离共时态的空间格局而独善其身，不断深化的共享机制在传递了文明成果的同时，也滋生了共时态的全域性问题。例如马克思曾指出，"世界历史不外是人通过人的劳动而诞生的过程，是自然界对人来说的生成过程"②，"只有自然主义者能够理解世界历史的行动"③。如果我们从"世界"和"历史"的时空维度考察，会发现马克思力图呈现的人类历史叠加了纵向展开的实践图式和横向铺陈的对象化生存，这就意味着历史积累的生产力发展在拓殖了人类交往空间的同时，也必然会重构人与自然的生态关系。据此，马克思进一步解构了资本空间生产的生态逻辑和权力结构，通过将"自然主义"的生态诉求内嵌于资本空间生产及其全球化的权力体

① 《习近平谈治国理政》第 1 卷，外文出版社 2018 年版，第 85 页。
② 《马克思恩格斯文集》第 1 卷，人民出版社 2009 年版，第 196 页。
③ 《马克思恩格斯文集》第 1 卷，人民出版社 2009 年版，第 209 页。

系批判，不仅建构了具有时空共予性特征的生态正义理论，也为破除资本主义异化的空间生产策略，构建人道主义和自然主义相统一的正义空间提供了实践保障。

全球化的生态危机关乎人类的整体命运，习近平总书记指出："宇宙只有一个地球，人类共有一个家园。面对动荡不定的大世界，面对百年不遇的大变局，没有哪个国家能够独自应对人类面临的各种挑战，也没有哪个国家能够退回到自我封闭的孤岛。"① 这实际上揭示了生态风险的共时态特征，不仅全球任何国家和地区，不论意识形态、发展程度或地缘区位，都无法剥离生态的问题领域；生活世界的自在图式也因为生态问题的感性内蕴而遭遇总体殖民的可能，特别是面临技术理性、大众文化和消费主义意识形态等异化力量，有机论的哲学世界观和劳动幸福观受到异化消费和物质主义幸福观的侵蚀，容易陷入"控制自然"的价值观陷阱并导致人与自然关系的异化。面对生态危机的共时态风险，习近平总书记一方面立足于生活世界的微观视角，强调"美好生活"需要"经济建设、政治建设、文化建设、社会建设、生态文明建设以及其他各方面建设"② 共同维系；另一方面从全球性的宏观视角出发，"各国应该加强对话，交流学习最佳实践，取长补短，在相互借鉴中实现共同发展，惠及全体人民。同时，要倡导和而不同，允许各国寻找最适合本国国情的应对之策"③。科学界定了基于不同空间尺度的生态治理原则，为互尊互信、包容互惠的发展观和共同但有区别的协作观的形成，以及形塑包含全球和地方维度的"共享空间"和"生态空间"贡献了中国智慧。

三、习近平生态文明思想指导下的空间实践

党的十九大以来，以习近平同志为核心的党中央积极探索中国形态的生态文明理论，从经济发展观、生态价值观、治理观以及方法论等层面拓展了马克思主义的时代语境，形成了作为发展观和境界论相统一的习近平生态文

① 《习近平谈治国理政》第 2 卷，外文出版社 2017 年版，第 538 页。
② 《习近平谈治国理政》第 1 卷，外文出版社 2018 年版，第 9 页。
③ 《习近平谈治国理政》第 2 卷，外文出版社 2017 年版，第 529 页。

明思想。一方面，作为服务中国特色社会主义建设的新型发展观，习近平生态文明思想揭示了生态文明与社会发展的辩证关系，强调通过实践创新驱动型的可持续发展模式，推动绿色、协调、低碳和可持续发展，并主张在合理分配空间资源、协调空间秩序以及尊重不同尺度空间的差异性和复杂性的基础上，实现人与自然和谐共生的生态空间的生产，建设美丽中国；另一方面，作为一种超越西方"深绿"思潮的境界论，习近平生态文明思想揭示了生态危机及其解决路径的空间机理，认为资本的全球化和城市化在生产了涵盖不同地理尺度的权力体系的同时，也导致了生态危机的空间蔓延。然而西方绿色思潮立足于西方中心主义的狭隘视界，要么将生态文明对立于物质资料生产和技术创新，主张回到技术理性尚未渗透的前现代状态，要么耽于纯粹的技术主义路线或价值观革命，忽视了资本的增殖属性同生态危机的必然联系，不仅难以形成针对性的空间批判和治理策略，在客观上也起到了为资本开脱生态治理的责任与义务的作用，无法真正达至服务人类整体和长远利益的共同体境界。

作为引领"世界历史"走向全球实践的正义话语，习近平生态文明思想立足于中国当下的社会发展现实，强调以"命运共同体"理念引领新时代的空间生产实践，通过实施科技创新型发展模式和供给侧结构性改革，推进地方性经济可持续发展与全球性生态治理有机结合，构建"富强美丽的中国"和"清洁美丽的世界"。具体而言，注重转变经济增长方式，坚持人与自然和谐共生的可持续发展，建设美丽中国，是习近平生态文明思想形成的出发点和目的。[①] 习近平总书记指出："必须清醒地看到，我国经济规模很大、但依然大而不强，我国经济增速很快、但依然快而不优。主要依靠资源要素投入推动经济增长和规模扩张的粗放型发展方式是不可持续的。"[②] 这就意味着以要素投入为驱动的边际效应持续递减，不仅无益于美好生活诉求，也难以适应全球性的绿色发展趋势。因此，习近平总书记主张"不能光追求速度，而应该追求速度、质量、效益的统一"[③]，如果

---

① 王雨辰等：《习近平的生态文明思想及其重要意义》，载《武汉大学学报》（人文科学版）2017 年第 4 期。

② 《习近平谈治国理政》第 1 卷，外文出版社 2018 年版，第 120 页。

③ 习近平：《之江新语》，浙江人民出版社 2007 年版，第 37 页。

说前者关注拘泥于时间向度的线性积累，那么后者则是体现了时空共予性维度的绿色和总体发展，习近平总书记通过"绿水青山"和"金山银山"的辩证互释，揭示了共处于当下时空维度的"两山"及其表征的生态文明和经济发展的有机统一性，为生态文明指导下的空间正义实践指明了方向。

围绕上述问题，习近平总书记进一步从推进国家主体功能区规划，统筹领土、领海和领空的立体生态空间，科学布局生产、生活和生态空间以及树立"命运共同体"的生态空间理念等层面强调了空间正义对于拓展生态文明新境界、开辟生态文明新时代的积极意义。首先，针对生态空间破坏和环境恶化等既有问题，党的十九大报告明确提出"构建国土空间开发保护制度，完善主体功能区配套政策"[1]。所谓主体功能区，是指以结构优化、集约开发以及陆海统筹为原则，按照空间开发的方式、内容和层级等形成的具体划分，其目的在于通过空间的差异化生产，解决国土资源开发过程中的无序化、过度化和分散化等问题。特别是既有发展规划惯以时间序列为导向，这固然有利于目标体系、前景规划和差距认知的形成，但空间的失语也引发了国土资源开发的综合考虑不足、地域功能的差异化机制缺失和空间结构及其演变规律的忽视等问题。我国虽然幅员辽阔且资源储备优渥，但资源分布、环境条件以及地区间经济发展水平的不平衡性明显，需要以主体功能区为导向的空间治理和制度安排。

其次，生态文明的空间布局应当涵盖不同的地理尺度。习近平总书记在强调人口资源环境相均衡和经济社会生态效益相统一的空间正义原则的同时，也围绕"命运共同体"的空间生产理念，形成了以建设"富强美丽的中国"和"清洁美丽的世界"为内容的目标系统。一方面，习近平生态文明思想将建设美丽中国内化于民族复兴伟业的历史进程，强调真正意义上的现代化必然关注生态维度，完整意义上的中国梦也必然内涵生态美丽的期许。作为生态文明的空间愿景，建设美丽中国在空间层面涵盖了陆路、海陆和空陆等全部领土资源，强调以立体和全域的方式谋划国土空间的总体

---

① 习近平：《决胜全面建成小康社会　夺取新时代中国特色社会主义伟大胜利——在中国共产党第十九次全国代表大会上的报告》，人民出版社 2017 年版，第 52 页。

开发，铺陈全面、协调、可持续的绿色发展战略；在内容和功能层面则关注生态文明与空间治理能力现代化的表里关系，通过把环境正义和资源承载力的考察纳入主体功能区规划、新型城镇化建设以及乡村振兴等涉及空间关系调整的地理过程，拓展生态美丽的政治、经济、社会、文化内涵。另一方面，为进一步优化空间结构，实现要素识别和差异化生产基础上的空间均衡和可持续发展，习近平总书记提出科学布局生产、生活和生态空间（即"三生"空间）的生态文明思想。面对传统工业化和城市化进程所持续挤压的生态空间，习近平生态文明思想不仅从综合布局土地资源的物质本体论视角关注空间结构的优化和动态平衡，也从社会关系维度出发，强调基于生态和谐和功能性差异的空间生产对于满足主体多元生活诉求积极意义，这实际上提供了诊断和解决因生态失衡和环境恶化导致的空间冲突的新思路。

最后，"命运共同体"的空间生产理念体现了习近平生态文明思想的全球环境治理观与方法论。全球时代的生态危机已是关乎人类总体命运的共时态矛盾，其在问题逻辑和作用机制层面具有空间特征，需要从"地方"和"全球"两重维度入手，构建具有人类命运共同体境界的环境治理理论。具体来说，生态危机不仅表现为人与自然之间的物质变换"断裂"，也指向了主体间基于生态利益的社会关系危机，特别是在资本全球权力系统中，发达资本主义国家通过具有"中心—边缘"结构的空间生产，在确保凝结性积累中心占据优质自然资源的同时，将其生态债务转嫁至身处耗散性边缘的后发国家，剥夺了后者的发展权和环境权。

因此，习近平生态文明思想一方面揭示了全球生态危机与资本全球权力体系的内在关系，强调后发国家的地方性生态文明理论建构的"全球视野"；另一方面主张以互利、合作、开放、共赢的态度应对共时态的生态问题，通过实践"创新、协调、开放、持续、共享"的创新驱动发展观，凝聚涵盖全球和地方等不同空间尺度的生态治理合力，捍卫后发国家的发展权和环境权，建构"富强美丽的中国"和"清洁美丽的新世界"。

在全球环境治理的方法论层面，习近平总书记强调："如果抱着功利主义的思维，希望多占点便宜、少承担点责任，最终将是损人不利己……应当摒弃零和博弈狭隘思维，推动各国尤其是发达国家多一点共享、多一点担当，实现互惠共赢。"① 这实际上指出了"全球视野"和"地方行动"相统一的环境治理原则。"全球视野"关注环境治理的世界维度，主张生态问题的解决既不是发达国家的专属责任，也非后发国家的待尽义务，而是要在加强国际商谈与对话的基础上，强化共时态的问题意识和休戚与共的生态利益观念，形成的"共同但有区别"的责任原则：一方面，强调发达国家承担全球环境治理的主要义务，并敦促其向后发国家提供环境治理所需的资金和技术支持，以偿还历史积累的生态债务；另一方面，后发国家应积极捍卫自身的发展权和环境权，在切实转变经济发展方式的基础上，破除"先污染后治理"的线性思维模式，加强共时态的问题意识和休戚与共的生态利益观念，形成人类命运共同体的生态境界。

"地方行动"则凸显了全球环境治理的中国方案，表达了作为共同体基础的"地方"及其经验的重要性。一般来说，"地方"是空间认识论的现实落脚点，"'地方'与'空间生产'实际上是同一个问题的两种不同表达方式，它们讲述的都是关于人类具体生存的事情"②。习近平生态文明思想在马克思的生态哲学和空间理论基础上，创造性地融合了社会主义的建设经验和传统文化中的"和合"智慧，形成了以"人类命运共同体"为落脚点的中国治理方案。据此，以习近平同志为核心的党中央制定了包括新型城市化建设、美丽乡村以及"一带一路"倡议等生态空间理念，一方面积极推进国内供给侧结构性改革，推动要素和投资主导的"生产空间"转向创新驱动型"价值空间"；另一方面强调基于共同体价值场域的身份确证和角色认同，以"公道正义"和"共享共治"的空间生产理念实现不同地缘政治维度的生产联结和意识联结，力争在消解"赢者通吃"的霸权主义思维定式和治理方略的同时，超越西方绿色思潮的"德治主义"或"技术主义"路向，推行以"环境正义"为价值取向，以"共同但有区别"为责任原则的新型全球治理路径。可以说，习近平生态文明思想不仅体现了"地方"维度的责任与担当，也渗透了"全球"维度的视域和眼界，为可持续发展、生态城市化以及生态空间治理等课题研究提供了新理念和新思路。

---

① 《习近平谈治国理政》第 2 卷，外文出版社 2017 年版，第 529 页。
② 胡大平：《哲学与"空间转向"——通向地方生产的知识》，载《哲学研究》2018 年第10 期。

第十四章　基于空间正义的国土空间规划

"国土是生态文明建设的物质基础、空间载体和构成要素"[1]，合理规划国土资源对生态文明建设来说具有基础性意义。随着社会空间理论的兴起，人们开始从空间生产、空间资源配置的视角重新认知国土空间规划，当前我国国土空间规划正日益朝着社会主义空间正义的目标而迈进。空间正义价值理念所内蕴的公平正义原则、差异原则、效率原则成为优化国土空间格局，推进生态文明建设的重要原则。

一、国土空间规划理念的转变

随着我国改革开放进程的不断深入，国土空间规划经历了从以经济效益为导向到强调可持续发展，经济、社会、环境协调发展再到凸显空间正义的理念转变。这一转变既得益于理论自身的进步发展，也是对现实矛盾问题的回应。从理论上说，生态文明理论和社会空间理论的兴起，使人们对国土资源的空间属性进行了重新理解，对其在生态文明建设和实现社会公平正义中的重要价值和意义进行了重新阐释。从实践上来看，当前国土开发和建设中各种生态矛盾和空间矛盾交织在一起，国土资源在空间上的不合理开发和配置既破坏了自然环境，又导致了空间资源的不公正分配。因此，国土空间规划必须立足于生态文明的视野，引入空间正义的维度，化解人和自然以及人和人之间的利益冲突，实现和谐共生发展。

---

[1]　张高丽：《大力推进生态文明　努力建设美丽中国》，载《求是》2013年第24期。

（一）"空间规划"概念的由来

"空间规划"作为一个专有概念是孕育于社会理论空间转向这一背景中。长期以来，传统空间观强调的是空间的客观实在性，注重对空间物理特性的考察。直到 20 世纪六七十年代，列斐伏尔、哈维、苏贾等一批空间理论学家通过对资本主义空间生产的批判着力于揭示空间的社会意义，人们才开始对空间有了新的认知。空间不仅是物质运动的存在形式，而且与人的实践活动息息相关。既是人类实践活动展开的场域，又是人类实践活动的产物，还是人类生存的处所，因此空间的社会性具有双重意蕴。一方面，空间是由社会建构的，"空间在其本身也许是原始赐予的，但空间的组织和意义却是社会变化、社会转型和社会经验的产物"①。另一方面，空间的组织结构和布局反过来也会对社会产生反作用。因此，针对空间所进行的开发、利用、规划就会对经济、社会、文化和生态等各方面产生显著的影响和后果，于是空间规划就由最初仅仅涉及物质形体空间的具体规划设计演变成为具有特定含义的专用术语。从这一定义可以看到，空间规划的提出还与 20 世纪 80 年代西方国家生态环境危机的出现密切相关。

第二次世界大战后，在一轮又一轮新技术革命的推动下，西方发达资本主义国家普遍经历了经济的高速增长。但经济的增长却消耗了大量的自然资源和能源，造成了各种环境污染，从而严重制约了经济社会的进一步发展，威胁到人类后代子孙的生存和永续发展。鉴于此，以罗马俱乐部为代表的国际组织和学术团体对以经济增长为唯一目标的传统发展理念进行了反思和批判，提出自然资源的有限性决定了经济增长不可能无限持续下去，为此必须处理好经济发展与环境保护之间的关系。1973 年石油危机的爆发使西方社会深刻认识到解决环境问题的紧迫性，于是可持续发展概念提出并成为全球共同认可的发展理念。空间规划的提出是对可持续发展理念的践行，体现了空间思维和生态思维的融合。建基于土地之上的物质形态的空间具有经济、社会、生态等多重属性，空间资源既是自然资源，又是经济活动的生产资

---

① ［美］爱德华·W. 苏贾：《后现代地理学》，王文斌译，商务印书馆 2004 年版，第121 页。

料，空间规划通过空间布局对空间资源进行合理保护和有效开发，从而妥善处理经济发展与资源、环境的关系。因此，空间规划对于一个国家未来发展的战略部署意义重大，如何对国土空间进行科学合理的规划布局，制定空间发展战略成为世界各国政府共同关注和探讨的议题。

"空间规划"对我国的未来发展意义尤为突出。改革开放四十多年来，伴随着经济持续增长和急剧的城市化进程，我国国土空间发生了剧烈变化。国土开发和建设布局的无序失控使得产业布局混乱、城市无限蔓延，尤其是在经济高速增长的大城市，社会经济发展和生态资源环境之间的矛盾冲突异常严重，重大自然灾害频发、地价急剧攀升、土地盲目开发趋势愈演愈烈。这一系列问题的爆发在很大程度上都源于政府在顶层设计中长期忽视对国土空间的合理规划。因此，未来我国要实现高质量的发展和生态文明，在空间规划上必须保护空间资源、统筹空间要素、优化空间结构、保障空间权益。

（二）改革开放以来我国国土空间规划理念的发展演变

我国国土空间规划模式和理念是随着我国发展观的转变而不断转变提升的。改革开放四十多年来，指导我国经济社会发展的发展观依次经历了从经济增长发展观到可持续发展观再到科学发展观、以人为本的发展观的深化和提升，这一转变历程体现在国土空间规划上就是实现了从以经济效益为导向到强调经济、社会、环境协调发展再到凸显空间正义的理念转变。

1. 以经济效益为导向的国土空间规划理念

改革开放之初，尽快改变落后的经济面貌，提高生产力，改善人民的物质生活水平是党和国家的中心任务，由此形成了以追求经济增长为主要目标的发展观。这一时期我国的空间规划主要是以经济效益为主导，围绕着如何推动生产力发展产生经济效益而进行空间布局，缺乏对社会、生态、环境等要素的考量。因此这一阶段的国土空间规划主要体现为以下三个方面的特点。

第一，以生产力为核心的空间布局。在"六五"期间，我国空间布局是以提高经济效益为中心，向优势地区倾斜为原则的。1987年公布的《全国国土总体规划纲要》提出了以沿海地带和横跨东西的长江、黄河沿岸地带为主轴线，以其他交通干线为二级轴线的国土开发与生产力布局的总体框架。这种生产力布局主要考虑的是如何将人口和生产要素集聚在空间中，形成产业优势，产出经济效益。尽管以经济区划为基础进行的生产力布局充分发挥了经济地理优势，资金、技术和人力资源在空间上的聚集产生了巨大的规模经济效应，但同时也带来了无法挽回的损失。一方面，产业中心地带及其毗邻地区的生态环境遭到了巨大破坏；另一方面，沿海地区和内陆地区，东部地区和中西部地区的经济社会发展差距不断拉大，不均衡发展的空间格局由此形成。

第二，突出资源的开发利用，忽视对资源的保护。改革开放初期，由于我国经济基础薄弱、科学技术水平落后，经济增长的动力主要来源于土地、资本、资源、劳动力等生产要素投入在数量上和规模上的扩张，从而形成了粗放式的经济增长模式。这种粗放发展方式必然导致对自然资源的过度开采和滥用，对国土空间的开发完全无视资源环境的承载能力，导致国土空间生态脆弱，质量下降，功能退化。

第三，缺乏整体性系统化规划。这一阶段空间规划的目标比较单一，就是单纯服务于经济建设和发展。国土空间仅仅被视为生产空间来进行规划，而忽视了它同时也是生态空间，没有认识到生态空间规划是影响和制约经济发展的重要因素。尽管这一时期环境保护意识已初步形成，生态治理工作已经展开，但由于对经济社会发展与生态环境之间的复杂作用机制缺乏深入的分析探讨，国土空间规划并没有形成以生态为基础的整体性规划，出发点和目标仍然是着眼于协同不同区域空间的经济总量和增长速度。

总之，在经济增长发展观的指引下，改革开放初期的国土空间规划存在着滥用空间资源，破坏生态空间秩序等诸多弊端，从而严重约束和制约了我国经济社会的健康持续发展，这意味着发展观必须实现转变。

2. 以可持续发展为导向的国土空间规划理念

20世纪90年代开始国际生态运动蓬勃发展，可持续发展理念成为国际潮流，与此同时国内生态环境日益恶化，对经济发展和社会生活的破坏作用日趋明显，于是我国也适时转变了发展观，提出了可持续发展战略。可持续发展战略将生态环境问题摆在与经济建设、社会发展同等重要的战略地位，强调协调经济发展与资源环境的关系。在可持续发展战略部署下，我国国土空间规划也与国际上的空间规划理念接轨，将规划的重点放在了空间资源的保护和有效利用上。1990 年，《全国国土总体规划纲要（草案）》将国土整治与保护列为重点内容明确编写进去了。然而，可持续发展观主要是基于历时态的思维方式，即从当代人的发展不能影响后代人的生存发展这一角度出发来呼吁保护生态环境。这就决定了可持续发展观对环境问题的重视更加注重的是过程性而非塑造共时态的空间格局。因此，这一时期我国的空间规划虽然引入了生态维度，但由于空间维度的缺乏，没有对资源的空间关系、空间属性和空间规律进行深入研究探讨，使得它在推动可持续发展的功能和作用方面仍然十分有限，《全国国土总体规划纲要（草案）》也由于各种原因并未得到批准实施。

而且由于我国长期实施的是不平衡的空间开发战略，从而制约和阻碍了可持续发展目标的实现。从 1978 年开始，我国的经济特区、经济技术开发区和经济开放区都设立在东部沿海沿江这些空间区位和经济基础较好的地区。1988 年，邓小平提出"两个大局"① 的思想，东部地区获得进一步发展。随着海南全省批准为经济特区，以及浦东新区的开发，掀开了我国产业空间和城市发展重点向沿海地带的又一次重大转移。至此，我国东、中、西三个地带经济发展水平逐次递减的空间格局形成。这种不均衡的生产力区域格局与资源环境的空间格局不相匹配。东部地区作为重点发展区域，虽然拥有充足的资金、先进的技术、高素质的人才、便捷的交通地理区位，但能源不足、原材料短缺成为制约其发展的重要因素，因此不得不依赖于中西部地区矿产资源源源不断地输入。资源和能源在空间上的远距离输送，加大了生产和流通环节的能量损耗，使空间资源无法得到高效率的配置和利用。与此同时，中西部地区一方面由于缺乏资金、技术、人才，对资源的开采是一种低技术含量的掠夺方式，极大破坏了这些地区的自然生态条件，脆弱的生态环境无法支撑经济社会的可持续发展；另一方面中西部有些地区拥有丰富的能源资源，虽然具有推动自身经济发展的先天优势，但由于交通不便及基础设施落后，这些能源资源无法得到合理的开发利用，经济社会发展仍然落后。

---

① 所谓"两个大局"，一个大局就是东部沿海地区加快对外开放，使之先发展起来，中西部地区要顾全这个大局。另一个大局就是当发展到一定时期，比如 20 世纪末全国达到小康水平时，就要拿出更多力量帮助中西部地区加快发展，东部沿海地区也要服从这个大局。

可见，这一时期我国的空间规划虽然不再片面追求国土资源开发利用的经济效益，开始重视和强调国土资源的开发利用与环境整治保护的协调推进，但由于长期以来形成的非均衡的生产力空间布局使国土资源难以实现适度的开发和合理的空间调配，从而束缚了可持续发展战略的实施。

3. 以经济、社会、环境协调发展为导向的国土空间规划理念

2002—2011 年，我国逐步确立了科学发展观的指导思想。进入 21 世纪，中国经过高速的增长，经济实力显著增强，但粗放式的经济增长方式尚未发生根本改变。经济增长仍然追求的是速度、规模和总量，这种增长的动力来自资源能源的高投入和高消耗，其代价则是大量国土资源的无序开发和生态环境的破坏。城乡差距、区域差距、资源短缺和生态环境等矛盾和问题继续进一步制约我国经济社会的健康发展。为破解发展难题，提高经济增长质量，实现经济增长方式由粗放型向集约型转变，党的十六届三中全会明确提出了科学发展观，"坚持以人为本，树立全面、协调、可持续的发展观"①。

为落实科学、全面、协调的发展思路，这一时期我国的国土空间规划按照"五个统筹"② 对国土资源进行了综合性战略部署和空间布局，以满足高质量发展和生态文明建设的要求。一系列空间规划文件和政策的出台为构建科学合理的空间格局提供了强大的指导和支持。2010 年国务院批准实施的《全国主体功能区规划》是我国国土空间开发的战略性、基础性和约束性规划，对于推进形成人口、经济和资源环境相协调的国土空间开发格局具有重要战略意义。该规划依据不同区域的资源禀赋，将全国国土空间划分为不同功能区，分别为优化开发区、重点开发区、限制开发区和禁止开发区。不同区域的发展策略以及担负的生态环境责任都存在着较大差异。2011 年，国家"十二五"规划提出要进一步落实区域发展总体战略和主体功能区战略，构筑区域经济优势互补、主体功能定位清晰、国土空间高效利用、人与自然和谐相处的空间格局。这些规划在宏观层面对国土空间规划作出了十分有益的探索，但落实到具体操作层面尚有许多环节需要详细分析和考量。比如

---

① 《胡锦涛文选》第 2 卷，人民出版社 2016 年版，第 143 页。
② "五个统筹"即统筹城乡发展，统筹区域发展，统筹经济社会发展，统筹人与自然和谐发展，统筹国内发展和对外开放。

"对空间资源的层次分析和功效分析，对快速发展的地区缺少环境承载能力的分析和相应的对策，对生态脆弱地区的空间发展也缺乏限制性强的硬措施"①。《全国主体功能区规划》中提出的"两横三纵"②的规划格局虽然初衷是希望以优化开发和重点开发的城市化地区为支撑带动和提升中西部地区的部分城市群的发展，从而实现区域协调发展。但这种辐射效应可能很难在短时期内根本扭转区域发展失衡的局面。更为重要的是，空间规划的重点始终考虑的是城镇发展空间格局的优化，而甚少涉及农村发展的空间布局。众所周知，我国是农业大国，农村土地面积占全国国土面积的比例高达57.59%，各种生态自然资源的主要载体也是农村土地。因此如何对广阔的农村土地资源进行科学、合理、高效的利用开发，如何化解城镇空间扩张对农村土地的侵占、对农村生态环境的破坏所引发的矛盾冲突是实现城乡统筹发展所必须解决的重要问题。这一问题已引起了党和国家的高度重视，优化农业和农村发展空间格局成为新时期我国国土空间规划中的重要内容。

4. 以空间正义为导向的国土空间规划理念

公平正义是每个社会的价值目标，更是社会主义的本质要求。值得注意的是，公正并不意味着否定和摒弃效率，恰恰相反，只追求公正而忽视效率的社会是不可能真正长久地保持其公正，因此公平与效率是辩证统一的。但"效率与公平的统一是有重点的统一，必须根据不同历史时期的社会现实来决定对效率和公平的倾斜方向和调控力度"③。改革开放初期，改变落后的经济面貌，大力发展生产力是我们面临的首要任务，因此长期坚持的是"效率优先，兼顾公平"的原则，形成了效率至上的倾向。国土空间规划也是"以效率为先，以发展为要务，以各项建设项目的快速推进为目标"④。随着我国综合国力和经济实力的增强，人民群众日益增长的物质文化生活需

① 王凯、吴良镛：《国家空间规划论》，中国建筑工业出版社 2010 年版，第 100 页。
② "两横三纵"即以陆桥通道、沿长江通道为两条横轴，以沿海、京哈京广、包昆通道为三条纵轴，以主要的城市群地区为支撑，以轴线上其他城市化地区和城市为重要组成的城市化战略格局。
③ 周启海、周屹：《论中国改革开放进程中社会效率与社会公平历史变迁特点》，载《重庆大学学报》2005 年第 3 期。
④ 孙施文：《城市规划不能承受之重——城市规划的价值观之辨》，载《城市规划学刊》2006 年第 1 期。

要与落后的社会生产力之间的矛盾已不再突出和尖锐，取而代之的是各种社会不公平、不公正所引发的利益矛盾和冲突。区域之间的不均衡发展，城乡差距、居民收入差距的不断拉大迫切要求价值原则从追求效率转向追求公平正义。正是基于时代的发展和社会的变迁，党的十八大报告着重强调，公平正义是中国特色社会主义的内在要求，要逐步建立以权利公平、机会公平、规则公平为主要内容的社会公平保障体系，努力营造公平的社会环境，保证人民平等参与、平等发展权利。到党的十九大又作出了我国现阶段主要矛盾已经转化为"人民日益增长的美好生活需求和不平衡不充分的发展之间的矛盾"的科学论断。可见，公平正义已成为指导我国现阶段经济社会发展的基本价值理念。社会正义问题必然会聚集和反映到作为社会关系载体的空间上，从而催生空间正义问题。当前我国国土空间上所暴露出的非正义现象主要表现为空间发展的不均衡以及区域剥夺侵占行为。如果不协调好空间资源关系上的这些矛盾，将会严重影响到中国社会的稳定与和谐。因此，当前我国的国土空间规划必须尽快实现由非均衡的效率至上转变为均衡的公平优先，凸显空间正义的价值诉求。

二、迈向社会主义空间正义的国土空间规划

空间正义是在对西方资本主义城市空间生产中的不正义现象的探讨中形成和发展起来的。20世纪六七十年代，西方发达国家普遍经历了城市危机，这场城市危机的根源来自空间资本化。代表资本的精英阶层运用其政治经济权力占有空间，通过城市空间规划等手段对弱势群体进行空间剥夺，造成整个社会在空间上的分异与隔离。对此，列斐伏尔、哈维、卡斯特尔斯等空间理论学者立足于政治经济学分析框架，批判了资本主义空间生产的非正义性。空间正义理论范式的提出是对罗尔斯建立在抽象理性基础上的规范正义理论的回应和批评，一方面强调了空间与社会正义的关联性；另一方面突出了空间正义不仅仅指涉分配领域的正义，更是植根于生产领域的正义。这意味着空间正义主要调节的是空间生产过程中的关系，包括空间权力的运作、空间权利的配置以及空间资源的占有和分配。也就是说，在空间生产的语境中，空间正义才得以成立。空间生产概念虽然是晚近才提出来的，但人类实

际上一直在进行着空间生产，因为物质资料的生产过程同时也是生产、创造这些物质资料的空间形式的过程。之所以把空间生产同一般的物质生产区别开来，是因为空间生产的主要指向是生产物质产品的空间形式或空间属性，具体而言，简单的空间生产比如住宅房屋的建造，复杂的空间生产则是城市的规划与构建。正如列斐伏尔所说："空间的生产，在概念上与实际上是最近才出现的，主要是表现在具有一定历史性的城市的急速扩张、社会的普遍都市化以及空间性组织的问题等各方面。"① 随着城市化进程的不断推进，都市社会的来临，空间生产在社会生产中的地位和作用日益加强。在资本主义社会中，由资本主导的空间生产成为资本增值的主要途径，资产阶级通过生产空间来获取利润，与空间相关的一切要素都成为生产剩余价值的中介与手段。"土地、地底、空中，甚至光线，都纳入了生产力与产品之中。都市结构以其沟通与交换的多重网络，成为生产工具的一部分。城市及其各种设施（港口、火车站等）乃是资本的一部分。"② 可见，资本主义社会空间生产的目的不是生产出满足人类生存和发展需要的空间产品，而是追逐利润。这就决定了在资本主义空间生产过程中内含着权力的不平等，由资本意识形态所操控的城市规划不可能实现空间资源的公平配置，不可能保障所有人的空间权利不受损害，这正是西方空间理论所着力批判的资本主义空间生产的非正义性。

就我国而言，作为社会主义国家，我们的空间生产"与资本主义城市空间的生产存在根本性的差别，是有中国特色的社会主义城市空间的生产"③。虽然我国实行的是社会主义市场经济体制，但土地国家所有这一底线是不允许突破的，因此我国的空间生产不是服务于私人资本的，而是以满足人民群众的空间需求，促进人的自由全面发展为出发点和归属。社会主义空间生产的本质决定了空间规划必须坚持空间正义的价值诉求。在我国的空间规划中，居于决策地位的是政府而不是资本，政府在空间生产和空间规划中的主导地位确保了空间产品和空间资源分配机制的公正性，有力保障了公

① 包亚明主编：《现代性与空间的生产》，上海教育出版社 2003 年版，第 47 页。
② M. Gottdiener, *New Urban Sociology*, NY：McGraw-Hill Companies, 1994, p. 49.
③ 马学广等：《基于增长网络的城市空间生产方式变迁研究》，载《经济地理》2009 年第 11 期。

民的空间权益。但我们也必须看到，随着市场经济体制的逐步建立，资本力量逐渐壮大，正深刻影响着我国的空间生产实践活动。一方面，在国外资本和本土资本的共同推动下，空间生产力得到极大解放，空间资源和空间产品日益丰富，人民群众的空间需求得到了一定程度的满足；另一方面，资本逐利的本性在社会主义条件下并不会发生改变，而且我国经济社会发展相对落后的国情容易产生以资本为核心、以利润最大化为导向的倾向，致使资本逻辑不断僭越政府权力，甚至于地方政府、房地产企业、银行之间形成利益共谋，垄断空间生产权力，人们无法参与到空间规划决策中，也难以平等公正地享受到空间生产带来的成果。在"以权力和资本为主导，以土地和空间效益为单一目标的经济增长主义空间生产模式"① 之下，我国国土资源的开发利用中普遍存在着严重的区域剥夺行为，"这种行为主要是指强势群体和强势区域基于区域与区域之间的空间位置关系，借助政策空洞和行政强制手段掠夺弱势群体和弱势区域的资源、资金、技术、人才、项目、政策偏好、生态、环境容量，转嫁各种污染等的一系列不公平、非合理的经济社会活动行为"②。具体表现为：在都市圈构建过程中大城市对中小城市的层层剥夺；城市扩张过程中对农村的剥夺，比如开发区建设、大学城建设挤占了大量农村耕地资源，导致无数农民失地失业；旅游度假区建设极大地破坏了乡村自然生态资源和环境；房地产开发和拆迁改造剥夺了城市居民的生存空间；发达地区对落后地区的剥夺；资源匮乏地区对资源丰富地区的剥夺。愈演愈烈的空间剥夺不断加剧着国土空间开发的失调和国土资源配置的失衡，进一步强化了强势群体和弱势群体在空间上的对立，结果是社会矛盾和生态环境矛盾日益突出。

我国空间发展的现实亟须公平正义原则的价值指引，同时西方空间生产和空间正义理论又为我们进行审视和反思提供了崭新的视域和思路，因此，当前凸显空间正义的发展理念是理论和实践发展的客观要求。社会主义空间正义是与科学发展观、以人为本发展观一脉相承的，包含着可持续发展的生态诉求。因为空间是自然空间和社会空间的统一体，空间既指称山林、平

① 王志刚：《社会主义空间正义论》，人民出版社 2016 年版，第 57 页。
② 方创琳、刘海燕：《中国快速城市化进程中的区域剥夺行为及调控路径》，载《地理学报》2007 年第 8 期。

原、海洋、湖泊等自然空间样态，又包括人类通过空间生产活动所创造出来的各种建筑空间形态。在空间再造过程中，人类不可避免地占用和改变了原始的空间样态，产生了各种生态后果。由于人类需要不断进行空间生产活动以维持生存和发展，那些曾经被改变和破坏的自然生态空间就会成为影响和制约经济社会持续发展的障碍。这就要求在空间生产和空间资源的配置上不仅要协调处理好人与人之间的关系，也要处理好人类与自然之间的关系，"既要从社会空间的角度去关注处在当代空间发展格局中的群体和集团之间的发展的愿望和相应行为模式之间的公平关系问题，也要从自然空间的角度去关注世界生态系统的平衡和资源利用问题"①。还需要注意的是，生态空间资源不是无限的，大多数都是不可再生和不可移动的，空间资源的生产和分配就不能只考虑当代人的需求和利益，还应充分考虑到如何保证当代人与后代人之间的代际公平。因此，社会主义空间正义是社会空间正义和生态空间正义的统一体，是代际正义和代内正义的统一体。作为对国土空间资源进行配置的国土空间规划，应当兼顾空间公正和生态正义，代内正义和代际正义，充分彰显社会主义空间正义的价值理念。自改革开放以来，尽管我国国土空间规划不断成熟完善，越来越关注和强调公平、公正和生态环境问题，但仍没有完全实现国土空间资源在当代人之间、当代人和后代人之间进行科学布局和公平配置。就代内空间正义而言，应该是保障同时代的所有人，不分地域、种族、性别、阶层、年龄等差异都能平等享有生产和生活空间资源、空间产品的权益。然而我国不少地方政府为了追求 GDP 和政绩，利用空间规划的政策导向将土地及其他优质空间资源向城市和发达地区集中，损害了农村和经济发展落后地区居民的空间权益，导致空间资源占有和分配上的两极分化。不仅如此，土地和自然资源不均衡的空间布局还导致了"城镇空间分布和规模结构不合理，与资源环境承载能力不匹配，东部一些城镇密集地区资源环境约束趋紧，中西部资源环境承载能力较强地区的城镇化潜力有待挖掘"②。就代际空间正义而言，是可持续发展理念在空间正义问题上的集中反映，强调空间资源的开发利用不能损害后代人所应享有的发展

①　冯鹏志：《时间正义与空间正义》，载《自然辩证法研究》2004 年第 1 期。
②　《国家新型城镇化规划（2014—2020 年）》，人民出版社 2014 年版，第 5 页。

权。由于国土资源是有限的，当代人开发利用过多必然会造成下代人国土空间资源可用数量的减少；当代人对国土资源的破坏式开发，必然造成国土资源质量下降，生态环境脆弱，影响下一代人的健康持续发展。但一些地方政府在进行空间规划时并没有认识到这一严重性，即使认识到了也缺乏长远的战略眼光，拘泥于眼前和短期利益，为求一时发展，不惜付出资源枯竭的代价。"这种不顾未来发展、片面强调发展速度、拼命开发利用国土资源或者采取污染环境、破坏生态的发展模式，不仅透支了国家或地区的发展基础，造成后代人没有资源可供利用和生活环境恶化，也使可持续发展的根基丧失。"① 由此看来，要实现空间正义，未来我国的国土空间规划必须确立以生态为基础的整体性、长远性规划，在不同空间尺度上公正合理调配空间资源，统筹协调人与自然、人与人、经济与社会的平衡发展。

正是基于对生态文明和空间正义内在逻辑关联认识的不断深化，党的十八大报告中明确提出："大力推进生态文明建设，优化国土空间开发格局。要按照人口资源环境相均衡、经济社会生态效益相统一的原则，控制开发强度，调整空间结构，促进生产空间集约高效、生活空间宜居适度、生态空间山清水秀，给自然留下更多修复空间，给农业留下更多良田，给子孙后代留下天蓝、地绿、水净的美好家园。加快实施主体功能区战略，推动各地区严格按照主体功能定位发展，构建科学合理的城市化格局、农业发展格局和生态安全格局。"② 党的十八大报告鲜明反映了我国生态文明建设中空间视域的拓展：首先，深刻认识到国土资源的开发、利用和空间布局是推进生态文明建设的重要途径。国土空间作为生态文明建设的物质载体，其空间结构和空间布局是否科学合理将对资源环境和生态系统产生深远的影响。其次，按照生态文明的要求，对空间进行了功能区分，划分为生产空间、生活空间和生态空间，不同空间承担着各自的经济功能、社会功能和生态功能。国土空间规划旨在通过对生产空间、生活空间和生态空间的识别、整合与划分，形成各空间功能明确、互补发展的良性空间格局。最后，国土空间规划的目标是要同时实现空间正义和生态正义。生

---

① 叶轶：《论国土空间规划正义与效率价值实现》，载《甘肃政法学院学报》2017 年第 5 期。

② 胡锦涛：《坚定不移沿着中国特色社会主义道路前进　为全面建成小康社会而奋斗——在中国共产党第十八次全国代表大会上的报告》，人民出版社 2012 年版，第 5 页。

态正义是规范人与自然之间关系的价值准则，人与自然的关系必然会在人所生存和发展的空间中体现出来，因此生态正义内含着空间的维度。要实现人与自然的和谐共生，归根结底是要处理和协调好人与人之间的关系，空间正义价值规范的引入使长期以来被忽视的人与人之间在空间上的关系被重视和强调，也进一步丰富了生态正义的内涵。因此，通过优化国土空间开发格局不仅要在人类与自然之间，而且要在人与人之间建立起公平正义的空间分配结构，真正使空间资源在城市与农村之间、发达地区与落后地区之间进行合理布局和配置，从而促进区域空间、城乡空间的协调发展和可持续发展。

党的十八大之后我国国土空间规划迈进了一个新的历史时期，顶层设计以重塑绿色、正义的空间格局为目标，不断探索完善国土空间规划体系。《中共中央关于全面深化改革若干重大问题的决定》（2013 年）中提出"建立空间规划体系，划定生产、生活、生态开发管制边界"；针对各类空间规划编制标准不统一、目标相抵触、内容相矛盾的现状，《生态文明体制改革总体方案》（2015 年）明确提出"构建以空间治理和空间结构优化为主要内容，全国统一、相互衔接、分级管理的空间规划体系"。党的十九大报告中进一步强调："构建国土空间开发保护制度，完善主体功能区配套政策，建立以国家公园为主体的自然保护地体系。"2018 年，自然资源部组建成立，旨在统一行使国土空间用途管制和生态保护修复职责，强化国土空间规划对各专项规划的指导约束作用，推进多规合一。同年，全国生态环境保护大会召开，习近平总书记再次重申了对优化国土空间开发布局的重视。未来我国的国土资源空间规划将构筑起人与自然、人与人之间公正和谐的空间关系，实现美丽中国的理想空间格局。

三、国土空间规划中空间正义的基本原则

基于空间正义的国土空间规划必须遵循其基本原则。社会主义空间正义的基本原则是依据我国改革开放以来发展历程中的经验与教训，并借鉴西方空间正义理论的积极成果而总结提炼出来的。概括起来讲，新时期我国国土空间规划应遵循平等原则、差异原则、协同发展原则和适度集聚原则。

（一）平等原则要求实现空间资源的公平配置

平等是正义的首要价值诉求，现代平等观念经历了从古代、近代到现代的漫长历史过程。古希腊和古罗马时代，在自然经济生产方式基础上形成了等级制的社会结构，由此形成的平等观念是竭力维护等级制。平等的主体并不涉及所有人，而只限于统治集团内部，"在希腊人和罗马人那里，人们的不平等的作用比任何平等要大得多。如果认为希腊人和野蛮人、自由民和奴隶、公民和被保护民、罗马的公民和罗马的臣民（该词是广义上使用的），都可以要求平等的政治地位，那么这在古代人看来必定是发了疯"①。可见，古老的平等观念的内涵与现代平等观念之间存在着巨大的反差。随着资本主义生产方式在近代西方社会的确立，资本主义商品经济所要求的自由平等原则直接催生了现代平等观念的诞生。恩格斯对现代平等观念的内涵做了如下解释："一切人，作为人来说，都有某些共同点，在这些共同点所及的范围内，他们是平等的，这样的观念自然是非常古老的。但是现代的平等要求与此完全不同；这种平等要求更应当是从人的这种共同特性中，从人就他们是人而言的这种平等中引申出这样的要求：一切人，或至少是一个国家的一切公民，或一个社会的一切成员，都应当有平等的政治地位和社会地位。"②在恩格斯看来，现代平等观念的内容仅限于权利，主张平等的政治地位、社会地位是一切人的基本权利。现代平等观念是在资本主义社会中孕育而生的，尽管它要求消灭阶级特权具有巨大的历史进步意义，但其宗旨仍是维护资产阶级的统治地位和阶级利益。社会主义社会的平等原则应该超越资产阶级的平等观。"平等应当不仅是表面的，不仅在国家的领域中实行，它还应当是实际的，还应当在社会的、经济的领域中实行。"③资本主义的平等观主要诉诸政治与法律意义上的平等权利，社会主义的平等观则不仅要实现平等的政治权利，更要实现平等的经济权利，因为倘若没有经济上的平等，其他形式的平等就失去了现实基础，只能是流于空谈。因此，社会主义的平等原则是要保障所有公民的生存权、自由权、政治权利和经济权利的平等。当

---

① 《马克思恩格斯选集》第 3 卷，人民出版社 1995 年版，第 444—445 页。
② 《马克思恩格斯选集》第 3 卷，人民出版社 1995 年版，第 444 页。
③ 《马克思恩格斯选集》第 3 卷，人民出版社 1995 年版，第 448 页。

然，平等原则不是也不可能是追求结果的绝对平等，而主要指的是机会平等，即享有平等的机会，被平等地尊重和对待。

就空间正义而言，平等的价值诉求就体现为尊重和保障公民平等的空间权利。所谓空间权利是指："公平地占有一定的生存空间，合法享有一定的空间资源和空间产品的权利。"① 社会主义空间正义的平等原则要求公民作为居民不分贫富、种族、性别、年龄等都能获得平等的机会来占有生产和生活空间，享有空间资源和空间产品。可见，空间权利实质上是一种经济权利，维护和保障公民的空间权利是对社会主义平等原则的积极践行。空间是人们生产和生活的基本条件，但人类生存的空间不是自在的自然空间，而是由人类的空间生产活动所塑造和建构出来的。空间的社会性决定了在空间的占有和分配方面存在着权力的操控，从而导致不平等、不公正。正如福柯等所说："空间是任何公共生活形式的基础。空间是任何权力运作的基础。"②西方空间理论学者认为，在当代西方发达资本主义社会，权力与资本相互勾结，通过主导城市空间规划介入和操纵着空间生产和空间资源配置，破坏了空间正义的平等原则，损害了大多数人的空间权利。列斐伏尔就尖锐地批判了资本主义城市规划造成了都市日常生活的异化，为此他诉诸城市权利来实现社会主义的理想空间。我国作为社会主义国家，对空间资源进行配置的主导力量是政府权力，尽管政府权力是属于人民的，是维护广大人民的利益，但由于特殊的国情使我国的空间生产和空间规划长期以来奉行"效率优先，兼顾公平"的原则，从而导致当前我国空间资源在配置和空间区位的分布上存在着严重失衡现象，损害了社会主义空间正义的平等原则，具体表现为：第一，不同地域空间发展机会不均等。东部沿海地区的发展机会优先于中西部地区，城市的发展机会优先于农村。东部沿海地区和城市具备较好的经济基础，能为经济发展创造巨大的产值，因此国家在空间规划中就会通过政策倾斜引导优质空间资源流向这些发达地区，使这些地区获得了更多更好的发展机会。强势地区中的居民无论是在享有空间产品和空间资源的数量还是质量上都远远超过了弱势地区中的群体，由此造成了不同地域空间中人们

---

① 孙江：《"空间生产"——从马克思到当代》，人民出版社 2008 年版，第 207 页。
② ［法］福柯、雷比诺：《空间、知识、权力》，载包亚明主编：《后现代性与地理学的政治》，上海教育出版社 2001 年版，第 13—14 页。

享有的空间权利的不平等。第二，同一地域空间内部居民空间权利的不平等。即使是同处于发达地区的人们其所享有的空间产品和空间资源也存在着较大的差异。地方政府为了追求政绩和地方利益，在城市规划中将大量土地资源投入房地产开发，不断进行城市扩张和更新改造。在这一进程中，房价被不断拉高，同时大量的城中村、棚户区、简易房被拆除，城市中的农民工、低收入者和弱势群体的居住空间被不断剥夺和丧失，由此造成了城市高收入阶层和低收入阶层在居住空间权利上的严重不平等。居民空间权利的不平等还体现在对城市公共空间的占有和消费方面。公共空间是向所有公众开放的空间，最能体现空间正义的平等原则，然而在空间规划中政府没有把这些稀缺的空间资源保留给公众，反倒是被私有化和商品化，成为少数富裕阶层的特权，从而把大众排除在公共空间资源的享用之外。第三，不同群体对空间环境和质量享有上的不平等。居民空间权利的不平等不仅体现在占有的空间规模和形态上的差距，也反映在占有的空间环境和质量的差别上。以追求空间经济效益为首要目标的空间规划片面突出空间资源的生产功能，将土地、自然资源等都投入到经济生产活动中，国土资源的开发利用完全超出了资源环境的承载能力，导致了日益恶化的生态环境问题。生产空间对生活空间、生态空间的挤占致使耕地面积锐减，生态系统脆弱，环境污染严重，人们居住和生活空间的环境和质量不断下降。面对日趋紧张的生态资源，发达地区利用自身优势地位将各种污染转嫁给落后地区，城市精英阶层则凭借财富和特权来获取良好的生态环境，空间发展所付出的巨大的环境代价都由普通的民众来承担，他们平等享有适宜生活空间和生态空间的权利被无情剥夺了。

空间权利上的不平等和空间资源占有的两极分化引发了各种空间冲突和矛盾。"国土空间规划是调节国土空间生产和利益——不仅指居住环境的生成，还包括其各种要素与环境的互动、分布及利用——的公共政策。"① 因此，未来我国国土空间规划的任务不再仅仅是确定空间发展规模和空间布局，更重要的是要协调各种空间关系，解决社会矛盾和冲突，维护社会公

---

① ［美］大卫·雷·格里芬：《后现代精神》，王成兵译，中央编译出版社 1995 年版，第157 页。

正。国土空间规划中平等性原则应体现在两个层面：一个层面是实现空间资源在当代人之间进行公平分配，另一个层面是确保后代人能获取与当代人平等的发展机会和资源环境。就前一个层面来说，应从以下三个方面来着手：首先，强化国土空间规划对地方空间规划的指导约束作用。目前我国国土空间开发利用在顶层设计中已经树立了公平正义和绿色发展的价值理念，但到地方政府这一层级往往由于局限于局部和短期利益而流于形式，无法真正落实。今后必须确立起国土空间规划的权威性和严肃性，使其处于"宪法"性地位，有效引导和规制地方政府的空间规划行为。以国土空间规划为基本规划，各级地方政府的土地利用规划、城市规划与之相配套形成科学公正的空间规划体系。各级地方政府在秉承国土空间规划基本原则的前提下，依据各地区实际情况，通过制定土地开发利用政策引导空间生产走向效率与公平并重，协调各种利益矛盾。其次，统筹配置空间资源，促进国土空间均衡发展。国土空间规划在对空间资源进行布局时应大力扶持落后地区，关照弱势群体利益，从而保障区域之间、城乡之间、不同人群之间在占有和消费空间资源上的平等权利。为此，通过加快推进公益性基础设施、公共空间建设和环境保护设施建设，改善弱势群体的生活空间；通过特殊政策引导资金、技术、人才、资源等流向落后地区，特别是老少边穷地区，推动这些地区的空间生产和空间发展，使人们共享空间产品和空间资源。最后，发挥空间规划的法定强制力，防范各种危害公共利益的空间开发行为。在土地开发建设和城镇规模扩张过程中，各个利益主体对自身利益的追求往往会损害整体利益和公众利益。对此，必须充分发挥各类土地管理法规和空间规划法规的法律效力，对危害公共利益的行为依法进行追究和惩罚，以维护公众所共同享有的合法空间权益。就后一个层面来说，国土空间规划必须立足于可持续发展的高度来进行编制，为经济社会的长远发展和后代人的发展留下充裕的资源和良好的环境。因此在对土地、林木、水体、矿产、能源、生物等空间资源进行开发、利用时必须坚持走节约、集约、循环利用的道路，以最小的资源消耗获取最高的发展质量。在对区域、城市发展进行空间布局时，必须充分考虑该地区资源生态环境的可承载能力，不得突破"永久基本农田红线、生态保护红线和城市开发边界"。总之，通过采取各类措施对国土进行综合整治，提升国土质量，为后代人的平等发展提供高品质的空间资源，实现代际正义。

（二）差异原则强调不同空间的差异化发展

在对"正义"的理解上，人们往往倾向于在"正义"与"平等"之间画上等号，断然否定和压抑差异。这其实是一种肤浅的解读，无法认识到差异原则是正义范畴的应有之义。无论是马克思主义正义观还是以罗尔斯为代表的自由主义正义观都肯定正义不是绝对的平等，而是承认差异的。马克思在规约正义时指出："就它的本性来讲，只在于使用同一的尺度；但是不同等的个人（而如果他们不是不同等的，他们就不成其为不同的个人）要用同一尺度去计量，就只有从同一个角度去看待他们，从一个特定的方面去看待他们。"① 也就是说，正义不在于是否有差别，而在于是否用同一个标准和尺度来对待差别。罗尔斯正义论的两大原则是自由平等和差异公正原则，其中自由是首要原则。罗尔斯强调对平等的追求不能损害和牺牲个人的自由，这实际上就是对差异的确证。第二个原则就是对差异本身的确证，正是因为承认差异存在的合理性，才会为社会和经济的不平等提出基本的伦理准则。马克思认为，没有普遍的、抽象的正义概念，正义的内容是随着历史的不断变化而被不断赋予新的内涵。尽管如此，平等原则和差异原则始终构成了正义的两个基本原则，今天我们所谈论的正义就是对这两个原则的具体表达："一是指所得与所付相称或相适应，如贡献与报偿、功过与奖惩之间，相适应的就是正义，不相适应的就不是正义，也就是所谓的得所当得；二是指按同一原则或标准对待处于相同情况的人与事，也就是通常所说的一视同仁，它包含着平等的意义。"② 所谓的应得正义指向的就是差异原则，个体差异决定了每个人的功过不同，所得到的报偿和奖惩也就不同。

社会主义所追求的正义是否也应该是包含着差异的正义？答案是肯定的，这是由两方面原因所决定的。一是承认和尊重差异是推动社会发展的活力源泉；二是因为我国正处于差异性日益明显的社会阶段。历史上，我们曾有一段时期追求绝对平均主义，导致能力强、贡献大的人和能力弱、贡献小

① 《马克思恩格斯选集》第 3 卷，人民出版社 2012 年版，第 364 页。
② 朱贻庭：《伦理学大辞典》，上海人民出版社 2000 年版，第 44 页。

的人所获得的是同等报酬，严重挫伤了人们的积极性、创造性，阻碍了生产力的发展，为此付出了沉重的代价。个体的差异决定了差异的产生是无法避免的，同时一定的利益差异和分化也是社会得以良性运转的基本条件，因此对差异的不尊重和压制显然违背了自然和社会发展规律，只有充分尊重差异才能防止社会走向僵化和停滞，才能实现真正的正义。"一个社会的创造性与活力程度，在于差异度与流动性。"① 哈维也正是基于这种认识，深刻揭示了资本主义如何在空间生产中通过制造差异和他性，从而使资本主义存活下去并不断焕发出生机活力。就我国现阶段国情来看，由于我们尚未超越社会主义初级阶段，分配制度仍然坚持的是以按劳分配为主体，多种分配方式并存，因此是"一个人民利益趋于一致，局部利益和当下利益存在各种差别和分层的共同体社会"②。随着社会主义市场经济体制改革的不断深化，我国将处在一个巨大的转型期，社会结构的变革，利益格局的重新调整，思想文化观念的多元化必然进一步加固差异性。面对差异化的社会现实，只有坚持差异与平等的辩证统一，才能实现社会主义正义。任何割裂平等原则与差异原则的做法都会走向极端，其结果要么坚持绝对平等原则，一切都是平均分配，社会失去活力；要么崇尚绝对差异原则，社会缺失同情、友爱、互助。因此，既要鼓励、尊重合理的差异，又要关注弱势群体，使差异原则与平等原则得到同等的重视和合理的安排。

差异原则在空间正义中的体现主要包括两个方面：第一，对空间资源和空间产品的分配坚持比例公平。所谓比例公平是指："尊重劳动者个体差异、个人贡献的大小，从而实现多劳多得，少劳少得。"③ 在保证公众基本空间权益的前提下，应该按照能力高低、贡献大小来分配空间产品和空间资源。前文讲到国土空间规划应大力扶持落后地区，关照弱势群体利益，但比例公平原则警醒我们政策规划对空间产品和空间资源的供给和分配领域的调控主要是满足和保障人们的基本空间需求。人们的发展性、享受性、成长性

---

① 任平：《论差异性社会的正义逻辑》，载《江海学刊》2011 年第 2 期。
② 刘琳：《差异性社会的伦理逻辑与包容性增长的实现》，载《苏州大学学报》（哲学社会科学版）2011 年第 2 期。
③ 张天勇、王蜜：《城市化与空间正义——我国城市化的问题批判与未来走向》，人民出版社 2015 年版，第 172 页。

空间需求则应该依据人们能力的高低和贡献的大小来衡量是否应该满足，也就是发挥市场自主资源配置功能。如果这一领域的供给与分配受到行政力量的过多干涉和调节，过分强调平等原则，不仅使有能力者无法得其应得，空间权益被部分剥夺，而且会导致贫穷地区形成"等、靠、要"的消极被动心态，这种形式上的正义所带来的最终结果将是实质上的不正义。

第二，空间生产和空间规划不能走向同质化，应合理规划不同区域的主体功能与发展目标。空间正义的差异原则不仅仅涉及分配领域，更为重要的是在空间生产领域中的运用。在分配领域中的差别、不同主要是从经济学意义上来讨论的，在生产领域中则主要强调的是空间本身的差异性和多样性。显而易见，现代社会的空间形态与传统社会相比，呈现出显著的差异性、异质性特征。而在新马克思主义空间理论学者看来，资本主义社会中的空间存在着异质性与同质性的悖论。这是因为以资本为主导的空间生产要求将空间仅仅作为商品来对待，基于对空间交换价值的追求，空间不可避免地同质化了。我们看到，今天在全球化浪潮的席卷之下，资本同一性逐渐消灭了地方性差异，空间的同质化从城市逐步扩展至全球。世界各国城市规划与建设呈现出千篇一律的空间样态：一座座摩天大楼拔地而起，全球连锁商店和餐厅遍布城市。尽管每个城市似乎都保留了一定的地方特性，但承载着这些特殊和多样地方文化的建筑物却是空洞无物的，日益成为符号化的标签，在它的异质性外表之下，仍然是服务于资本逻辑。因此列斐伏尔认为，这种同质化的空间是抽象的统治空间，它以压倒一切的交换价值使空间的本身所固有的象征空间价值和日常空间价值丧失了，资本以强制性的同质化抹杀了各种差异，压制了差异的生产。与资本主义空间生产不同，列斐伏尔明确指出社会主义空间生产是差异的空间生产。这是因为："社会主义空间生产意味着私人财产和国家对空间的政治统治的终结，这意味着一种转变，从（私人）统治到（集体）占用，注重使用而不是交换。"① 社会主义空间生产的目的不再是实现资本的增殖，而是为了尊重和满足人们多样化的空间需求，因此，差异的正义是社会主义空间生产的价值向度，空间规划必须依据差异原

---

① Forrest, R. J. Henderson and P. Williams, *Urban Political Economy and Social Theory: Critical Essays in Urban Studies*, Aldershot, England: Gower, 1983, p. 181.

则制定出科学合理的规划。

　　我国当前对国土空间的开发利用所暴露出来的一个突出问题就是空间多样性的衰竭和消失，最典型的表现是"千城一面，百城一貌"。我国城市发展趋于同质化是由我国特殊国情决定的。我国目前处于社会主义初级阶段，现代化建设的实践证明资本和市场机制在推动生产发展方面仍然具有无可比拟的优越性，这意味着我们必须利用和发展资本。资本的负面效应反映在城市空间规划和空间生产上必然形成无差异化的发展战略。"复制，恰恰是空间资本在其成长初期的自身要求，也是迫切需要和现实可能相结合的产物。"① 也就是说，在资本利益最大化原则支配下，所有城市都选择了规模化扩张的发展道路，因为规模化、标准化能最有效地拉动 GDP，推动城市高速发展。一方面，城市的规模化、标准化扩张完全无视生态、资源、环境的承载能力，导致资源过度开发，生态环境破坏严重；另一方面，城市特色的消亡破坏了城市长期以来形成的历史根基，表征着商品和资本的城市空间构型吞并了人们昔日的生活体验和集体记忆，使城市中的人们失去了情感的依托和归属感，取而代之的是支离、压抑、冷漠的情感体验。显然，以资本的同一性所主宰的城市空间生产是非正义的，不可能促进和实现人的生存和发展。

　　未来我国的空间生产和空间发展要尽力避免和克服之前的缺陷和弊端，就必须在空间规划上制定差异化的发展策略，充分考虑各个区域、各种人群、各种文化的多元性，充分发挥各个地域的特色优势，满足人们对生产、生活、生态空间的多样化需求。差异化的空间规划策略应具体落实到如下三个层面：第一，在城市规划上根据城市自身的经济基础、人才技术资源、历史文化积淀、区位条件、自然环境条件积极寻找差异优势，打造真正能传承和发扬城市精神和文化的独特空间格局。第二，在区域空间规划上制定差异化的城市发展目标。东、中、西部地区城市发展的基础、规模、功能、环境等方面存在着较大差异，因此不能以统一的标准和模式来引导其发展。东部地区的城市发展重点是疏解过密人口、治理环境污染、加快国际化步伐；中

---

① 江弘、张四维：《生产、复制与特色消亡——"空间生产"视角下的城市特色危机》，载《城市规划学刊》2009 年第 4 期。

部地区的城市发展主要是逐步增强城市的综合服务功能，加快产业升级步伐；西部地区的城市发展重点是适度拓展城市发展空间边界、保护生态环境、完善城市的基础设施和公共服务设施等。第三，在全国国土空间规划上应坚持因地制宜的原则，针对不同地区的自身条件采取不同的开发模式。自国家"十一五"规划纲要提出主体功能区的思路与设想以来，我国一直在探索和完善主体功能区规划。我国幅员辽阔，各地区的资源环境、自然条件和发展程度迥异，不可能按照统一的模式开发利用，应明晰各地域空间的优势和劣势，准确定位其主体功能，通过明确的区域功能分工，实现各区域各尽所能，各尽其职，分工合作，协同发展。据此，我国按照开发方式把国土空间划分为优化开发区域、重点开发区域、限制开发区域和禁止开发区域四种类型。① 按照开发内容把全国划分为城市化地区、农产品主产区和生态功能区。城市化地区的主体功能是提供工业品和服务产品，农业地区的主体功能是提供农产品，生态地区的主体功能则是提供生态产品。在此基础上，党的十八大进一步提出，"加快实施主体功能区战略，推动各地区严格按照主体功能定位发展，构建科学合理的城市化格局、农业发展格局和生态安全格局"②。这就要求厘清生产空间、生活空间、生态空间和主体功能区之间的相互交叉对应关系。生产空间主要发挥生产功能，相当于国家主体功能区中的优化开发区域和重点开发区域；生活空间主要发挥生活居住服务功能，相当于国家主体功能区中的限制开发区域；生态空间主要发挥生态功能，相当于国家主体功能区中的禁止开发区域。针对不同空间的自然生态禀赋、功能定位采取差异化的发展策略，制定差异化的用途管制规则，实施差别化的国土空间保护措施，明确哪些空间需要重点保护并禁止开发，哪些空间需要保护与开发并重，哪些空间需要重点开发和优化提升，从而创建出集约高效的生产空间、宜居适度的生活空间和山清水秀的生态空间，使国土空间的开发

---

① 优化开发区域是指对人口过密、资源环境压力大的区域进行调控，通过结构优化的方式，促进产业升级和要素扩散；重点开发区域是指对资源环境承载能力较强、发展潜力巨大的区域，加大开发力度；限制开发区域是指对生态脆弱、资源环境承载能力较弱的区域，在开发规模和强度上加以限制；禁止开发区域是指对自然保护区、水源涵养地这样的区域禁止开发，防止破坏资源与环境。

② 胡锦涛：《坚定不移沿着中国特色社会主义道路前进　为全面建成小康社会而奋斗——在中国共产党第十八次全国代表大会上的报告》，人民出版社 2012 年版，第 5 页。

利用真正服务于人的自由全面发展。

可以看到，区分主体功能是对空间正义差异原则的坚持和落实，在差异化发展策略的引导下，国土空间开发实现了从占有土地的外延扩张转向了调整优化空间结构的内涵式发展，从大一统的空间开发模式转向了差异化的空间开发模式，从对空间的无序开发转向了有度有序开发，从对资源环境的滥用和破坏转向了保护开发和综合整治并重。

（三）效率原则要求提升空间利用效率和效益

社会主义空间生产所追求的空间正义要真正长久地维持下去，必须处理好公正与效率的关系。由于空间正义问题是基于日益突出的空间冲突和空间矛盾而提出的，因此在对空间正义的关注上往往容易出现过分强调公正平等原则而忽视甚至否定效率原则的错误倾向。实际上，坚持效率原则不仅不会损害平等原则，反而是为空间正义的实现提供了现实的基础。效率越高，生产力就越发达，创造的物质财富就越丰富，人们享有空间产品和空间资源的机会就越多。没有效率，公平就丧失了赖以实现自身的物质基础；不讲效率，公平就是一句空话。因此，空间正义必须坚持有效率的公正和有公正的效率，"要把提高'效率'与增进'正义'放在总体上、平等一致的地位上来考虑"[1]。

我国的空间生产虽然始终强调和突出效率原则的重要性，但对于何谓效率一直存在着认识上的误区，对于如何使效率的提升真正促进正义的实现也缺乏持久深入的思考，导致效率原则与平等原则的脱节。就"效率"的内涵来说，将效率狭隘化为追求经济增长速度和规模的经济效益。现代社会生产的效率原则不是单纯追求经济效率增长，而是通过有效率地协调人与自然、人与人的关系，减少或消除生产活动中的各种矛盾和冲突，从而更有效地推动社会可持续发展。因此，效率不仅仅指涉经济效益，而且应包括经济效益、社会效益和生态效益。经济效益是经济发展质和量的统一，衡量经济效益的指标是多维度的，包括经济总量的提高、经济结构的优化、经济发展的可持续和经济成果分享制度的完善。社会效益是强调经济发展应有利于社

① ［美］阿瑟·奥肯：《平等与效率》，王忠民等译，华夏出版社 1999 年版，第 86 页。

会安定、协调、健康发展，促进人口素质、生活质量、社会环境、公共福利等方面的提升和改善。生态效益则要求经济发展应尽量减少对资源的耗费和对自然环境的破坏性影响。我国在过往对国土空间的开发利用主要看重的是经济效益，而甚少考虑社会效益和生态效益。而且即使强调经济效益，也只片面关注经济增长的速度和规模，忽视了经济增长的质量。导致的结果是城镇化建设盲目追求规模的扩大，大量的土地资源被投入到造城运动中，圈地造城、围海造城、填湖造城、削山造城现象蜂拥而起，工业园区、高新开发区、经济开发区等名目繁多的功能区不断开建。这些新城和新区在为地方政府带来巨额的土地财政收入，扩大 GDP 总量的同时，却造成了低下的甚至是负增长的社会效益和生态效益。在"大跃进"式的空间开发中，一方面，教育、文化等基础配套设施严重滞后，民政福利和公共服务投资薄弱，房地产开发中暴力征收和拆迁现象比比皆是，这些都严重损害了社会公众利益；另一方面，城市空间的急剧膨胀破坏了生态自然条件，消耗了大量的土地和能源资源，各种污染物排放量激增，造成了大气污染、交通拥堵、垃圾围城、水资源短缺等生态环境问题。如果经济效益的实现是以牺牲社会效益、生态效益为代价，那么这显然背离了效率原则的初衷。我们倡导效率原则，引导经济又好又快地发展，最终目标是为了增进社会的福利和人民的福祉，实现社会正义。因此，我们不能本末倒置，必须以经济、社会、生态效益的统一来衡量效率的高低，这才是效率原则的科学内涵。

国土空间规划必须以经济、社会和生态效益为指标进行综合考量和评估，实现空间利用效率和效益的最优化。为此，应从以下几方面进行改进和提升：首先，以适度集聚开发作为国土空间开发的主导方式。集聚是现代经济社会发展的必由之路，通过集聚产生出巨大的规模经济效应，从而节约能源资源耗费，提高资源配置和运行效率，减轻生态破坏与环境污染，取得良好的经济效益、社会效益和生态效益。更为重要的是，通过集聚形成的"中心"对周边地区的人口、产业、资源、资金具有强大的吸引力和辐射力，成为推动区域经济社会发展的核心。因此，《全国国土规划纲要（2016—2030 年）》中特别强调要大力推动国土集聚开发："以培育重要开发轴带和开发集聚区为重点，综合运用国土空间用途管制、资源配置、环境准入、重大基础设施建设等手段，引导人口、产业相对集中布局，促进生产要素有序流动和高效集聚，提升国土开发效率和整体竞争力。"集聚开发将实现从空间分割到空间整合的转变，形成相对集聚的生产空间、相对集中的生活空间和相对集合的生态空间，从而充分发挥出集聚效应。在集聚开发的过程中，必然会涉及处理集聚开发与均衡发展的矛盾问题。对此，应坚持效率与公平相统一，建立健全转移支付、生态补偿等制度对人口、资源输出地区给予公平合理的补偿，使效率的实现符合正义的目标。其次，节约集约利用国土空间资源。随着经济社会的不断发展，对国土等资源的需求量会不断增加，国土空间开发利用会持续对生态环境施加压力，这意味必须大力推进节约集约用地。第一，严格控制城乡用地建设规模，严控城市新区无序扩张。第二，优化土地利用结构和布局。划定全国城市开发边界、永久基本农田和生态保护红线，引导工业用地逐步减少，生活和基础设施用地逐步增加。第三，提高土地利用效率。统筹地上地下空间开发利用，推进多功能立体开发和复合利用。第四，实施土地内涵挖潜和整治再开发。推进城镇低效用地再开发，因地制宜盘活农村建设用地，积极推进矿区土地复垦利用。通过实施集约节约的空间发展战略，推动资源利用方式的根本转变，形成高效、协调、可持续的国土空间开发格局。第五，推进"多规合一"，提高空间规划体系的运行效率。空间规划中的效率原则不仅体现在规划编制的内容和执行所产生的效果方面，还包括规划本身是否有效率。也就是说，空间规划运作和实施是否简便、快捷、省时省力，成本低。我国空间规划虽然经历了从无到有、不断完善的过程，但现行空间规划名目繁多，编制部门各异、规划目标、思路、标准、期限不统一，导致空间重叠、内容交叉、相互掣肘、无法协调等问题，不仅浪费了大量的人力、物力、财力，增加了制度成本和运行成本，而且造成审批和决策的效率下降，使空间规划的执行力大打折扣。这些规划之所以会出现目标相抵触、内容相矛盾的问题，一定程度上与编制单位的"地方"和"部门"保护情结相关，主要从地方和部门利益出发，而没有站在全局的高度统筹规划，体现出传统的各自为政、各自为重的倾向。为破解空间规划上的制度难题，协调各类空间规划差异，形成高效的制度合力，大力推进"多规合一"势在必行。"多规合一"中的"多规"主要是指我国现行的四大规划：国民经济与社会发展规划、土地利用总体规划、城乡总体规划和环境保护规划；"合一"则是指将这四大规划进行恰当衔接，融合到一个区域内，实现一个区域一本总体规划、一张蓝图。作为统领的空间规划并不是将所有规划进行机械的拼凑合并，也不会取缔任何一个规划的法律效力。它要做的工作是：评判吸纳各项现有规划的"底线"并落实在空间上，形成各项规划都不能突破的底线；建立统一"多规"的空间数据体系与信息平台，建设全国统一的空间规划数据库，在空间信息平台上，统一现行各类规划的年限、用地分类、数据标准等重要空间参数；各职能部门通力协商，达成共识，化解各项规划之间潜在的恶性冲突。2018 年，我国组建自然资源部，这是打破部门壁垒、条块分割，解决空间规划"政出多门"弊端的重大举措。按照《国务院机构改革方案》，新组建的自然资源部将统一行使所有国土空间用途管制和生态保护修复职责。自然资源部将国土资源部、国家发展和改革委员会、住房和城乡建设部、水利部、农业部、国家林业局、国家海洋局、国家测绘地理信息局等部委的规划职能整合到一起，对各类规划进行统筹，实现"多规合一"。

总的来说，依据空间生产理论，国土空间的开发利用就是对空间资源和空间产品的生产和分配，在国土空间规划中践行空间正义，就是要把空间正义的平等原则、差异原则和效率原则贯彻到空间生产和空间分配领域。通过构建经济高效、生态安全、协调发展的国土空间开发格局，确保人民共享空间发展的成果，满足多元化的空间发展需求，实现经济、社会和生态环境的持续协调发展。

第十五章　空间治理与美丽中国空间
格局的塑造

　　建设美丽中国，优化国土空间开发格局不仅是国土空间规划的主要任务，更对空间治理提出了更高的要求。空间治理通过对国土空间资源、要素的使用、收益、分配进行系统协调，会直接或间接地影响到政府治理、市场治理和社会治理的结构和过程。因此，完善空间治理体系是推进国家治理体系和治理能力现代化的重要改革内容。党的十八届五中全会明确提出："建立由空间规划、用途管制、差异化绩效考核等构成的空间治理体系。"通过对国土空间的系统综合整治，提升国土空间品质，打造美丽国土，在城市、乡村、全国甚至全球不同尺度空间上建构起绿色公正的空间格局。

一、完善国土空间治理体系

　　"国土空间是建设美丽家园的载体，国土空间资源是实现中国梦的最重要的自然物质基础。"① 建设、管理和保护好国土空间、建设美丽家园是空间治理的核心任务。在长期粗放式经济发展模式之下，我国国土空间遭到了不同程度的破坏，品质逐步下降导致各种生态环境危机和社会矛盾频发，因此，合理规制国土空间使其朝着良性的方向发展，以利于人们的有序生产和舒适生活已刻不容缓。空间治理旨在"通过资源配置实现国土空间的有效、公平和可持续的利用，以及各地区间相对均衡的发展"②。空间治理应从加

---

① 胡锦涛：《坚定不移沿着中国特色社会主义道路前进　为全面建成小康社会而奋斗——在中国共产党第十八次全国代表大会上的报告》，人民出版社 2012 年版，第 22—34 页。

② 陈易：《转型时代的空间治理变革》，东南大学出版社 2019 年版，第 11 页。

强空间用途管制、开展国土综合整治、建立国土资源生态补偿机制和自然资源资产产权制度等方面来协调处理不同利益主体之间的关系，从而塑造绿色、创新、协调、开放、共享的高品质国土空间。

（一）国土空间的现状

伴随着 40 多年来我国经济的高速发展，国土空间在大规模的开发利用进程中，其资源环境承载力日趋减弱，国土空间品质暴露出诸多问题和短板，主要表现在以下几方面。

第一，自然资源禀赋与人口发展不相适应。我国虽然国土面积广大，水资源、矿产资源、森林资源以及各种动植物资源丰富，但庞大的人口规模消解了这一资源优势。可供人们生产和生活的资源总量虽然大，但人均占有量却远远低于世界平均水平。而且我国的地形、地貌适宜人类活动和居住的并不多，高原、荒漠、山地所占面积的比例大，而平原、良田、坝子所占面积的比例小。如果再扣除必须保护起来禁止开发的国土，今后可利用的农业用地和可建设的工业用地将很难满足后代人的生存发展需求。更为严重制约和束缚我国未来人口和经济社会发展的因素是人口和资源在空间分布上的不均衡。习近平总书记在全国生态环境保护大会上对这一基本国情作了准确描述："'胡焕庸线'东南方 43% 的国土，居住着全国 94% 左右的人口，以平原、水网、低山丘陵和喀斯特地貌为主，生态环境压力巨大；该线西北方 57% 的国土，供养大约全国 6% 的人口，以草原、戈壁沙漠、绿洲和雪域高原为主，生态系统非常脆弱。"[1] 这种独特的地理环境决定了人口和产业在国土空间分布上的严重失衡，人口聚集地区为缓解资源环境压力，不断从人口稀少地区大规模、长距离调运各种矿产资源和能源，进一步加剧了人口稀少地区生态系统的脆弱程度。

第二，国土资源开发利用中过度、粗放、低效的状况尚未根本转变。在粗放式经济发展方式和地方政府短期逐利行为的双重作用下，我国对国土资源的开发长期存在着过度利用和粗放经营的不良行为，导致了一系列严重的后果。一是持续的过度开发造成土壤质量严重下降。在我国人口和产业聚集

---

① 习近平：《推动我国生态文明建设迈上新台阶》，载《求是》2019 年第 3 期。

区，土地垦殖率过高，资源承载能力和环境容量不断突破上限，土地只用不养，地力日趋下降。据不完全统计，中国水土流失面积大约为 150 多万平方公里，占国土面积的 15% 以上，水土流失使江河湖库淤积，洪水和泥石流等灾害增加。由于水土流失和对土地重用轻养，适宜于耕作的土壤急剧减少，极为有限的耕地资源还由于不合理地施用化肥和农药而被严重污染。除此之外，对矿产的过度开采和不及时复垦，对尾矿的不合理堆积也破坏了大量土地；对地下资源如煤炭、地下水的开采则引起了地面下沉或塌陷。二是土地使用中存在严重浪费现象。一方面土地资源大量"流失"和被破坏，另一方面却存在着奢侈消费现象。在城市规划建设方面不断圈地扩张，另辟新区，过度追求大广场、宽马路，城市的盲目扩张和低水平重复建设过多过快地消耗了大量土地，造成土地资源的严重浪费。三是普遍存在着土地利用效率低的状况。统计显示，目前，我国城镇低效用地占 40% 以上，农村空闲住宅达到 10%—15%。处于低效利用状态的城镇工矿建设用地约 5000 平方公里，占全国城市建成区的 11%。在经济发达地区，很多建设用地长期闲置，变成了劣地、空地、荒地，同时违法违规用地现象屡禁不止；而在边远地区、少数民族地区，由于生产力水平低下，科技落后，仍然存在刀耕火种、粗放经营、广种薄收的状况。当前我国正处于新型城镇化、工业化、农业现代化快速发展的时期，对国土资源的数量和质量不断提出新的要求，如果还继续采取这种粗放式的土地使用模式，那么我们将丧失维系未来中国发展的珍贵的土地资源和空间载体。

第三，国土空间品质与人们对空间产品和空间资源的需求之间尚存在一定差距。当代中国已经进入了一个以转化土地和空间用途为中心的空间生产和空间消费时代，满足人们对空间产品的需求和消费是实现人们美好生活的重要途径。空间产品包括社会为人们提供的生产空间、生活空间和生态空间。人们进行生产活动需要占据一定的空间场所和空间资源。对从事农、林、牧、副、渔等农业劳动的农民来说，最重要的可支配空间资源就是土地，包括耕地、林场、草原、山坡、水塘等。对城市中的劳动者来说，则需要占据工厂、办公楼等工作场所和就业空间。目前农业生产中的空间产品无论从供应数量还是品质来说都远远不能满足农民的需求，我国 2 亿多农民在户均不足 9 亩的耕地上劳作，而且有限的农田、林场草原、河湖水系还不断遭受着侵占和破坏。工业生产也没有为人们提供便捷、安全、舒适的工作场所。工人和技术人员的工作地点集中在各类新开发的产业园区，由于这些工业园区远离老城区，居住和服务配套滞后，人们不得不奔波于工作场所和居住场所之间，极大地增加了通勤成本和工作成本。农民工的工作条件和环境则更为恶劣，大多是在危险系数高的建筑工地、桥梁道路、矿场进行着户外作业。以服务业为主的第三产业在高额租金和低成本互联网服务业的双重压力下，空间供给严重不足。

生活空间包括居民建筑空间、建筑周边环境空间、各种公共场所和交通空间等。近年来城市空间不断经历着更新改造，工业用地不断挤占居住生活用地，居住用地占比远低于世界平均水平。① 持续的高强度开发严重破坏了城市的宜居性，引发了一系列城市病。典型表现是城市中心区人口密度大、建筑密度大、空间拥挤，随之而来的是交通拥堵，停车难，社区公园、街头绿地、运动场地等基本公共服务设施短缺等问题。尤其是在人民群众最关心的教育、养老等民生问题上，有限的空间资源和空间产品难以满足人们日益增长的需求。由于高水平的教育资源十分有限且过度集中，出现了价格畸高的学区房，人们要么倾其所有购买学区房，要么就近蜗居，要么"长距离通学"，无论选择哪种空间安排，都无法获得高质量的生活品质。同时，随着我国进入老龄化社会，城乡养老配套设施空间和公共活动场地普遍存在较大缺口。

生态空间反映的是人们对优美生态环境的需求。我国国土生态环境问题已成为制约经济社会发展的最大瓶颈。工业的发展、人口的高度集聚使城市中各种污染物排放量激增，造成了大气污染、垃圾围城、水电气资源短缺、噪声和光磁污染等各种难以解决的环境问题，严重危害和破坏了人们生产生活所需要的生态空间。农业生产活动对良田、绿水、青山的滥用、砍伐、污染和损毁使人们无法再享有高品质的生态空间资源。不仅如此，化肥、农药的大量使用还可能造成农产品直接危害到人们的身体健康和生命安全。

显然，我国的国土空间状况已很难满足人民日益增长的美好生活需要，

---

① 根据世界上比较成熟的经验，在城市用地的比例结构中，工业用地应控制在15%以内，而我国高达25%；居住用地应该占比45%，而我国平均占比仅为31.8%。

因此，对国土空间进行有效治理，使之成为全体中国人民享受美好生活的空间载体是摆在我们面前的迫切任务。

（二）国土空间治理目标

国土空间既是人们活动的载体，又为人们的活动提供各种资源，因此国土空间治理必须以人为本，从"人"的需要和利益出发塑造高品质的国土空间，使国土空间真正支撑起人的安全感，满足人的获得感，体现人的归属感，提升人的幸福感。为此，应在绿色、创新、协调、开放、共享五大发展理念的引领下开展国土空间治理。

绿色是国土空间高质量发展的首要标志。绿色发展旨在提升国土空间的生态功能和质量，实现生态系统的稳定性和可持续性。这就要求国土空间的开发要以资源环境承载力为基础，树立节约集约循环利用的资源观，形成绿色生产方式和生活方式。一是通过构建生态功能保障基线、环境质量安全底线、自然资源利用上线三大红线，管控国土空间开发的边界和限度；二是实现产业结构和生产方式向科技含量高、资源消耗低、环境污染少的绿色生产方式转变，推动建立绿色低碳循环发展产业体系；三是倡导以绿色消费、绿色出行、绿色居住为核心的生活方式，建立引导绿色消费的政策制度，形成有利于绿色出行的交通网络和基础设施体系，推进适宜于绿色居住的社区规划。国土空间绿色发展的最终目标是"打造生态安全的绿色空间，尤其是遵循不同区域人与自然的规律，构建符合区域自然特征、提升生态安全能力、体现美好生活需要的绿色空间体系"[1]。为建设美丽中国、增进民生福祉提供空间保障。

国土空间的创新发展主要是指国土空间规划和空间治理的变革与创新，借助于空间规划的改革创新，使国土资源得到科学、高效、安全的开发利用。随着中国特色社会主义进入新时代，对国土空间品质的要求将发生深刻的革新和提升。"新时代呼唤新规划，空间规划正悄然从增量时代的物质规划向存量时代的品质规划转型。"[2] 这意味着空间规划的重心从应对和解决

---

[1]　黄贤金：《美丽中国与国土空间用途管制》，载《中国地质大学学报》（社会科学版）2018年第6期。
[2]　孙雪东：《塑造以人为本的高品质国土空间》，载《中国土地》2019年第1期。

供给规模不足的总量矛盾转向了应对供应不均衡、不充分的结构性矛盾。改革开放四十多年来，我国经济快速发展的动力主要来源于劳动力和资源环境的低成本优势。正是基于此，在以往的国土空间规划中形成了盲目追求数量、规模效益的理念，造成了国土空间的无限制开发、资源能源的高耗费和生态环境的破坏。进入发展新阶段，我国在国际上的低成本优势逐渐消失，未来中国的发展必须依靠创新来驱动。实施创新驱动发展战略要求空间规划和空间治理由注重数量、规模向追求质量、效率转型。也就是说，空间规划模式要由传统粗放型向精细化转变，这就需要从理念创新、体系制度创新和技术创新三个维度来推动空间规划创新。就理念创新来说，拓宽规划思路，针对不同区域特点和主体功能，灵活创新运用开放紧凑、绿色低碳、历史传承、功能复合等规划观念。就体系制度创新来说，通过实施"多规合一"力图克服种类烦杂的空间规划之间相互打架的弊端，避免对国土空间的重复开发和低效建设，构建起全国统一、相互衔接、分级管理的国土空间规划体系，制定国土空间规划统一标准和参数，加强国土空间规划对各专项规划的指导约束作用。就技术创新来说，要在工作平台和工具手段上实现突破，推动空间规划治理的科学化、高效化和精准化。"运用'互联网+空间规划'模式，完善行业数据共享机制，集成不同行政层级、行业空间规划数据库、模型库、专家知识库，研发互通互联的'智慧空间'云平台，为空间大数据分析、规划协调和决策提供支撑。"① 通过创新，实现以最小的自然资源消耗获取最大的效益和公平。

国土空间的协调发展是统筹不同空间尺度上的国土开发利用，促进国土空间均衡发展。空间尺度和规模由大到小可依次划分为国土空间、区域空间、城乡空间及其内部空间。在国土空间尺度上，协调发展体现为人口与经济的空间分布相均衡，经济与资源环境的空间分布相均衡。在区域空间尺度上，各区域根据资源环境承载能力、发展基础和潜力，对自身特色、优势和竞争力进行明确定位，发挥主体功能，逐步形成东中西部良性互动，公共服务和人民生活水平差距趋向缩小的区域协调发展格局。在城

---

① 严金明、陈昊、夏方舟：《"多规合一"与空间规划：认知、导向与路径》，载《中国土地科学》2017 年第 1 期。

乡空间尺度上既不能割裂城乡关系，也不能搞城乡一样化，而应按照城乡一体化思路统筹城乡规划与发展。城乡一体化是指城乡在基础设施、公共服务方面的均等化，而不是刻意抹杀城乡差别，"城乡必须是各具文化特质、各具自然生态特点、各具社会形态、建筑风格和规划品质"①。总之，未来中国新型城乡协调格局是相得益彰，满足人们对美好生活的不同需求。在城市空间尺度上，城市发展的速度、规模与空间结构必须与人口、资源、环境相适应，同时还要协同好不同规模等级和职能城市的关系，促进大、中、小城市协调发展。在乡村空间尺度上，通过优化村镇布局、生产力布局、交通与水利布局，实现城镇规划区、工业生产区、农业发展区、农民居住区与生态保护区协调发展的田园格局。

国土空间的开放发展包含两个层面的含义：一是构建便捷畅通的对外开放大通道，为开放发展提供强有力的空间通道。交通运输基础设施既是空间产品，又为空间生产和空间消费提供通道，因此，以国土空间为载体的交通运输业在打造陆海内外联动、东西双向开放的全面开放新格局中发挥着重要的作用。通过兴建机场、铁路、高速公路，打通空中走廊、海上出口和陆上通道，着力优化物流组织体系，大力发展国际联运，促进对外贸易实现优进优出、快进快出。二是保护、完善、优化各类开放空间，创造适宜的人居环境。"开放空间"是城市规划学中的一个概念，指城市中为供居民游憩休闲而保持自然景观的地域，包括城市内部和外围的山体、水体、植被、林地等自然环境，也包括街道广场、公园绿地等人工环境。可见，开放空间概念本身蕴含了生态的理念，是坚持可持续发展空间战略和创造适宜人居环境的重要空间形态。我国国土空间品质的提高有赖于最大限度地展现各类开放空间要素，通过提供多样化、多层次的开放空间，充分发挥开放空间的生态功能、景观功能、文化传承功能、公共服务功能，将城市建设成为更具有包容性、开放性的生态城市。

国土空间的共享发展指向的是空间发展的最终目标，即让全体人民共享空间发展成果，获得幸福感和满足感。共享发展要求解决好国土空

① 樊杰、王亚飞：《40年来中国经济地理格局变化及新时代区域协调发展》，载《经济地理》2019年第1期。

间开发利用中的公平正义问题。一方面，国土空间品质的提高不是局部而是普遍全面的提高，绝不能以牺牲某些区域的土地资源和生态环境为代价。国土空间的开发利用过程并不是一个利益均沾的过程，为保障利益受损区域中人们的空间权益，必须建立健全以"谁开发、谁保护，谁破坏、谁恢复，谁受益、谁补偿，谁污染、谁付费"为原则的生态补偿机制。我国广大贫困地区大多都是经济发展所付出的生态环境代价的承接地区，因此要将生态补偿和扶贫工作有机结合起来，加大对贫困地区、生态脆弱地区的转移支付力度，使这些地区同样走上生产发展、生活富裕、生态良好的发展道路。另一方面，共享空间发展成果是建立在共建、共治的基础之上的。国土空间的共享发展不能仅仅依靠政府的主导作用，还要树立起全民对国土空间的共建、共治和共享的理念。普通民众、社会力量应积极主动参与到空间规划的编制、实施、监测过程中，使空间规划真正反映和代表人民群众的真实空间需求和愿望，使全体人民在共建共治中共享空间发展的成果。

（三）国土空间治理措施

为提升国土质量和功能，使之成为建设美丽中国、实现经济社会可持续发展的绿色资源保障，必须建立起空间规划、用途管制、差异化绩效考核"三位一体"的国土空间治理体系。国土资源作为一种空间资源，其治理实质上是以空间为平台，分析不同空间层次以及同一空间尺度中不同主体的利益诉求，协调处理不同利益主体的关系，寻求利益主体的利益整合机制，从而实现国土空间高效、公平和可持续的利用。

1. 构建协调各区域利益主体的空间规划体系

科学合理的国土空间规划应该是根据国土空间资源的自然适宜属性，结合人类生产、生活活动的区位和空间结构要求来划定某一区域是开发、保护还是综合整治。但在现行的官员政绩考评体系下，无论哪一级地方政府都希望自己所在辖区被确定为优化、重点开发区，而不愿意被划分为限制或禁止开发区。因为如果被确定为开发区，就会获得国家财政、税收、政策等各方面的支持，推动地方经济的迅猛发展，创造出显著政绩。而一旦被划分为保护或整治区域，则会严重制约和束缚地方经济发展，进而影响地方政府的利益。因此，地方政府在对特定区域的主体功能划分和空间规划上往往只注重从短期和自身利益出发来筹划，而不完全依照国土空间总体规划方案来实施。中央政府则是从全局利益和长远利益出发来统筹规划，这势必会造成部分区域利益受损。中央和地方利益的不一致是导致《全国主体功能区规划》落实难、执行难的根本原因。如何使国土空间规划既观照全局，又能满足各级、各类区域的利益需求是国土空间治理的关键难点。

空间治理不仅要协调好不同空间尺度上主体的空间需求，还需要处理好同一空间区域中的各利益主体之间的关系。由于"社会经济发展的方方面面往往对同一国土空间资源有着开发利用的共同取向，这就极易产生不同用途间的竞争和矛盾冲突"①。在对国土空间资源的开发利用中，不同利益主体的关注点和所追求的目标存在着较大的差异。企业重视的是空间构型的固定资本用途②，将国土空间最大限度地开发出来修建工厂、办公楼、工业园区以创造利润；居民关心的则是这些空间构型的消费功能，希望国土空间应尽可能用于改善生活环境、交通条件，增加公共服务设施、公园绿地等休闲娱乐场所；地方政府主要追求的是国土空间的开发利用所带来的经济效益，通过出让土地使用权增加政府财政收入，同时发起并主导城市更新改造来拉动地区生产总值；非政府组织主要关注空间生产和空间规划中的公平正义、生态环境和社会福利问题。我国国土空间是全民所有的自然资产，因而不同利益主体都享有合法的空间权益，空间规划偏向于保护哪类主体的空间权益取决于各方力量的强弱和参与的程度。显然，政府和企业掌握着大量的经济、社会和行政资源，它们居于强势地位，居民和非政府组织则处于弱势地位；而且目前我国的空间规划又主要是由政府主导编制的，普通民众和社会力量参与和表达自身需求的机制尚不完善，因此我国各级、各类空间规划凸显的是政府和企业的空间需求，而甚少顾及民众和社会组织的空间需求。

不同主体在对国土空间开发利用上的利益冲突和矛盾严重影响了国家空间规划体系的顺利实施。要协调处理好不同利益主体的关系，需要从以下几方面着手努力。

---

① 樊杰：《我国空间治理体系现代化在"十九大"后的新态势》，载《中国科学院院刊》2017 年第 4 期。

② 哈维认为，城市建构环境具有双重用途：生产中的固定资本和消费中的消费基金。

第一，建立空间规划商讨机制。确保空间正义的治理机制必须建立在各方共同开发、共同治理的协商基础之上，协商商讨应在三个层面展开：首先是地方政府与中央之间。一方面，中央应充分考虑国家总体空间布局对各区域经济社会发展所产生的正负面效应，充分听取和了解地方需求，为地方政府提供合法有效的利益表达渠道，实现中央决策的民主化和科学化，减少宏观决策失误；另一方面，地方政府也应摆脱狭隘的地方保护主义，转变政绩观，支持国家总体空间规划，积极变革和调整发展思路。通过中央与地方政府的共同协商合作，制定既适合地方发展又与国家总体布局相匹配的空间规划，建立有效的上下联动机制，真正推动空间规划体系的落实。其次是各相关部门之间。各部门应打破条块分割、各自为政的状态，着眼于整体空间规划，建立协同工作机制。"部门协作平台定期召开部门联席会议，通过部门间的沟通协作，获得关键规划要素内容上的统一，在互让互利的原则下共同开展业务。"① 各部门之间只有加强协商沟通，才能在合理分工和有效协作的基础上实现各自的空间权益。最后是普通民众、社会力量和政府之间。政府应主动建立起开放式的公众参与机制，使普通民众的利益代言人能真正进入空间规划的决策、实施和验收过程，表达自己的诉求，维护自己的空间权益。通过政府和公众广泛深入的协商沟通，实现政府"自上而下"的行政主导与民众"自下而上"的主动参与的融合，使空间规划真正满足人民群众的空间需求，真正体现以人为本的空间发展理念。

第二，推进空间规划相关法律法规的制定。以往在国土空间的开发利用中，我们主要是以行政手段来推动规划的实施，但行政手段的弊端导致空间规划并不能有效协调各方利益主体的关系。一方面，《全国主体功能区规划》和《全国国土规划纲要》是以行政文件而不是法律文件下发的，中央政府在落实这些规划时也主要依靠行政机关来执行和监督。由于处于信息劣势，中央政府对众多地方政府的监督显得力不从心，而且即使地方政府没有完全按照中央的决策行事也只会受到行政处分而不会受到法律制裁。另一方面，地方政府以行政手段主导空间规划的编制和实施会导致公众参与度低，

① 周小平、赵萌、钱辉：《协同治理视角下空间规划体系的反思与建构》，载《中国行政管理》2017年第10期。

无法保障普通民众的空间权益，并且政府官员的任期届满和升迁直接削弱了行政行为的稳定性。因此，要真正满足不同利益主体的不同空间需求，在制定科学合理的空间规划的同时，还必须为其实施提供坚实的法律保障。要积极推进空间规划法的立法工作，将其作为空间规划体系的基本法，从法律层面上明确空间规划的权威性和严肃性。空间规划法应赋予主体功能区规划以法律效力，各级各类空间规划应以主体功能区规划为最高上位规划，立法机关和司法机关应加强对空间规划的编制、管理和实施的监督力度，"只有这样，才能有效调控和规范中央政府与地方政府的行为，增加居民、企业、非政府组织的行为预期，保证空间规划体系的真正落实"①。

　　第三，实施基于不同主体功能区的差异化绩效考核。地方政府行为之所以与国家为其确立的主体功能区发展方向不一致，究其根源在于采取的是以经济指标为主的统一考核评价机制。为化解中央和地方的利益冲突，国家明确提出针对不同主体功能区绩效考核指标各有侧重。但由于我国还处在差异化绩效考核的起步和探索阶段，加之长期以来形成的政绩观积重难返，地方政府对土地的盲目开发建设，以及由此造成的区域之间的恶性竞争等现象仍然存在。为引导和规范地方政府行为，协调不同区域在开发、利用和保护国土空间上的利益矛盾，差异化绩效考核指标的设置需进一步细化和完善，差异化绩效考核的结果需与干部奖惩和选拔任用真正结合起来。在具体考核指标的设定上，应涵盖经济效益、社会效益和生态效益，针对不同主体功能区具体指标所占的权重有所不同：优化开发区域对经济效益的考核应从注重经济增长速度规模转向科技创新产出率，同时提高社会效益和生态效益等考核指标的权重；重点开发区域应弱化投资、出口等相关经济指标的考核，以提高城镇发展水平和质量为目标重点考核城镇土地产出效率、常住人口基本公共服务、资源环境承载能力等；农产品主产区的考核不能套用工业化城镇化区域的指标体系，而应主要考核农业综合生产能力、农民收入等；重点生态功能区实行生态保护优先的绩效评价，不考核经济效益，强化对生态效益的考核；禁止开发区域只考核对自然文化资源原真性和完整性的保护情况。通

---

① 安树伟：《落实国家空间规划体系的关键是利益协调》，载《区域经济评论》2018 年第 5 期。

过将差异化绩效考核的结果运用到干部的选聘任用中，切实改变政绩观，使地方政府能自觉自愿地践行主体功能区规划，推动各地区协同互助发展。

2. 实施国土空间用途管制

国土空间格局的塑造需要经历一个较长的时间周期，如果在这一过程中发现了失误想要调整几乎是难以逆转的。因此，国土空间规划必须具有前瞻性、战略性眼光，对国土空间资源的开发必须审慎，不能因无限制和过度滥用而导致无法挽回和承受的生态恶果，这就要求对国土空间的用途进行严格管制。我国现行的国土空间用途管制制度在规范各主体行为和利益约束方面虽然取得了一定的效果，但国家提出的实现治理体系现代化和生态文明建设的战略向国土空间用途管制提出了更高的要求，必须尽快建立健全国土空间用途管制的新机制。

第一，从自然资源要素分割型管制转向全域全类型的综合管制。以往我们对国土空间资源的用途管制是进行分类分部门管理。根据耕地、森林、草原、湿地、水域等不同类型的自然资源要素的生态系统特性制定有针对性的管控措施。但是这种管控方式没有充分考虑到生态系统的整体性，导致片面强调某一个生态系统要素，而忽视了对其他自然资源要素的保护，出现了顾此失彼的现象。习近平总书记指出，"山水林田湖草是一个生命共同体"。因此，要建立覆盖全域全类型自然资源的管理体系，坚持"山水林田湖草沙"是生命共同体的原则，遵循生态系统的自身规律，统筹考虑各类要素的功能及保护需求。一方面，完善自然资源综合信息，加强对自然生态空间的监测，为综合管理自然资源提供基础与支撑；另一方面，自然资源保护和管制职责应尽快由分散于各个部门划归为一个统一部门来统筹实施。近日，国家新组建成立了自然资源部来统一行使所有国土空间用途管制，这将大力推进自然资源管理的统一性、协同性和有序性。

第二，空间用途管制应协同处理好粮食安全、资源安全和生态安全的底线要求。长期以来，我们对国土空间的可持续发展主要关注于耕地保有量是否会威胁到粮食安全，森林覆盖率、矿产蕴藏量是否会威胁到资源安全，反映到空间用途管制上就表现为对耕地、森林等生态空间的保护和管制比较严格，效果也十分明显；而对河流、湿地、沙地、荒滩、荒坡等生态空间的管制普遍比较薄弱。在严格保护耕地的政策下，很多耕地资源比较匮乏的地区在农用地指标使用完了的情况下，为了实现耕地占补平衡①，就不得不把一些具有重要生态环境功能的湿地、荒山、荒坡开发成耕地，造成植被减少、水土流失等一系列生态问题。显然，保障我国粮食安全和资源安全不能以牺牲生态安全为代价，生态保护和耕地保护对于维持国土资源的可持续发展具有同等重要的地位。因此，空间用途管制要严格控制农业生产和资源开发对自然生态空间的侵占和生态系统的破坏；加强对生态敏感脆弱区的保护力度，优化生态功能区，严守国家生态安全的底线。同时也要防止矫枉过正，在严控农业空间向生态空间的挤占时，也必须保护好永久基本农田，防止因无序退耕而危及国家粮食安全。

第三，构建自然资源及生态环境资产产权体系。对自然生态空间的保护和限制开发在一定程度上会损害自然资源及生态环境资产所有人的权益，如果空间用途管制和产权管理衔接不畅就会引发用途管制的诸多矛盾，造成产权人对管理部门的抵制和不配合，进而阻碍空间用途管制的有效落实。为处理好由土地、自然资源权属所引发的矛盾冲突，应积极探索建立权责明确的自然资源产权体系，制定自然资源资产有偿出让和补偿制度。要建立明晰的自然资源产权体系首先要对所有自然资源进行统一确权登记，这样才能全面落实自然资源的权利主体，明确保护责任，并调动权利主体在保护自然资源中的积极性，推动自然资源的保护和监管。产权体系的建立不只是强调产权主体在保护生态环境上的责任和义务，也应保障其合法权益。为弥补自然生态空间因为被管制和限制使用而造成的经济损失，应积极"鼓励政府通过租赁集体产权的方式，给予纳入生态空间管制范畴的集体和个人适当的经济补偿"②。

第四，综合运用行政、经济、法律手段，确保空间用途管制科学、合理、高效的实施。当前我国的国土空间用途管制还主要采取的是以行政审批和计划管理为主的行政手段，典型体现为指标管控，通过自上而下、层层分解的模式下达到各级地方政府。这些指标在分解的过程中由于受到各级行政机关各种利益因素的考量和平衡，最后落实到基层已经是与地方实际需要严

---

① 耕地占补平衡是要求所有涉及占用耕地的建设项目必须补充同等规模的耕地。

② 黄征学、祁帆：《完善国土空间用途管制制度研究》，载《宏观经济研究》2018 年第12 期。

重不匹配了。未来国土空间用途管制必须克服单一行政手段的弊端，应充分发挥行政、经济、法律手段各自的优势。就行政层面来说，着力完善管控指标体系，改变过去按行政区划和用地基数分配指标的做法，依据主体功能定位、资源环境承载力、经济社会发展潜力等多项因素科学确定国家和区域国土空间管控指标，同时确保各项指标分解到基层不受到行政力量的干涉。就经济层面来说，"在自然资源资产统一确权登记和管理的基础上，探索建立包括生态补偿、国土空间开发许可证交易、发展权转移、财税转移支付等多重利益协调机制"①。通过采取灵活的经济手段，实现自然资源权益在国家、区域、个体之间的合理分配。就法律层面来说，积极推动《国土空间用途管制法》的制定实施，修改完善相关法律法规，对违法擅自变更国土空间用途的行为给予严厉的法律制裁，为国土空间用途管制的切实执行提供坚实的法律保障。

3. 统筹开展国土综合整治

我国持续快速的经济社会发展是以长时间、高强度的国土空间开发利用为支撑的，同时也是以国土空间的综合承载能力和抵御风险能力的日益削弱为代价的。具体表现为生态系统退化、资源利用效率低、环境污染严重、空间布局不合理等问题，因此我国未来国土综合整治的任务异常艰巨。生态文明建设和空间治理现代化战略的确立向国土综合整治提出了更高的要求，在开展国土综合整治中，要兼具生态思维和空间思维，将生态治理和空间治理有机结合起来，加快修复国土功能，提高国土开发利用质量和效益。

我国国土整治经历了从土地整治到国土整治，从专项整治到综合整治的转变，在这一过程中逐步树立起了系统有机的生态思维。改革开放以来，对国土空间的大规模、高强度开发利用破坏了自然生态系统，导致资源环境与经济社会发展之间的矛盾日益尖锐。鉴于此，我国相继开展了一系列专项国土整治工作，尽管在一定程度上遏制了生态环境进一步恶化的趋势，但基本上仍然属于"种树的只管种树、治水的只管治水、护田的单纯护田"，并未从根本上改变国土开发利用失序的状况。党的十八大以来，生态环境保护工

---

① 黄征学、祁帆：《从土地用途管制到空间用途管制：问题与对策》，载《地政研究》2018年第 6 期。

作被提升到了生态文明建设的层次，习近平总书记立足于"生命共同体"的高度对人与自然、人与土地的关系进行了深刻阐释："山水林田湖是一个生命共同体，人的命脉在田，田的命脉在水，水的命脉在山，山的命脉在土，土的命脉在树。"① 2017 年，又进一步将"草"纳入山水林田湖同一个生命共同体之中，从而形成了内涵完整的"山水林田湖草"生命共同体概念。这一概念形象描绘了生态环境的复杂性、有机性和系统性。生态系统是由森林生态系统、草原生态系统、湿地生态系统、农田生态系统等各个子系统所构成的具有复杂结构和多重功能的有机整体。各种自然资源、自然要素之间相互联系、相互依存、相互制约，这意味着生态治理必须着眼于整个生态系统，处理好整体与局部的关系，在对某一自然要素进行保护和修复时必须考虑对相关自然资源要素和整个生态系统的影响。因此，生命共同体的提出标志着我国在国土整治和生态治理中突破了过去各部门、各地区条块式管理和分割式治理的弊端，迈向了统筹"山水林田湖草"的系统治理的新阶段。为此，国务院印发的《生态文明体制改革总体方案》中特别强调："按照生态系统的整体性、系统性及其内在规律，统筹考虑自然生态各要素、山上山下、地上地下、陆地海洋以及流域上下游，进行整体保护、系统修复、综合治理。"现行土地类型主要是依据开发利用用途划分为农用地、未利用地和建设用地，国土整治相应集中于耕地、工矿用地、荒草地等类型。在生态文明背景下，对土地类型的划分不应拘泥于这一标准，而应更多从生态的角度将国土划分为基础性生态用地、人居环境类用地、海岸生态带等，通过对它们的综合整治，提升人类生活和生产条件、保护人类生态空间，为经济发展和人们安居乐业提供绿色高效的国土。

国土综合整治的目标不仅仅是修复和提升国土的生态功能，国土空间开发格局的优化、国土利用质量和效率的提升也是其重要目标。为此，我国提出由土地整治向更高层次的国土综合整治的转型，整治对象从"国土"到"土地"的改变反映的是空间治理理念的确立，这也意味着国土综合整治是提升空间治理现代化水平的重要途径。长期以来，我们将"国土"狭隘地理解为土地，将土地整治的重心放在保护耕地和提升土地产出效益上，主要

① 《十八大以来重要文献选编》（上），中央文献出版社 2014 年版，第 507 页。

秉承"开源"和"挖潜"的理念，如增加耕地面积，开拓城乡建设空间等。但随着生态环境问题的日益突出，土地的质量和品质不断下降，我们逐渐认识到土地的开发利用不可避免地受到其他自然要素和生态系统的制约，这就要求国土整治应由平面化的土地转向立体化的国土空间体系，整治的对象应涵盖所有涉及空间、资源等国土要素，包括陆地、海洋、森林、草原、湖泊、荒地以及矿产资源等。未来国土综合整治的对象和范围不仅包含农用地、农村建设用地、未利用开发地等基本类型，还包括南水北调、西气东输等自然资源整合治理，"三北"防护林、各流域水污染治理等环境整治，海岸带治理、海岛利用保护等海洋资源整治和易地搬迁、要素盘活等国土精准扶贫整治等模式。随着国土整治空间范围的扩大、空间层次的细化，不同类型空间的整治内容和整治目标趋于多元化。为优化国土空间结构布局，我国进行了主体功能区规划，不同地域空间的功能定位和开发利用方向不同，其国土综合整治的目标、任务也不尽相同。针对城市化地区土地资源浪费、闲置、低效开发以及低质量的人居生态环境，综合整治的目标是促进节约集约用地，改善人居环境；主要任务是推动城市低效建设用地再开发，加强城市环境综合治理。针对农村地区耕地面积缩减，土壤肥力降低，基础设施落后的现状，综合整治的目标是提高耕地质量，改善农村生产生活条件；主要任务是加快田水路林村综合整治，推进高标准农田建设，实施土壤污染防治行动。重点生态功能区由于生态脆弱、生态系统退化严重，整治的目标是恢复生态系统功能，增强生态产品的生产能力；主要任务是围绕强化水源涵养功能、增强水土保持能力和提高防风固沙水平实施生态修复工程。矿产资源开发集中区的整治目标是恢复矿山环境和工矿废弃地复垦；主要任务是实施矿山环境治理，加快绿色矿山建设。海岸带和海岛地区的整治目标是修复受损生态系统，提升环境质量和生态价值，主要任务是加强海岸带修复治理，推进海岛保护整治。总之，在实现生态文明和加强空间治理的新时代背景下，国土综合整治被赋予了更深层次的内涵，目标和效益愈加多元化，全区域整治、全要素整治和全周期整治将成为未来国土综合整治的鲜明特征。

国土综合整治作为一个庞大、复杂的系统工程，往往涉及众多职能部门和利益主体，能否形成部门协调合作的机制，能否协调处理好各利益主体的矛盾是关系到生态治理和空间治理理念能否落实到实践中的关键所在。"国土综合整治在实施过程中会涉及土地整理、生态维护、环境治理、农田水利、基础交通等多项内容的配套设施。"① 这就需要克服以往各自为政、条块分割、衔接不畅的弊端，加强部门合作、区域协作，使国土综合整治工作能在不同阶段、不同地区得以全面、高速地推进。国土综合整治会损害到某些人的利益，也会给某些人带来利益，这就要求一方面建立公正的公众参与机制，让相关利益主体能参与到决策、实施和监督过程中，维护和保障自身权益；另一方面要探索市场化改革，建立以政府资金为主导，社会力量广泛参与的多元化整治资金投入机制，按照"谁受益，谁投入"的成本收益相一致原则推进国土综合整治顺利开展。

总而言之，在当前国家治理理念已经从"发展是硬道理"转变为"绿水青山就是金山银山"的背景下，国土空间治理应在遵循自然规律的前提下服务于国家发展战略，在全面优化国土资源，构筑绿色公正的空间格局，推进生态文明建设和现代化建设方面发挥出重要的作用和功能。

二、构筑绿色公正的空间格局

空间格局是生态或地理要素在空间上的分布与配置，"是自然—社会复合系统的立体化秩序的生动呈现"②。理想的空间格局是人与自然、人与人之间的和谐关系在空间上的表达。为实现人与自然的和谐共生，实现人与人在空间配置上享有同等的机会和权利，有赖于通过空间规划、空间用途管制、空间治理将人口、资源、环境、经济、社会等要素在空间上依据不同的数量和比例进行合理排列、分布，从而构筑起绿色公正的空间格局。为此，我们应积极探索包括城市、乡村、区域、国家甚至全球不同空间层次上的空间格局。

（一）建设宜居城市与优化城市空间格局

在人类文明史上，城市一直担任着文明坐标的角色。从农业革命开始，

---

① 邓玲、郝庆：《国土综合整治及其机制研究》，载《科学》2016 年第 5 期。
② 刘燕：《空间格局的重塑：改革开放四十年中国共产党生态文明建设思想论述》，载《湖北社会科学》2018 年第 10 期。

人类就开始了从丛林向村庄、城镇、都市迁移的过程，而自工业革命开始，城市化更日益成为人类文明发展的主要趋势。因此，城市成为人类生存和发展最重要的空间载体，科学合理的城市空间格局对于促进经济、社会和资源环境的持续协调发展，实现美丽中国的梦想具有至关重要的地位和意义。城市作为人口和产业的集聚体，其空间格局"是指在城市和城市群的各层级中心到整个城市区域围绕重要经济功能而表现出来的多尺度、多层级的空间组织状态，反映了城市空间组织对资源要素的需求状况和对服务空间范围的效率与质量"①。要提升城市空间运行的质量与效率，除了在城市规模、城市形态、城市紧凑度、城市功能、城市体系、城市网络等方面进行优化外，还必须充分考虑到自然资源、生态环境对城市发展的制约和阻碍作用。因此，城市空间格局不仅包括空间组织格局、职能结构格局、空间结构格局、空间效率格局，还应将城市空间生态格局纳入其中，并置于重要地位。通过多维度、多层次的空间规划与设计，营造出"集约、智能、绿色、低碳"的城市环境，形成以人为本与和谐宜居的城市空间格局。

1. 城市空间组织格局优化

我国新型城镇化建设要求未来在点、带、面上分别形成合理的空间分布格局。点状空间布局表现为大中小城市协同发展，形成由超大城市、特大城市、大城市、中等城市、小城市和小城镇组成的等级规模结构。等级规模结构优化的核心是针对不同规模的城市实行差别化发展政策，制定与不同规模相对应的基础设施和公共服务设施配置标准。针对超大和特大城市，应严格控制其人口规模与建设用地规模，疏散人口和产业，缓解日益严重的"城市病"。重点发展城区人口 100 万—300 万的大城市，适度发展城区人口 300 万—500 万的大城市。鼓励加快发展人口在 100 万以下的中小城市和小城镇，发挥其较低的城市化成本、较大的资源环境承载能力优势，就近吸纳和转移农村剩余劳动力，实现农民市民化。面状空间布局体现为城市群空间结构的形成与成熟完善。城市群布局要与国家主体功能区和国家城镇体系相协调，重点建设国家级大城市群，稳步建设区域性中等城市群，引导培育地区

①　方创琳等：《中国城市发展空间格局优化理论与方法》，科学出版社 2016 年版，第 23—24 页。

性小城市群，推进大中小城市基础设施一体化建设和网络化发展。带状空间布局是要构建起以"两横三纵"①为主体的空间布局。"这5条城镇化主轴线的交会点是20个不同空间尺度的城镇化主体地区，即城市群地区，由城镇化轴线串联城镇化主体城市群，形成'以轴串群、以群托轴'的国家新型城镇化轴线组织格局。"②通过优化组合点、带、面不同空间尺度的空间组织格局，形成轴群连区、多点融合的国家新型城镇化宏观格局。

2. 城市职能结构格局优化

依据城市主要承担的职能一般把我国城市划分为以下几种类型：矿业城市、工业城市、建筑业城市、交通枢纽城市、商业城市、金融城市、科教文化城市、旅游城市和行政城市。可见，城市职能是与城市产业结构相一致的，随着国家产业结构的不断升级和调整，城市职能也必须发生相应转变。我国工业化的发展客观上造就了一批以工业和矿业为主要职能的城市，它们占据了城市总数量的绝大部分比例。这种较为单一的城市职能已不能适应工业从低端制造业向高端新兴技术产业的转型以及第二产业向第三产业升级的新形势了。更为严峻的是，矿业城市由于采掘开发强度过大，可替代性产业发展滞后，普遍进入了衰退阶段。因此，城市职能结构格局优化的重点应是加快实现城市职能由单一化向多元化发展，由粗放式向精细化、专业化、技术化方向发展。一方面，城市在强化自身主要职能的同时应积极培育和发展次要职能或潜在职能，以增强抗风险能力和实现可持续发展；另一方面，完善和提升城市职能，优化城市的功能和服务水平。以人为本的新型城镇化更加凸显城市对人的服务，催生出更多新型城市职能，比如服务型城市、创新型城市、生态型城市等。城市职能结构的优化还需要实现不同职能的城市在空间分布上的分工互补有序。不同职能类型的城市如何在地理空间上进行合理定位应综合考量地理区位、历史文化传统、资源特征等要素，使城市职能与空间区位相匹配，实现错位发展，避免职能雷同。同一职能类型的城市应集聚在同一地域空间内，借助于规模效应和辐射带动效应不断提升和优化城市职能。

---

① "两横"是指以陇海—兰新铁路为主的亚欧大陆桥通道和以长江为通道的城市发展轴；"三纵"是以沿海、京哈京广铁路和包昆铁路为通道的城市发展轴。

② 方创琳等：《中国城市发展空间格局优化理论与方法》，科学出版社2016年版，第444页。

3. 城市空间结构格局优化

前述我们已经在宏观层面上探讨了全国范围内城市空间的组织格局优化问题，这里重点从微观层面上探讨城市内部的空间结构优化问题。城市空间结构由中心城区和新区构成。中心城区是城市发展的核心区，空间结构优化的重点是产业结构和土地开发布局的优化。就前者而言，要大力发展金融、现代商贸、信息中介、文化创意、互联网创新等现代服务业，将城市中心区建成高端服务业集聚区。就后者来说，"推进商业、办公、居住、生态空间与交通站点的合理布局和综合开发，统筹规划地上地下空间开发……大力推进棚户区和城中村改造，有序推进老旧住宅小区综合整治"①。在旧城改造中应注重保护历史文化遗产，通过对老厂房、老码头的建筑修缮和功能置换升级，使其既成为文化创意园区，又成为市民休闲游憩、追忆历史的新空间。当前我国新城区建设体现出"摊大饼式"的粗放发展特征，导致基础设施薄弱，建设用地规模无限制扩张等不良后果。今后，新城区必须严格设立条件，科学编制发展规划，合理统筹生产区、办公区、生活区、商业区等功能区规划建设，防止新区空心化。

4. 城市空间效率格局优化

城市空间效率格局优化的目标是通过建设紧凑型城市，形成集约高效、便捷畅通的城市空间效率格局。"紧凑型城市是以防止城市蔓延、实现土地与能源节约、提高城市运行效率为目的，具有要素集聚、形态紧凑、功能混用等特征的一种城市空间结构。"② 城市紧凑度越高，土地利用的集约程度越高，城市运行效率越高。为此，应从影响紧凑度的几个要素入手来优化城市空间效率格局：第一，倡导节约集约用地。按照严控增量、盘活存量、优化结构、提升效率的思路合理规划城市用地空间格局。控制大广场建设，发展节能省地型公共建筑，促进工矿用地的增容改造和深度开发。第二，推动产业空间布局集群化。通过整合资源，将优势产业和配套产业、服务业集聚在产业园区，形成集群优势和规模效益。第三，打造便捷高效的交通运输体系。在城市间，构建以高铁、高速公路为主体的多层次快速交通运输网络；

---

① 方创琳等：《中国城市发展空间格局优化理论与方法》，科学出版社 2016 年版，第 282 页。
② 方创琳、祁巍锋：《紧凑城市理念与测度研究进展及思考》，载《城市规划学刊》2007 年第 4 期。

在城市群内部，加快建设连接各主要城市的城际铁路；在城市内部，一方面要形成公共交通优先通行网络，积极发展快速公共汽车、现代有轨电车等轨道交通建设；另一方面为步行和自行车出行规划出非机动车专用道路。第四，优化公共服务设施的空间布局。根据城市常住人口数量和未来发展趋势以及空间分布特点，统筹布局学校、幼儿园、医疗卫生机构、文化体育设施等公共服务体系。打造"15分钟社区生活圈"，将各类公共服务设施向居民可达性高的地区集聚，提高空间的复合利用功能，实现城市公共服务的完善畅通。

5. 城市空间生态格局优化

城市空间布局要实现经济效益、社会效益和生态效益的统一，通过合理布局生产空间、生活空间和生态空间，优化城市生态环境，塑造生态城市。建设生态城市的首要目标是生态安全。生态安全主要包括水安全、能源安全和大气安全。当前，城市化的快速发展以及全球气候变化等因素加剧了洪涝、溃坝、水量短缺、水质污染等问题。为此，在城市空间规划上必须"建设安全可靠的城市给排水体系，加强城市水源地保护与建设及供水设施的改造与建设，确保供水安全。加强城市防洪设施建设，完善城市排水与暴雨外洪内涝防治体系，提高应对极端天气能力"[1]。特别是沿海城市受到海平面上升的不利影响深，更要在基础设施和各类产业的空间布局上充分考虑到威胁水资源的不安全因素。为确保能源安全和大气安全，在空间布局上应"引导产业集群发展，减少能源资源消耗和碳排放，尽量减少化石能源的大规模、长距离输送，能源转化尽量布局在消费地、环境容量大的地方"[2]。城市空间生态格局优化的另一个目标是塑造优美宜居的城市空间形态。其一，城市建筑景观应依据美观、协调、富有特色的标准来设计、建造和布局，从而形成层次丰富、错落有致、宽敞开阔的城市风貌。其二，构筑城市与自然相融的景观环境。"要让城市融入大自然，不要花大气力去劈山填海，很多山城、水城很有特色，完全可以依托现有山水脉络等独特风光，让居民望得见山，看得见水，记得住乡愁。"[3] 其三，在进行公路、铁路、油

---

① 方创琳等：《中国城市发展空间格局优化理论与方法》，科学出版社2016年版，第276页。
② 孙雪东：《塑造以人为本的高品质国土空间》，载《中国土地》2019年第1期。
③ 《十八大以来重要文献选编》（上），中央文献出版社2014年版，第603页。

气管廊、高压电网等基础设施工程的规划时，要充分利用好地下管廊或地下空间，避开人类活动密集区，同时尽量不破坏地面建筑景观。

总之，通过在不同城市空间层次上优化格局，力图构建起"基于'城市群—都市圈—城镇圈—社会生活圈'的'多中心、网络化、组团式、生态化'的空间格局"①。

（二）建设美丽乡村与重塑乡村空间格局

我国空间发展战略长期以来始终把重心放在城镇发展空间格局的优化上，农村空间规划主要是服务于城市。党的十八大以来，党和国家充分认识到建设美丽中国的重点和难点在乡村，必须在空间规划中补齐农村这一短板，"中国要强，农业必须强；中国要美，农村必须美；中国要富，农民必须富"② 成为发展共识。党的十九大又进一步提出乡村振兴战略，这一战略的提出确立了全新的城乡关系，使乡村摆脱了长期以来从属和依附于城市的地位，处在了和城市平等的地位。我国是历史悠久的农业大国，乡村人口分散、规模较小、村庄形态各异，乡村规划建设远比城市复杂，而且"现阶段乡村功能已由传统城镇化时期单一提供农产品，拓展提升为生态保护、文化传承教化、人居环境和产品生产的复合"③。这进一步对乡村空间格局的塑造提出了更高的要求。未来乡村空间格局应立足于对生产、生活和生态空间的合理布局和功能提升，将乡村建设成为农民乐在其中，城市居民心驰向往的美好家园。

1. 乡村产业规划和空间布局

美丽乡村，产业先行。美丽乡村建设必须建立在强大的物质保障和经济支撑基础之上，因此要以推进农业现代化为目标，大力发展生态农业、设施农业、休闲农业等各具特色的乡村产业，构建起支撑乡村可持续性内生发展的产业体系。谋划产业发展重点是遵循自然规律，实现产业科学合理布局。相较于其他产业，农业受自然资源和生态条件的制约最大，因此，农业空间

① 孙雪东：《塑造以人为本的高品质国土空间》，载《中国土地》2019 年第 1 期。
② 《十八大以来重要文献选编》（上），中央文献出版社 2014 年版，第 658 页。
③ 张天柱、李国新：《美丽乡村规划设计概论与案例分析》，中国建材工业出版社 2017 年版，第 12 页。

布局首先要考虑的因素是地形地貌、山体、水系等自然环境条件。充分考虑不同地区生态空间的先天优势和劣势，因地制宜，确立起与自然条件相适应的产业发展模式。平地适合进行机械化作业，具备发展大规模粮油、蔬菜、花卉等种植产业以及相关配套产业的良好条件，应大力推动规模化经营以实现集中集约利用土地，并提升农业生产效益；山地、坡地适合发展经济林果种植、生态林种植、畜禽养殖产业以及山地旅游产业等，应积极走出一条特色化、精致化的产业发展道路；对于缺水地区应大力发展节水灌溉技术，推广节水农业。总之，乡村生产空间的布局要与乡土田园风貌相协调，依托自然禀赋，发展富有地域特色的优势产业。

2. 村庄布局规划

村庄布局规划包含两方面：一是农村居民点空间优化布局，二是农村民居建筑规划。我国农村居民点总体呈现出大散居、小聚居的不均匀分散分布格局，针对这一现状在进行规划时首先将人口规模大、交通区位好、经济社会发展水平高的村庄确立为中心村，以中心村为圆心向外辐射，将与中心村处于合理半径间距的，同时具有发展潜力和交通优势的村庄确立为一般基层村；再将沿河沿路分散的村庄、深山、库区移民村庄向中心村和一般基层村集聚，同时撤并自然灾害频发的村庄、基础设施严重匮乏的村庄、处于国家禁止开发区域的村庄。通过撤并和迁移村庄，将农村人口和产业聚集到自然资源丰富、生态环境良好、交通便捷、基础设施完善的村庄，形成集约和节约发展效应。乡村民居规划要遵循三个原则：第一，尊重地域文化。地域文化是乡村民居建筑的灵魂，因此不管是新建还是改造民居都要注重保护和传承乡村富有地域特色的建筑风貌。第二，生产与生活相结合。乡村民居建筑与城市住宅最大的差异就是在乡村中生产与生活通常是叠加在一个空间的。因此，乡村民居的空间规划就要既能便于开展农业生产活动，又要满足居住生活需求。第三，传统与现代相结合。乡村生活空间的规划最主要的目标是改善人居环境，因此在尊重传统生活习俗，保护优美村庄风貌的同时，必须大力加强基础服务设施和公共服务设施建设，通过引入现代服务设施，打造舒适、便捷的乡村生活圈。

3. 乡村生态空间修复

相较于城市，乡村拥有得天独厚的自然生态条件和优美宜人的田园风光，然而目前我国农村的生态环境却面临着日益恶化的困境。小农经济的生产方式导致乱砍滥伐、毁林毁草开荒；农业生产中过量农药和化肥的使用造成农业生态系统恶性循环；农村生活用水随意排放，生活垃圾随意丢弃致使土壤、水质、空气遭到严重污染，同时农村还成为城市污染的扩散与转移空间。为重现"良田万亩碧水为伴，屋舍俨然田野牧歌"的田园风光，必须持续开展乡村生态环境治理，修复受损的乡村生态空间。通过对斑块、廊道和基质①等生态要素的保护和恢复，构建起安全、绿色的生态网络格局。对于乡村中已遭到破坏的生态斑块如田地、山林、矿坑等应及时根据其特性采取科学的治理和修复措施防止其进一步遭到破坏；对乡村中的道路、河流等生态廊道进行合理保护和规划建设，禁止大规模砍伐植被，禁止向河流内排放未经处理的废水，形成自然水系和道路绿化有机融合的绿色生态廊道；对乡村中的生态基质主要采取生态保育措施保护山体、林地和农田，严禁破坏山体、砍伐林木和侵占农田，对于已经遭到破坏的基质大力推进生态修复和综合治理。

通过重塑乡村的生产空间、生活空间和生态空间，力图将产业发展、环境提升改造、基础设施完善和新农村建设统筹起来，形成新村带产业，产业促新村的新型农村空间布局，"打造出山水人文和谐的美丽乡村，尽显村庄自然形态之美、历史文化之美、生产生活之美"②。

三、打造区域一体化与优化区域空间格局

（一）区域空间格局的优化

美丽中国的实现不仅需要建设美丽城市、美丽乡村，还需要上升到区域空间层次着力构筑起区域优势互补、人与自然和谐相处的区域发展格局。随着我国进入全面深化改革和扩大开放的新时期，区域在完善和提升新一轮改

---

① 斑块—廊道—基质模型是构成景观空间结构的一个基本模式，也是描述景观空间异质性的一个基本模式。适用于各类景观。

② 张天柱、李国新：《美丽乡村规划设计概论与案例分析》，中国建材工业出版社 2017 年版，第 34 页。

革开放的空间布局中具有重要的战略地位，区域空间发展战略也由区域协调发展推进到更高层次的区域一体化。世界各主要发达国家都把推进区域一体化作为优化资源配置、提高整体和综合竞争力的重要途径。区域一体化旨在深化区域内各城市间的分工协作和功能互补，推动生产要素在区域内的自由流动，最终导向一体化的生产要素和空间最佳的配置状态，从而提升区域整体实力，提高区域发展质量和效益。改革开放以来，我国一直致力于推动区域协调发展和良性互动，优化区域空间布局，目前已基本具备打造区域一体化的现实基础。

首先，交通和网络通信基础设施搭建了区域一体化发展的要素流动平台。区域内部和区域之间距离的缩短，贸易成本的降低是区域一体化发生的主要动因。为此，我国大力加强交通通信网络建设，特别是高铁建设和互联网建设为区域一体化提供了强有力的支撑。"高铁提高了城市间的可达弹性，扩大了城市的辐射半径，改变了原有高铁沿线区域经济空间布局，提升了高铁沿线区域的要素流动，使得区域资源配置趋于合理，为城市间'同城化'与'一体化'发展创造了支撑条件。"① 与此同时，信息基础设施的建设支撑了信息、服务、资本、图像和劳动力的不间断快速流动，进一步缩短了各地区在信息交流、知识和技术溢出等方面的距离。其次，统一市场体系建设为区域一体化发展提供了制度保障。为打破地区壁垒、部门分割，构建公平竞争、开放有序的统一市场，我国政府陆续制定出台了多项法规政策，市场分割现象逐渐消失，"商品的跨区域流动已基本不受限制，劳动力、资本和知识产权等要素的跨区域流动也逐渐松绑"②。最后，城市群的壮大发展成为区域一体化发展的有效载体。城市群的发展建设一方面有利于引导产业集聚和集中，推动区域产业协同创新；另一方面有利于推动区域内基础设施的共建共享、公共服务的一体化，从而减少城市间各要素的流动成本。当前，以珠江三角洲城市群、长江三角洲城市群、京津冀城市群为主要载体的区域一体化已经成为引领中国经济发展的重要增长极。

尽管我国区域一体化的空间格局已初具雏形，但要构建起要素有序自

① 侯鹏、孟宪生：《新时代我国区域经济一体化的空间战略》，载《甘肃社会科学》2019年第2期。
② 张辉：《把握未来区域发展空间格局走向》，载《经济日报》2018年11月29日。

由流动、共享共赢、协同治理的区域一体化机制，仍有许多难题亟须破解。第一，区域一体化程度和水平参差不齐，东中西部区域差距依然较大。目前我国区域一体化最成熟完善的珠三角、长三角区域都集中在东部沿海地区，中西部地区的区域一体化尚处在启动和起步阶段。为促进东西部区域协调发展，中央在顶层设计上提出了五大区域发展战略，在继续深入推进长三角、珠三角区域一体化发展的同时，大力推动京津冀协同发展、长江经济带和"一带一路"三大区域一体化建设。京津冀协同发展将推进交通一体化和有序进行产业升级转移，形成目标同向、措施一体、优势互补、互利共赢的协同发展新格局。长江经济带依托黄金水道将推动上中下游要素流动性增强，产业分工协作更为紧密。"一带一路"建设将为西北地区建成市场统一、基础设施共建共享、公共服务一体化的新区域共同体提供良好机遇。三大国家区域空间战略的实施将形成东、中、西部区域之间的合纵连横，打造出新的经济增长极、增长带和城市群，从而构筑起协同发展、内外联动的区域空间格局。

第二，有形的区域分割虽然已基本消除，但无形和隐形的区域分割仍然存在并严重阻碍了区域内的协同合作。虽然加强区域间的分工合作，推动一体化发展已成为集体共识，地方政府也在积极推动与其他地区的合作。但受到长期以来地方政府竞争模式所形成的思维惯性的制约，区域合作和协同仍受到不同程度的抑制。当前区域一体化的难点在于如何突破地方本位主义，保证区域一体化所产出的效益在不同地区之间进行公正均衡的分配。这就有赖于建立健全区域一体化合作与互动协调机制：一是以缩小区域内部发展差距，提升区域整体实力为导向引导产业合理进行梯度转移，构建一体化产业链，区域内发达地区主动担当作为，后进地区则做好配套协作。二是"积极构建推进区域合作发展的组织保障、规划衔接、利益协调、激励约束、资金分担、信息共享、政策协调和争议解决等机制"。① 保障区域一体化发展不再受到地方保护、行业垄断和不正当竞争等行为的干扰。

第三，区域一体化发展还主要停留在经济一体化阶段，生态环保一体化

---

① 侯鹏、孟宪生：《新时代我国区域经济一体化的空间战略》，载《甘肃社会科学》2019 年第 2 期。

和公共服务一体化亟须有效推进。区域一体化空间发展战略的确立不仅仅是着眼于推动区域经济一体化的发展，而且是要谋求区域在经济、社会、文化、生态、治理等领域实现全方位的一体化，使区域经济的发展带动区域内全体居民生活水平的提高和环境质量的改善，真正造福于人民。一方面，区域一体化发展要坚持公平正义原则，加快推进公共服务一体化，使处于不同空间中的居民都能共享一体化发展所带来的积极成果。要从人民群众普遍关心的教育、医疗、卫生、养老等问题入手，鼓励引导区域内发达地区的优质公共资源向落后地区转移配置；在全区域内统一各类公共服务的标准，落实各类社会人事和保险关系的无障碍转移接续，使人员无论流动到哪里，都能享受同等的政策服务。另一方面，区域一体化发展还必须处理好经济一体化和生态环境保护的关系，实现经济与生态的双赢。"面对日益严峻的资源生态环境压力，必须走生态一体化之路，提升区域生态环境总体质量，共建生态共同体。"① 区域生态环境协同治理应着力于解决以下几个问题：首先，立足于区域一体化发展全局，打破"一亩三分地"的狭隘思维定式。生态系统的公共性和外部性特征决定了它不受行政边界限制，最需要协同治理、共同保护。区域应在充分考虑各地区实情和尊重各方利益的基础上，在环境保护、资源开发、污染治理方面打破各种壁垒，形成协同治理的良好机制。其次，健全生态补偿机制。按照"谁开发谁保护，谁受益谁补偿"的原则对权益受损的地区进行补偿。生态治理成本依据受益程度、受损程度以及责任大小，由区域内不同地区合理承担。最后，梳理区域环保政策。根据区域发展特点和环境承载能力，制定统一的区域环境治理规划；逐步实施区域统一的环境标准；搭建区域内信息共享平台实行统一监测和预警。此外，"要及时清理以前制定的具有地方保护色彩、影响区域环境协同治理的政策文件，扫清区域环保合作的障碍"②。

总之，通过积极推动规划同编、产业同链、市场同体、土地同筹、交通同网、信息共享、环保同治、生态同建打造区域一体化空间格局，提高区域综合实力，缩小区域差距，促进区域空间协调发展，实现美丽中国的宏伟目标。

---

① 臧建东、陈清华、蒋晗：《着力打造区域一体化发展新格局》，载《唯实》2018 年第 11 期。

② 潘静：《加强京津冀生态环境协同治理》，载《河北日报》2017 年 5 月 17 日。

（二）"一带一路"倡议与全球空间格局塑造

随着全球化的日益深入拓展，世界各国利益交融、依存加深、彼此命运休戚与共。在新的全球化背景下，我国空间发展战略的实施势必会受到全球空间格局的深刻影响。因此，要顺利完成国内空间格局的部署，必须改变国际政治经济旧秩序，倡导构建平等包容、开放合作和互利共赢的全球空间新格局。"一带一路"倡议的实施力图通过构建全方位对外开放的新格局，进一步重塑我国空间格局的同时，引领世界空间格局的新走向，在谋求本国发展中促进沿线各国共同发展。

全球空间格局是国际政治经济秩序在全球空间结构中所展示出来的关系和作用。在人类发展的历史进程中，世界版图的空间格局一直处于纷繁复杂的变动状态。但自资本主义世界体系形成以来，全球空间格局基本上固化为"中心—边缘"的不平衡发展空间结构。几大资本主义强国处于中心地位，具有绝对的话语权与控制力支配和剥削着处于边缘地位的落后国家。21世纪以来，随着经济全球化、文化多元化、社会信息化的不断深入推进，和平、发展、合作、共赢成为时代主题，旧有的不公正国际政治经济秩序逐渐解体，"中心—边缘"的空间结构被全球化—区域一体化的多元空间单元所取代。基于各种空间尺度而构建的区域经济体和地区合作组织在塑造崭新全球空间格局中发挥着日益重要的作用，但发达国家和欠发达国家之间的差距并没有真正弥合，发达国家所形成的利益同盟仍然以新的方式主导世界格局以此来巩固自身地位。"一带一路"构想正是在这一背景中产生的，它是基于"人类命运共同体"的全球价值观而提出的平等互利的全球空间发展战略。当今人类社会正处于一个大发展大变革大调整的时期，各国利益的高度交融使每个国家都成为共同利益链条上的一环，人类共同面对的风险和危机也日益将世界各国紧密结合成一个命运共同体。因此，唯有摒弃和超越霸权主导的"丛林法则"和"零和博弈"的狭隘思维，积极谋求合作共赢，倡导公正合理的新型国际秩序才能实现世界各国共同发展的美好愿景。

"一带一路"倡议的实施对于统筹解决中国和全球空间发展不平衡的现状，构筑协调公正的空间格局将产生巨大推动作用。就国内层面来说，"一带一路"与区域协调发展互为支撑，互相推动，有助于构建更加均衡的国土开发空间。"两横三纵"的城市化布局、"四大板块"和"三大支撑带"的区域布局将进一步优化产业功能布局和能源安全格局，加速国内一体化进程，从而服务和助力于"一带一路"建设。反过来，"一带一路"又有助于消除我国东西部发展二元对立的局面，促进东西部区域协调发展。丝绸之路经济带建设将打通向西开放的通道，将处于内陆沿边的西部地区推向对外开放的前沿；21 世纪海上丝绸之路的建设则有利于突破东部经济发展瓶颈，进一步提升向东开放的水平。海陆互补、区域交互的全方位对外开放新格局将极大激发中西部地区的开放与发展，有效重塑我国东快西慢、海强陆弱的不均衡国土空间格局。就国际层面来说，"一带一路"倡议试图打破以西方发达国家为核心的全球不平衡发展空间结构，推动发展中国家和地区发展。第二次世界大战后开始的全球化进程实质上是美国霸权在世界范围内的强势渗透，发达资本主义国家借助于经济、政治、外交和意识形态冷战等手段，暗中操控各种国际机构，以新殖民主义继续推动着资本主义和非资本主义的不平等交换和不平衡发展，以此来进一步强化"中心"对"边缘"的控制。然而，近十几年来，发达资本主义国家由于受经济低迷、人口老龄化等因素影响，自身实力和国际影响力有所减弱，与此形成鲜明对照，中国、俄罗斯、印度、巴西等国家迅速发展，旧的世界体系中的"边缘"逐渐演变成为"新核心"与"旧核心"并驾齐驱。中国从自身和广大发展中国家利益出发，积极探寻核心与边缘的合作构想，提出了"一带一路"倡议，"致力于连接广大边缘国家，通过政治互信、经济合作和文化包容，将沿线各国纳入全球化的发展进程，一起探索由边缘到核心的发展途径"①。总之，在全球空间秩序呈现出区域一体化发展趋势的背景之下，"一带一路"倡议的适时提出顺应了这一趋势，希冀通过国内国际多维度空间区域的合作，构筑起地域、海域综合体，推动全球均衡发展、共同繁荣。丝绸之路经济带在境内旨在实现东中西部地区一体化，在境外则指向亚欧一体化；21 世纪海上丝绸之路在国内旨在加强沿海城市南北一体化，在海外则大力发展与南海、太平洋、印度洋等海域国家和地区的合作。通过城市、交通通道、经济走廊将

---

① 詹小美等：《全球空间与"一带一路"研究》，陕西师范大学出版社 2016 年版，第 20 页。

地方、区域、国家连接起来，以点带线、以线带面构筑起庞大的地域共同体，带动沿线国家和地区共同发展进步。

"一带一路"表达了以中国为代表的发展中国家力图超越欧洲人所开创的全球化造成的贫富差距、地区发展不平衡，构筑公平公正的全球空间新格局的决心和愿望。美国所倡议的"跨大西洋贸易与投资伙伴关系"等各种国际性经济合作组织不是建立在各成员国地位平等的基础之上，目的不是实现互利共赢，而是美国为了操纵国际金融和贸易投资规则的制定以服务于自身利益，因而沦为美国与其他大国进行较量和博弈的政治工具。与此截然不同，"一带一路"所倡议的区域合作绝不是建立一个以中国为中心的封闭的小圈子，而是立足于建设一个多元、开放、包容的务实合作平台。在这一合作机制中，各国是平等的参与者、贡献者、受益者，通过加强交通、能源和网络等基础设施的互联互通建设，真正促进经济要素在沿线各国之间的有序自由流动、资源在区域空间中的高效配置和市场的深度融合一体化，彼此之间形成利益共同体、命运共同体和责任共同体。当然，"一带一路"对不合理、不公正合作模式的反对并不意味着对现有国际经济合作体系的全盘否定和替代，而是积极支持和主动参与到那些能深化各国务实合作，促进协调联动发展，实现共同繁荣的合作机制中，力图与其互为助力、相互补充。

以人类命运共同体为理念所建构的全球空间格局不仅要谋求全球均衡发展，实现国家与国家之间、人与人之间的和谐共处，还必须谋求全球可持续发展，实现人类社会与自然界的和谐共生。当前，生态环境问题已成为全球各国共同面对的严峻问题，按照历史唯物主义观点，人与自然之间的矛盾本质上是人与人之间矛盾关系的反映。全球日益恶化的生态环境与资本主义所主导的不公正的国际政治经济秩序密切相关。资本为谋求利润最大化，一方面宣扬消费主义生活方式，造成了人们对自然资源的大肆掠夺；另一方面通过塑造经济社会发展极不平衡的空间格局，将环境污染转移到落后国家和地区，造成了生态危机的全球化。这意味着生态治理必须突破西方中心论，发达国家和发展中国家作为人类命运共同体中的一员都对全球生态环境负有相应的义务和责任。"一带一路"作为全球治理的新模式，将有力地促进生态治理上的全球共识和协同合作，通过沿线区域、国家、地方在资源开发、生态保护等领域上的深度合作，构筑起绿色公正的全球空间新格局。

　　从宜居城市、美丽乡村再到区域一体化、"一带一路"全球空间格局的规划，为未来中国乃至世界发展勾勒出了一幅宏伟蓝图，表达了中国人民对美好世界新格局的憧憬与期盼："各国人民同心协力，构建人类命运共同体，建设持久和平、普遍安全、共同繁荣、开放包容、清洁美丽的世界。"①

---

① 习近平：《决胜全面建成小康社会　夺取新时代中国特色社会主义伟大胜利——在中国共产党第十九次全国代表大会上的报告》，人民出版社 2017 年版，第 58—59 页。

参 考 文 献

1．《马克思恩格斯文集》第1—10卷，人民出版社2009年版。

2．《列宁专题文集》第1—5卷，人民出版社2009年版。

3．《斯大林选集》（上、下），人民出版社1979年版。

4．《普列汉诺夫文选》，人民出版社2010年版。

5．《布哈林文选》，人民出版社2014年版。

6．《毛泽东选集》第1—4卷，人民出版社1991年版。

7．《邓小平文选》第1—3卷，人民出版社1993、1994年版。

8．《江泽民文选》第1—3卷，人民出版社2006年版。

9．《胡锦涛文选》第1—3卷，人民出版社2016年版。

10．《习近平谈治国理政》第1卷，外文出版社2018年版。

11．《习近平谈治国理政》第2卷，外文出版社2017年版。

12．《习近平谈治国理政》第3卷，外文出版社2020年版。

13．《习近平关于社会主义生态文明建设论述摘编》，中央文献出版社2017年版。

14．《习近平关于协调推进"四个全面"战略布局论述摘编》，中央文献出版社2015年版。

15．《习近平关于科技创新论述摘编》，中央文献出版社2016年版。

16．《习近平关于社会主义经济建设论述摘编》，中央文献出版社2017年版。

17．《习近平关于社会主义社会建设论述摘编》，中央文献出版社2017年版。

18．《习近平关于全面建成小康社会论述摘编》，中央文献出版社2016年版。

19．习近平：《决胜全面建成小康社会 夺取新时代中国特色社会主义伟大胜利——在中国共产党第十九次全国代表大会上的报告》，人民出版社2017年版。

20．习近平：《干在实处 走在前列：推进浙江新发展的思考与实践》，中共中央党校出版社2014年版。

21．习近平：《之江新语》，浙江人民出版社2007年版。

22．杨耕：《马克思主义哲学基础理论问题研究》，北京师范大学出版社2013年版。

23．孙正聿等：《马克思主义基础理论问题研究》（上、下），北京师范大学出版社 2011 年版。

24．韩庆祥：《面向"中国问题"的马克思主义哲学》，武汉大学出版社 2010 年版。

25．张一兵主编：《当代国外马克思主义哲学思潮》（上、中、下卷），江苏人民出版社 2012 年版。

26．陈学明主编：《20 世纪西方马克思主义哲学发展历程》（第 1—4 卷），天津人民出版社 2013 年版。

27．陈学明：《谁是罪魁祸首——追寻生态危机的根源》，人民出版社 2012 年版。

28．余谋昌：《生态哲学》，陕西人民教育出版社 2000 年版。

29．叶平：《回归自然：新世纪的生态伦理》，福建人民出版社 2004 年版。

30．卢风：《从现代文明到生态文明》，中央编译出版社 2009 年版。

31．曹孟勤：《人性与自然：生态伦理学哲学基础反思》，南京师范大学出版社 2004 年版。

32．何怀宏：《生态伦理：精神资源与哲学基础》，河北大学出版社 2002 年版。

33．曾建平：《自然之思：西方生态伦理思想探究》，中国社会科学出版社 2004 年版。

34．曾建平：《环境正义：发展中国家环境伦理问题探究》，山东人民出版社 2007 年版。

35．雷毅：《深层生态学：阐释与整合》，上海交通大学出版社 2012 年版。

36．徐松龄主编：《环境伦理进展：评论与阐释》，社会科学文献出版社 1999 年版。

37．刘湘溶：《生态文明论》，湖南教育出版社 1999 年版。

38．杨通进等主编：《现代文明的生态转向》，重庆出版社 2007 年版。

39．李培超：《自然的伦理尊严》，江西人民出版社 2006 年版。

40．任俊华等：《环境伦理的文化阐释：中国古代生态智慧探考》，湖南师范大学出版社 2004 年版。

41．张世英：《天人之际：中西哲学的困惑与选择》，人民出版社 1995 年版。

42．唐凯麟等：《成人与成圣》，湖南大学出版社 2003 年版。

43．佘正荣：《天人合一民胞物与：对生命共同体的道德关怀》，广东人民出版社 2014 年版。

44．周林东：《人化自然辩证法：对马克思自然观的解读》，人民出版社 2008 年版。

45．陈文珍：《马克思人与自然关系理论的多维审视》，人民出版社 2014 年版。

46．孙道进：《马克思主义环境哲学研究》，中国社会科学出版社 2008 年版。

47．张云飞：《唯物史观视野中的生态文明》，中国人民大学出版社 2014 年版。

48．苗启明等：《马克思生态哲学思想与社会主义生态文明建设》，中国社会科学出版社 2016 年版。

49. 杜秀娟：《马克思主义生态哲学思想历史发展研究》，北京师范大学出版社 2011 年版。

50. 陈樨成：《马克思恩格斯生态哲学思想及其当代价值研究》，中国社会科学出版社 2014 年版。

51. 李明宇等：《马克思主义生态哲学：理论建构与实践创新》，人民出版社 2015 年版。

52. 董强：《马克思主义生态观研究》，人民出版社 2015 年版。

53. 张进蒙：《马克思恩格斯生态哲学思想论纲》，中国社会科学出版社 2014 年版。

54. 刘希刚：《马克思恩格斯生态文明思想及其中国实践研究》，中国社会科学出版社 2014 年版。

55. 李宏伟：《马克思主义生态观与当代中国实践》，人民出版社 2015 年版。

56. 胡建：《马克思生态文明思想及其当代影响》，人民出版社 2017 年版。

57. 王雨辰：《生态批判与绿色乌托邦》，人民出版社 2009 年版。

58. 王雨辰：《生态学马克思主义与生态文明》，人民出版社 2015 年版。

59. 王雨辰：《生态学马克思主义与后发国家生态文明理论研究》，人民出版社 2017 年版。

60. 刘仁胜：《生态学马克思主义概论》，中央编译出版社 2007 年版。

61. 解保军：《生态资本主义批判》，中国环境出版社 2015 年版。

62. 陈永森等：《自然的解放与人的解放》，学习出版社 2015 年版。

63. 曾文婷等：《生态学马克思主义与马克思主义比较研究》，社会科学文献出版社 2015 年版。

64. 李世书：《生态学马克思主义的自然观研究》，中央编译出版社 2010 年版。

65. 郇庆治主编：《当代西方生态资本主义理论》，北京大学出版社 2015 年版。

66. 郇庆治主编：《重建现代文明的根基：生态社会主义研究》，北京大学出版社 2010 年版。

67. 郇庆治等：《生态文明建设十讲》，商务印书馆 2014 年版。

68. 叶海涛：《绿之魅：作为政治哲学的生态学》，社会科学文献出版社 2015 年版。

69. 张剑：《生态文明与社会主义》，中央民族大学出版社 2010 年版。

70. 杜秀娟：《马克思主义生态哲学思想历史发展研究》，北京师范大学出版社 2011 年版。

71. 周光迅等：《马克思主义生态哲学综论》，浙江大学出版社 2015 年版。

72. 王艳：《生态文明：马克思主义生态观研究》，南京大学出版社 2015 年版。

73. 刘国华：《中国化马克思主义生态观研究》，东南大学出版社 2014 年版。

74．王春益：《生态文明与美丽中国梦》，社会科学文献出版社 2014 年版。

75．杨莉：《中国特色社会主义生态思想研究》，红旗出版社 2017 年版。

76．李军等：《走向生态文明新时代的科学指南：学习习近平同志生态文明建设重要论述》，中国人民大学出版社 2015 年版。

77．张云飞等：《开创社会主义生态文明新时代》，中国人民大学出版社 2017 年版。

78．秦书生：《中国共产党生态文明思想的演进》，中国社会科学出版社 2019 年版。

79．李学林等：《邓小平生态文明建设思想研究》，中国社会科学出版社 2019 年版。

80．赖章盛等：《中国特色社会主义生态文化建设论》，中国社会科学出版社 2018 年版。

81．［英］彼得·拉塞尔：《觉醒的地球》，王国政等译，东方出版社 1991 年版。

82．［德］汉斯·萨克斯：《生态哲学》，文韬等译，东方出版社 1991 年版。

83．［美］F. 卡普拉：《物理学之道》，朱润生译，中央编译出版社 2012 年版。

84．［美］霍尔姆斯·罗尔斯顿：《哲学走向荒野》，刘耳等译，吉林人民出版社 2000 年版。

85．［美］霍尔姆斯·罗尔斯顿：《环境伦理学》，杨通进译，中国社会科学出版社 2000 年版。

86．［美］纳什：《大自然的权利》，杨通进译，青岛出版社 1999 年版。

87．［英］怀特海：《科学与近代世界》，何钦译，商务印书馆 1997 年版。

88．［美］卡洛琳·麦茜特：《自然之死》，吴国盛等译，吉林人民出版社 1999 年版。

89．［英］大卫·佩珀：《现代环境主义导论》，宋玉波等译，上海人民出版社 2011 年版。

90．［美］彼得·辛格：《实践伦理学》，刘莘译，东方出版社 2005 年版。

91．［美］彼得·辛格：《动物解放》，祖述宪译，青岛出版社 2004 年版。

92．［美］彼得·S. 温茨：《环境正义论》，李丹琼等译，上海人民出版社 2007 年版。

93．［美］奥尔多·利奥波德：《沙乡年鉴》，侯文蕙译，吉林人民出版社 2000 年版。

94．［美］比尔·麦克基本：《自然的终结》，孙晓春等译，吉林人民出版社 2000 年版。

95．［法］阿尔贝特·施韦泽：《敬畏生命》，陈译环译，上海人民出版社 2007 年版。

96．［加］威廉·莱斯：《自然的控制》，岳长龄等译，重庆出版社 1993 年版。

97．［美］詹姆斯·奥康纳：《自然的理由：生态学马克思主义研究》，唐正东等译，南京大学出版社 2003 年版。

98．〔美〕约翰·贝拉米·福斯特：《生态危机与资本主义》，耿建新译，上海译文出版社 2006 年版。

99．〔美〕约翰·贝拉米·福斯特：《马克思的生态学——唯物主义与自然》，刘仁胜等译，高等教育出版社 2006 年版。

100．〔美〕约翰·贝拉米·福斯特：《生态革命：与地球和平相处》，刘仁胜等译，人民出版社 2015 年版。

101．〔英〕戴维·佩珀：《生态社会主义：从深生态学到社会正义》，刘颖译，山东大学出版社 2005 年版。

102．〔英〕乔纳森·休斯：《生态与历史唯物主义》，张晓琼等译，江苏人民出版社 2011 年版。

103．〔美〕乔尔·科威尔：《自然的敌人：资本主义的终结还是世界的毁灭》，杨燕飞等译，中国人民大学出版社 2015 年版。

104．〔德〕A. 施米特：《马克思的自然概念》，欧力同等译，商务印书馆 1988 年版。

105．〔英〕布赖恩·巴克斯特：《生态主义导论》，曾建平译，重庆出版社 2007 年版。

106．〔日〕岩佐茂：《环境的思想：环境保护与马克思主义的结合处》，韩立新等译，中央编译出版社 2006 年版。

107．〔英〕麦克尔·S. 诺斯科特：《气候伦理》，左高山等译，社会科学文献出版社 2010 年版。

108．〔美〕巴里·康芒纳：《封闭的循环：自然、人和技术》，侯文蕙译，吉林人民出版社 1997 年版。

109．〔美〕赫尔曼·戴利等编：《珍惜地球：经济学、生态学、伦理学》，马杰等译，商务印书馆 2001 年版。

110．〔美〕赫伯特·马尔库塞：《审美之维：马尔库塞美学论著集》，李小兵译，生活·读书·新知三联书店 1989 年版。

111．〔德〕马克斯·霍克海默尔、西奥多·阿多诺：《启蒙辩证法》，渠敬乐等译，上海人民出版社 2003 年版。

112．〔美〕艾伦·杜宁：《多少算够——消费社会与地球未来》，毕聿译，吉林人民出版社 1997 年版。

113．〔美〕大卫·哈维：《希望的空间》，胡大平译，南京大学出版社 2006 年版。

114．〔美〕大卫·哈维：《叛逆的城市》，叶齐茂等译，商务印书馆 2014 年版。

115．〔法〕亨利·列斐伏尔：《空间与政治》，李春译，上海人民出版社 2008 年版。

116．〔美〕爱德华·索亚：《第三空间——去往洛杉矶和其他真实和想象地方的旅程》，陆扬等译，上海教育出版社 2005 年版。

117．〔美〕爱德华·索亚：《后大都市》，李钧等译，上海教育出版社 2006 年版。

118．〔美〕爱德华·索亚：《寻求空间正义》，高春花等译，社会科学文献出版社 2016 年版。

119．Gorz，A.，*Critique of Economic Reason*，London，1989.

120．Gorz，A.，*Ecology as Politics*，Boston：South End Press，1980.

121．Reiner Grundmann，*Marxism and Ecology*，London and New York：Oxford University Press，1991.

122．Reiner Grundmann，*The Power of Scientific Knowledge*：*From Research to Public Policy*，Cambridge University Press，2012.

123．William Leiss，*The Limits to Satisfaction*，Mcgill—Queen's University Press，1988.

124．Paul Burkett，*Marx and Nature*，Hampshire：Macmillan Press，1999.

125．P. Taylor，*Respect Natural*，New York：Princerton University Press，1986.

126．Passmore，J.，*Marx's Responsibility to Natural*，London：Duckworrth，1980.

127．Lefebvre，*The Production of Space*，Blackwell Publishing，1991.

128．Lefebvre，*The Survival of Capital*：*Reproduction of the Relation of Production*，Allison and Busby，1976.

后　记

　　本书是国家社科基金重大专项项目"人与自然和谐共生关系的生态哲学阐释与中国生态文明发展道路研究"的结项成果。本课题由王雨辰撰写写作提纲，本书各章具体撰写人分别为：导论王雨辰，第一编第一章郭剑仁，第二章胡静，第三章王雨辰、陈食霖；第二编高红贵；第三编第一章万健林，第二、四章戴茂堂，第三章龚天平；第四编第一、二章高晓溪，第三、四章张佳。全书由王雨辰最后统稿。

　　本课题是课题组团结攻关的结果，哲学院办公室主任陈春英博士为课题组做了大量的工作，在此表达对她的衷心感谢。由于参与研究者众多，每个人的写作风格不一，尽管本人最后统稿尽量保持写作风格的统一，但依然存在着不一致的地方，这是要读者谅解的。

王雨辰

责任编辑:崔继新
封面设计:林芝玉
版式设计:东昌文化
责任校对:吕　飞

图书在版编目(CIP)数据

人与自然和谐共生关系的生态哲学阐释与中国生态文明发展道路研究/
　王雨辰 等 著. —北京:人民出版社,2023.4
ISBN 978－7－01－023999－6

Ⅰ.①人…　Ⅱ.①王…　Ⅲ.①生态学-哲学-研究②生态环境建设-研究-
中国　Ⅳ.①Q14-02②X321.2

中国版本图书馆 CIP 数据核字(2022)第 016447 号

人与自然和谐共生关系的生态哲学阐释与中国生态文明发展道路研究
REN YU ZIRAN HEXIE GONGSHENG GUANXI DE SHENGTAI ZHEXUE CHANSHI YU
ZHONGGUO SHENGTAI WENMING FAZHAN DAOLU YANJIU

王雨辰 等　著

人 民 出 版 社 出版发行
(100706　北京市东城区隆福寺街 99 号)

北京汇林印务有限公司印刷　新华书店经销

2023 年 4 月第 1 版　2023 年 4 月北京第 1 次印刷
开本:710 毫米×1000 毫米 1/16　印张:29.75
字数:471 千字

ISBN 978－7－01－023999－6　定价:138.00 元

邮购地址 100706　北京市东城区隆福寺街 99 号
人民东方图书销售中心　电话 (010)65250042　65289539